中国农业大学
人文与发展学院
学术文库

中国农业大学人文与发展学院学术文库

保护与替代

三江平原湿地研究

Conservation and Alternative Livelihoods

Study on the Sanjiang Plain Wetlands

汪力斌　靳乐山　程少侠　李小云　权伍贤 等 / 著

社会科学文献出版社
SOCIAL SCIENCES ACADEMIC PRESS (CHINA)

图书在版编目（CIP）数据

保护与替代：三江平原湿地研究/汪力斌等著．—北京：社会科学文献出版社，2008.12

（中国农业大学人文与发展学院学术文库）

ISBN 978-7-5097-0532-2

Ⅰ．保…　Ⅱ．汪…　Ⅲ．①三江平原-沼泽化地-自然保护-研究②三江平原-沼泽化地-可持续发展-研究　Ⅳ．P942.350.78

中国版本图书馆CIP数据核字（2008）第191814号

主要参加编写人员

汪力斌	靳乐山	程少侠
李小云	权伍贤	张丙乾
赵　勇	杨俊伍	杨　明
王贺春	庄　杉	田　琳
左文娟		

致　谢

本书是亚洲开发银行贫困与环境项目所资助的可持续生计替代和社区参与湿地资源管理项目的研究成果。本书的写作和出版得到了亚洲开发银行在资金方面的大力支持。社会科学文献出版社为本书的编辑加工和出版付出了辛勤的劳动。作者在此对亚洲开发银行和社会科学文献出版社的全力支持表示衷心的感谢！

目录

CONTENTS

前言

人口的大量增加和农业的不断扩张，使处于人类活动边缘的湖泊、湿地和与之相连的生物多样性等自然资源的保护面临巨大的挑战。一方面，偏远社区已经在很大程度上依赖这些自然资源来维持生计和改善生活，因此给自然资源带来了越来越大的压力；另一方面，对自然资源保护所作的努力可能限制当地社区对自然资源的利用，缩小他们改善生活的空间。在改善生计和资源保护的可能冲突中，如何找到一条出路，使自然资源得以可持续利用的同时，贫困社区的生计仍能得以改善，是当今可持续发展的重要议题。

位于黑龙江省东部的三江平原湿地，曾是中国最大的淡水湿地，新中国成立初期面积有536万公顷，被人们称为“北大荒”。新中国成立后，经过四次开荒高潮，三江平原湿地的面积缩减了80%，三江平原成为国家重点粮食生产基地，“北大荒”变成了“北大仓”。

随着国家粮食安全水平逐步提高和生态环境问题日益严重，国家和黑龙江省都意识到保护尚存湿地的重要性。1998年，黑龙江省出台了《关于加强湿地保护的决定》，决定全面停止开垦湿地，抢救性地建立自然保护区，要求实行湿地保护地方的政府领导负责制，把湿地保护工作纳入当地政府的重要议事日程。2002年，三江湿地被认定为国际重要湿地。2003年，黑龙江省出台了中国第一部湿地保护地方法规《黑龙江省湿地保护条例》，明确了湿地行政主管部门，并授予省级以上湿地自然保护区以行政处罚权，规定县级以上人民政府应当制定湿地保护规划，并纳入国民经济和社会发展计划，安排专项资金用于湿地保护工作。2004年，国务院办公厅发布了《关于加强湿地保护管理的通知》，确定了今后一个时期湿地保护工作的目标和任务。

但是，已有百万计的转业官兵、内地移民、下乡知青、当地少数民族、自发流入人口等在这片土地上繁衍生息，土地是他们赖以为生的主要资源。由于冻灾、旱灾等气候灾害频繁，生活在现有湿地边缘的农户，还处于整体贫困状态。如何在保护湿地资源的同时改善当地人口的生计状况，人们为此进行了不断的探索。

在亚洲开发银行的资助下，中国农业大学人文与发展学院和黑龙江省林业厅，于2005～2007年在三江平原的边缘、黑龙江省饶河县实施了贫困与环境行动研究项目“可持续的替代生计与当地社区参与湿地管理”，探索生计改善和资源保护冲突的可能解决办法，以完善资源管理体系和政策措施。该项目从生计替代、资源共管和政策分析三个方面，实地研究了贫困社区生计改善和资源环境保护矛盾的可能解决办法，以鼓励替代生计为切入点，以社区参与资源共管为基础，探索解决贫困与资源环境保护恶性循环的途径。

本书汇集了该项目的研究成果。保护湿地资源，离不开对当地社区生计的关注。只有为当地社区提供了改善生计的其他途径，湿地保护才具有可持续性。所以，本项目探索了替代生计在湿地资源保护中的作用。保护湿地还离不开当地社区的参与，社区的参与是湿地保护的重要前提条件。所以本项目探索了以社区为基础的自然资源共管在保护湿地资源中的作用。解决农业政策和环境政策的冲突，是可持续湿地保护的制度保证。所以，本书的结构是以湿地资源保护为中心，分别探讨了替代生计、资源共管和政策协调在湿地资源保护中的作用，以此为基础提出了可持续保护湿地的政策建议。

本书由前言和正文五章组成。前言主要介绍了本研究项目的背景和研究意义及研究问题，由靳乐山和汪力斌执笔。第一章“三江平原湿地保护的现状与策略”对三江平原湿地保护的历史演变和现状、保护的主要手段与政策进行了回顾，由赵勇和程少侠执笔。第二章“资源保护与生计替代的策略”对资源保护中生计替代的文献和研究进行了综述，由杨明、汪力斌执笔。第三章“生计替代的技术选择方案”介绍了本项目在饶河开展可持续生计替代活动的过程和结果，由杨明、汪力斌和权伍贤执笔。第四章“社区参与自然资源管理”回顾和总结了自然资源共管研究的文献和主要结论，并介绍了本项目在饶河开展湿地资源共管活动的方法和效果，由杨俊伍、靳乐山和李小云执笔。第五章“公共政策对湿地保护的影响”以饶河县为例，梳理和分析了农业、林业、扶贫、环保等公共政策对湿地保护的影响，由赵勇、李小云和靳乐山执笔。

本项目的研究得到各个方面的大力支持。首先感谢亚洲开发银行在资金和能力建设方面的支持。项目在实施过程中得到了黑龙江省林业厅、饶河县各部门尤其是县林业局、小佳河镇、四排乡、东鲜村、永丰村和四排村的支持和配合。对他们的支持表示衷心感谢。

湿地资源保护涉及许多领域，我们对此进行了一些探索，希望关心湿地资源保护的同仁们批评指正，大家一起努力使湿地资源可以得到可持续的保护。

为了便于国际交流，本书第一部分为中文文本，第二部分为英文文本。

作　者

2008 年 8 月于北京

第一章 三江平原湿地保护的现状与策略

三江平原位于中国东北角，西起小兴安岭东南端，东达乌苏里江，北起黑龙江，南抵兴凯湖，由黑龙江、松花江、乌苏里江不断迁徙、泛滥冲击而成（见图1－1），总面积约10.89万平方公里，总人口862.5万，人口密度约为79人/平方公里。人均耕地面积大致相当于全国平均水平的5倍。三江平原的“三江”即黑龙江、乌苏里江和松花江。区内水资源丰富，总量

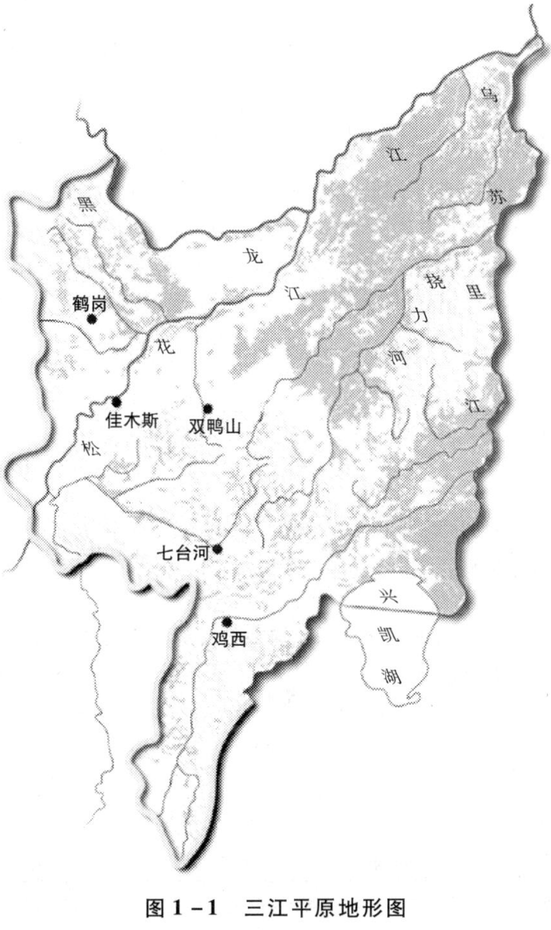

图1－1　三江平原地形图

187.64 亿立方米，为中国最大的湿地集中分布区。

新中国成立初期，三江平原湿地保持原始的自然景观，沼泽湿地536 万公顷，占总面积的49.3%。随着几十年来大规模的开发，三江平原已成为国家重要的商品粮生产基地和粮食战略后备基地，为国家粮食安全作出了巨大贡献。但同时三江平原的湿地资源也遭到了极大破坏，区内200 多条湿地性河流出现萎缩、干涸，4000 多个泡沼缩小或消失，湿地仅剩104 万公顷，87 亿立方米的地表水量随之消失（王韶华等，2004）。1999 年中国政府停止了三江平原的进一步开垦，并且对三江平原湿地进行综合性治理，努力恢复其原有的生态功能。2004 年国务院办公厅发出了关于加强湿地保护管理的通知。同时，一批国家级、省级自然保护区也相继建立，三江平原由此进入了湿地保护阶段。

一　三江平原湿地保护的历史演变

（一）三江平原湿地的开发阶段

三江平原的开发始于清代。新中国成立后，随着人口的不断增加、经济的不断增长、粮食需求量的增大，三江平原的开发进入了急速发展时期，半个世纪以来东北三江平原的湿地开垦经历了4 次高潮：

第一次开荒高潮是1949 ~1954 年，共计开荒约20 万公顷；

第二次开荒高潮是1956 年和1958 年，10 万转业官兵进驻三江平原，仅1958 年就开荒23.06 万公顷；

第三次开荒高潮是1969 ~1973 年，45 万城市知识青年下乡到生产建设兵团期间，每年开荒约6.8 万公顷；

第四次高潮是20 世纪70 年代末，县乡和农场在连续干旱之年，开荒超过100 万公顷。

新中国成立以来50 多年的开发建设，使三江平原湿地面积减少约432 万公顷，平均每年减少8 万公顷左右（详见表1 -1），湿地面积缩小了近80%。

表1 -1　三江平原地区耕地面积增加与湿地面积减少对比（万公顷）

年　份	耕地面积	耕地增加量（与1949 年比）	湿地面积	湿地减少量（与1949 年比）	耕地增量占湿地减量的比例(%)
1949	81.1	0	536	0	
1975	242.2	161.1	244	292	55.2
1985	314.3	233.2	150	386	60.4
1990	315.4	234.3	113	423	55.3
2000	350.9	269.8	104	432	62.5

资料来源：王韶华等：《三江平原湿地保护措施的初步研究》，《灌溉排水学报》2004 年第6 期。

（二）三江平原湿地的保护阶段

1998 年，黑龙江省委和省政府在对三江平原湿地的保护及开发利用状况进行调查的基础上颁布了《关于加强湿地保护的决定》，明确规定对现有湿地一律停止垦殖，并且建立党政领导负责制，规定将湿地保护作为领导干部政绩考核的重要内容。这是中国第一个关于湿地保护的规范性文件，对黑龙江省湿地保护工作起到了重要作用。在全面停止湿地开垦的同时，黑龙江省在三江平原地区抢救性地划定了湿地自然保护区，使三江平原湿地资源下降的趋势得到扭转。“十五”期间，黑龙江省出台了中国首部湿地保护地方法规《黑龙江省湿地保护条例》，将湿地保护工作纳入法制化轨道。截至 2007 年，黑龙江省共已建立省级和国家级湿地类型自然保护区 52 处，总面积 358 万公顷。其中，扎龙、洪河、兴凯湖、三江 4 处为国际重要湿地。

（三）三江平原湿地的可持续发展阶段

21 世纪以来，在可持续发展观的指导下，协调人与自然之间的关系，把开发、利用、治理和保护统一起来，以达到湿地资源利用的最大效果，成为三江平原湿地保护未来的发展趋向。首先，黑龙江省加大了湿地资源的科学研究工作，充分查明目前三江平原湿地资源存量，为湿地资源的开发与保护提供科学的数据依据。其次，发展三江平原生态旅游业，领略自然风光的同时，普及生态知识，增强湿地资源保护意识。目前，位于三江平原地区的兴凯湖、挠力河等自然保护区都相继开辟了旅游景点。再次，积极开展国际合作项目，“黑龙江省 GEF 湿地项目三江平原项目区中俄跨国界联合保护行动”、“三江平原发展可持续替代生计和社区参与可持续湿地管理”等国际合作项目在三江平原地区开展，使得黑龙江省在湿地资源保护和利用的方法与模式方面逐步与世界接轨。由此，三江平原湿地进入了可持续发展阶段。

二 三江平原湿地保护的现状

中国政府自新中国成立初期就开展了湿地资源调查、泥炭沼泽以及生物多样性等方面的相关研究，但真正将湿地作为具有共同属性的生态系统加以管理和研究则始于 1992 年中国政府加入《湿地公约》以后。1998 年，黑龙江省政府在全国率先颁布了《关于加强湿地保护的决定》，明确规定对现有湿地一律停止垦殖。2002 年，位于三江平原地区的三江、兴凯湖和洪河三处湿地被指定为国际重要湿地。2003 年 8 月 1 日，中国第一部湿地保护地方法规《黑龙江省湿地保护条例》正式实施。2004 年 6 月 5 日国务院办公厅发出了《关于加强湿地保护管理的通知》，高度重视湿地资源和生物多样性保护，确定了今后一个时期三江平原湿地保护工作的目标和任务。

黑龙江省有天然湿地 434 万公顷，占全国天然湿地的 12.8%，是中国沼泽分布面积最大、类型最多的省份。拥有扎龙、三江、洪河、兴凯湖 4 处国际重要湿地。湿地类型属于“东北山地、平原森林沼泽和草丛沼泽区”中的“兴安岭兴安落叶松和泥炭藓沼泽亚区”、“三江平原苔草沼泽亚区”和“松嫩平原芦苇沼泽亚区”。全省湿地划分为 4 个类型，其中河流湿地 46 万公顷，湖泊湿地 43 万公顷，沼泽和沼泽化草甸湿地 332 万公顷，库塘 13 万公顷。三江平原湿地是中国面积最大的平原沼泽湿地，现有湿地 156 万公顷，占黑龙江省湿地面积的 36%，在亚洲湿地名录中列为全球性重要湿地，是全国最大的淡水湿地分布区；区内分布有 1000 多种植物、500 多种脊椎动物，已发现世界级濒危物种 37 种（资料来源：《2000 年黑龙江省湿地调查报告》）。

目前，黑龙江省已建立国家级湿地类型自然保护区 8 处，省级湿地类型自然保护区 32 处，保护区面积达 330 多万公顷，已将 76% 的天然湿地纳入保护管理范围。其中有 6 处国家级和 11 处省级湿地类自然保护区位于三江平原区内。

三　三江平原湿地保护的策略

目前，三江平原湿地保护的主要策略有：通过立法手段保护湿地资源；成立自然保护区保护湿地资源；引进国际资源，开展湿地资源保护的国际合作；进行小流域环境治理扼制湿地资源的衰退，等等。

（一）政策、法律和法规

自 1998 年以来，有关三江平原湿地保护的政策和法规主要有以下几种。

1.《关于加强湿地保护的决定》

1998 年，黑龙江省人民政府为全面加强湿地管理工作，印发了黑发【1998】1 号文件《中共黑龙江省委、黑龙江省人民政府关于加强湿地保护的决定》，对湿地保护管理工作做出严格的规定。

该决定指出了以下 8 个主要方面：①各级政府及各有关部门要严格执行《中华人民共和国环境保护法》、《中华人民共和国野生动物保护法》、《中华人民共和国自然保护区条例》、《中华人民共和国野生植物保护条例》等法律、法规；②在全面搞清全省湿地资源开发、矿产开发利用和保护现状的基础上，于 1999 年底编制完成全省湿地保护和开发利用规划，纳入全省国民经济发展总体规划中；③抓紧对湿地资源的抢救保护，加快建立自然保护区；④要严格贯彻执行《中华人民共和国自然保护区条例》和《黑龙江省自然保护区管理办法》，加强对湿地自然保护区的依法管理；⑤未被开垦湿地一律停止垦殖和采掘，任何单位和个人都无权批准湿地的开发项目；⑥按照国家“谁利用，谁补偿”的原则，有关部门要尽快研究制订自然资源开发利用生态环境补偿办法，使湿地等生态环境恢复与保护的资金有制度保证；⑦积极组织大专院校和科研单位大力开展对黑龙江省湿地地理和地质环境、湿地生态过程、湿地的价值和环境功能、湿地生物多样性、湿地保护和持续利用等多方面的科学考察和科学研究；⑧实行湿地保护地方政府领导负责制，把湿地保护工作纳入当地政府的重要议事日程。

2.《黑龙江省湿地保护条例》

2003 年 6 月 20 日，黑龙江省第十届人民代表大会常务委员会第三次会议通过了《黑龙江省湿地保护条例》，该条例自 2003 年 8 月 1 日起施行。该条例出台的主要目的是，全面保护湿地及其生物多样性，维护湿地生态系统的基本功能，促进湿地资源的可持续利用。为此该条例在以下几个方面做了详细规定。

在湿地管理方面，县及县以上林业行政主管部门主要负责湿地资源管理的相关工作；在湿地范围内，开发建设活动需占用或者征用湿地的，须经省林业行政主管部门审核同意，依法进行环境影响评价并办理有关审批手续；经批准临时使用湿地不得超过两年，不得改变湿地功能或者修筑永久性建筑物；县级以上人民政府应当采取措施保护湿地水资源。

在湿地利用方面，利用湿地资源必须符合湿地保护规划，维护湿地资源的可持续利用。不得改变湿地生态系统的基本功能，不得超出资源的再生能力或者给野生植物物种造成永久性损害，不得破坏野生动物的栖息环境；在湿地内从事割芦苇、割草、采药、放牧等活动，应当按照批准的范围、数量和有关规定进行。

在湿地资源保护区方面，提出了建立湿地自然保护区的条件及其审批程序；湿地自然保护区核心区严禁定居人口；禁止在湿地自然保护区缓冲区内开展旅游和生产经营活动，现有生产经营活动应当停止；明确了湿地自然保护区管理机构的主要职责。

最后，该条例对违反条例行为做出了相应的处罚规定。以下 9 种行为属于禁止行为：①排放湿地水资源；②挖沟、筑坝，开垦湿地；③破坏鱼类等水生生物洄游通道和野生动物的重要繁殖区及栖息地；④擅自采砂、取土、放牧、烧荒、砍伐林木、采集国家或者省重点保护的野生植物；⑤非法猎捕受保护的野生动物、捡拾鸟卵或者采用灭绝性方式捕捞鱼类及其他水生生物；⑥向湿地自然保护区内排放污水或者有毒有害气体；⑦向湿地及周边水域投放可能危害水体、水生生物的化学物品；⑧向湿地及其周边一公里范围内倾倒固体废弃物；⑨其他破坏湿地的行为。

3.《兴凯湖国家级自然保护区条例》

2006年10月20日，黑龙江省第十届人民代表大会常务委员会第二十三次会议通过了《兴凯湖国家级自然保护区条例》，该条例于2007年1月1日施行。黑龙江省其他湿地类型自然保护区也在积极准备立法工作。该条例主要涉及以下几个方面。

在行政规划上，黑龙江兴凯湖国家级自然保护区管理局（以下简称管理局）是保护区的管理机构，隶属于鸡西市人民政府，负责保护区的保护、规划、利用和管理工作，具体组织本条例的实施，业务上接受省林业行政主管部门的指导和监督。省建设、水利、国土资源、环保、农业、旅游等部门依照法律、法规规定，履行监督职责。

在自然保护区管理方面，需要在保护区内建设的项目，应当进行环境影响评价，编制项目环境影响评价文件，并按照国家和省有关规定办理审批手续。保护区内不得建设污染环境、破坏资源或者景观的建设项目。核心区内禁止下列行为：①开垦湿地；②捕猎野生动物；③砍伐林木、采挖苗木和药材；④从事渔业捕捞；⑤建设生产设施；⑥挖沙、取土、放牧、烧荒；⑦其他损害自然资源和生态环境的行为。

在湿地资源的利用方面，在保护区自然水域进行捕捞活动，应当依法持有渔业捕捞许可证、渔业船舶登记证书、内河渔船检验证书；在保护区边境水域捕捞的还应当持有边境地带作业许可证；经批准在保护区内从事割苇草等野生植物利用活动，应当按照批准的区域、时间、数量和强度进行；保护区内的水资源应当优先保证人民群众生活用水和湿地生态用水。工农业生产用水应当制定科学的用水计划，按计划取用。

同时，该条例还对保护区水域中的船舶排放含油污水、生活污水，保护区内从事农业生产的单位和个人施用农药、化肥都做了规定。最后，条例对违反该条例的行为做出了相关惩罚规定。

（二）湿地自然保护区

目前，三江平原区内有兴凯湖、三江、八岔岛、洪河、七星河、挠力河6个国家级自然保护区和大佳河、珍宝岛、安邦河等11个省级自然保护区。国家级自然保护区具体情况如表1-2所示。湿地自然保护区的建立，对于保护湿地生物多样性具有极为重要的意义，并为东北地区的气候调节、水源涵养、洪涝灾害控制及工农业生产和人民生活安全提供了重要保障。

表 1-2　三江平原地区国家级湿地类型自然保护区概况

保护区名称	概　　况
兴凯湖	位于黑龙江省东部边境密山市境内。地理坐标北纬 45°01′00″~45°34′30″,东经 131°58′30″~133°07′30″,保护区总面积 222488 公顷。兴凯湖自然保护区始建于 1984 年,1994 年经国务院批准晋升为国家级自然保护区,1997 年首批加入东北亚鹤类保护区网,2001 年加入拉姆萨尔国际湿地公约,成为中国 21 块国际重要湿地之一。保护区有高等植物 650 种,其中有兴凯松、紫椴、黄菠萝等 9 种国家重点保护植物;有脊椎动物 319 种,其中国家一级保护动物有丹顶鹤、东方白鹳、白尾海雕、金雕等 4 种,二级保护动物有白枕鹤、大天鹅、马鹿等 36 种。
三　江	位于三江平原东北部,黑龙江、乌苏里江交汇处,地跨抚远县和同江市。保护区的地理坐标为东经 133°43′20″~134°46′40″,北纬 47°26′~48°22′50″,总面积 19.81 万公顷。保护区始建于 1994 年,2000 年晋升为国家级自然保护区,2002 年列入国际重要湿地名录,1999 年加入国际雁鸭类保护网络,2002 加入国际鹤类保护网络。区内有大小河流 57 条,湖泡 201 个,江心岛屿 26 个。据初步调查,保护区共有脊椎动物 291 种,其中国家一级保护野生动物有白鹳、丹顶鹤,白尾海雕等 9 种,国家二级保护野生动物有大天鹅、白枕鹤、雷鸟、水獭、猞猁等 32 种。区内野生植物资源也比较丰富,有高等植物近 500 种,其中有野大豆、黄菠萝、水曲柳等国家重点保护野生植物。这里还是东北亚鸟类迁徙的重要通道和繁殖栖息地。
八岔岛	位于黑龙江省三江平原腹地,佳木斯市同江市东北部,地理坐标为北纬 48°08′~48°18′,东经 133°40′~134°01′,属自然生态系统类中的湿地生态系统类型。保护区总面积 30921 公顷,核心区面积 7918 公顷,缓冲区面积 6450 公顷,实验区面积 16553 公顷。1999 年同江市八岔岛自然保护区管理站成立,2001 年晋升为省级保护区,2003 年晋升为国家级自然保护区。主要保护对象是水生和陆栖生物及其生境共同形成的湿地和水域生态系统。保护区共有维管束植物 593 种,其中蕨类植物 22 种,隶属 10 科,14 属;种子植物 571 种,隶属 94 科,292 属,有国家珍稀濒危植物 12 种。国家一级保护动物有大马哈鱼、银鲑鱼、细鳞鱼、哲罗鱼等珍稀鱼类;大型脊椎动物豹、梅花鹿、原麝;东方白鹳、金雕、玉带海雕、白尾海雕、丹顶鹤、中华秋沙鸭等鸟类。国家二级保护动物有棕熊、黑熊、水獭、猞狮、雪兔、驼鹿等。
洪　河	1984 年 1 月成立的省级湿地自然保护区。1996 年 11 月晋升为国家级自然保护区。2002 年 2 月被批准列入“国际重要湿地”。保护区位于三江平原东北部的同江和抚远县境内。地理坐标:东经 133°34′38″~133°46′29″,北纬 47°42′18″~47°52′。保护区主要以保护东方白鹳、丹顶鹤、白枕鹤、大天鹅及其生境共同组成的湿地生态系统。据调查,区内有鸟类 16 目 43 科 174 种,其中国家珍稀濒危鸟类 10 种:东方白鹳、黑鹳、丹顶鹤、白枕鹤、大天鹅、鸳鸯、花尾榛鸡、白尾海雕、虎头海雕和乌雕。野生植物有 1012 种,其中国家珍稀濒危植物有 6 种:水曲柳、胡桃楸、黄菠萝、野大豆、刺五加和黄芪。
七星河	位于黑龙江省宝清县境内,地理坐标为东经 132°5′~132°26′,北纬 46°40′~46°52′,总面积 20000 公顷。保护区于 1991 年经宝清县政府批准建立,1996 年经双鸭山市政府批准晋升为市级,1998 年晋升为省级,是一个以沼泽湿地生态系统及珍禽为主要保护对象的自然保护区。本区大面积分布的芦苇沼泽为三江平原唯一的大面积芦苇沼泽,具有高度的典型性和代表性。本区湿地类型较多,生物物种丰富,高等植物有 62 科 174 属 386 种,脊椎动物有 28 目 50 科 163 种,其中哺乳类 5 目 8 科 17 种,鸟类 16 目 30 科 123 种,爬行类 1 目 2 科 15 种,本区列入国家一级重点保护的野生动物有丹顶鹤、中华秋沙鸭,白头鹤、白鹤 4 种,列入国家二级重点保护的野生动物有灰鹤、白枕鹤、大天鹅、小天鹅、雪兔等 17 种。

续表 1-2

保护区名称	概　况
挠力河	位于三江平原腹地,地跨宝清、富锦、饶河、抚远三县一市。地理坐标为:东经132°22′41″~134°10′24″,北纬46°30′10″~47°22′17″,保护区总面积为160595.4公顷,保护区划分为三区:核心区37045.0公顷,缓冲区5312.4公顷,实验区70425.8公顷。该自然保护区是由长林岛、燕窝岛、挠力河三处省级自然保护区和一处七星河市级自然保护区合并而成。2002年7月2日经国务院批准晋升为国家级自然保护区的。该保护区属于内陆湿地与水域生态系统类型的保护区。为了更好地保护挠力河湿地和珍稀水禽资源,保护区以森林、灌丛、草甸和水生植被等5个生态系统为主体,有野生动物593种,野生植物1047种,其中:国家级珍稀濒危保护动物70种、植物10种,有5种水生植物被列入《中国濒危保护物种红皮书》。

（三）湿地保护国际项目

目前，三江平原地区实施的国际合作项目是由黑龙江省林业厅、世界银行的全球环境基金（GEF）和亚洲开发银行（ADB）共同实施的三江平原湿地保护项目。

1. 项目目标

保护三江平原湿地具有全球重要意义的生物多样性，保护湿地生态系统，促进当地社会经济的可持续发展，整体提高当地人民的生计福利。

2. 项目概况

• 资金来源

项目总投资共5555万美元，其中亚洲开发银行（ADB）贷款1500万美元，世界银行全球环境基金（GEF）赠款1214万美元，黑龙江省政府配套资金2841万美元。

• 项目区位置

三江平原位于中国的东北角，介于北纬45°01′~48°27′56″，东经130°13′~135°05′26″，是黑龙江、松花江、乌苏里江的汇流地带，是三大江河冲积而成的低平原，总面积约10.89万平方公里，其中原始湿地面积为4.4万平方公里，是中国面积最大的淡水沼泽湿地，沼泽分布率高达20%。项目区内有安邦河、兴凯湖、珍宝岛3个国家级自然保护区，以及七星河、大佳河、挠力河3个省级自然保护区（见图1-2）。项目活动涉及三江平原18个县中的13个县。

• 项目内容

①流域管理，包括森林保护、保护区水资源管理和水资源规划等。

②自然保护区管理，包括自然资源管理、湿地恢复示范项目以及野生物种恢复等。

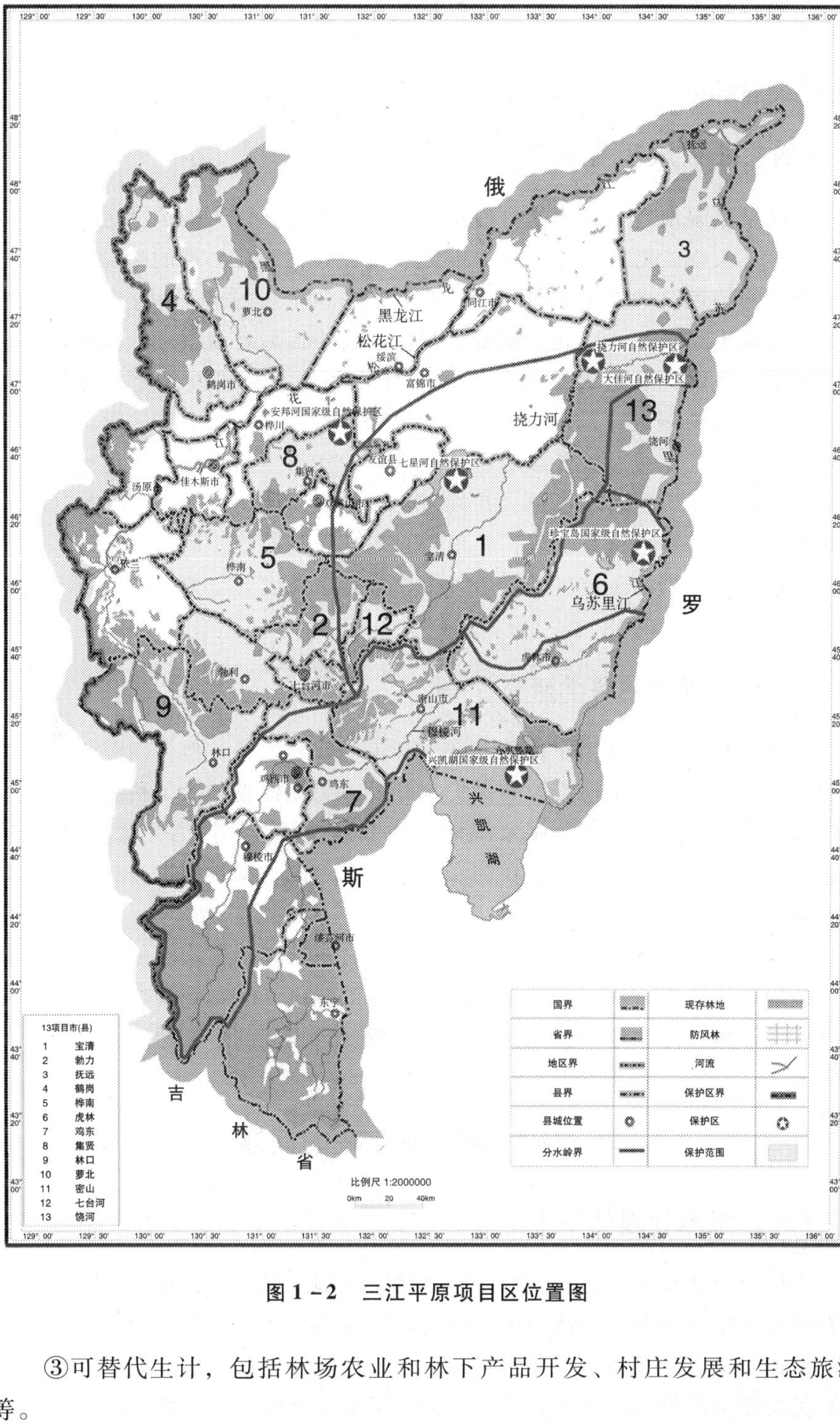

图 1-2　三江平原项目区位置图

③可替代生计，包括林场农业和林下产品开发、村庄发展和生态旅游等。

④教育和能力建设，包括自然保护教育、公共意识提高和湿地管理培训等。

⑤项目管理。

（四）小流域环境治理

三江平原湿地周边各市县目前正大力发展绿色经济，加快推进农村经济结构调整，大幅度增加农业投入，推进农村社会化服务体系的建设，并结合湿地动植物特色，大力发展养殖业，改变了农业生产的单一性，在优质高效农业上实现了突破。并以此为基础，积极进行小流域环境治理。实施退耕还林、还草、还湿，通过人工造林、封山育林和公益林建设，提高森林覆盖率。用林带保护湿地，同时加强草原保护和建设，严禁开垦草原、超载放牧。湿地核心区、缓冲区各级政府采取措施，实行生态移民，将湿地核心区原有居民迁出，土地退耕还林，并规定不准在规划的核心区内开荒、烧荒、实施水利工程及其他建筑工程，并出台封河育鱼的政策，限制在河流、泡沼捕捞。这样一系列的小流域环境治理工作起到了在宏观上遏制湿地资源衰退的作用（唐佳威，2008）。

（五）加强湿地科学研究

黑龙江省湿地研究工作从20世纪60年代就开始了，但多以湿地开发为基础。为了研究三江湿地资源的保护与开发，黑龙江省加大了科技投入，黑龙江省林业厅也主持开办了国家湿地生物多样性调查、评估、监测培训班，这标志着国家湿地保护项目已在三江平原正式启动。湿地保护项目是地球环保的重要系统工程之一，囊括地球物理学、生物学、气候学、土壤学等学科。实施湿地保护工程，必须对工程技术人员进行理论与实践的培训，使其掌握湿地调查技术方法、湿地多样性富集区的确定、湿地物种鉴别分类、湿地多样性评估和湿地资源监测，是一项科技含量很高的研究课题。

四　湿地保护中存在的问题

（一）湿地管理法规不全

中国目前还没有对湿地进行专门立法，对湿地保护与管理的相关依据散落在各种基本法律和行政法规中。现行的法律法规中还没有明确给出湿地概念的法律定义，其调整范围也不明确。由此导致一些法律对湿地类型或者湿地相关类型资源的开发利用行为，实际上采取的是默认或者鼓励的态度，给原本应该加强保护的湿地又增加了合法开发的压力。例如，《中华人民共和国土地管理法》将沼泽、滩涂等湿地列入往往被视同为荒地的“未利用地”类型，将湿地保护置于两难处境（朱建国，2004）。

（二）湿地管理体制不顺

中国湿地保护、管理与开发利用涉及十多个有关政府部门，如国家发改委、环保总局、农业部、海洋局、水利部、国土资源部、林业局，由于各部门对湿地的保护、开发利用和管理方面的责任、权利、义务不明确，各行其是，各取所需，相互之间出现众多矛盾，严重地影响了湿地的科学保护和合理利用（黄成才，2004）。

（三）湿地内水资源缺乏、水质恶化

三江平原是中国重要的粮食生产基地，耕地面积为350.9万公顷，但是20世纪90年代以来，该地区旱灾不断加重，最大受旱面积为140.6万公顷，占全区耕地面积的40.1%，易旱面积为80.8万公顷，占耕地面积的23%（王韶华等，2003）。农业用水的大量增加使得湿地内水资源受到巨大威胁，同时湿地内水资源还面临工业废水和生活污水排放所带来的威胁。降低产业用水、增加生态用水、对湿地人工补水任务十分紧迫。

（四）湿地环境影响等功能评价未发挥作用

由于人们对湿地保护的重要性缺乏足够的认识，目前尚未对湿地合理利用做出有效的环境影响等功能评价。尽管有些部门根据环境保护法的有关规定，对部分湿地的利用进行了初步评价，但因缺乏湿地效益的评价体系和评价标准，主要采取定性描述的方式，没有系统的定量标准，不能满足政府和社会公众对湿地的效益进行全面、系统、科学和准确评价的要求，对湿地保护和合理利用未能产生积极影响（黄成才，2004）。

第二章

资源保护与生计替代的策略

农户的生计安全与生计水平问题是当今中国农村的核心问题，而稳定、安全的生计和相关政策的结合，对促进社区的可持续发展起到了重要作用，比如能够缓解贫困和促进社区资源的可持续利用（李斌，2004）。因此，我们对于农村发展研究首先应该基于这样一个事实：农村发展和城市发展存在现实性差距，很多农民的生计不足以支持最基本的生活所需，甚至一些地方的农民依然过着刀耕火种的日子，人们还在为了满足基本的生活需求而努力。

在一些地方，针对农民的生计问题采用了一些新型的生计替代办法，包括定居、开荒务农、引种中草药等，均因不能预估由于生计活动变动所引起的周边生物环境的改变、忽视逐渐累积的水土流失灾难所造成的问题，以及由于出现生活不适应和文化中断而引发的心理障碍与挫折（庄孔韶，2006）。这些替代生计方式都属于不理解农村社区或者民族的生存智慧所在，以外力将某种生计途径强行切入到古老有序的社区生态系统。这样的做法也许能瓦解社区原有的生计，却既没有恰当的良性系统来替代，也没有地方族群能够“迅速”适应的生计方式，更没有文化制度的有机衔接，结果有破无立，致使社区农户的生活无所适从。

基于干预主义的理念，国内及国际发展项目在农村社区先后开展了一系列通过替代生计途径来促进社区发展的活动，以期替代原有的社区生计模式，改善农民现有的贫困状况。但是大量的发展干预实践证明，其现实结果常常与项目的规划设想相差甚远。实际上，发展干预的对象（个人和农户）在面对项目的设计和实施机构时，有自己的理性和自我组织能力，在项目过程中，他们与干预机构在互动过程中所形成的战略决定了干预的过程和结果（Long，1984）。针对这种干预设计和现实的差距，本研究以亚洲开发银行在三江平原所实施的以社区为基础的替代生计项目为载体，来解析替代生计的整个动态过程，以探讨促进农村可持续替代生计发展的路径选择。本章回顾和综述了与替代生计相关的国内外研究。

一　替代生计的缘起和含义

（一）替代生计的缘起

替代生计这个概念被广泛使用是在20世纪90年代，国际发展研究机构和非政府组织在总结过去研究和实践经验基础上，提出并采用了替代生计途径来解决农村社区的贫困、自然资源管理和保护生态环境等问题，取得了许多重要的研究和实践成果，对于中国农村发展领域的研究和实践有着借鉴意义（李斌、李小云、左停，2004）。

替代生计过程实际上是一个生计变迁的过程，它贯穿于人类发展的始终。最早可以上溯到人类的起源，早期的人类是靠渔猎和采集为生，但是这种生计方式带给人们的是不稳定和不安全的生活，人们经常由于没有食物来源而不能果腹。因此，人们逐渐在渔猎和采集生计的基础上开始演化出养殖和种植方式，这种方式弥补了渔猎资源不足，并经过长时间的探索而演变成以种植和养殖为主的生计模式（利基，2007）。生计变迁的过程同样也贯穿于游牧民族的兴起至衰亡之中，在与农耕文明经历十几个世纪的争斗后，随着工业文明的兴起，游牧文明最终走向尽头，而他们的生计方式大多也由原来的放养转为定养或者转为种植（尹伟强，2007）。现实社会中很多热点问题同样反映了替代生计的过程，如“生态移民”、“三峡移民”、“退耕还林”等现象最终都要落实到人的生计问题。人们面对自然和社会环境的改变必须要思考生计变迁以满足生存的需要。现代生计变迁主要是作为生计途径而广泛用于发展项目中。如社区原有生计活动对自然资源产生不可恢复的破坏作用，于是使用一种对环境友好的生计替代原有的生计，以此来保护自然资源。

（二）替代生计的内涵

替代生计可以分为三种形式。

第一种是自然的生计变迁。它是指生存的自然环境导致原有的生计无以为继，而不得不选择适应现在的自然环境的生计方式来替代原有的生计方式。如渔业资源的枯竭导致赫哲族人不得不转向以农业为生。在这个生计变迁的过程中农民通常是积极地探索以适应新的生计方式。同时，经过一个长期的演绎过程，新的生计方式对于人们来说，由陌生变成熟悉，并嵌入到人们的生活中而成为其中的一个重要组成部分（孟德拉斯，2005）。

第二种是社会环境的变化所导致的生计变迁。它是指由于社会环境发生变化，人们开始用自己的理性进行思考，并对比原有的生计方式和现有社会环境所提供的生计途径所带来的经济收益和社会收益等，如果新的生计途径带来的收益要超过原有的生计模式，人们将选择替代，比如农业劳动力转移到城市打工。这种生计替代的效果往往取决于国家的政策，而不是个体的选择（庄孔韶，2006）。

第三种是基于干预主义的理念，针对原有生计模式的低效率或者原有的生计与自然资源管理之间产生的矛盾，从而在农村社区实施一系列新的生计活动来替代社区原有的生计模式，从而达到既能提高农民的收入水平，又能发展出对环境友好的生计模式的目的。通常这种生计模式是国际发展机构通过项目的形式进行干预的，但是干预的结果常常事与愿违，不尽如人意（张丙乾，2007）。

从上述三种形式我们可以看到，替代生计所包含和运用的领域是非常广阔的。但是，干预理念下的替代生计实施最主要还是在扶贫（改善社区生计）、社区自然资源管理和保护生态环境等领域上。下文研究的替代生计主要是指干预理念下的替代生计。

（三）替代生计的定义

长期以来，国内对农户的研究主要关注的是农民收入问题，有关生计的研究也是在以收入为主体的研究框架下展开的。国际发展领域对农户生计的思考，开始于 Robert Chambers 在 20 世纪 80 年代中期的工作，后来又被他本人及 Conway 等人所发展。Chambers 和 Conway 提出的生计概念是：生计包括“能力、资产（即储备、资源、要求权、可获得性）以及一种生活方式所需要的活动”（R. Chambers and R. Conway，1992）。这个生计定义的一个重要的特点是它直接关注人们，在追求提高生存所需要的收入水平的过程中，资产和其所拥有的选择之间的联系（Frank Ellis，2000）。研究贫困与农村发展问题的学者们认为，生计的概念与“工作”、“收入”和“职业”相比，有着更丰富的内涵和外延，更能完整地描绘穷人的生存状况的复杂性，从而更利于理解穷人为了生存安全而采取的策略。事实上，农户拥有或可以获得的资产直接影响着他们的福利，并对他们摆脱贫困产生强有力的影响。世界银行的研究表明：增加穷人的资产，可以增强他们的经济、政治和社会地位，增强他们对自身的控制力（李琳一，2007）。

可持续生计框架大约在 20 世纪 90 年代初被提出，是世界各地非政府组织（NGO）、发展工作者及学者总结多年经验后，在参与式工作理念的基础上开发出的理论框架，具有较强的理论性、实践性和系统性。可持续农村生计框架（Sustainable Rural Livelihood Strategy）是将人视为在一个脆弱的环境背景中生活。在此背景下，他们可以获取某些资产，他们依靠进入主流的社会环境、制度环境和组织环境来实现他们的人生意义和价值。这种环境也会对生计策略产生影响。所谓生计策略，也就是资产组合和应用的方法。当人们在为了改善自身的生计条件，追求能带来效益的生计产出的同时，生存环境中往往会出现资源遭到破坏的现象。贯穿于可持续生计框架中的是影响生计的五大资本，即人力资本、社会资本、金融资本、物质资本和自然资本（DFID，2001）。

替代生计通常被认为是人们的主要生计从一种模式向另一种模式转变的过程。在 DFID 可持续生计框架下，替代生计通常被认为是影响生计的自然资本、物质资本、金融资本、社会资本和人力资本发生变化的过程，这种变化决定了生计模式发生变化（崔淑丽，2007）。替代生计往往是实施生计模式的主体，为了达到某种目的，在外界条件发生变化或者在外部干预下使生计模式发生转型的过程（龙健，2007）。张文雄（2006）认为替代生计是通过外界多种形式的干预，采取社区参与的方式所进行的对环境友好并能持续改善社区的生计水平、形成可持续生计模式、实现自然和社区和谐发展。还有学者认为替代生计是通过采取社区参与的方式所进行的对环境友好并产生显著经济效益的农业生产项目，以替代现有的低水平的生计方式和手段，明显改善社区的生计水平，形成可持续生计模式，从而实现自然和社区和谐发展。

综上所述，替代生计在不同的论著中有着不同形式的表述，但是在目标上都是将替代生计作为一种手段来促进社区发展或者是自然资源的合理利用。因此，我们根据上文将替代生计定义为：实施生计的主体在外界条件发生变化或者在外部干预下，为适应外部的变化而积极探索一种新的生计模式，以促进社区生计和社区的政治、经济和文化方面的可持续性。替代生计的成功是众多利益群体之间的交融和互动的结果。

二　替代生计在国内外的实践

（一）替代生计在国内的实践

在国内正式文献中所描述的大多是替代生计成功的例子，很少涉及失败的案例，更缺乏直接涉及农户的一些描述，缺乏从他们的视角如何看待替代生计的问题。

针对鄱阳湖和洞庭湖的“退田还湖”政策使一大批两湖周围的农民面临失地后的生计安全问题，当地利用湖边丰富的草业资源发展畜牧业以代替原有的种植业来解决农民失地后的生计问题。项目执行机构根据当地草业资源的生长情况发展出两套畜牧生产模式：一是以湖洲草地利用为中心的季节性育肥模式；二是以退耕农田为中心的种草养畜（禽）模式。制定了五方面的措施来促进替代生计的发展：①对发展替代性草地畜牧业的可行性进行全面有效的评价。②为了保证替代产业经济效益的明显提高，制定了促进替代产业发展的相关政策，进行了替代性草地畜牧业开发的科学规划。③建立和完善行之有效的社会化支持和服务体系。④增加资金投入水平。⑤进行季节性草地畜牧业生产的技术研究。以现在形成的生产模式进行替代性草地畜牧业生产的经济效益十分明显。即便利用目前的天然草地饲养草食家畜，其单位面积土地所产生的经济效益也比一般农作物高，农民见到效益后，普遍愿意接受这种替代生计的方式（樊江文，2001）。

汇丰银行长江项目（2004）的替代生计与社区发展的主要形式是，在示范区内建立起替代产业滚动发展资金机制，将滚动资金作为农户的替代生计的启动资金，当农户成功地替代原有的生计，滚动资金将支持另外的农户发展替代生计项目，并希望通过这种滚动发展机制，引导农民进行高效、多样化及环境友好的生产活动，以替代当前不利于河湖湿地功能保护的生产和经营模式。世界自然基金会（简称 WWF）保护四川大熊猫基地项目帮助基地保护区 500 个村庄的农户开展可持续替代生计活动，减少农户开发使用基地的自然资源，从而保护大熊猫赖以生存的自然环境。他们的做法是通过提供资金，支持山民在退耕地上和农户庭院种植花椒、核桃、养殖香菇等，并发展养蜂业和菌类养殖，所获农产品按照收购保护价出售，并实行包销以减少市场风险，以此弥补了他们放弃药材采摘和狩猎带来的经济损失，新的生计活动的效益也远远大于原来利用自然资源的效益。

（二）替代生计在国外的实践

国外早就开始一系列替代生计途径的尝试。早在 20 世纪 80 年代阿根廷的国家公园计划就通过发展旅游业来代替当地传统的种植业和渔业，从而减少农户生计对土地和社区周边资源的依赖。但是在实施保护和发展旅游业的计划中，并没有将当地农户列为利益相关群体，他们对土地和资源的利用也没有任何发言权，这就导致农户在这个计划中被边缘化了，加之其对新的生计方式的认识不足，结果，农户对旅游业反应冷淡。因此，农户的参与不足直接导致了替代生计项目的前期失败（David Aagesen，2000）。一些建立自然保护区的地方，管理者尝试重新安置保护区内的农户，给他们创造一种新的生计方式，但是管理者发现，长期依赖保护区内自然资源生存的农户并不能适应新的生计方式，建立的制度得不到农户的拥护和实行，甚至农户的做法与保护区的初衷背道而驰，这种方式由于不可行而被逐步放弃（Clad，1985；Gray，1991；Pimbert & Pretty，1995；Stevens，1997）。

三　替代生计的理论路径

影响农户作出生计决定的因素并不是简单和单一的。一些干预下的替代生计途径，虽然通常都采取了参与式发展的方法，且在理论上能真正反映农户的需求，但是，在实践中，微观个体作出决定时并不完全是出于生计的考虑，而是出于一些其他的想法（如获得资金应急），同时也会受到一些因素的制约（如村委的统一安排等）。另外，不同的人有不同的思想世界，而最后这些思想用于实践所产生的结果通常也是千差万别的。在干预的实践中我们会发现，微观个体虽然受制于“社区的结构性的东西”，但是也具有自己的主观能动性，会在重建结构中发挥作用，最后所得到的结果既不是干预所预设的，也不同于自然的变迁。替代生计长期以来只是作为一种干预的手段被用来促进农村发展，缺乏核心的理论框架。但是在干预的过程中常常会涉及一些相关的理论，如参与式发展理论、干预理论、结构化理论和行动者导向理论等，因此本章主要是对替代生计相关的理论背景加以梳理。

（一）计划干预模式

地区经济发展不平衡是世界各国带有共性的一个发展问题，各国政府都对地区差距进行了不同程度的干预（韩凤芹，2004）。“发展干预”（Development Intervention）在国际发展领域中被定义为：为了某预定发展目标而进行的改变现状的人为的努力。发展干预又被划分为制度性干预（Institutional Intervention）和间接干预（Less Direct Forms of Intervention）。制度性干预是指发展项目和发展规划，而间接干预则是一些政策性的干预手段，如价格调节、税收制度或其他财政和法律手段等（王伊欢、叶敬忠，2005）。

长期以来，中国各级政府为了实现各方面发展的目标，在农村地区实施了各种各样的发展干预措施，如大到全国范围内的中央制定的一系列扶贫项目、退耕还林政策、环境绿化和保护方案，小到一个村落的修路、架桥、打井、铺水管，它们都可以看做是为改变干预对象现状所作出的一种人为努力。从 20 世纪 80 年代开始，国际社会也在中国发展领域开展了各式各样的发展项目，如 UNDP 在中西部贫困地区的扶贫项目，世界银行在广西、贵州等地的高速公路建设贷款项目和在德国复兴银行支持下的中国二十几个省份均有涉及的中德造林合作项目等（王伊欢、叶敬忠，2005）。类似这些项目都是典型的计划干预行为。计划干预的思维方式的理论基础是经济增长理论和现代化理论，因为它们是构成计划干预模式的理论与实践的基础（林志斌，2006）。

（二）结构化理论

“结构化”理论由安东尼·吉登斯提出，该理论批判了结构功能主义忽视互动者的能动过程，忽略人们反思、监督、定义和决策的能力的理论缺陷。结构功能主义认为在这种理论中互动者没有起到多大作用，结构的运行和再生产这些结构与改变这些结构的行动者相脱离。但是吉登斯同时也意识到了互动论、常人方法学等微观社会学理论的缺点，认为这些理论倾向于将个体和结构的二元论永恒化，不能够将具体的个体行动与更大范围的结构和秩序连接起来（乔纳森·H. 特纳，1987）。“结构化”理论认为，微观和宏观的二分法并不构成二元论，而是一种双重性（duality），即互动者在相互依存的背景中运用规则和资源，这些规则和资源构成了日常生活中的社会结构。与此同时，互动者又再生产出结构的规则与资源。于是，个体行动、互动、社会结构都是相互包含的，它们并不构成各自分立的客观现实，而是构成同一现实中的双重性。社会系统的结构特征既在于它的中介性也在于它是构造社会系统的实践的结果。只有了解了社会结构的规则和资源，才能懂得行为和互动。同样，只有认识到行动者在具体互动中使用这个制度性结构的规则和资源，才能完全认识大尺度的、长期存在的制度性结构。考察社会系统的结构化过程就意味着诸如此类的系统在互动中被反复生产出来的方式（安东尼·吉登斯，1998）。也就是说，“结构化”理论力图进一步回答个体行动者的行为是如何再生产出了较大规模的集合体的结构性特征这一问题。使用这一理论，有助于分析相关政策在农村社区实践过程中是如何经由复杂的行动者的互动被“再结构化”的，或者说，一种新的较为稳定的制度、结构和秩序是如何在农村社区被“再生产”出来的（刘岳、宋棠，2006）。这有助于将农村社区发展项目实践过程中的行动因素与结构因素结合为一体。

如上所述及的实践式研究、实践社会学与常人方法学，给本项研究提供了分析和解析亚洲开发银行项目的视角。本研究从当地农村社区的微观生态入手，主要关注项目过程中各相关利益主体之间的互动过程，关注社区农民的日常生活和精神世界；同时，本研究又把外来项目干预对社区的影响与所带来的生计方式等方面的变革，放在社会转型、少数民族现代化等更大的社会、历史背景之下加以考察、分析，力争从微观之处着力又不失宏观层面上的把握。

（三）行动者导向理论（Actor-oriented Approach）

Long所倡导的行动者导向理论为解释和研究计划干预提供了新的视角与方法。该理论的中心论点是："尽管毫无疑问，很多的结构变化是受到外部力量的影响所导致的……所有形式的外部干预只有通过作用于个人和群体生活世界来产生影响。在这一过程中，外部因素被内部结构所协调和转换"（Long，1992）。这种方法提供了一种新的视角，从关注对结构的和宏观层次的分析转变到以能动体（agent）为中心的分析。这种分析焦点的变化使我们可能揭示和理解计划干预在微观层次的动态，尤其能帮助我们理解所设计目标与实际结果的分裂与背离。Long（1984）认为，"各种形式的外部干预必须进入到将要受影响的个人或群体的日常现实生活中，因此，必然要经过一定的社会和文化的过滤"。所有形式的外部干预都是由受其影响的社会角色和组织来作为中介并因此而变形。因此，采用更具动态性的方法来把握社会变化的过程相当重要，这样就是对内部与外部因素以及与其联系的相互影响和互为决定的认可，同时人的行动和意识起到了中心作用（Long，1984）。

行动者导向理论的核心概念是人的能动性（Human Agency）。能动性指的是知识、能力和社会融合以及相关行动的复合体，它影响和塑造人们自己和他人的行动和对事物的诠释（Long，1989；Long，1992）。也就是说，人的能动性具有两个要素，即丰富的知识和实际的能力（Giddens，1987）。在这里，强调"能动性"并非仅仅是单个行动者的属性，这一点非常重要，正如Hindess（1986）所言，单个个体并不是进行决策和付出行动的唯一实体。能动性是由社会关系构成的，并且只有通过社会关系才能实现。能动性关键取决于行为者网络的浮现，这些行为者部分地（难以完全）参与到别人的项目中（Long，1992）。因而，有效的能动性要求社会关系网络的战略性缔结或操纵，以及通过某些互动的节点来引导特定的名目（如要求、规则、物品、器具和信息等）（Clegg，1989）。

行动者导向理论的社会界面分析方法提供了一种分析的视角，它"有助于理解计划干预是如何影响个人和群体的生活，进而其或者成为资源要素，或者成为限制因素的社会过程……社会界面分析关注不同价值观和社会利益在社会舞台中的交合与表现，它不仅要去了解相关各方所发生的斗争和权力纷争，而且要试图揭示能够使不同的世界观相互接触的文化适应性的动态调节过程。这是一个困难的研究论题，也是一个有助于理解计划干预的预期和非预期结果的核心论题，所研究的计划干预可以是政府或发展机构开展的，也可以是由基层不同的利益群体发起的"（Long，2001）。

当然，采用行动者导向理论并不意味着否认或者忽视结构因素，而是对以结构模式进行分析的一种反思。在运用行动者导向的方法进行分析的时候，要用比结构主义者更为开放的视角来看待诸如“市场”、“商品交换”、“国家”等概念，行动者导向分析不认可固定的、标准化的、被假设为均质和一致的并且是强加于人的框架的存在，而是认可即时形成的关系，就势形成的协议或磋商的立场，就是说，这一理论让研究者更接近每日生活（everyday life）的现实。而结构主义强调的是一种固化和静止的状态，其分析往往会曲解现实或者是臆想现实（林志斌，2006）。

（四）参与式发展理论

在当代国际发展、国际政治、经济政策、社会政策等研究和实践领域中，参与式发展几乎是出现频率最高的新的概念。无论从主导发展潮流的世界银行领导人，还是在一个社区中从事发展实践的管理者，都在应用参与式发展的概念（李小云，2005）。为了转变传统的自上而下的做法，更多地重视当地的知识和组织，很多的国际项目把参与式方法作为促使基层参与的实用工具。参与式理论的发展是基于对发展实践中的影响力关系的认识，是基于对专家权威和自上而下的以专家为中心的战略的批评。这种思考为如何认识专业知识和当地知识的关系提供了有益的看法（林志斌，2006）。

参与式方法的价值并不仅仅局限在其对专业主义和简化论提出了质疑，它还创造了一种方法论和一套挑战专业主义的实践工具，来更好地利用可以获得的当地和外部的资源，并对“当地参与”给予核心的权重。尽管“当地参与”的观念从其对当地的技能和知识的尊重方面来讲，包含着积极的意义，但这种观念本身也隐含着一种假设，就是说当地人需要被有知识的专业人士动员起来，参与到由外来人员设计和操纵的项目中来（林志斌，2006）。

“参与”这个词在现今的多数发展项目中被广泛应用。农村发展的实践者经常在他们的项目评估、项目计划及监测评估的文件与报告中引用这个词。然而，最重要的是如何真正理解“参与”的内涵，并把参与理论付诸实践。“参与”本身主要包含以下一些重要因素和方面：（1）决策及选择过程中的介入。这与传统发展思路恰恰相反，是指受益人在全部的发展过程中参加决策并做出选择的高度介入。（2）在全部项目循环中的介入。所有的发展努力都是为了使目标群体受益。只有当农民参加发展项目的全部循环过程，从“我们为农民工作”转变成“我们和农民一起工作”，如项目确立、可行性研究、项目设计、实施及项目监评，才能使得他们的需求得到考虑和满足。（3）贡献努力。发展中的参与还指受益人尽可能地对发展项目作出自己的贡献和努力，如农民应对社区林业发展项目贡献出一定的努力。

(4) 承诺及能力。发展项目中的参与要求受益人对项目的成功具有相当的承诺，并要求受益人要具有一定的能力来实施项目。(5) 动力及责任。发展项目的受益人应该参加项目的计划并对实施项目具有主动性和责任感。(6) 乡土知识及创新。参与理论的一个重要方面是使当地群众在他们熟悉的环境中，充分地把他们自己的知识及技能运用到发展活动中去。(7) 对资源的利用和控制。对资源的利用和控制是鼓励农民积极参与发展活动的另一前提条件。从另一角度看，参与也是人们寻求对资源不断地有权利用和控制的过程，从而更好地提高他们的生活水平。(8) 能力建设。参与式项目的重要目标之一就是帮助农村广大群众自我教育、自我培训，这样他们才能够更好地衡量评价他们自己的情况，并把他们自己组织成一个有影响有力量的自我组织，从而对社区的发展变化起到创造的作用。(9) 利益分享。"参与"绝不是只意味着地方群众在发展活动中参与投入。参与还包括人们要从参与的项目中分离利益，即不能只参与投入，还要参与利益分享。假如利益分享没有在项目总体设计思路中被考虑进去，这样我们不能也不应该期望农村贫困人口能积极参与任何发展活动。(10) 自我组织及自立。外部干预只是起到一种催化剂的作用。而参与式发展项目则是为了促进建立各种形式的自助小组或组织，促进并协助人们的集体行动，做到使地方群众不对外部支持有依赖性，增强人们的自组、自助、自立意识。(11) 权力及民主的再分配。这是参与的较高层次，这在部分程度上是完善政治及法制的发展，从而确保人们在经济发展过程中能够具有立即参与的可能性。(12) 机制促进。现在大家已经广泛地认识到有一系列的正式和非正式的机制或手段能够较大地促进人们参与发展活动的过程。这里涉及的机制不仅包括社会和经济方面的机制，还包括文化、政治和法制方面的机制（叶敬忠，1999）。

参与式发展的核心是赋权（Empowerment），而赋权的核心则是对参与和决策发展援助活动全过程的权力再分配，简言之，即增加社区和穷人与妇女在发展活动中的发言权和决策权。对政府和发展援助机构来说，首先是赋权给社区，通过充分听取社区的意见和放大社区在决策过程中的声音来实现社区的参与，这一点体现了它与社区发展概念的主要不同，社区发展概念一般只是强调社区的被动参与，并不能参与决策过程，而参与式发展不仅仅强调目标社区和目标群体参与发展项目的实施过程，更重要的是参与对发展项目的方向和内容的决策过程，即参与决策过程；其次，在社区内部，对社区精英（包括社区的"正式"和"非正式"领导人）来说，是赋权给穷人和妇女或称为所谓的"社会弱势群体"（Disadvantaged group）或"社会边缘化的群体"（Marginalized Group），通过充分听取社区中穷人和妇女的意见和放大穷人和妇女在发展决策过程中的声音来实现穷人和妇女对发展过程的参与。这一过程具有特别重要的意义，因为在大多数情况下，尤其在贫困地区，穷人和妇女不仅在社会经济生活中被边缘化，而且在社会政治和文化生活中也被边缘化了。赋权给穷人和妇女的过程，是重新唤回穷人和妇女对自身知识和能力的自信和重建自尊的过程。这对构建社区的自我发展能力（Capacity Building）和增加社区的社会资本（Social Capital）来说至关重要（李小云，2005）。

影响农户做出生计决定的因素并不是简单和单一的，参与式发展的方法虽然在理论上能真正反映农户的需求，但是在现实中还存在不同的人调研、不同的人执行等所产生的差异，这些不同，决定了最后的结果必然和预想的有差距。正如吉登斯的结构化理论和行动导向理论中所描述的，不同的人有不同的思想世界，这种不同会贯穿于实践的始终。另外，微观个体虽然受制于结构性的东西，但是也具有自己的主观能动性，会在重建结构中发挥作用。

四　影响替代生计的因素

（一）政治层面对替代生计的影响

社区生计与国家自然资源管理之间存在博弈现象。国家的粮食安全计划会影响到社区的生计选择，国家政策和农民的社会保障等都直接反映到政治层面上，进而对社区生计选择产生影响。

国家依靠权力治理与社区自身依据社会机制的治理是不同的，国家的干预或者说国际社会的干预将会导致社区原有的权威机构削弱或者崩溃，进而影响到传统社区管理体系的崩溃（陶传进，2005）。国家对社区的侵入往往是出于整体利益的考虑，而不是我们通常意义理解的为某个利益集团服务，当然也可能是出于一种意识形态。中国是一个集权制的国家，国家权力进驻乡村并不是一个难于想象的事情。新中国成立后，通过合作化和人民公社运动，国家的行政体系渗透到农村基层，行政村取代村落家庭和家庭集团而成为农民经济和社会生活的主体。20 世纪 80 年代后期，农村基层社区才逐渐从国家行政体制中摆脱出来，从行政组织转变为自治组织。国家权力对基层社区的主宰作用表现在以下方面，这些方面同样影响着替代生计项目的实施。

1. 自然资源的集权管理

中国自然资源的国家所有和集权管理一定程度上剥夺了当地人对当地自然资源使用的传统权利。其结果就是，社区一方面在国家法律和政策框架内“机械地、低效度地”利用和管理着自然资源，而这种资源利用和管理的目的却更多的是在维护国家整体的利益或者是上层集团的利益，并没有特别顾及到各个地方上的实际需求；另一方面，社区在国家法律和政策的“边际区”或者国家权力所顾及不到的场域内，将那里的自然资源变成了真正的“公地”，为了各自的生计需求，“迫不得已”地进行着巧取豪夺，造成了这些场域内自然资源的耗竭利用。

2. 社区的发展被纳入到全国共同发展计划中

国家的政策往往引导社区的生计按照国家的发展路径前行，这与替代生计发展对环境友好和改善社区居民生计的目标是相悖的。农村社区的居民常被指责为环境的直接破坏者，这可能是现实中的一些现象，但是中国水土流失最严重的时期是中国实行“以粮为纲”的时期，北方草原的退化是国家号召大规模开垦草地种植粮食的结果，而森林资源遭到两次大规模的被破坏，一次是发生在1958年大炼钢铁时期，另一次是20世纪70年代农村经营体制（实行家庭联产承包责任制）大变动时期（钟映水，2005）。在国家政策的实施过程中，农户也往往受其影响，将开发和利用自然资源作为依赖。这种对自然资源直接利用的方式，逐渐演化成生计的主要来源，也直接破坏了自然环境。如农民对田间地头、房前屋后的树木保护得很好，但是很多农民也参与乱砍伐森林，这主要还是与国家的林业和权属政策有关。如果林业政策多变，林地经营权、收益权不稳定，“公共资源的悲剧”不论在哪里都会发生（赵鸭桥，2003）。自此，国家开始认识到环境所带来的危害，20世纪90年代初期通过颁布实施一系列的环境保护法规来保护脆弱的生态环境，但是与此同时，同样存在一系列发展政策与之相悖，如“两免一补”的农业税收政策不但减轻了农民的负担，而且调动了农民种粮积极性，为国家的粮食安全作出了贡献，同样，这也刺激了农民进一步开垦土地，扩大种植规模，给本来脆弱的生态环境再次一击。国家是否能制定出“环境保护优先”的政策成为替代生计能否实现目标的困境之一。

3. 农民缺乏社会保障

随着以家庭联产承包责任制为起点的农村改革的进行，整个农村的经济社会发生了巨大变化，原有的社会保障体制也随着集体经济的削弱而基本瓦解，而适应于市场经济的新型社会保障体制又没有建立起来，因此，由农户直接或间接地承担的风险越来越大（陈传波、丁士军，2005），一方面是高度的自然与社会风险环境，另一方面是正规的风险管理制度及社会安全网的缺乏。结果是，脆弱的小农户不得不毫无遮拦地直接面对来自多方面的风险。在遭遇自然灾害、市场波动、意外事故、疾病等重大变故时，农户尤其是贫困农户因自我保护能力弱而更容易受到不利因素的影响和冲击，并由此导致贫困、流行病、贫富分化等一系列严重问题（庹国柱、王国军，

2003）。农户在尝试新的生计途径时往往会受到如市场、治理、自然资源等方方面面因素的影响，农民的脆弱性和缺乏社会保障会影响到他们充分地估计新生计途径所面临的风险，所以，农民在替代生计活动的时候往往会根据自己的实际情况，进行活动的更改。因此，农民作为理性的经济学家，风险性和缺乏社会保障必然影响到他们对替代生计活动的实施。

（二）经济层面对替代生计的影响

1. 贫困的影响

贫困是自人类社会产生以来就存在的一种经济现象，同时也是一种社会现象、文化现象（阎文学，1994）。贫困从来就没有在人类发展的历史长河中消失过，事实上，人类一直孜孜以求于战胜贫困走向富裕的道路，但发展中无法解决的贫困以及发展中不断制造出的贫困，经常无止境地困扰着发展（周怡，2004）。消除贫困是所有发展项目力图解决的问题，替代生计项目作为发展项目的一种类型，其目的是发展那些既对环境友好又能持续改善社区生计而有利于农户的活动。但是在活动的实施过程中，总会不断出现新的问题，甚至很多农户尝试新的生计失败之后，因为其脆弱性而重新返贫。在发展领域还存在着规模效益的争论，认为资源应该集中在少数村庄精英手中，通过让精英先富起来再带动贫困农户的方式来谋求社区的发展，很显然，贫困农户往往会被排斥在发展的计划之外，生计会陷入到越来越贫困的状态。最贫困的农户，由于他们依赖自然资源而生存，往往是自然资源的直接使用者，同时也是环境破坏的最直接受害者（李小云，2005）。所以，替代生计的成功必须考虑到贫困问题，考虑到最贫困户的利益。

2. 社区发展依赖于自然资源

"靠山吃山，靠水吃水"是中国农民的传统生计观念（徐杰舜，2003）。正是在这样观念的主导下，农民的生计方式总是与他们所处的地理环境紧密联系的。如中国广西京族人依海而立，在国家"以粮为纲"政策和农村土地制度改革的主导下，其生计模式由原来的原始谋生方式即浅海捕捞转为种植粮食，但是，由于当地的土地沙化和盐碱化严重，粮食亩产量多则也就是500斤，人民的生活依然贫困，而且造成了环境的破坏。生计方式历经变迁的京族人不得不又回到他们所依傍的大海。他们依托大海发展水产养殖，通过海产品发展边境贸易等。随着依赖大海的原始谋生方式内涵的不断丰富，京族人的生活水平也在不断提高（吕俊彪，2003）。农村社区生产力水平的普遍低下，导致了农户资金不足、抵御风险能力低。这些因素决定了农民很难另辟蹊径寻找致富的道路，所以，依赖当地的自然资源发展经济基本上成了他们发展的全部希望，这些又导致了环境保护和社区发展出现了矛盾。人与自然的矛盾在实践中也同样制约了自然保护区的替代生计活动的开展，有些替代生计活动不但没有解决这些问题，反而加剧了这一矛盾。

因此，替代生计能不能有效地、逐步地减少社区对自然资源的依赖，取决于是否能因地制宜地找到一种能循环利用自然资源的生计方式，这是制约替代生计目标能否实现的又一困境。

3. 主要生计依赖于自然资源

随着城乡二元结构的逐步打破，城乡之间的流动也逐渐频繁，很多依赖于种植和养殖业为生的农村社区也逐步向生计多元化方向转变，如进城务工、做小买卖等。很多农村社区甚至开始发展工业，并开始以工业代替农业，把其作为社区的生计主导。如山西交城县某村建立工业园，村庄的农户由原来以种植蔬菜和养殖为主而转为在工业园区内务工，且每年的打工收入远远高于农业收入。但是还存在着一些社区（特别是一些少数民族的农村社区），它们仍然依赖自然资源生存，在利用自然资源的同时，也直接破坏了当地的生态环境。整个三江平原的社区就面临这一问题，种植业是三江平原农村社区的主要依赖产业，但是多年来耕地面积的不断扩大是以侵蚀湿地为代价的。

因此，替代生计的目的是要替代对环境破坏的生计活动，如果社区原有的主要生计是环境破坏的最主要的杀手，那么，实现生计替代就不可能是一个短期的目标，况且主要的生计已经和社区融为一体，成为社区不可分割的一部分。所以替代主要生计是制约替代生计目标实现的第三个困境。

（三）文化层面对替代生计的影响

替代生计的发展不是一个孤立的问题，而是一个整体的、综合性的概念，发展替代生计必须同时处理好社区文化的调适与发展问题。如果社区发展的结果是这个社区文化身份的最终丧失，以至于使得那些在经济上“发展”起来的人开始不知道“我是谁”，那么这种替代生计的本质意义是有待商榷的。

原有的生计模式在社区执行着一定文化的功能，农户生计选择常常是针对其特定的生存环境，经过文化创造和作用的结果（罗康隆，2004）。生计与文化会产生共变（秦红增，2006）。这两个概念至少包含两层意思，一是环境对生计的重要性，二是社区文化对生计的影响。或者，我们可以归结为生计不但和人们的生活水平有关系，而且在执行着一定的功能，比如说文化，而且它们是相互联系的。一个民族的生存环境在特定民族生计方式的作用下具有社会性和文化归属性。任何一个民族对其所处的客观外部自然环境并非百分之百地加以利用，总是按照该民族自身的文化特点，有选择地利用其中的一部分。与此同时，在其特有文化下的生计方式，其在对外部环境的加工及资源利用过程中不断协调本民族内部成员行为的方式与途径也各不相同，因此，对加工改造外部生存环境的结果也自然呈现出系统性差异。可见，与特定民族发生关系的外部自然环境，已经不再是纯客观的外部世界，而是留下了特定民族生计方式作用过的文化痕迹，生计方式也不断地协调于特有的文化体系。这样的生存空间是特定社会的产物，也是特定社会的需要，它已经成为该民族社会的一个有机组成部分（罗康隆，2004）。但是目前的替代生计活动似乎忽略了文化这一重要因素，只简单地以收入作为衡量指标。

因此，如何把握当地的文化因素，把替代生计与文化结合起来，是实现替代生计成功的重要因素。所以，替代生计是否能成功实现目标，不能简单地比较替代生计所带来的收入和原有生计所带来的收入，而是要结合当地的文化，得到当地人的认可，使替代生计逐渐成为社区不可分割的一部分。

第三章
生计替代的技术选择方案

本章主要介绍“三江平原可持续生计替代和社区参与湿地管理”项目的项目背景，以及本项目在黑龙江省饶河县开展可持续生计替代活动的过程和结果。本项目由亚洲开发银行资助，由黑龙江省林业厅和中国农业大学人文与发展学院综合农业发展中心执行。项目主要目标有三个：（1）制定出由贫困农户参与设计的可持续农村替代生计模式；（2）针对湿地资源，以“参与式”为基础，发展与当地社区组织的自然资源共管体系；（3）研究公共政策对湿地保护的影响。项目区选在三江平原边缘的饶河县的三个民族村：东鲜村（鲜族村）、永丰村（鲜族村）和四排村（赫哲族村）。项目实施期为 2005～2007 年。本项目是一个行动研究项目，在开展实践的基础上进行相关的研究，探讨社区参与的、可持续的生计替代和湿地资源管理模式。本书的第三、四、五章，分别总结了本项目在可替代生计、社区湿地共管机制以及政策研究方面的成果。

一　项目背景介绍

（一）项目来源

黑龙江省三江平原湿地曾经是中国最大的湿地。过去 50 年来，在省政府政策干预下，湿地中的绝大部分已变成为耕地，成为最大的农业商品生产基地。近来由于生态和环境退化的日益严重，政府开始提倡将耕地转变为湿地。然而，能否实现土地的成功转换，在很大程度上取决于能否为那些主要收入来源于耕地的农民提供稳定的替代生计。尽管与其他贫困省份相比，黑龙江省的农村贫困率相对较低，但贫困人口数量仍达到 373 万，共有 15580 个贫困村，拥有 780 万公顷土地，其中 35% 的土地是由原来的湿地或森林转变而来。在全部的贫困人口中，153 万人的年人均纯收入低于 625 元，处于绝对贫困状态。他们收入低的主要因素是耕地的生产力低下，替代生计和工作机会十分有限，生产技能以及保护环境的意识缺乏（以上数据依据黑龙江省扶贫办资料）。

项目由亚行的贫困与环境基金提供，由黑龙江省林业厅和中国农业大学人文与发展学院综合农业发展中心（英文缩写为 CIAD）实施。该项目旨在促使贫困农户，尤其是自然保护区附近的贫困农户在不破坏湿地的前提下实现收入的增加，用社区参与的形式扶助贫困农户开发出一套新型的生计选择方案。而且，项目实施的目的还在于建立以社区为基础的自然资源管理机制，使穷人能够更好地与其所在的自然环境共存并发展。另外，该项目运作的结果还能够为省级政府部门提供政策参考。该项目关注黑龙江省最贫困的县之一——饶河县，旨在通过可持续发展的途径，处理饶河县三个贫困村中贫困和环境的关系，最终为实现增加三江平原农民的收入、减少贫困的总目标服务。

（二）项目的组织结构

村、社区、各级相关政府等各个层次的组织机构在项目活动上的参与和努力，是项目能够成功实施的先决条件，具体的项目组织结构如下所述。

1. 省级项目指导委员会

本项目在省级建立了一个省级水平的项目指导委员会，是项目执行中代表中国一方的最高决策机构。委员会的成员是来自各个机构的代表，包括省林业厅、省扶贫办、省民族委员会、省妇联、双鸭山市政府以及中国农业大学国际农村发展中心。省级项目指导委员会的任务有：指导项目策略，确保配套资金到位，协调不同机构之间的工作，评审批准年度计划，评估项目进展情况。最重要的是，委员会负责向省政府提交项目结果以进行自然资源发展的政策制定，同时，在自然资源管理的政策制定过程中向其提交建议书。

2. 县级项目指导委员会

本项目在县级建立了一个县级项目指导委员会，受省级委员会和亚行技术援助小组的监督与管理，负责协调县级及以下各机构的工作，批准年度计划和季度报告并把它上报给省级项目指导委员会，支持社区的活动，比如调查和参观考察，同时很重要的是，它负责在村里建立社区项目执行小组和建立社区滚动资金机制，监督社区的资金分配以及帮助执行县级的独立审计。县级指导委员会还为亚行技术援助小组在村级的支持活动提供支持，以及帮助安排亚行在项目区的有关活动。县级指导委员会主任为分管县长，副主任为饶河县林业局领导以及饶河县扶贫办领导，成员包括县农业局、畜牧局、财政局、少数民族委员会、妇联和镇政府代表，以及中国农业大学国际农村发展中心代表。

3. 亚洲开发银行技术专家组

本项目由中国农业大学国际农村发展中心的专家提供技术支持。这个专家小组对该项目的执行负责，该项目的执行是在亚行总部和省级指导委员会的管理者的监督下进行的。这个小组负责制定项目的工作计划，承担参与式项目评估，提供自然资源管理的技术援助，以及和农民一起进行替代生计活动并支持新的生计活动的开展。这个小组还负责开发和实施项目的培训课程、负责社区周转资金的使用。该小组负责撰写项目的年度计划、季度报告、中期检查和最后评估报告，同时对财政管理和最后项目报告负责。

4. 县级项目管理办公室

本项目在县级建立了项目管理办公室（项目办），饶河县林业局负责为项目办提供办公室和设备。项目办管理每天的活动和财政经费，负责准备季度报告，设计详细的执行活动，负责管理报告和账目，并充分公开项目的资金使用情况。项目办是县项目指导委员会的执行办公室。为了保证项目的所有权，饶河县林业局局长作为县项目办的主任，而技术支持小组的一位成员作为项目办的联合主任。

5. 村项目管理小组

该项目的村级管理小组分别设立在三个项目村，即饶河县小佳河镇的东鲜村和永丰村，四排乡的四排村。村级项目管理小组得到亚行技术专家组、县级项目指导委员会、村委会的支持，是项目的执行机构。村级项目管理小组就实施项目计划、采购和资金的使用，与县项目办保持日常联系。村级项目管理小组的功能就是体现分权和参与式工作的机制，这也是亚行项目把该机制引入项目社区的思路。每个村级项目管理小组由一个组长、一个项目的财务管理者以及一个项目协调员组成，财务管理者要和村里的会计、出纳和借款的农民共同工作。管理小组的所有成员都是村里参与了该项目的农民，从这些人员中选出代表，构成村项目管理小组。在这个小组中至少要包括一名女性，小组的组长和财务管理者以及协调员，在项目正式执行时，由亚行技术专家组支持下的小组选举产生，同时县项目指导委员会批准了该选举结果。这个小组的主要任务包括：①在亚行技术专家组的帮助下设计项目活动；②完成项目在村级执行的每个子项目的建议书；③组织农民参与项目活动；④管理社区滚动资金；⑤在亚行技术专家组的配合下，执行项目的监测和评估；⑥在项目的支持机构和亚行技术专家组的协助下，组织所有的培训和参观考察活动。

（三）项目点简介

饶河县属于三江平原地区的一个县。三江平原地区沃野千里、水网密布，历史上这里星罗棋布的泡沼湖河与一望无际的林海草原交织在一起，孕育着丰富的动植物资源，自古以来就是自然资源丰沛的天然渔场和逐猎之地，人们常用“棒打獐子瓢舀鱼，野鸡飞到饭锅里”来形容这里的富庶。一百多年以前，乌苏里江两岸直至东海滨，都曾是中国的领土。1860年不平等的中俄《北京条约》，使乌苏里江变成了中俄两国界河。自此，饶河成为祖国的东北边疆（饶河县地方志编纂办公室，1992）。

饶河县地处北纬46°30′44″~47°34′26″，东经133°7′26″~134°20′16″，位于黑龙江省东北部，东北以阿布胶河与抚远县为界，北以别拉洪河与同江县为邻，西北以挠力河与富锦县为界，西以七里沁河与宝清县为邻，南以外七里沁河同虎林县接壤；南部与完达山脉相环抱，北部与三江平原相依托，有128公里的边境线，与俄罗斯隔江相望，位于黑龙江、乌苏里江、松花江三江汇流而形成的广阔的三江平原腹地。境内地势西高东低，大致可分为中部和南部山区、西部丘陵区、东部和北部冲积平原区。县域总面积67.65万公顷，境内林地面积35.10万公顷，水域面积0.91万公顷，耕地面积20万公顷，主要河流有乌苏里江和挠力河。县域内既有秀丽的山川，又有广袤的平原，多样的地貌形成了“五山一水二草二分田”的格局。

饶河之称，由县境内的挠力河而得名。“挠力”为“诺罗”之转音，“挠力”、“诺罗”均为满语，为“禽兽众多之地”的意思。饶河县建制始于1913年，以后历经变革，直至1964年才稳定为现有建制县域规模。该县位于黑龙江省东北边陲，乌苏里江中下游，县辖4镇5乡，110个自然村，79个行政村，境内还有5个国营农场，11个森工林场；2004年共有人口15万，有汉、满、回、壮、朝鲜、蒙古、鄂伦春、赫哲等19个民族，少数民族人口约占总人口的2.4%。饶河土地肥沃、物产丰富，是黑龙江省资源储备大县，现有耕地20万公顷，农业人口人均占有耕地1.7公顷，全县绿色作物种植面积达30万亩，主产小麦、大豆、玉米、水稻等粮食作物（2003年12月23日《中国县域经济报》）。2005年，饶河县经济快速发展，地区生产总值实现12.7亿元；固定资产投资完成2.1亿元；财政预算收入完成2088万元；招商引资4.68亿元，其中，招商引资46项，到位资金2亿元，争取政策性资金45项，到位资金2.6亿元；社会消费品零售总额1.3亿元，城镇居民人均可支配收入实现5528元；农民人均纯收入实现1140元；人口自然增长率控制在6.02‰以内；2006年城镇居民人均可支配收入实现6379元；农民人均纯收入实现1142元。（CNKI中国宏观数据挖掘分析系统：http：//number.cnki.net）

饶河县县域内森工、农垦企业经营面积占全县总面积的三分之二以上。县域内建立了挠力河国家级湿地自然保护区、东北黑蜂国家级自然保护区和大佳河省级湿地自然保护区。项目专家组按照项目注重少数民族和贫困人口发展的要求，在饶河县选择了三个项目村庄，分别是东鲜（朝鲜族村）、永丰

（朝鲜族村）和四排村（赫哲族村）。以下是三个村的资源和社会情况简介。

东鲜村和永丰村隶属于小佳河镇。小佳河镇位于饶河县北部，三江平原东南部，小佳河与挠力河交汇处，距县城 58 公里。镇域面积 487.5 平方公里，下辖 14 个行政村（19 个自然村），总户数 4784 户，总人口 3.2 万余，耕地面积 25 万亩，人均耕地 8 亩左右。

东鲜村：东鲜村始建于 1977 年，位于小佳河镇东侧，距城镇 4.5 公里，挠力河南岸，地处平原地带。东鲜村面积 13077 亩，四周均为周边村屯以及农场土地，属于寒温带大陆性季风气候，土质肥沃。该村村北 5 公里处是挠力河，水资源比较充足，耕地多且低洼易涝。全部居民户均为朝鲜族，共 36 户，约 140 人，男女比例约为 1∶1，其中劳动力人数 70 人。因 2003 年遭受早霜造成水稻绝收而导致大多数农户破产，2005 年该村仅有 16 户在村里种地，其他农户由于出外打工而很少在家。耕地共有 4000 亩，水田 2500 亩，旱地 1500 亩。水田主要种植水稻，亩产 400～450 公斤；旱地主要种植大豆，亩产 75～100 公斤。耕地面积从 1976 年的 200 亩已增加到了现在的 4000 亩左右，整体看来耕地面积一直呈上升趋势。

永丰村：永丰村始建于 1962 年，位于小佳河镇西侧，挠力河南岸，距小佳河镇 5 公里，距离饶河县城 60 公里。永丰村是一个以朝鲜族人聚集居住为主的村，总户数 91 户，人口 281 人，全村劳动力为 187 人，其中男性为 108 人，女性为 79 人。目前，该村常住户数为 83 户。但是这几年，由于流行去韩国打工，村子里的居住户开始减少。根据我们和会计统计，现在该村只有 69 个常住户，原因是 2003 年的早霜，使这一年水稻产量极低，导致几户破产，负债累累，于是出外打工去了，而有的农户发现种地投入的成本太大，而且效益不好，也出去打工了。全村耕地面积约为 5300 亩，属平原地区。根据林业局的相关规划，永丰村 2005 年有 1000 亩左右的不属于责任田的耕地被划分为退湿的部分，一旦农户的替代生计、工作机会以及对农户土地的补偿问题得以解决，部分责任田也会逐渐被划为湿地保护区。

四排村：四排村隶属于饶河县四排赫哲民族乡。该乡位于饶河县东北部，距县城 22 公里。四排赫哲民族乡建制于 1985 年 8 月，成立之初全乡只有两个村和一个国有林场，共有 137 户 590 人，乡址设在四排村。2001 年 3 月，因附近某乡镇合并，另有两个行政村划归四排乡，至此四排乡共辖有 4 个行政村，乡域面积 52 平方公里，边境线长 54 公里。目前，该乡共有赫哲、汉、蒙古、朝鲜、满、土家 6 个民族，有 509 户 1786 人。2006 年四排村全村共 184 户，计 562 人，其中赫哲户 66 户，占 35.9%，赫哲户人口总数为 176 人，约占 31.3%。全村面积 48063 亩，在册耕地面积 15542 亩，为历经数十年毁林以及开垦湿地逐步垦殖而成现有规模。目前人均耕地面积达

27.65亩，为全国人均的19.75倍，而且土质肥沃，为全球三大黑土区之一。在66户赫哲农户中有种粮大户（100亩以上）23户、普通种粮户（30~100亩）14户，占56.06%。四排村的耕地主要是旱田，水田面积很小。

（四）项目特征

以农户为基础，农户将被纳入以下项目活动：自己在所承包的土地上进行规划和执行活动，自行做出替代生计活动的决策。项目将进行培训以保证农民所需要的技术，包括种植、养殖及其他替代生计活动，同时，引入相关的方法来保证贫困农户参与项目并且从项目中受益。

本项目在设计上有以下几个特征。

1. 性别敏感

参与式方法需要考虑所有利益群体尤其是妇女的意见。项目区的妇女涉足所有的生产和家庭活动，因此，在改进生计时要考虑到妇女的观点。该项目将确保项目村妇女积极参与到项目的规划和实施过程，并且能够就应该开展什么活动和执行项目做出决策。项目将确保妇女作为主要的项目角色，并将监测贫困的性别影响。为了使项目执行具有性别敏感性，在项目的各利益相关群体中将进行性别分析和性别主流化培训。

2. 可持续生计

项目着重发展与传统收入来源所不同的可持续生计体系，将重心放在如何使生计具有可持续性，而不是单纯增加收入。为执行这一框架，将引入“可持续生计框架”的方法论，以探究此发展选择是否确实促进资产改进。项目采取的所有方法，都基于其是否有助于发展贫困农户资产结构中的人力资产、物质资产、自然资产、社会资产和金融资产。

3. 贫困与环境的联系

在大多数扶贫计划疏忽环境问题的同时，许多环境保护和自然资源管理项目则疏于处理农民面对的社会和经济问题。在许多案例中，把这两个问题引入干预措施确实是很困难的。然而，本项目的重点是发展一套对环境友好的、可持续的、能够替代现有生计模式的生计活动。这种替代应当实现经济、社会、生态三重效益。

4. 农民的组织

本项目支持村庄建立村民自己的组织。这将通过建立社区滚动资金管理体系和完成项目目标来进行。这些组织应当属于农民自己，且在实际的发展过程中发挥作用。项目其他的参与者将向组织提供支持，以此增强组织的能力。

5. 分权管理和实施

与中国的大部分由投资者驱动的项目不同，本项目采用分权管理的模式，这种模式将强化以社区为基础的项目管理组织的执行能力。这个模式允许农民和村庄通过项目开展来增强他们自己的责任和所有权。因此，这个项目的管理不是自上而下的，而是以社区为基础的。该项目的指导委员会将保证政府的配套资金的投入和支持。项目管理办公室提供行政支持。项目执行组织对整个项目周期的活动负责。

（五）项目实施情况

为了实现项目目标，在对三个村的自然资源、社会经济等情况进行了充足的参与式基线调查的基础上，根据当地环境资源特点和社会经济情况，分别在三个项目村开展了生计替代活动。在生计替代活动中，项目特别注重对当地农民人力资本的培育和参与意识的培养，因此，开展了各种形式的培训活动，充分调动社区农民全过程参与项目，以实现项目活动的可持续进行。

该项目采用专家咨询制，通过引入参与式的理念、方法，开展了内容丰富的项目活动。这些活动包括：开展了基于社区的参与式农户需求评估，建立了信息反馈机制以加强与社区农户的互动性，组建了村级的项目管理和资金管理组织，采取了有效措施以激励社区成员积极参与项目决策、管理、执行、监测等的全过程。本项目还采用了社区发展滚动资金的形式分批次滚动资助项目农户，应用参与式培训等措施促进人力资本建设。

二　项目实施前社区生计结构分析

2005 年初，为了设计项目的需要，中国农业大学的师生对 3 个项目村进行了基线调研，重点了解了 3 个村的 5 种资本情况，并对村民的替代生计需求及其可行性进行了详细的分析。

（一）东鲜村的生计结构分析

1. 社区五大资本分析

（1）人力资本情况

根据东鲜村基本情况统计分析，在入户调查的 52 个主要劳动力中，有文盲 1 人，小学文化程度 11 人；初中文化程度有 33 人，占 63.5%；高中及以上的只有 7 人，仅占 13.5%。具体分布如表 3 – 1 和图 3 – 1 所示。

表 3－1　所调查农户主要劳动力的文化教育程度（2004）

文化程度	人　数	百分比(％)	文化程度	人　数	百分比(％)
文　盲	1	1.9	高中及以上	7	13.5
小　学	11	21.2	合　计	52	100.0
初　中	33	63.5			

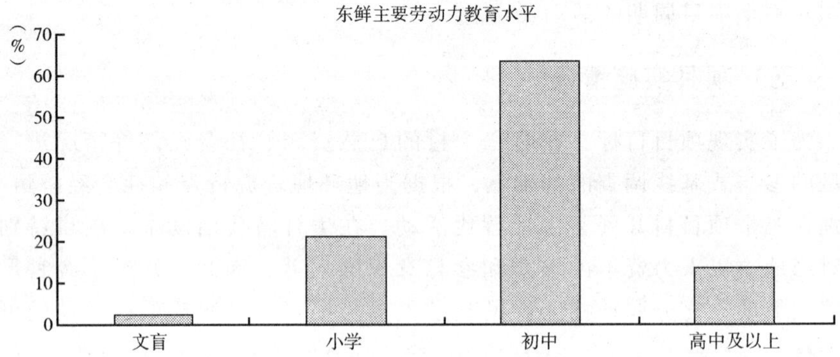

图 3－1　文化程度分布图

从东鲜村的村民文化程度统计结果（见表 3－1 和图 3－1）来看，村民还是比较重视基础教育的，因为有 63.5% 的主要劳动力是初中毕业，但是，缺乏更高层次的人才，增加了未来生计替代的困难程度并减少了其可能性。

（2）*社会资本—社会网络以及互助系统*

我们从表 3－2 可以得知，农户在农忙需要劳动力的时候绝大多数求助于雇工，有 62.5% 的农户都使用这种方式。当然，还分别有 18.8% 和 25.0% 的农户会从亲戚和朋友那里寻找帮助。这说明在目前这种以种植水稻为主的生计模式之下，由于其所需劳动力数目很大，而不得不以这种有偿的经济型互助为主。

对于农户的生活信息，43.8% 和 25.0% 的农户认为其从朋友以及电视、广播等媒体获得信息最多。当然，还各有 18.8% 的农户会从亲戚和邻居那里获取相关信息。这说明在生活方面，东鲜村农民所获信息资源绝大部分来源于这种非正式网络。

在生产信息的获得方面，37.5% 的农户认为其主要来源于电视、广播等等媒体。其次，25% 的农户曾经从朋友那里获取过相关信息，12.5% 的农户的生产信息曾经来源于村干部。而从政府的技术人员处获得过信息的只有 6.3% 的农户，这表明了政府的专门农技推广部门在生产信息提供方面上的薄弱性。

表 3－2 农忙时需要劳动力、生活信息以及生产信息来源表

	干活帮忙获得来源			生活信息获得来源			生产信息获得来源	
	户数*	比例		户数*	比例		户数*	比例
邻 居	1	6.3	不需要	3	18.8	亲 戚	1	6.3
不需要	3	18.8	亲 戚	3	18.8	技术人员	1	6.3
亲 戚	3	18.8	邻 居	3	18.8	邻 居	1	6.3
朋 友	4	25.0	电视、广播等	4	25.0	村干部	2	12.5
雇 工	10	62.5	朋 友	7	43.8	不需要	3	18.8
						朋 友	4	25.0
						电视、广播等	6	37.5

* 指的是选择该项的农户数。

(3) 金融资本情况

在 16 户问卷调查中，据统计，农户几乎都没有存款。只有 2 户有存款，其中 1 户只有 5000 元，打算开春用来作为生产投入。另外 1 户是村里的会计，存钱 4 万元打算娶媳妇，其他都要靠借贷以维持生活和生产。截止到 2005 年 3 月，16 户农户的欠债情况如表 3－3 所示，16 个农户平均欠债达到 5 万元。各个农户欠债数额不等，有的农户欠债达到 10 万元之巨。据村民反映，这也是主要由于过去 3 年中水稻价格变化，而且有 2 年受灾导致。

表 3－3 东鲜农户欠债总额计算（万元）（截止到 2005 年 3 月）

农户	1	2	3	4	5	6	7	8	9	10	11	12	13	14	15	16	合计	平均
欠债	7	0.5	5	4.6	0.85	9.3	1.4	1.5	3.5	0	0	3.7	1.3	2	42	2.6	85.25	5.33

(4) 物质资本情况

通过问卷分析，56.3% 的农户住房都是砖瓦结构，43.8% 的农户还住在土木结构的房子里。砖瓦房的比例远远高于同是朝鲜族村庄的永丰村（砖瓦房只有 11%）。电视、电话等设施户均一台，近 2/3 的农户拥有手机。户均一台手扶拖拉机，拥有摩托车的户数占 1/3。可见，该村的物质条件处于中等水平。

(5) 自然资本情况

在该村，村民的自然资本主要是土地资源，一般来说，家里人口数量多，分到的责任田就多一些，但是也有由于后来的经济、社会因素而进行的土地重新调整而导致出现不公平的情况。

2. 各种生计类型的社会、经济、技术、环境可行性分析

鉴于东鲜村只有 16 户村民的特殊状况，进行小组访谈时的 6 户村民虽然属于随机抽取，但是很难有代表性。对其进行生计替代启发非常困难。结果如表3－4和表3－5所示。由于农户非常少，所以意见非常的分散，每个人提出的意见又很难得到其他人的支持，很难整理。而且东鲜的情况是历来就很少从事其他生计类型，大家对其他的生计类型所知甚少。

表3－4　小组访谈生计类型可行性分析结果

生计类型	经济可行性	社会可行性	技术可行性	环境可行性	总分	总分排序
养牛(圈养)	3.5	4	2	3.5	13	1
养牛(放养)	3.5	4	2	2	11.5	2
民营企业(稻草制品)	1.6	2.2	2.4	3.6	9.8	3

说明：每一项可行性总分5分，从0～5分打分，总分为20分，最具备可行性为5分。

表3－5　SWOT分析结果

生计类型	优　势	劣　势	机　会	风　险
养　　牛	离草地近,饲料不愁	缺少技术,成本太高,缺资金	内地牛肉销路好,需求大,现在供不应求	传染病(口蹄疫),见效慢,三四年才见收益
民营企业(稻草制品)	原料自取	没有销路,没有信息		失败后的风险,荒废农业的成本

根据表3－4和表3－5所示小组访谈结果，我们可以看出村民对替代生计有何考虑。

(1) 养牛——风险与机遇并存，可以考虑

①可行性分析

经济可行性。从经济效益上来讲，养牛这种生计类型如果能够避免由于缺乏喂养或防疫技术而带来的风险，那么其经济效益是相当可观的。

环境可行性。按照村民的说法，养牛又可以分成圈养和放养两种类型，并且对环境的影响程度也不同。如果采取小规模（20头以下）的圈养形式，即以购买草料和饲料为主，则对环境的破坏很小；但如果形成大规模养殖，则必须采取夏季放养的形式来实现规模经济，那么对周围草场资源的破坏也相对较大。

技术可行性。从技术可行性上考虑，村民一致认为技术的缺乏是影响他们对养牛这种生计类型进行选择的最大顾虑和障碍。首先是喂养方面的技术，尤其圈养需要大量的人工喂养。因此，如果缺乏这方面的技术，将会严重影响牛的生长和农户的收益；而防疫技术是更为关键的，如果农户不懂防疫技术，那么一旦牛患病将意味着给农户带来致命的损失。事实上，当地农户非常缺乏养牛技术，因此，农户一致认为，如果不能得到养

牛技术上的专业培训的话，这种生计类型至少在技术可行性上是不太乐观的。

社会可行性。养牛的社会可行性在村民看来是非常高的。在他们看来，由于当地人多不懂技术，因此某些农户的收益将会对当地其他农户的生计类型选择起到极大的示范作用，有利于整体脱贫。另外，如果养牛技术得以普及，那么完全可以说服村民将种植粮食转变为种植牧草，全力发展养牛。因为养牛的收益毕竟比粮食生产的经济效益好，这样也就可以帮助更多农户实现转产。

②SWOT 分析结果

对于当地农户来说，养牛的最大优势在于村庄附近有牧草资源，可以解决草料供应问题。前几年，被政府划分为湿地保护区的草场中，现在仍允许农户租赁草场发展养殖业，价格是 2 元/亩/年，这对于一般养殖农户来说是可以接受的成本投入。而且，东鲜村距离该片草场较其他村都近，因此这是他们的一大优势。而他们的劣势则在于严重缺乏相关技术和资金，养牛所需的成本除购买牛犊成本很高外，还包括牛棚材料、饲料和放养所需雇用的人力花费等。村民在讨论养牛的机遇时认为，现在内地牛肉销路好、需求大，可以说供不应求，因此牛或牛肉的销路问题可以解决，而且牛肉价格也一直较高，这些都是在一定时期内可以发展养牛业的大好机遇。当然风险也是很大的。一方面，不可预知的传染病是养牛的最大风险，且一旦失败，其亏损将使农户在短期内很难恢复元气；另一方面，由于养牛见效益较慢，一般需三四年的投入才能换来最终的收益，而农户将大部分家当都已投入到了养牛上，因此这三四年的时间内可能会出现很多不可知的天灾人祸，这些都将令农户没有足够的资金来解决问题，这也是一种很大的风险。

(2) 民企（稻草制品加工厂）——年轻人的风险选择

这种生计类型是村里的一位年轻妇女提出的，虽然村里绝大多数农户都以种植业为主要谋生手段，但这种收入来源方式只能维持家庭的温饱而无法实现富裕。因此对于村里一些思想比较开放、想法较多的年轻人来说，他们会选择一些有风险性的生计方式也就不足为奇了。

①可行性分析

经济可行性。一些村民提出，稻草的简单制品（如草帘）的制作成本低，但价格低廉；而稻草手工艺品的价格较高，但是由于无法保证销路，因此在经济收益方面无法保证，尤其在创办前期的收益必定不会很好。

环境可行性。村民一致认为搞稻草加工非但不会破坏环境，而且可以清除平常废弃在地里的稻草垃圾，对环境是有利无害的，因此环境可行性很高。

技术可行性。办企业需要管理方面的知识技能，制作稻草制品需要专业技术，这样，办企业的技术难度也就不言而喻了。村民认为这是阻碍他们办民营企业的一大阻力，也导致很多村民对这种生计方式产生了疑问。

社会可行性。很多村民，尤其是年龄较大的村民对于办企业的社会可行性并不看好，认为只有年轻人才适合或有兴趣参与企业的兴办和具体操作，尤其是对技术的高要求更使得许多村民对这种生计方式望而却步。

②SWOT 分析结果

兴办稻草制品厂的优势是原料自取。由于该村农户的种植类型几乎全部为水稻，而水稻收割后所剩稻草可以作为制作稻草制品的原料，节省了很多生产成本。但按照村民的讨论结果来看，兴办稻草制品企业更多的是劣势和风险。比如说成品的销路没有保证，当地村民缺乏信息和技术以及没有办厂所需的资金等都是兴办企业的劣势。而选择这种生计类型的一大风险则在于为办企业而荒废农业的机会成本，并且一旦失败则又失去了农业投入的资本，这对农民来说将是致命的损失。

总之，从可行性分析和 SWOT 分析来看，兴办稻草制品企业这种生计类型的可行性并不高，受益人群范围小，只适合年轻群体，同时又不能保证经济收益，因此遭到了很多村民的质疑。从风险上来看较其他生计类型更大，一旦失败将使农民陷入贫困状态且很难脱贫，因此这种生计类型在该村的适用性不大。

（3）赴韩打工——万不得已的生计选择

除了以上小组访谈的结果，调研人员还跟村民探讨了其他生计活动的可行性，如赴韩打工被饶河县当地政府极力推崇，认为这种生计模式可以带来大量收入，然而我们通过访谈发现这与实际情况却有很大出入。以下是两个案例。

案例 1　金××，女，51 岁。

我们老头已经 54 岁，去韩国打工，借的“假亲戚”之名办的手续，但是他有高血压，身体不行，只能干比较轻一点的活。“韩国人现在学精了”，收税也多。由于没有还完债务，他必须要在那里继续待下去。去了那里，没有退路了。只能赚够还债的钱再回来。

案例 2　金××，男，36 岁，曾经准备去韩国，但是最后没有去成。

2002 年后由于韩国经济衰退以及“非典”的影响，去韩国工作的机会减少了。金××有亲戚在哈尔滨，公司里面安排实习生去韩国打工，自己相当于走后门争取的名额。本来准备了六七万元准备去的，最后却由于代理公司突然跟韩国中断了贸易合作而没有去成。在韩国一般从事重体力活，男的一般是从事建筑业、木匠等等，女的一般从事服务业，比如餐饮业等等。一般签证2~3年，有一些表现好的，公司会给他争取延长签证。如果回国，那么，三年之内不能够再去。一般押金2万~3万元，回国后可以返还，其他是必需的手续费。

所以一般来说，去韩国的人群一般有以下特征：

- 家里欠贷款无能力偿还，被逼无奈。
- 家里还有一些"资本"，这个资本包括社会资本，这才能够保证他在出国之前可以借到足够的合理的一次性出国费用。
- 特别穷的不能去，因为借不到钱；太富裕的也不会去，因为他们只要有一定的资本，两边的挣钱差不多，那么在国内同样可以生活。
- 一般40岁以下。
- 朝鲜族对家庭的重视。他们认为"去韩国挣的那点钱不足以弥补放弃家庭生活的成本，安定的家庭生活更加重要"。

从以上案例，我们可以对朝鲜族村庄赴韩打工的情况有一些了解，虽然他们估计两年左右可以把出国的本钱挣回来，如果可以继续待下去，则可以挣到钱。但是，对于他们来说，这还是下下之策。就如朴某50多岁的母亲所说："除非实在不行，种田种不下去，否则不要他们（两个儿子）去打工。如果实在不行，就去韩国打工，但那是重体力活。除非万不得已否则不让去……身体都会弄坏了……不愿意让他们去受罪。"

（4）在国内打工——只赔不挣

案例　朴××，男，42岁。

2002年发生旱灾，颗粒无收，导致其投入种田的贷款无法偿还。2003年不再种田，将土地全部承包出去。2004年，孩子患了萎缩性胃炎，需要一笔很大的费用（实际费用1万多元），家中除了包地的收入别无其他。于是朴××夫妇决定外出打工。朴本人在广东打工，月收入500~600元，因为岁数比较大，缺乏技术，在外打工主要是体力活，如码头装卸等等，工资颇低。朴当时到广东打工时间大概4个月，因为南北饮食习惯不同，吃饭不习惯。南方的冬天太湿太冷，南方又不习惯用电褥子取暖，导致了关节炎，治病花了1000多元。如果计算往返广州的路费，以及在外的衣食住行费用，2004年朴出去打工这一趟只赔不赚。朴的妻子在深圳打工，是经人介绍到一个工厂的食堂里面做饭，月工资也只有600元左右。

出去打工（非出国）的打工一族几乎都是非常贫困的一群，因为打工的经济收入低下，而且把地承包出去之后还不能马上回来种地。如果出去打工所挣之钱不能还清贷款，导致银行欠债利滚利，当希望回来种田时又不能继续贷款，形成恶性循环。所以这种生计模式也不被村民看好。

(5) 种大豆——比较效益低

①SWOT 分析结果

经济效益：大豆的价格已经呈现出下降的趋势，如果扣除包地的钱，赚钱不如水稻（以去年的情况为例），社会效益也不如水稻，因为把水田变成旱地需要客观条件。

环境效益：跟水稻差不多，因为也要施肥打药。

技术可行性：第一年不是很会种，第二年可以基本掌握。如播种打药等等都可以自行解决。

风险：2002 年发生旱灾，种水稻亏损太大，从而一些村民决定把水田改作旱地，改种大豆。按当时大豆的售价与种植水稻的效益相比较，种大豆更赚钱。种大豆对地的要求比较高，能够改作旱地的水田地势一般相对较高，同时需要家庭具有排水的机器设备，而一般家庭不具备这种条件。包地的基本费用一般情况是每亩 100 元，好地一亩需要 120 ~ 130 元。

根据以上可行性分析以及后续调查的结果，我们可以看出，以上的生计模式并不能够被东鲜村民广泛接受。即使有人提出来，也各有利弊，我们还是不能够得出非常大的倾向性。村民对生计模式的意见主要集中于要继续进行水稻种植，我们对此进行了详细的分析。

(6) 水稻种植——不能放弃的生计模式

生计类型选择背景：

A. 东鲜村目前长期居住户数共有 16 户，其生计方式均主要以种植业为主，并主要是水稻种植。尤其是从 2004 年开始，水稻产量高、收成好，使得农业收入猛增。

B. 东鲜村农民世代以水稻种植为谋生手段，技术过硬。而对于其他生计类型则缺乏技术上的优势，因此，风险更大。

C. 村民思想比较保守，不愿且没有资本承担创新带来的风险。注重家庭和亲情的民族传统更削弱了他们外出打工谋生的念头。

D. 当地的土质特征决定了种植类型的单一性，只能种水田而无法种旱地。

根据以上讨论，村民决定采用温棚育秧种植水稻，这样，在不扩大水稻面积的情况下可以提高水稻的产量，从而达到减少开荒对环境造成的破坏。

①生计类型可行性分析

经济可行性。如果选择温棚育秧种植水稻的方式，按照农民推测，在国家农业政策保持现状的大环境下，如果未来两三年不出现大的自然灾害而粮食需求又不减少，那么这种温棚种植水稻的方式将使农业产量提高三倍，也就是说农民收入也可以提高三倍。

技术可行性：由于当地农民祖祖辈辈以种植水稻为生，其种植技术是不容置疑的。只是由于资金的限制使得多数农民无力投入大量资金进行温棚育秧这种高新农业种植技术，只能维持撒播种植方式。但即使这样，仍由于村民有大量种植经验和教训而使当地水稻质量很好。所以，有理由相信只要有资金支持村民搞大棚种植，在技术可行性上是不成问题的。

环境可行性：温棚育秧无论从生态保护角度考虑还是从资源利用上考虑，对当地都没有害处。从耕地充分利用上看，由于当地地势较低不适于旱田农作。因此可以说，如果不种水稻，那么耕地只能变为湿地。当然，如果从湿地资源保护的角度看，则似乎是件好事情。

社会可行性：如果从社会可行性上来看，水稻温棚种植将有利于当地农户收入的提高；同时，也会使农民的首要生计需求得到满足，有利于绝大多数农户生活水平的提高。

②SWOT 分析

从当地农户的角度出发，进行水稻温棚种植的优势在于农民在水稻种植技术上的过硬以及近年国家粮食政策有利于粮食生产种粮户；而劣势则在于想要搞这种大棚插秧种植需要大量资金投入，而当地农户普遍经济困难，无力投资。如果要对种植水稻这种生计类型的机遇和风险进行分析，农户普遍认为机遇仍在于近几年国家农业政策对种粮农户的重视和补贴等政策上的支持；而风险则是从自然气候方面考虑——“我们农民就是靠天吃饭，老天要是搞点什么灾什么的，那我们就全完了”——因此，自然灾害风险是种植业这种生计类型的致命弱点。

3. 替代生计需求评估

根据以上与村民的讨论，村民对所选择的替代生计做出了自己的选择（见表 3－6）。

表 3－6　劳动力计划从事职业的选择（户）

选　择　方　向	劳动力数量	占所有劳动力的比例(%)
种植水稻	27	71.1
打工	6	15.8
养殖(包括未决定具体养殖项目的 2 户)	4	10.5
做买卖	1	2.6
合　计	38	100.0

从表 3－6 可以看到，即使重新进行生计选择，最后村民仍然倾向于选择继续种植稻谷，希望项目可以支持育秧大棚，预算是每个 1 万元的大棚，可以提供 80～100 亩的秧苗。全村共有水田 2500 亩，估计预算在 25 万元至 30 万元之间。而且，目前根据我们在饶河县林业局所获得的初步

资料，东鲜村被纳入大佳河保护区核心区的土地面积，即需要被退耕还湿的面积估计只有200亩左右。鉴于此种情况，我们认为这种生计预算是比较合理的。

其次，对于打工和养殖，我们也可以从上面的可行性分析中看到，这属于他们不得已而为之的选择，或者说需要更多的引导和支持。

（二）永丰村生计结构分析

1. 社区五大资本分析

（1）人力资本情况

根据永丰村基本情况统计分析，在所调查的164个主要劳动力中，有文盲5人；小学文化程度30人；初中文化程度有114人，占70%；高中有13人，仅占8%；中专生有2人，仅占1%。具体分布如表3－7和图3－2所示。

表3－7　所调查人员的文化教程度

文化程度	人　数	百分比(%)	文化程度	人　数	百分比(%)
文　盲	5	3	高　中	13	8
小　学	30	18	中　专	2	1
初　中	114	70			

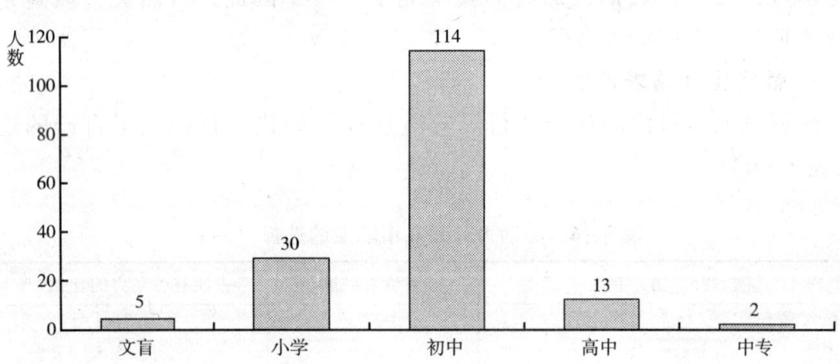

图3－2　文化程度分布图

从永丰村的村民文化程度统计结果来看，村民还是比较重视基础教育的，因为有70%的主要劳动力是初中毕业。但是，村民接受高等教育和继续教育的人数很少，高中仅占8%，中专只有两个人。随着生计方式的变化，伴随着原来的传统农业向现代科技农业的过渡，农业劳动者的自身教育素质将会受到挑战，种地或养殖对于科学技术的要求程度越来越高。

（2）社会资本和资金资本的相互转换

在问卷中，对“农户在农忙急需劳动力时一般找谁”调查项，通过对数据统计，如图3－3所示有9个农户是找亲戚和朋友帮忙，是互助式的，占到35%；而找雇工的有8户，占到31%；家里人力资本丰富（劳动力）的或耕地面积少的农户一般不需要别人帮忙（5户，占19%），通过朋友帮忙的农户占到15%。由此看出，有资本的农户可以通过资金资本转换为人力资本，即雇佣劳动力，而有社会资本的农户可以节省资金资本投入；家里有富裕劳动力的农户，则不需要资金资本投入。通过朋友的帮忙已经超越了血缘关系，而且彼此的交往空间都变大了。

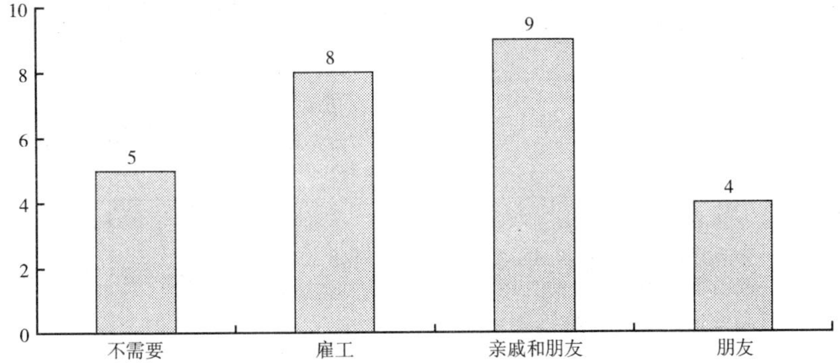

图3－3　农忙时需要劳动力的来源情况

（3）资金资本情况

在26份问卷调查中，据统计，农户一般没有存款，都是靠亲戚和朋友的借款，大部分村民的生活情况是每年的收入和支出基本持平，没有剩余。也有一部分农户靠贷款作为农业生产的投入。

（4）物质资本情况

通过问卷分析，有23户的住房都是土木结构的，占到89%，而只有3户是砖瓦房。但是这并不意味着房屋结构好，就是家庭经济收入好，因为有的农户他们特别注重家里的各种电器和家具的购买，即家庭的内部装潢。除了贫困户和年龄大一点的农户，基本每家都有小四轮等农业机具。

（5）自然资本情况

在该村，自然资本主要是土地资源，一般来说，家里人口数量多，分到的责任田就多一些，4口之家，平均拥有土地量在60亩左右。

2. 各种生计类型的社会、经济、技术、环境可行性分析

经过同村民讨论和归纳，永丰村目前存在下面几种可能的替代生计类型：种水稻、种大豆、种玉米、养猪、牛和羊，养蜂、打工、开出租车和打鱼，村民对各个生计方式进行了经济、社会、环境和技术的可行性分析，具体见表3－8。

表3－8　农户生计类型可行性分析

生计类型	经济可行性	环境可行性	技术可行性	社会可行性
1. 水稻	有水坝车时，成本250元/亩，种子45元/亩；如果没有水坝车，就是300元/亩；产量700～750斤/亩，每斤0.7元(2004年)	农药、化肥污染严重，挠力河的鱼少了	技术可行 主要是漫撒	种的人少了(2002年受灾严重)
2. 大豆	成本110元/亩；种子8～10斤/亩，两年一换；产量300斤左右/亩；价格1.15～1.18元/斤(2004年)	对环境比较有利	技术容易掌握	全村27户在种
3. 玉米	投入成本低，主要是起轮作的作用，同时价格低	对环境的影响比较小，因为农药、化肥用得少	技术简单，容易掌握	部　分
4. 养猪	小猪200～220元/只；饲料主要是玉米，400斤/年，0.45元/斤；猪圈3000元/个，可以供10个猪用。养好了能挣200元/只(得看行情)	只要粪便处理好，几乎没有污染	预防疾病有困难	70%的农户可以养
5. 养牛	小牛(2岁)大约1500元/头，3岁的大约2400元/头；饲料自己可以解决，夏天有青草，冬天有秸秆，同时可以种苜蓿等草料；预防疫病花费200元/年	外地牛不适应当地的气候	外地牛进来，必须人工授精，并打预防针	分批，滚动式发展，草地有一定的承载力。全村都养不适宜。
6. 养羊	圈养成本高	破坏生态严重，政策也不允许	死亡率极高	目前只有一户在养羊
7. 养蜂	400元/箱，家里有空闲劳动力，身体好，细心，蜜源主要是莴瓜花	无影响	冬天很难过冬，又没有花，花期也短。温度难以控制，同时疫病很难预防	20%的农户可以养殖
8. 打工	1000元/单程车票，如果要去韩国大约得10万元人民币	无影响	缺乏相关技术	只有部分人受益
9. 跑出租车	只有一户，刚买一个月	几户可以		
10. 打鱼	成本太高，网滩被外地人买断，1000元/一个河段，网具2000～3000元/年	对资源有破坏	技术可行	全村没有一个从事该行业

(1) 种植水稻可行性分析

• 投入与成本分析——虽然水稻的产量相对来说高一点，但是投入的成本也高，例如有水坝车时，一季收成里投入的成本是250元/亩，种子45元/亩；如果没有水坝车就是300元/亩，产量700～750斤/亩，2004年的价格是每斤0.7元，据村民说，柴油每桶由去年的每桶650元又涨到了每桶900元，农民认为农业生产资料的提价幅度太大。前几年，大部分人都是种植水稻，由于受到自然灾害（涝灾和早霜），所以农户连续两年赔了不少，许多人离家打工去了。现在在永丰种植水稻的农户数量急剧减少，根据会计的统计，2004年，种植水稻的只有9户，总面积为316亩，平均每户为35.1亩左右。

• 环境可行性分析——在永丰村，农户曾经大规模开荒种植水稻，由于开垦的土地肥力不强，农户就使用大量的农药、化肥，造成了严重的环境污染，尤其使挠力河的鱼量和鱼的种类逐年减少；同时也对该村的人畜饮用水产生了影响，危害到本村人及挠力河流域周围的人的健康状况，而且也对地下水造成了影响。

• 技术可行性分析——提到技术，永丰人很自豪，因为在历史上，朝鲜族就是种植水稻的民族，积累了大量的传统技术，主要是漫撒。

• 社会可行性分析——种植水稻，不但资金投入较大，而且需要投入的劳动量也很大，所以对于经济困难的农户，种植水稻是不现实的。

(2) 种植大豆可行性分析

• 投入与成本分析——种植大豆成本110元/亩，种子8～10斤/亩，一般来说，每亩产量300斤左右，价格1.15～1.18元/斤（2004年），相对种植水稻来说，投入成本小一点，而且投入的劳动量也少一些。其次是对水的依赖性没有水稻那样强，受到自然灾害（旱灾）的风险相对小。

• 环境可行性分析——农户追求产量，使用大量的农药、化肥，造成了严重的环境污染，尤其是使挠力河的鱼量和鱼的种类逐年减少；同时也对该村的人畜饮用水产生了影响，危害到本村人及挠力河流域的人的健康状况，而且也对地下水造成了影响。但是，村民觉得种大豆和种水稻相比，种大豆对水和环境的影响要相对小一点。

• 技术可行性分析——村民认为种植大豆的技术比较简单，而且容易掌握，现在获取信息的手段又比较多，例如可以从有关农业生产报纸和电视的农业科技节目学到一些种植大豆的科学知识，也可以和有经验的种植大户交流，所以，种植技术基本可以掌握，如果能有一些技术培训和相关的技术服务就更好。

• 社会可行性分析——对该村的村民而言，只有没有把地承包出去的农户，基本上愿意种植大豆。根据调查结果显示，2004 年全村 27 户种植大豆，占全村总户数的 39.1%，所以，只要有一些技术培训和服务，全村的农户基本都可以种植大豆来维持家庭经济开支，同时，那些贫困的农户也可以多少获得一些技术知识，缓解其贫困程度。

（3）养猪业可行性分析

• 投入与成本分析——小猪 200 ~ 220 元/只，饲料主要是玉米，饲养一年大约用饲料 400 斤，玉米 0.45 元/斤，修建一个猪圈大约需要 3000 元，可以供 10 个猪用，养好了每头猪能挣 200 元。如果第一年养 10 只，那么当年大致可以赚 2000 元，第二年再扩大规模，可能会产生规模效应，收入会提高很多。

• 环境可行性分析——只要粪便处理好，几乎没有污染。猪的粪便可以用做肥料，减少了化肥的使用量，尤其是在种植家庭食用蔬菜时，农户就可以利用农家肥，一方面充分利用了农家肥，另一方面可以食用纯绿色食品，保证身体健康。

• 技术可行性分析——农户认为预防猪的疾病有困难，原因是缺乏技术支持，更缺乏有关养猪的书籍和报刊。农户希望能够为他们提供养猪的技术培训和相关服务。农民认为尤其要考虑市场信息，最好能和外面的厂子有对接，否则，大量养殖会使当地市场饱和，导致价格下降，影响农户养殖的积极性。

• 社会可行性分析——村民认为全村 70% 的农户可以养猪，有能力的可以多养，没有能力的少养，总之，只要有技术支持，农户都会受益，只是受益的程度不同而已，最起码保证了弱势群体的基本利益。

（4）养牛业可行性分析

• 投入与成本分析——根据永丰村民提供的消息，一只小牛（2 岁）大约价值 1500 元，3 岁的大约 2400 元，农户说饲料自己可以解决，因为夏天有青草，冬天有秸秆，同时可以种植苜蓿等草料。每年预防疫病花费 200 元，但是牛的收益周期长，3 ~ 4 年以后效益才明显，同时也得讲究规模效应。

• 环境可行性分析——只要粪便处理好，几乎没有污染。牛的粪便可以用做肥料，减少了化肥的使用量。

• 技术可行性分析——村民认为外地牛不适应当地的气候，需要人工授精，并打预防针，建议能给几个养殖大户配置一些技术人员；同时，培训村上有一定养殖技术的农户，即培养乡土技术员。

• 社会可行性分析——大部分村民认为，养牛的成本较高，应该分批、滚动式发展，全村都养不适宜，原因是饶河的牛肉市场需求量不是很大，农户担心销路问题，希望项目赞助方能提供一些销售渠道。

（5）养蜂的可行性分析

• 投入与成本分析——村民说，买一箱东北黑蜂大约需要400元，而且家里有空闲劳动力，该劳动力也需要身体好、细心，因为夏天和秋天需要随时把蜂箱移动到有蜜源的地方，夏天主要是莴瓜花。

• 技术可行性分析——村民认为养蜂很难过冬，关键是人工很难控制适合蜜蜂的温度，而且冬天缺少花，东北的花期也短。一方面温度难以控制，同时疫病很难预防，希望能给一定的技术服务和支持。

• 社会可行性分析——村民认为20%的农户可以养殖，不能每家每户都养蜂，那不太现实，因为有的农户缺乏劳动力，农忙时还得照顾农活，对于那些把地承包出去的农户也许是比较合适的副业。

（6）种植玉米可行性分析

投入成本低，农药和化肥使用都比较少，因此，对环境污染比较小。农户种植玉米主要是起轮作的作用，但是玉米的市场价格低，所以许多农户不愿意大面积种植，若种的话也是非常少的面积，主要为自己家养殖的牲畜提供越冬饲料。种植玉米要投入的劳动量相对来说也少一些，技术更容易掌握。但是大部分农户还是不愿意大面积种植玉米。因此在播种季节即将到来之际，应对政策补贴导向予以足够的关注。其次，种植大豆与玉米的成本收益是影响农民种植积极性的主导因素。市场价格过低时，会影响农民下一年度的种植安排。如果种植一种作物的收益好，农民就会增加这种作物的种植面积。反之，农民就会减少种植面积。

3. 替代生计需求评估

由表3-9可以看出，该村村民对将来生计模式的选择与打分排序得出的结果基本相似，村民还是愿意选择种植。所以，在农户认为责任田还没有受到湿地保护政策影响的情况下，种植业是首选的生计方式，其次是养殖业，排在第三位的是种植兼养殖。但是没有选择出去打工的，原因是觉得外出打工不是长久的事情，长远看也不是一个好的生计方式。

表3-9　计划将来从事的职业统计（户，%）

选择方向	劳动力数量	占所有劳动力的比例	选择方向	劳动力数量	占所有劳动力的比例
种植业	45	66	做生意	1	1
养殖业	8	12	出租车	1	1
种植兼养殖	10	15	出租地	4	5

（三）四排村生计结构分析

1. 社区五大资本分析

（1）自然资本情况

全村2004年共有2.5万多亩土地（除了在册土地以外，还有很多未在册的开荒地），其中水田350亩，旱地2.465万亩，林地50亩左右（人工林），荒地（湿地）已经被开垦完毕。在2.5万亩耕地中，2004年玉米种植面积为500亩，每亩产量800～1000斤；大豆种植面积2.39万亩，每亩产量250～300斤；小麦种植面积150亩，每亩产量250～350斤；水稻种植面积350亩，每亩产量约为800斤；白瓜（倭瓜）种植面积300亩，每亩白瓜子产量100～120斤；红小豆种植面积100亩，每亩产量150～200斤。

在畜牧养殖方面，2004年牛养殖户有10户，养牛50头左右，是2003年扶贫项目养牛开始增加的；绒山羊养殖户2户，共有200只左右；猪养殖户200户，户均养猪一头，共有200多头；鸡、鸭、鹅养殖户约有200户，共养鸡400只、鹅200只、鸭180只左右；一个300亩左右的鱼塘承包给一户农民，承包期为60年。

（2）人力资本情况

四排共有农户200户，其中赫哲族87户，占43.5%，汉族111户，占55.5%，朝鲜族2户，占1%；全村共有人口680人，男女各半，劳动力425人，其中有13人长期在外打工（男7人，女6人），占劳动力的3%，300人季节性打工，占劳动力的71%。

在教育设施上，村里有幼儿园、小学、中学各一所，均属于乡办，本村学生走路几分钟就可上学，高中得需要在县城里上学，学生需坐车一个小时左右才能到达。

（3）物质资本情况

通过问卷分析，赫哲族有36户已经乔迁新居（国家民委投资盖的小楼房），属于新区，其他的农户均住在老区，很多房子都已经破旧。因为大多数农户以种植业为主，所以基本上家家户户都有农用机器，日常所用的电器也基本普及，如电视、电话、手机和摩托车等。

（4）社会资本情况

因为赫哲族属于少数民族，是中国六小民族之一，所以历来受到国家的重视，也出了不少人才，其中任职最高的是国家民委的司长，还有其他很多市里、县里及乡里的领导，这些人构成了强大的社会网络，也为四排村的发展奠定了扎实的社会资本。

（5）金融资本情况

通过对43户农民问卷调查分析，发现在这43户农民中，2004年共有27户向银行贷款或者其他对象借钱，占调查农户的62.79%；有16户没有贷款或者借钱，占调查农户的37.21%。在27户向银行或者其他对象借钱的农户中，有11户已经将贷款或者欠债全部还清，占这27户农户的40.74%，有5户部分归还贷款或欠债，占18.52%，有11户没有归还贷款或者欠债，占40.74%。从贷款或者借债的投向来看，有11户完全将贷款或借债用于种地，有2户将贷款或借债用于生活费用，有1户用于打鱼、购买粮食，有1户用于结婚，1户开饭店，1户用于看病，1户用于种地、买车，等等。

2. 各种生计类型的社会、经济、技术、环境可行性分析

从调查的65户农户基本情况来看，调查的农户家庭主要劳动力合计178人，他们现在的生计类型多种多样，而且兼业现象比较普遍。主要生计类型有打工、打零工、种地、打鱼兼种地、担任村干部、开翻斗车、开话吧、开小卖部、看管村里自来水、开客车、卖农机配件、上班、退休在家、种地、养蜂、养牛、医生、做手工艺品等类型，还有一部分人没有从事任何职业（见表3－10）。

表3－10　以单个劳动力为单位的主要生计类型

生计类型	人数	所占百分比(%)	生计类型	人数	所占百分比(%)
打　工	13	7.3	上班(包括退休)	11	6.18
打　鱼	13	7.3	种地、其他(除去打鱼)	13	7.3
打鱼、种地	26	14.6	打鱼、其他(除去种地)	2	1.12
种　地	64	35.96	无	15	8.43

如表3－11所示，主要分析的生计类型有种大豆、种玉米、养猪、养牛、养獭兔、养鱼、煤厂、打鱼、开发民俗旅游、做手工艺品等11种，因为这些生计类型涉及农户对将来生计替代的选择，其中的经济可行性、环境可行性、技术可行性、社会可行性用于评估各种生计类型的经济投入与产出、环境适应程度与对环境生态的影响、技术掌握的难易程度、社会公平几个方面，采取0～5分的打分制，最高打5分，最低打0分；在经济可行性方面，农民觉得投入越低、产出越高就打高分，反之则打低分；在环境可行性方面，觉得这种生计类型容易适应当地环境，并且对环境的污染与破坏越小打分就越高，反之则越低；在技术可行性方面，觉得这种生计所需的技术越容易掌握则打分越高，反之则越低；在社会可行性方面，觉得如果选择这种生计类型能使获得收益的群体越大，则打分越高，反之则越低。共有5个

农民参加了打分，根据他们每人对每种生计类型在经济、环境、技术、社会可行性上的打分算出平均分，代表最后得分。从表 3－11 中可以看出，总分排在第一位的是养猪，得分 13.93；排在第二的是养獭兔，得分 12.78；排在第三的是养鱼，得分 12.53；排在第四的是种大豆，得分 12.34；做手工艺品排在第五，得分 12.30；种玉米排在第六，得分 12.03；排在最后的是打工，得分 9.85。从总分上分析，每种生计类型得分差距并不大。在经济可行性方面，养猪得分最高（4.25 分），打工最低（1.50 分）；在环境可行性方面，养鱼得分 3.90，排在第一，打鱼得分最低（2.00 分）；打鱼在技术可行性方面得分最高（3.50 分），说明当地村民已经习惯打鱼，煤厂得分最低（0.63 分），因为目前村里还没有人开煤厂，对村民来说这种生计类型还很陌生；目前尚无资料表明为什么种玉米和煤厂在社会可行性上得分排在第一，而对乌苏里江的打鱼滩头的使用权资料表明打鱼的社会可行性排在最后，因为 4 个滩头有 3 个属于赫哲族，1 个属于老汉族，两个群体不能到对方的滩头打鱼，而且其他群体不能到这 4 个滩头打鱼。

表 3－11　几种生计类型的社会、经济、技术、环境可行性分析

生计类型	经济可行性	环境可行性	技术可行性	社会可行性	总　分	排　序
种大豆	2.14	3.30	3.30	3.60	12.34	4
种玉米	1.90	3.25	3.13	3.75	12.03	6
养　猪	4.25	3.75	2.75	3.18	13.93	1
养　牛	3.50	3.00	1.75	3.00	11.25	7
养獭兔	3.90	3.63	1.75	3.50	12.78	2
养　鱼	3.75	3.90	2.13	2.75	12.53	3
煤　厂	3.90	2.75	0.63	3.75	11.03	8
打　渔	2.75	2.00	3.50	2.25	10.50	9
打　工	1.50	4.20	1.75	2.40	9.85	11
民俗旅游	2.40	3.20	1.60	3.20	10.40	10
手工艺品	4.30	4.00	1.70	2.30	12.30	5

表 3－12 中是排在前 6 位生计类型的优势、劣势、机遇和风险分析，可以看出，排在前 6 位的生计类型有 4 个属于养殖业，1 个属于种植业，1 个是民族工艺，说明村民对养殖业的偏爱。从这 6 种生计类型的优势来看，基本上都是该村的资源优势；从劣势分析来看，技术上的劣势处于首位；从机遇分析来看，村民认为目前在这几种生计类型中普遍存在市场机遇（需求大、价格高）；从风险分析来看，养殖业主要还是存在疫病问题，而种植业则是气候问题。

表 3 - 12　排在前 6 位生计类型的 SWOT 分析

生计类型	优　势	劣　势	机　遇	风　险
养　猪	投资小,饲料容易获取	饲料少	市场价格高	病
养獭兔	方便,空气好	缺技术	两三年内市场行情好,毛皮需求大	病
养　鱼	有鱼池,有水泡子	缺技术	江里的鱼减少,养的鱼有市场	病
种大豆	有土地	怕大豆不值钱	近期政策好,粮食价格高	天　灾
手工艺品	少	懂技术的人少	有灵感	销路不好
养　牛	有稻草、豆皮	没有草场	价格高,可以出口俄罗斯	病

3. 替代生计需求评估

从对 65 户农户的基本情况调查显示，对农户生计类型进行归类（见表 3 - 13），有 10 户农户选择将来的生计类型为种地，有 2 户农户选择将来的生计类型为继续打鱼，有 24 户农户选择将来的生计类型为种地兼顾其他，有 6 户农户选择打鱼、种地兼顾其他，有 19 户农户选择了其他（比如养鱼、养牛等），有 4 户没有选择将来的生计类型。

农户在替代生计评估和 SWOT 优势分析时，存在差异的原因是：养殖业和种植业都存在市场风险。除此之外，频繁的自然灾害让农户认识到现在的种植业是靠天吃饭，难于克服。而养殖业存在的风险主要来自于技术，可以通过主动学习相关技术来避免风险。因此，从长远看，农户愿意选择养殖业；但是基于所占有的土地考虑，短期内农户仍然会将种地作为优先选择。

表 3 - 13　计划将来从事的职业统计（户）

将来打算的生计类型	农户数	所占百分比(%)	将来打算的生计类型	农户数	所占百分比(%)
种　地	10	15.38	打鱼、种地,兼营其他	6	9.23
打　鱼	2	3.08	其他(养鱼、养猪等)	19	29.23
种地兼营其他	24	36.92			

三　社区滚动资金的运作和可持续性分析

中国农村居民信贷难是一个普遍存在的现象。2005 年农户户均借款来源：71% 借款来自私人，29% 借款来自正规的信贷途经（数据来源于农业部农村经济研究中心）。农户从正规途径获得贷款难的主要原因是：第一，农户收入水平有限，导致积累率较低，没有能力进入正规的信贷途经。第二，农村缺乏正规的金融机构，特别是边远的山区。目前服务于农民的专业银行仍然很少。第三，目前实施的一些农村贷款项目大多因为农村居民还款信誉度低而导致高额的不良贷款，因此，很多金融机构不敢承担风险，从而放弃了广大的农村市场。第四，政府支农资金虽然逐年递增，但毕竟财力有限，还不足以满足中国9亿农民生产和生活的需要。社区滚动资金（很多文献也称为社区发展基金）就是在金融服务失灵和政府失灵的双重约束下产生的（郭晓鸣，2005）。社区滚动资金是指从解决社区生计出发，以赋权和培育组织自身能力为根本，以社区组织为载体，通过小额信贷活动和生产积累，将社区合作医疗保障、扶贫、科技推广等有机结合起来，推动社区的发展（何广文，2006）。有的定义认为，社区滚动资金是由社区居民自己管理，实际上是社区居民管理自己的银行（李小云，2001）。其他的一些定义如侧重运行方式、侧重资金管理小组的能力建设等。在此，本文的定义是：社区滚动资金是以项目为载体进入农村社区，并在当地通过参与式的方式选出代表出任资金管理小组成员。项目小组根据制定的贷款制度和额度将资金发放（资金发放可以是无息或者低息）给需要的农户，并限定时间收回，再按标准贷给另外需要的农户，形成资金的循环滚动。我们将这种资金发放方式称为社区滚动资金。

早在1992年，香港乐施会就在西南地区实施的扶贫、环保、社区发展等项目中利用过社区滚动资金的方式，主要是通过以无息或者低息的形式将贷款发放给社区居民，帮助其从事生产活动，但是效果不是很理想。主要问题：一是农民缺乏还款意识，导致还款率低；二是贷款的力度并不能持续地支持农户发展。汇丰银行的长江项目中也采用了社区滚动资金的形式。截至2005年4月底，该项目已累计发放滚动资金近50万元，支持涨渡湖周边社区104户农户开展了雷竹生产、无公害渔业生产、池塘植莲、有机茶叶生产加工、蔬菜种植、栽桑养蚕等湿地友好生计的生产。同时，获得良好收益的农民也积极偿还滚动资金。预计到2006年初，除3年期的雷竹贷款外，其余的滚动资金可全部收回（世界自然基金汇丰银行长江项目通讯，2005）。香港乐施会得出的教训和长江项目中所取得的成果给予了本项目很多启示。从本项目实施的情况来看，社区滚动资金也存在以下两个问题：第一，项目的方式往往不能真正促进农民进行能力建设，很难形成内源式的发展，支持的生计大多以失败告终；第二，农民大多把社区滚动资金看做是扶贫一类的赠款，而且缺乏还款意识，导致还款率低。因此，要管理好滚动资金，第一要帮助农民进行自身能力建设，通过干预逐渐形成内源式的发展；第二，应该建立一些强制性的行政制度约束不还款的农民。

本研究希望通过对三个村社区滚动资金运作的过程进行透视，为社区发展中滚动资金的运作提供实践案例和宝贵的经验。

（一）社区滚动资金运作的基本情况

自2006年第一轮社区滚动资金发放以来，三个项目实施社区发放两轮滚动资金共计132万元，涉及农户累计231户，两轮滚动资金发放之后，用款农户占社区农户比例已达到72.6%，项目资金已经正式开始在社区运作起来。

1. 东鲜村社区滚动资金运作的基本情况

东鲜村共有44户居民，第一轮有21户申请获得社区滚动资金，其中10户将资金用于养殖业，另外11户将资金用于育秧大棚的建设，平均每户贷款约8500元，第一轮资金共计18万元。根据《东鲜村项目以及资金管理办法》规定，“使用项目资金的农户，每年12月末还清全部所用项目资金；资金在村里进行滚动使用，项目还款及时入村项目专用账户。同时，使用资金的农户要向村项目管理小组交纳项目管理费用，额度为所用项目资金的3%（如用1万元则交纳300元管理费）”，东鲜村第一轮共计收回资金18.54万元，还款率达到100%，同时项目管理小组的管理费也如数收回，并及时汇入村项目专用账户。

2006年12月，在第一轮回收社区滚动资金18万元的基础上，追加12万元共计30万元作为东鲜村第二轮社区滚动资金。第二轮社区滚动资金使用农户达到23户，比第一轮增加2户，使得用款农户占总农户数达到50%。其中，除2户农民把申报的资金用于从事养殖业外，其余农户都将资金用于育秧大棚的建设，从事种植业的比例非常高。

2007年12月，全额收回社区滚动资金30万元，管理费9000元，同时继续进行第三轮社区项目资金的滚动使用，第三轮社区滚动资金使用农户达到17户，比第二轮减少了6户，全部用于育秧大棚的建设。

2. 永丰村社区滚动资金运作的基本情况

永丰村共有74户居民，第一轮社区滚动资金共发放给了26户农民，累计资金16万元，用款农户占总农户的比例为35.1%。其中，申报资金从事养殖业的20户，占申报农户的76.9%，使用资金11.4万元。根据《永丰村项目以及资金管理办法》规定，“使用的资金分两年还清，第一年偿还所用资金的50%，第二年还清全部剩余款；资金在村里进行滚动使用，项目还款及时入村项目专用账户。同时，项目管理小组在发放资金时，按月利1.5厘预扣项目管理费用，用于项目管理支出”，东鲜村第一轮共计收回资金8.288万元，还款率达到100%，同时项目管理小组的管理费也如数收回，并及时汇入村项目专用账户。

2007 年 3 月，在第一轮回收社区滚动资金 8 万元的基础上，追加 26 万元共计 34 万元作为永丰村第二轮社区滚动资金。第二轮社区滚动资金使用农户达到 33 户，比第一轮增加 7 户，使得用款农户占总农户数达到 44.6%。其中，27 户农民将申请到的资金用于养殖业的发展，占用款农户比例的 81.8%，用款额度达到 29 万元。根据永丰村项目管理小组预计，2007 年底将全额收回第一轮剩余资金 8 万元、第二轮部分资金 12 万元，以及项目管理费 3600 元，共计 20.36 万元，同时继续进行第三轮社区项目资金的滚动使用。

2007 年 12 月，全额收回社区滚动资金本金和资金占用费共计 35 万元，扣除管理费 9000 元，将剩下的 34.1 万元继续进行第三轮社区项目资金的滚动使用。第三轮社区滚动资金使用农户共 31 户，比第二轮减少了 2 户，主要还是用于发展养殖业。

3. 四排村社区滚动资金运作的基本情况

四排村共有 200 户居民，其中赫哲族 87 户，占 43.5%。第一轮社区滚动资金共发放给了 60 户农民，累计资金 28 万元，用款农户占总农户数为 33.3%。其中，37 户农民将申请到的资金用于发展养殖业（如养狐狸、貉等），占用款农户的 61.7%，用款额度达到 19.5 万元。根据《四排村项目以及资金管理办法》规定，“使用的资金分两年还清，第一年还所用资金的 50%，第二年还清全部剩余款。同时，项目执行的前两年，由项目支付相关的管理费用；两年之后，收取一定的项目管理费，用于项目管理小组的工时补贴等等，具体额度由项目管理小组商讨决定”。四排村在 2006 年底应收回社区滚动资金 14 万元，但是截至 2007 年 10 月，四排村共收回资金近 1500 元，仅 2 个项目户按规定还款，还款率仅为 0.5%，项目专用账户上资金未到齐。根据《四排村项目以及资金管理办法》规定，“不能够按照计划还款的，则下一轮不能参与项目申请（由于不可避免的风险造成的除外，不可避免的风险指的是自然灾害等人为不可避免的风险，具体由项目管理小组来确定），并且对所用资金按 1 分的月利收取利息（从开始使用该资金之日算起）”。

2007 年 4 月，为了项目运作的可持续性，追加社区滚动资金 6 万元作为四排村第二轮社区滚动资金。第二轮共计 63 户农民申请了资金的使用，其中申请资金用于发展养殖业的 47 户，占用款农户的 74.6%。根据四排村项目管理小组预计，四排村委将尽力收回滚动资金用于需要的农户，但是目前来看，没有农户主动还清资金，所以现在滚动资金已经没有再继续下去。

表 3－14 为东鲜村、永丰村及四排村社区滚动资金运作基本情况表。

表 3－14　社区滚动资金运作基本情况表

社区	年份（年）	共发放资金数量（万元）	共发放户数	用款的农户占总户数比例（%）	共还回钱数（万元）	共还回户数	实还款户占应还款户数比例（%）
东鲜	第一轮	18	21	45.5	18.54	20	100
	第二轮	30	23	50	30	21	100
	第三轮	30	17	42.5	—	—	—
永丰	第一轮	16	26	35.1	8.288	26	100
	第二轮	34	33	44.6	35	26	100
	第三轮	34.1	31	33.6	—	—	—
四排	第一轮	28	60	33.3	0.15	2	0.03
	第二轮	6	67	33.3	—	—	—
	第三轮	—	—	—	—	—	—

说明：调查进行时各社区第三轮还款期限未到。

（二）村项目管理小组的运作情况

根据项目设计，替代生计项目活动由村民选举出来的项目管理小组组织实施，小佳河镇政府和四排乡政府对东鲜村、永丰村和四排村三个社区进行管理，县林业局和中国农业大学代表该项目管理办公室对项目过程实施监督。

1. 东鲜村项目管理小组

（1）村项目管理小组的成立

2005 年 5 月 12 日，项目专家小组在东鲜村召开村民大会，到会农户占东鲜村农户总数的 85.7%。根据项目管理条例对选举的规定，“项目管理小组成员由选举产生；成员构成：三人以上，至少组长、出纳、会计各一人，组长由项目管理小组成员推举产生；被选举成员资格：东鲜村村民、热衷于为村民服务、有一定工作能力，有很强的责任心、能对项目申请做一些指导、工作认真负责，诚实公正；选举程序：每户一票，得票在前列者当选”。最后选举产生了项目管理小组成员 5 名。村项目管理小组在正式运作期间没有任何人员的变化。

（2）村项目管理小组的责任

- 管理滚动资金；
- 受理项目申请；
- 汇总项目预算；
- 负责与县项目办公室联系；

- 负责定期公示项目及资金使用情况；
- 定期公示项目进展情况；
- 进行项目监测。

如果项目户需要集体采购，项目管理小组则要负责。

（3）村项目管理小组实际运作过程中遇到的困难与问题

问题一：村项目管理小组成员与县项目管理小组之间直接联系少。村项目管理小组成员大多数是普通村民，他们与设在县林业局的县项目管理小组之间的联系主要还是通过村长（村项目管理小组组长），当村长去韩国探亲时，村项目管理小组与县项目管理小组之间的联系就主要通过小佳河镇镇干部金××（也是东鲜村村民），例如县项目管理小组要准备开资源共管培训会，就会通过村长或镇干部金××来通知村项目管理小组成员和东鲜村村民，这使得村项目管理小组部分职能弱化。

问题二：农户项目还款受自然灾害的影响较大。2006 年东鲜村种植的水稻大面积感染了“稻瘟病”，使得很多项目户的收入受到了极大的影响。2006 年底项目第一轮社区滚动资金回收的时候，有三位项目户农民不得不通过借贷来还清项目用款。村项目管理小组认为，对于那些由于受灾而不能按期还款的农户，可以适当延长还款期限或降低因延期所缴滞纳金的额度，这样可以使村项目管理小组今后的工作更好地展开。

2. 永丰村项目管理小组

（1）村项目管理小组的成立

2005 年 5 月 13 日，项目专家小组在永丰村召开村民大会，到会农户占永丰村农户总数的 44.6%。根据项目管理条例对选举的规定，“村委会和村民共同提出 10 位候选人名单；成员构成：8 人小组（包括村委会 3 人），含组长、出纳、会计各一人，组长由项目管理小组成员推举产生；被选举资格：有一定工作能力、有很强的责任心、能对项目申请做一些指导、工作认真负责、诚实公正、至少一位女性”，最后由村民无记名投票选出 5 位成员，其中有一名女性。村项目管理小组在正式运作期间没有任何人员的变化。

（2）村项目管理小组的责任

- 负责项目审批
- 资金的管理及发放与回收
- 负责对项目进展情况进行监督
- 对项目情况及资金使用进行定期公示公布
- 代表村民进行对外联系（包括所需技术支持、培训，以及与相关部门的联络）

- 协助村民开发适用本村或单个农户的新项目
- 定期（半年或一年）召开村民大会向全村村民做项目进展情况介绍

(3) 村项目管理小组实际运作过程中遇到的困难与问题

问题一：村中的“打工风”。永丰村是一个以朝鲜族聚集居住为主的村，村中有很多人在韩国都有亲属，因此很多村民都去韩国务工。据村会计统计，全村共 74 户居民，其中有 11 户农户的成年劳动力在外务工。受此影响，村中现在有很多农户都把自己家的土地转包出去，准备申请去韩国务工，其中有很多农户是亚行项目的项目户，包括村项目管理小组成员申 × × 也正在准备出国。还有 6 户在饶河县城务工，并长期居住在县城；4 户在山东务工。目前，永丰村从事农业生产的农户仅为 33 户。因此，村项目管理小组开展正常工作受到了很大的影响。

问题二：项目户申报项目内容与实际实施项目内容有所变动。据本次项目评估调查统计显示，第一轮改变项目活动的农户占 14.3%，第二轮改变项目活动的农户占 42.1%。农户改变项目活动的原因主要是：①养殖业市场行情发生变化，投资存在潜在风险，例如 2007 年每张貉皮的价格比 2006 年价格降低了近 200 元；②当地突发疫病灾害（猪蓝耳病），很多申报养猪的农户都改变了项目活动内容；③种植业市场行情渐好，粮食价格略有提升，很多申报养殖业的农户将资金用于种植业的发展。

3. 四排村项目管理小组

(1) 村项目管理小组的成立

2005 年 5 月 13 日，项目专家小组在四排村召开村民代表大会，到会农户占四排村农户总数的 45.0%。根据项目管理条例对选举的规定，“项目管理小组成员由现任村委会四位成员加上一位村民代表构成。村民代表是由村民代表大会选举产生；成员构成：三人以上，至少组长、出纳、会计各一人，至少要有一位女性。组长由项目管理小组成员推举产生；被选举资格：热衷于为村民服务、有一定工作能力，有很强的责任心、能对项目申请做一些指导、工作认真负责，诚实公正”，经过民主推选，产生了 5 位管理小组成员，其中一名女性。村项目管理小组在正式运作期间没有任何人员的变化。

(2) 村项目管理小组的责任

- 管理滚动资金
- 受理项目申请
- 汇总项目预算
- 负责与县项目办公室联系
- 负责定期公示项目及资金使用情况

- 定期公示项目进展情况
- 进行项目监测
- 如果项目户需要集体采购，项目管理小组则要负责

(3) 村项目管理小组实际运作过程中遇到的困难与问题

问题一：第一轮项目资金较少，而四排村居民户数较多，很难协调，第一轮没有申请到的农户有意见，导致四排村社区滚动资金第一轮尚未收齐，同时第二轮社区滚动资金不得不均匀分配。获得第二轮社区滚动资金用款的67户居民中，有60户申请到的资金仅为400元，远远不能达到替代生计项目正常运作的标准。

问题二：养殖技术问题。很多第一轮申请社区滚动资金发展养殖业的农户由于缺乏技术培训而导致替代生计项目失败。项目组织的技术培训会次数较少，不能满足养殖业农户对长期技术支持的需求，使得养殖业的可持续性受到影响。

问题三：由于农户传统的农业经营思想，对新技术、新的替代生计项目效益产生怀疑，信心不足。四排村土地面积较多，当地农户从事种植业生产效益较为稳定，当地的渔业资源也较为丰富，而很多农户认为养殖业风险（例如市场价格波动、疫病的传播等）较大，用农户的话来说就是“家缠万贯、带毛不算”，这里的“带毛”就是指养殖业。

（三）社区滚动资金可持续发展面临的问题

1. 自然灾害与疾病

2006年项目实施社区不同程度的遭受了自然灾害，农业生产受到了极大的影响，例如：2006年底，东鲜村遭遇到“稻瘟病”的侵袭，大面积的水稻绝产；2006年夏，永丰村遇到旱灾，由于缺少水源，很多农户种植的旱田部分绝产；2006年夏，四排村遭遇暴雨，由于田地靠近乌苏里江，地里的积水不易排泄，种植的白瓜全部绝产。养殖业也存在感染疾病的风险，例如：2007年小佳河镇爆发“猪蓝耳病”，很多养猪农户受到很大影响。自然灾害与疾病是影响农户增收的最大障碍，也是社区滚动资金可持续发展所面临的最大问题。虽然项目组织了种植业、养殖业专家对农户进行了培训，但是由于培训次数少、培训内容泛泛，不能完全满足农户对农业技术支持的需求，因此也影响到未来社区滚动资金的正常运作。

案例1 朴××，男，51岁，朝鲜族，初中文化，小佳河镇永丰村村民。妻子45岁，朝鲜族，高中文化。朴××家现有水田28亩、旱田24亩，都是1994年村集体分的。2006年，他共种植水稻28亩，亩产约800斤，每亩平均投入300元；黄豆24亩，亩产约300斤，每亩平均投入150元。

2006 年，在种植业方面他净收入约 13000 元。在养殖业方面，2005 年底他申请项目资金共 4775 元用来饲养狐狸，2005 年 11 月购买狐狸 2 组，2006 年 7 月因传染病他所饲养的狐狸都死了。在这期间，他投入了饲料费 750 元、3 个饲养笼 300 元、2 组狐狸 2600 元以及防疫药钱 400 元，共计 4050 元。他个人认为自己饲养狐狸失败的原因是缺乏传染病防疫知识，没有请相关技术人员为狐狸及时注射防疫药，而是在狐狸发病后自己为狐狸注射防疫药。他表示项目款他能够按照规定还清，并且表示假如明年再给他贷款的话，他不会再饲养狐狸了。

2. 市场行情的变化

个体农户经营在项目区农村还处于主流地位，这与全国农业生产组织的形式相似。普通的个体农户平均拥有土地面积在 50 ~ 100 亩之间，农业耕作处于半机械化状态，耕地、播种等较劳累项目采用租赁农业机械方式完成，其余人工劳作。有一些种植大户，他们都是通过转包其他农户的土地，利用自家的现代化农业机械设备来从事农业生产活动，一般种植大户耕种的土地面积都在 600 亩以上。在农产品销售方面，"个体 + 中介 + 市场" 的形式在项目区农村广泛流行，农户间没有任何的生产组织，对市场风险的抵御能力很低，当市场价格波动较大时，个体农户（包括种植大户）表现出来的脆弱性十分明显。为了避免市场价格波动带来的风险，很多农户不敢轻易改变自己的生计模式，种植业结构还是以玉米、大豆和水稻为主，而养殖业和经济作物由于投入高、风险大，市场不稳定，很少有农户愿意涉足。

案例 2　崔 × ×，男，35 岁，朝鲜族，初中文化；妻子 27 岁，朝鲜族，初中文化。

崔 × ×是东鲜村的种植业大户，他家现耕种水田 600 亩，其中 150 亩是村集体分的，450 亩是承包别人的，承包费是每年 400 ~ 450 元/亩，承包期为 3 年。他经常通过报纸了解农业技术知识，并且曾自费去东北农业大学学习水稻种植技术。由于土地经营的规模不断扩大，崔 × ×还贷款购买了联合收割机，价值 15000 元，并且现在自己可以熟练地操作和维修。2005 年，他耕种水田 600 亩，亩产约 900 斤，每亩投入约 550 元，其中约 20 亩由于"稻瘟病" 而绝产，按照 2005 年的水稻平均收购价格 0.75 元/斤计算，除去生产投入后他没有任何盈利。2006 年，他贷款项目资金 9000 元盖起了育秧大棚，育秧大棚不仅提高粮食产量，使亩产达到约 1000 斤，还有效地防治"稻瘟病" 的发生，但是 2006 年水稻的平均收购价格比上年低 0.03 元，加上土地承包费用的增加，他 2006 年纯利润不到 15 万元，为了下一年的农业生产投资他还要再贷款 30 万 ~40 万元。2007 年水稻价格整体上升，预计年底毛盈利 75 万元，净收入 37 万元左右。

表 3－15　近三年项目区主要粮食作物销售价格一览表（元/斤）

粮食种类	2005 年	2006 年	2007 年
玉　米	0.35	0.41	0.60
大　豆	1.17	1.07	2.10
水　稻	0.75	0.65	0.72

3. 社区滚动资金存在管理的风险

村项目管理小组成员主要以村委会成员为主，虽然普通村民所占的比例较大，但是管理层里没有普通村民的参与，村委会成员对社区滚动资金的运作管理权较大。根据社区滚动资金“资金自有、共同管理、合理使用、有偿服务、持续发展”的原则，村项目管理小组成员中应该鼓励更多的普通村民参与，使得管理上更加民主和透明。但是专家组在调查中发现，东鲜村项目管理小组中普通村民比例为 66.7%；永丰村项目管理小组中普通村民比例为 62.5%；四排村项目管理小组中普通村民比例为 60.0%，虽然三个村项目管理小组中普通村民所占比例较高，但是村项目管理小组的组长、会计和出纳基本都是由村委会成员担任。有 12.5% 的项目户表示项目活动参与的多与少对自己没什么差别，6.3% 的项目农户表示不知道参与多还是少对自己有好处，而对于村委会成员信任度仅为 66.3%（完全信任为 100%）。

以上分析说明了普通村民在村滚动资金运作管理方面的参与不够，同时对村委会的管理还有所怀疑。虽然村委会在村民组织和管理方面有其重要的作用，但是当村集体面临经济困难的时候，存在村委会利用其在村项目管理小组中的权力挪用社区滚动资金的风险，社区滚动资金的可持续性将会受到极大的影响。

4. 村项目管理小组成员管理能力较低

村项目管理小组成员受自身文化水平、农村社区环境等客观因素的限制，其管理社区滚动资金运作的能力较低。在面对社区滚动资金运作过程中出现的各种问题时，村项目管理小组成员的管理能力明显不足，成为限制社区滚动资金可持续发展的重要因素。因此，通过加强对村项目管理小组的能力建设，可以使项目社区产生内源式发展动力，同时也可以带动社区滚动资金的可持续发展。

5. 社区滚动资金额度较低，对农户吸引力不够

首先，中国东北地区农业生产情况不同于内地其他地区，由于人均土地面积较多，种植业的生产投入很大。在东鲜村，种植大户（一般土地面积在 600 亩以上）平均每亩水田要投入 500 元左右，旱田 300 元左右，普通农户（一般土地面积在 50～100 亩之间）平均每亩水田投入 300 元左右，旱田 200 元左右；其次，出国务工收入较高。在永丰村，在韩国务工的农户家庭每年收入都在两三万元以上，这些农户都没有申请社区项目滚动资金的使用；最后，社区人口数量较多。在四排村，全村共有居民 200 户，第一轮申请到社区滚动资金的农户为 60 户，总金额为 28 万元，平均每户不到 5000 元。同时，很多未申请到资金的农户对社区滚动资金的可持续性表示怀疑。

6. 社区滚动资金还款期限缺乏灵活性

根据各村项目资金管理规定，社区滚动资金用款农户需每年年底还款，其中东鲜村是一年全额还清；永丰村和四排村都是两年还清，每年还款 50%。然而对于从事养殖业的项目农户，由于养殖业周期的原因，当年无法从中获利，如当年还款对于下一年养殖生产会有很大影响，替代生计活动可能由此中断。

案例 3　朴××，女，44 岁，朝鲜族，初中文化；丈夫 45 岁，朝鲜族，初中文化。

朴××家属于村里的富裕户，她与丈夫共同开了家小卖店，2005 年底，她申请项目资金共 1 万元来发展养殖业。在养殖业方面，当年她家饲养狐狸 23 只，大的每只每年投入大约 200 元，小的每只每年投入大约 100 元。当年她家有 2 只狐狸因不明病因而死亡，由于她及时地采取了防疫措施才没有遭受太大的损失。虽然 2006 年她在养殖狐狸上净收益达到 2000 余元，但是还清社区滚动资金后，下一年的养殖业投入就不够了。2006 年底朴××再次申请到了社区滚动资金，2007 年养狐狸的投入资金才算解决。当问及她对项目的改进有什么建议时，她说，"还款期限太死，想把养狐狸发展起来没有 3～5 年不可能，希望放宽还款期限"。

（四）社区滚动资金的还款制度

为了保证社区滚动资金的按时足额还款，项目村实施了土地使用权抵押制度或联保制度。

土地使用权抵押制度，是指使用项目资金的农户要用土地做抵押，每户要用等价的土地进行抵押，如果到期（不是由于不可避免的风险）不能够按照计划还款，则拿当年的土地的使用权抵偿所用项目资金。在项目实施社区中，东鲜村和永丰村的部分农户采用了这一贷款担保形式。调查结果表明，目前项目区土地的年转包价格是：旱田 100～120 元/亩；水田 130～160 元/亩。根据东鲜村和永丰村农户拥有土地面积的情况表明，普通农户所持有土地的年转包总价值达到 1 万～1.5 万元，超过其所用款金额。同时，使用土地使用权抵押这一贷款担保形式的农户还款率达到100%。由此可见，土地使用权抵押制度起到了对社区滚动资金还款保障的作用，同时也确保了社区滚动资金的可持续发展。

联保制度，是指如果不使用土地抵押，本批使用资金的农户应采用3~5户联保，1户只能参加1个联保小组，自由组合。联保户中若有1户不按期偿还资金，则其他联保户代为偿还。在项目实施社区中，3个社区都有农户采用这一贷款担保形式，其中四排村所有项目户都是采用这一担保形式。农村信贷的一个显著特点就是信息不对称，这导致了很多正规金融的缺乏。然而，联保制度主要是基于人缘、地缘和血缘关系，充分利用当地的信息和社会资本，这样可以较好地解决信息不对称的问题，使违约的可能性降到最低。调查中发现，四排村用款农户还款率很低，村项目管理小组也正准备根据《四排村项目及资金管理办法》的相关规定进行催款，其中联保制度也将起到关键的作用。

（五）未按计划还款的原因

根据调查发现，项目实施的三个社区中仅四排村项目户未按计划还款，以下是对四排村农户未按计划还款的原因分析。

1. 复杂的社区背景

首先，四排村是一个赫哲族聚居为主的村落，为全国5个赫哲族建制村之一。全村共有农户200户，其中赫哲族87户，占43.5%，汉族111户，占55.5%，朝鲜族2户，占1%；全村共有人口680人，男女各半，劳动力425人，其中有13人长期在外打工（男7人，女6人），占劳动力的3%，300人季节性打工，占劳动力的71%。其中，汉族分为老汉族和水稻户，老汉族是指从20世纪70年代就和赫哲族人一起共同居住，开发四排村的汉族人，本村有老汉族24户。剩下的汉族人是在1986年开发四排村“万亩灌区”时招聘来的人，他们被当地人称作“水稻户”。由于四排村人口构成较为复杂，四排村村委会在日常工作中也很不容易协调各方利益，这使得社区滚动资金在还款时，各利益相关群体都互相“观望”，谁也不想先还款。

其次，四排村作为少数民族村落，国家对其建设和帮扶较多，四排村农户已经“习惯了”各种项目在社区的实施。当生计替代项目来到该村的时候，很多农户把项目误解为和以往相同的扶贫项目。当问及生计替代项目与政府的其他项目有什么不同时，13.6%的农户表示与政府项目一样，8.5%的农户表示不清楚。国家近些年对四排村的项目支持如表3-16所示。

表 3-16　四排村近年获得的项目支持一览表

时　间	项　目	项目支持	项目内容
2006 年	赫哲族新村	国家民委	修建赫哲族新村,共计 36 栋/72 户。每户补贴 6 万元,自筹 1.9 万元
2006 年至今	村道路面维修	县交通局/国家计委	“村村通”工程和赫哲族新村路面维修
2002 年	鹿　场	国家扶贫办	建设鹿场,养殖 150 只鹿
1998 ~ 2005 年	有线电视	国家民委	村社区通有线电视投资 4 万元
1998 ~ 2005 年	自来水	国家民委	修建村社区自来水工程
1991 ~ 1993 年	鱼　塘	乡企业	修建池塘发展养鱼

说明：此表是通过对四排村村长于春杰的访谈记录绘制而成，有些项目的实施，于春杰并没有参与，因此不够清楚。

2. 分配标准

第一轮社区滚动资金共计 28 万元，一共有 92 户申请了第一批项目，项目管理小组进行初步筛选之后，一共有 74 户具有第一批项目资格。被筛选下去的 18 户主要是由于户口不在本村、已经卖了房子迁出本村、申请项目数额过于巨大、申请家庭户主年龄过大、家里有上班户等原因而没有被纳入第一批考虑范围。同时，以赫哲户和老汉户优先申请的前提下，确定了 60 户项目户。这种分配标准让很多“水稻户”感到不满，并且在具体分配金额方面，很多项目户认为村委会干部的亲戚和朋友享受了很大程度上的“照顾”，因此在还款的时候，这些项目户都在看村委会干部的亲戚和朋友是否还款，然后决定自己是否还款。

在第一轮社区滚动资金还款率很低的情况下，第二轮社区滚动资金仅有 6 万元，村项目管理小组为了协调各方面的利益，不得不把 6 万元社区滚动资金进行了平均分配，共有 67 户农户申请到第二轮社区滚动资金，除了 7 户农户贷款金额在 6 千元左右外，其余农户每户仅贷款到 400 元，这再次引起了四排村农户的不满。因此，社区滚动资金的正常运作受到了影响，目前村项目管理小组正在对第一轮用款项目户进行催款。

3. 自然灾害

2006 年夏天，四排村遭受水灾，由于部分农户土地靠近乌苏里江，地里的积水不容易排泄，农户种植的白瓜全部绝产，给农户造成了很大的经济损失，这其中就有使用社区滚动资金的项目农户。这部分项目户将自己申请的贷款作为了下一年种植业生产的资金投入或则是为了应急挪作他用，因此改变了原来申请的替代生计活动，社区滚动资金的还款受到了影响，造成四排村项目户的违约率较高。

（六）进一步探讨的问题

1. 社区滚动资金的发展问题

三江平原可持续替代生计项目社区滚动资金的功能，主要是为项目农户采取的生计替代活动提供资金支持，逐步在项目社区形成一种自我发展、滚动发展的内生动力，进而增强农户对三江平原湿地资源保护的意识。社区滚动资金的实质是基于农村社区的区域性及特有的熟人社会特征，它能够很好地解决信息不对称所带来的运行成本过高等问题。它强调项目区农户的自我管理、自我经营和自我发展，同时，项目组织各类技术专家予以指导。

社区滚动资金的运作在东鲜和永丰两个村已经取得了一定进展，但是在四排村也暴露了很多潜在的问题。例如，社区滚动资金的运作没有考虑到自然灾害的影响以及如何帮助项目户避免这些灾害；村项目管理小组自身能力的缺乏，导致对社区滚动资金在运作过程中的监管不力，等等。因此，加强村项目管理小组能力建设，鼓励那些通过地缘、血缘、业缘关系组织在一起的农户共同预防自然灾害和承担市场风险。此外，村项目管理小组还应多组织项目户农民之间的生产经验交流活动来增强社区的凝聚力。

2. 社区滚动资金的保障问题

社区滚动资金的可持续发展重点在于社区内部是否能形成自我发展、滚动发展的内生动力，而还款措施就是这种内生动力形成的有效保障。目前社区滚动资金还款制度主要包括土地使用权抵押制度和联保制度。在实践中，土地使用权抵押制度已被证明起到了保障社区滚动资金还款的作用，但联保制度还有待进一步完善。

首先，很多贫困农户社会资本比较匮乏，尤其是四排村“水稻户”里面的贫困户，他们在四排村缺乏地缘、血缘和业缘关系，难以找到担保人。其次，联保小组内部权利义务难以平衡。因为小组成员投资的生产经营项目不同，信贷资金需求量有大有小，造成联保小组内部利益与责任不一致，权利义务难以平衡。小额度资金需求者不愿意对大额度资金需求者担保。最后，村项目管理小组成员加入联保小组，使得监管者与实施者利益相关，存在还款违约时无人追款的风险。因此，完善社区滚动资金的保障制度以及加强对村项目管理小组管理监督的能力建设对于社区滚动资金的可持续性具有重要的作用。

四　替代生计项目的影响分析

本部分分析了可替代生计实施对三个村项目户收入和收入来源的影响，以及对环境和社会性别关系的影响。

（一）替代生计对收入的影响

1. 村民主要经济来源变化

（1）东鲜村主要经济来源变化

从表 3－17 和表 3－18 可知，种植业和打工收入仍是该村农户最主要的经济收入来源，但是 2006 年因为经历了一场雹灾，东鲜村在三个村庄中受灾最严重，甚至一些农户减产过半，所以出现了种植业收入的下滑。从 2007 年开始，东鲜村村民在亚行项目的支持下，都采用了大棚育秧技术，亩产由原来的 800 斤左右提高到现在的 1000 斤左右，产量的提高和粮食价格的稳定使 2007 年的种植收入和所占比重都有所提高。申请赴韩打工的人数在这三年中有所增加，村庄打工收入 2006 年与 2007 年变化幅度不大；另外，养殖业的收入及其所占比重也都有所提高，2007 年分别为 618 元和 1.08%。

表 3－17　2005～2007 年东鲜村村民户均纯收入的主要经济来源（元）

年　份	种植业	养殖业	林　业	打　工	打　鱼	其　他
2005	40125	200	0	5500	0	635
2006	32218	320	0	7625	0	1897
2007	44530	618	0	9785	0	1800

表 3－18　2005～2007 年东鲜村村民户均纯收入的主要经济来源（%）

年　份	种植业	养殖业	林　业	打　工	打　鱼	其　他
2005	86.36	0.43	0	11.84	0	1.37
2006	76.60	0.76	0	18.13	0	4.51
2007	78.49	1.09	0	17.25	0	3.17

（2）永丰村主要经济来源变化

从表 3－19 和表 3－20 可知，永丰村收入的最主要来源也是种植业和打工收入。其中 2006 年种植业收入比重有所下降，2007 年的种植业收入由于粮食价格的提高而大幅度上升，比重和 2005 年相差不多；由于 2006 年和 2007 年养殖市场价格振荡大，没有坚持养下去的一些农户还出现了赔本的现象，但从收入和所占比重上看养殖业都略有提高，然而，对农户的效益来说，基本徘徊不前。和东鲜村一样，赴韩打工的村民越来越多，虽然打工收入增幅比较大，但是由于整体收入提高，2006 年和 2007 年的比重相近。

表 3－19　2005～2007 年永丰村村民户均纯收入的主要经济来源（元）

年　份	种植业	养殖业	林　业	打　工	打　鱼	其　他
2005	9254	108	0	3450	653	1816
2006	9958	428	0	5400	750	1860
2007	14801	450	222	7296	450	1780

表 3－20　2005～2007 年永丰村村民户均纯收入的主要经济来源（%）

年　份	种植业	养殖业	林　业	打　工	打　鱼	其　他
2005	60.56	0.71	0	22.58	4.27	11.88
2006	54.13	2.33	0	29.35	4.08	10.11
2007	59.21	1.80	0.89	29.18	1.80	7.12

（3）四排村主要经济来源变化

从表 3－21 和表 3－22 可知，种植业一直是四排村主要的经济来源，在项目实施的三年内也一直呈增长趋势；养殖业收入所占比重与前两个村庄的情况相似，有所增长，但幅度不大。但是收入增长幅度很大，从 2005 年的 250 元上升到 2007 年的 972 元；在国内务工的年轻农民越来越多，所以打工收入也有所增长；但与之相反的是，由于渔业资源的枯竭，打鱼收入在 2007 年出现了大幅度的下滑，从 2005 年的 4690 元下降到 1288 元。

表 3－21　2005～2007 年四排村村民户均纯收入的主要经济来源（元）

年　份	种植业	养殖业	林　业	打　工	打　鱼	其　他
2005	12937	250	0	2994	4690	2139
2006	13212	470	0	2466	4650	1670
2007	18232	972	1288	3296	1288	1992

表 3－22　2005～2007 年四排村村民户均纯收入的主要经济来源（%）

年　份	种植业	养殖业	林　业	打　工	打　鱼	其　他
2005	56.22	1.09	0	13.01	20.38	9.30
2006	58.80	2.09	0	10.98	20.70	7.43
2007	67.36	3.59	4.76	12.17	4.76	7.36

2. 东鲜、永丰和四排村三年的户均纯收入变化

从表 3－23 和图 3－4 中我们可以看到，2007 年三个村庄的户均收入相对 2006 年都有比较大的提高，四排村增幅最大，东鲜村的户均收入最高。但是在 2006 年，东鲜和四排都遭受了比较严重的雹灾，种植业受到一定的打击，所以四排村增幅缓慢，东鲜村还出现比较大的降幅；永丰村在项目执行的三年，户均收入一直持上升趋势，但是增幅平缓。

表 3－23　东鲜、永丰和四排村三年的户均纯收入变化（元）

村庄名称	2005 年	2006 年	2007 年
东鲜村	34014	30518	41766
永丰村	21082	21480	25406
四排村	17061	18601	27058

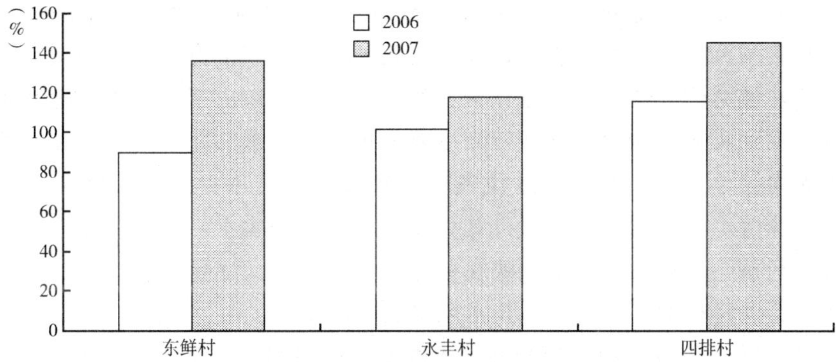

图 3-4　项目期间东鲜、永丰和四排村的户均年收入增加幅度

3. 项目户和非项目户的户均年收入比较（2005~2007 年）

从表 3-24 可知，永丰村项目户大多以种植业为主要收入来源。有亚行的项目款支持种地（农民大多会将亚行款用来投资种地）和这两年稳定的粮价作保证，所以项目户的户均收入一直呈增长趋势。而非项目户大多家里有成员出国务工，以工资收入为主，所以三年户均收入没有明显的变化。在 2007 年，项目户和非项目户之间年收入差距缩小到 3000 元。四排村第一轮的项目款主要是发给赫哲户，赫哲族自古以来擅长渔猎，但是，随着渔猎资源的枯竭，他们从水上迁移到岸上开始摸索种地，但仍有很多赫哲族靠打鱼微薄的收入来维持生计。非项目户大多是外来的水稻户，靠种地为生，因粮食价格的稳定，这三年收入提高很快。由于上述历史原因，项目户的经济基础远远差于非项目户，也导致三年的户均收入都低于非项目户，但是这三年项目户的户均收入也呈上升趋势。

表 3-24　2005~2007 项目户和非项目户的户均年收入比较（元）

村庄名称	2005 年		2006 年		2007 年	
	项目户	非项目户	项目户	非项目户	项目户	非项目户
东鲜村	34014	—	30518	—	41766	—
永丰村	17458	24707	17992	23568	24047	27766
四排村	11055	21067	16453	20749	18611	30216

说明：调研的时候，东鲜村只有 12 户，全部是项目户，所以非项目户的资料缺失。

对于贫困农户，一般来说，通常存在两个问题：一是缺钱，导致种地或其他生计项目很难启动；二是信贷难。这两个问题通常让很多农户出现“有地，但是没钱种”的现象。针对此问题，亚行项目的瞄准对象大多为贫困户，因为通常他们最需要贷款，同时也可能对湿地的破坏最大。在实施项目的三年过程中，项目户的生计行为有一些显著的特性。

（1）从横向看，项目户所选择生计涉及多个领域。种植业存在的自然风险和市场风险是不可控制的，或者说从长远看是不可持续的，尤其是现在单一的种植结构。项目户在亚行贷款的支持下首先迈出了这一步，已经实现了从思想到实践的转变。这种行为主要表现在：一是与非项目户比较，项目户更为积极地探索一些生计途径来增收致富（亚行项目户从事的领域包括养殖、种植、做生意、出租农机具和修理等各个方面）。二是一部分人已经获得了利益。这种利益主要反映在两方面：一是收入逐年增加；二是农户对所从事的项目技术日益熟练，技术风险逐渐降低。

（2）从纵向看，项目户开始深入探索一个领域。东鲜村在2006年项目户将项目全部转为建立育秧大棚，育秧技术改变了传统的漫撒，不但大幅度提高了生产率，而且减少了水和化肥的损耗。

当然还存在其他一些特征，如很多项目户主动开阔自己的眼界，拓宽交往范围等。

4. 东鲜、永丰和四排村户均种植业纯收入变化

从表3－25和图3－5可知，三个村庄2007年的种植业收入都大于2006年的种植业收入，其中东鲜村的人均耕地面积最大，加上采取的是大棚育秧技术，亩产要高于其他两个村庄所采取的漫撒技术。东鲜村在2006年遭雹灾导致减产，所以2006年种植业收入锐减，其他两个村庄的种植业收入都呈明显上升的趋势。

表3－25　东鲜、永丰和四排村种植业户均年纯收入变化表（元）

村庄名称	2005年	2006年	2007年
东鲜村	40125	32218	44530
永丰村	9254	9958	14801
四排村	12937	13212	18232

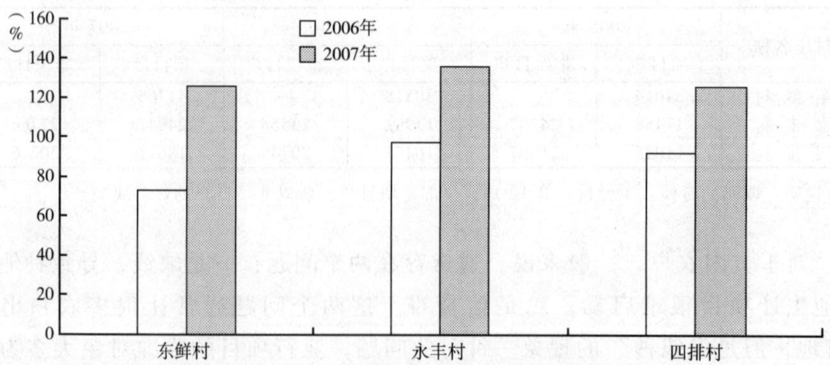

图3－5　项目期间东鲜村户均种植业纯收入变化率

说明：比例是本年与上一年的数据相比所得。

5. 东鲜、永丰和四排村户均养殖业纯年收入变化

养殖业是亚行替代生计项目的重点，除东鲜村由于种植水稻的优势，在2006年项目户全部改为大棚育秧项目（由于大棚育秧种水稻只需要浅水管理，用水量远远小于传统的漫撒，秧苗插进田里成活率高，用农药和化肥也少于传统的漫撒），其他的两个村庄申请项目主要还是以养殖为主。从表3－26和图3－6可以看出，养殖业在三个村庄收入中占有份额不是很大，除了四排的养殖业收入在2007年达到近1000元左右，其他两个村庄养殖业收入仍然很低。在实地采访时发现造成养殖业很难发展起来的原因有：①土地资源丰富，所以大多数农民以种植业为主，以养殖业为辅；②养殖业的市场风险业很大，农民往往高成本启动，获益较低；③缺乏养殖技术，亚行培训的养殖内容还不足以应付养殖过程中碰到的困难；④缺乏规模饲养的启动金，亚行项目所支持的资金太少，没有后续的投入。

表3－26 东鲜、永丰和四排村养殖业户均纯年收入变化表（元）

村庄名称	2005年	2006年	2007年
东 鲜 村	200	320	618
永 丰 村	108	428	450
四 排 村	250	470	972

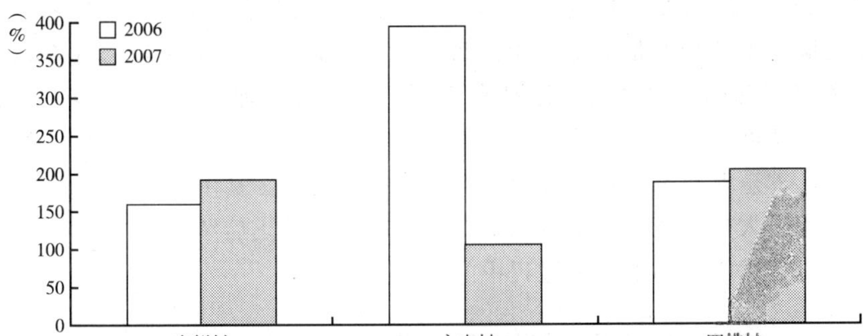

图3－6 项目期间东鲜村户均养殖业纯年收入变化率

说明：比例是本年与上一年的数据相比所得。

6. 东鲜、永丰和四排村替代生计项目户均纯年收入变化

从表3－27和图3－7可以看到，项目期间，亚行项目款给三个村庄带来的直接收益都呈上升趋势，其中，东鲜因为将资金用于投资种水稻，收益最大，其他两个村庄的户均年收益也接近2000元，另外很多村民以他们的贷款标准来算亚行项目所带来的直接收益。

表 3-27　2005~2007 替代生计项目所带来的户均纯年收入变化（元）

年　份	2005 年	2006 年	2007 年
东 鲜 村	980	1262	2890
永 丰 村	620	1187	1859
四 排 村	500	1200	1890

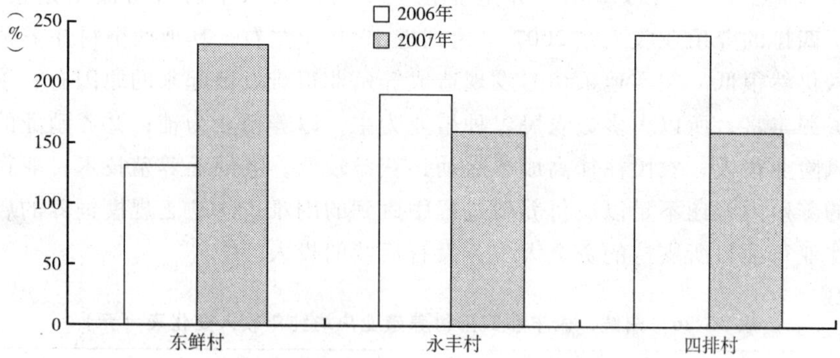

图 3-7　项目期间替代生计项目所带来的户均纯年收入变化率

说明：比例是本年与上一年的数据相比所得。

7. 不同群体对替代生计满意度评价（贫、中和富）

从表 3-28 可知，只有 20% 和 30% 的农户对替代生计活动和替代生计效果的满意度选择的是满意，40% 和 30% 的农户选择的是一般；有 66.7%、75% 和 58.3% 的农户分别对滚动资金分配、项目管理小组运作和项目培训选择的满意度是满意。从我们在实地采访得知，替代生计实行的效果并不是很明显，养殖业在三个村庄都没有发展起来。另外，贫困农户认为，亚行的项目款资金太少，甚至养殖启动资金都不够，也缺乏后续的支持；通过培训所获知识远远解决不了养殖过程中的困难。

表 3-28　贫困农户对替代生计满意度评价（n=30）（%）

内容 \ 满意度	很满意	满　意	一　般	不满意	很不满意	不清楚
替代生计活动	0	20	40	10	0	30
滚动资金分配	0	66.7	8.3	0	0	25
项目管理小组运作	0	75	0	0	0	25
项目培训	0	58.3	8.3	0	0	36.4
替代生计效果	0	30	30	0	10	30

从表 3-29 可知，中等农户和贫困农户对替代生计的满意度差异很大，中等农户对替代生计满意的达到 31.5%，很满意的为 5.6%，高于贫困户，

替代生计效果也有5.5%的农户表示很满意。对替代生计的各个项目也都有农户表示不满意，其中对资金分配有17.7%的农户表示不满意，4.8%的农户表示很不满意；对项目管理小组运作，有12.9%的农户表示不满意，有1.6%的农户表示很不满意。从农户回答的原因中我们知道，中等农户大多对资金的分配不满，认为是村委发放资金的方式不公平，只是形式上透明，实际上都是和村委会有关系的人拿到了项目款。

表3-29　中等农户对替代生计满意度评价（n=45）（%）

内容＼满意度	很满意	满　意	一　般	不满意	很不满意	不清楚
替代生计活动	5.6	31.5	13	3.7	0	46.3
滚动资金分配	4.8	25.8	9.7	17.7	4.8	37.1
项目管理小组运作	6.5	24.2	6.5	12.9	1.6	48.4
项目培训	5.1	31.6	7	3.5	0	52.6
替代生计效果	5.5	23.6	12.7	7.3	0	50.9

从表3-30中可知，富裕户与中等户对替代生计活动看法的差异也很大，满意度也远远高于后者。很多农户反应，亚行项目带来的不仅仅是资金支持，而是一种观念上的更新，如何更有效的利用资源，如何通过发展多种经营来分散单一种植业带来的风险；在三年的活动中，社区发展得到了很多专家的支持，既学到了知识，也开阔了眼界。

表3-30　富裕农户对替代生计满意度评价（n=25）（%）

内容＼满意度	很满意	满　意	一　般	不满意	很不满意	不清楚
替代生计活动	12.5	18.8	37.5	6.3	0	25
滚动资金分配	29.4	35.3	5.9	11.8	0	17.6
项目管理小组运作	5.9	35.3	23.5	11.8	5.9	17.6
项目培训	18.8	37.5	18.8	0	0	25
替代生计效果	18.8	43.8	0	6.3	0	31.3

（二）不同的替代生计方式对环境的影响

社区资源保护强调的是保护区的完整性和对野生动物及其栖息地的保护，虽然这可以为社区居民在一定程度上提供新的收入方式（比如通过生态旅游获取收入），或者还可以允许当地人利用其中一些自然资源，但是这种保护模式通常是牺牲社区利益，而且实施的成本也比较高。参与式资源保护过程主要有两种：一种是消极的参与式方法，也就是社区资源保护，这是把保护社区资源放在第一位；另一种是积极的参与式方法，把社区成员需求放在第一位。通过替代生计和社区参与来减少村民对土地的依赖，进而达到保护环境的目的的方式，是一种积极的参与方式，被村民普遍接受。

很多村民在调查中认为环境保护与他们的日常所需存在冲突，如土房的修葺所用的草料、做饭用的柴火和牲畜吃的草料原来都取自于湿地。现在，他们需要花费成本，寻找能替代这些日常生活的材料。环境保护与他们的生计也有所冲突，三江平原在新中国成立后的两次大开发，政府鼓励农民向荒原要土地、要粮食，先来的开荒者生活极为贫困，种地并没有让他们的生活富裕起来。现在粮食价格日见看涨，土地带来的收益也开始陡涨，但是现在却不让开荒，使他们不能享受自己的劳动成果。现在为了整体的生态环境，他们需要作出牺牲。因此，替代生计方式可以缓和这种矛盾，让他们逐步认识到，人与自然的和谐发展是功在当代、利在千秋的伟大事业。

1. 不同的替代生计对环境的积极影响和消极影响

在实践上，替代生计的方式对环境也发挥了相应的积极作用，主要分为大棚育秧、种植业、养殖业。三种类型对环境的影响各有利弊。大棚育秧可以大幅度地提高水稻产量，增加农民的收入，从而减少农民对土地的依赖，但是种水稻需要使用大量的农药和化肥，这样就会不可避免地破坏生态平衡，污染当地的水资源，而且会导致水位的下降；养殖业可以改变当地以种地为主的单一生计模式，帮助农民分散种植业带来的风险，而且对环境的污染和破坏程度小，但是小规模的庭院式圈养带来的气味、粪便等污染问题，会影响到居民的居住环境；支持农民种地（水田和旱地），发展当地的种植业也是一把双刃剑，让农民有资金种上地能缓解贫困，但是不利于降低他们对土地的依赖性。

（1）大棚育秧

大棚育秧是指通过大棚的保温作用，提早育苗，抢积温，培育出的秧苗成苗率高，壮秧效果突出，可以育出带蘖大龄壮苗而且育苗成本低、省种、省工。另外，大棚育秧在不扩大土地面积的情况下能够大幅度地提高产量从而提高家庭收入，可以减少农民对土地的依赖。大棚育秧方式主要在东鲜村实行，有12户申请大棚育秧项目。东鲜村民朴某通过大棚育秧，每亩产量提高400斤，按照其种地100亩的规模，毛收入增加3万元左右。在东鲜村，类似的例子很多。很多农民都反映中国的农民是靠天吃饭，多种土地意味着要多承担一份风险，另外劳动强度也大，而采用大棚育秧技术和现有的土地规模就可以达到增加家庭收入的目标。三年来，东鲜村已没有再开垦湿地的现象发生了，而且农民减少了对土地的依赖，从中我们可以看到大棚育秧对湿地保护所作出的贡献。

案例 1（大棚育秧）

朴××，男，28 岁，朝鲜族，初中文化，2006 年结婚，2007 年生子。

2004 年，朴某赴山东青岛打工，2005 年年底回到家乡。两年的打工生涯并没有给其带来收入，也没有发现更好的适合自己发展的机会，唯一的收获是开阔了眼界，因此回到家乡准备安心务农。2005 年参加亚行项目的第一轮评估需求，共计申请 9000 元贷款，全部投入到 75 亩水田中，并且在亚行的技术和资金的支持下，开始采取大棚育种、插秧种田的方式，但是由于 2006 年发生稻瘟，其产量和漫撒的播种方式持平，亩产 800～900 斤，加上当年的粮价只有 0.54 元/斤，总收入只有 3.5 万元，从当年的投入和产出来看，基本上不盈不亏，但人力投入的因素没有算进去。2007 年获得亚行项目贷款 1.5 万元，再加上去年获得一些经验和技术，所以他的信心和干劲都很足，使大棚从去年的一个增加到两个，租种水田 65 亩，现在共有 140 亩水田。从现在看，2007 年的收成肯定要远远高于去年，预计平均亩产量将达到 1300 斤左右，并且粮价也一直走高，按照 0.75 元/斤的价格标准来计算，今年的毛收入要达到 13 万元，除去成本能剩下 8 万～9 万，加上国家的补贴其纯收入肯定要超过 9 万元。从这两年种田的经验来看，亚行带来的绝不仅仅是资金，而且带来了大棚育种插秧的技术。育种插秧在正常的范围内要比传统的漫撒产量要增加 400～500 斤左右，以 2007 年的产量来估算价值大概在 4 万元左右。虽然种田会存在风险，但是因为地多，还是有利可图，所以只要资金充足，种地还是主要的生计手段。

（2）种植业

种植业作为三个村庄的支柱产业也是农户生计的主要来源，但是很多农户缺乏种地的资金，所以在项目申报的过程中，很多农民选择贷款种地。农民安心种地，在一定程度上有利于湿地资源保护。过去，很多村民把渔猎作为一项副业，补贴家用，特别是有“夏捕鱼作粮，冬捕貂易货为生计”之说的赫哲族。这几年，亚行的无息贷款使很多穷人有资金种地，在不断宣传保护湿地资源情况下，四排村的渔民已经不到 10 户，大部分都以种地为生，这在一定程度上保护了生态平衡，使一直受到人类掠夺的渔猎资源可以休养生息。因此，种植收入的提高，可以改变利用湿地资源来增加副业收入的做法。但是，种植业的发展也存在一些负面影响，如近年来水稻价格持续攀高，三个村实施了大面积的旱田改水田项目。与旱田相比，水田所需水量较大，三个村都新增了机井，用以抽水灌溉水稻；排水后化肥与农药随之流入挠力河中，对河水造成一定的污染。

案例 2（种地）

王××，56 岁，汉族，小学文化程度，妻子是赫哲族，家里共有 3 口人，老父亲和自己一起住。除老人外，身体都还健康，主要是以种地为生。家里有 4 间砖瓦房，3 间住人，每年取暖、烧火需要柴火 10 方，花费在 1000 元左右。家里基本设施有电视机、洗衣机、拖拉机和 VCD。共有 200 亩旱田，算是村里的种粮大户。2003 年和 2004 年全部种植大豆，产量为 180 斤/亩，但 2004 年粮价比 2003 年低。全家每年的生活开支需要 1000 元，看病买药的花费需要 2000～3000 元，人情往来每年也得 1500 元，种地的成本大概需要 2 万元。因为没有种粮食，所以需要买口粮，一年需要米面各五袋，大概花费 1000 多元。向银行贷款 5000 元，利息是 8.85 厘，期限是 10 个月，主要是用于种地的生产性投入，现在已经还清了，朋友向自己借了 2 万元，没有利息，也没有期限，只说等人家有钱的时候就还，现在也全部还清了。平日里的交往对象主要就是亲戚、朋友和邻居，家庭条件都差不多，一般见面也就是聊天。家里田多，农忙时得雇人，借钱的时候一般找银行贷款，感觉村民间的借贷信任度还可以。自己生产方面的信息主要来源于技术人员，而生活方面的信息主要来源于朋友和邻居。对于自己现在的谋生方式的评价是，只是过得去，主要感觉农药、化肥的价格都很高，种植的生产性投入太大。对于以后没有什么打算，就是想继续种地。

(3) 养殖业

养殖业不与种植业争土地，不需要肥料，可以分散种植风险，使生计多元化。从项目支持的养殖户来看，现在除项目支持的养羊户外，养猪养牛养鸡和养貉等采用喂饲料和家庭圈养的方式，不会对环境产生消极影响。虽然养羊主要靠草料饲喂，采用的方式是放养。但是在采访养羊户时他们表示他们承包了草地，能够满足养殖需要，平时放养时去政府指定的地方，不会去湿地放养。

但是养殖也存在一些负面影响，主要有两方面：一是对居民环境的影响。很多养殖户并未形成规模养殖，也未在村中开辟集中养殖场所。由于当地流动人口较多，交通便利，养殖存在一定的被盗风险，因此大多数农户选择了在自己住房周围建置养殖场所。夏季时养殖动物的气味难闻，招蝇惹虫，对农户及附近居住村民的生活环境产生了很不利的影响。因此，在以后项目的实施过程中，应当考虑到对生活环境的影响问题。二是养殖在一定程度上会破坏湿地资源。在采访永丰村的一家养牛户时，他告诉我们在饲料价格上涨的情况下，一小部分不遵守规章制度的养殖户为了节约饲料费用，也会上湿地采集草料。当然在合理规划利用湿地的时候可以适当地使用湿地的资源，但是现在三个村周围的湿地还在一个自然修复的过程中，这些养殖的生计项目在一定程度上会加重湿地的负担，延缓修复的进度。

案例3（养兔子）

蔡××，女，39岁，朝鲜族，常年患病，几乎没有劳动能力，丈夫46岁，朝鲜族，初中文化，主要从事种植业，姐姐是村里的赤脚医生，和蔡××夫妇一起生活，平常免费给蔡××拿药、打针。该农户共有土地52亩，2005年以前一直种黄豆，2006年本想种黄豆，因蔡的丈夫打算去韩国打工而把土地转包出去，转包价格为每亩130元，但由于签证问题出国没有成功，只好以打零工为生。

2006年3月，亚行项目第一批贷款到位，蔡××申请项目为养兔子，共申请到3000元，利用这笔钱购买了60只兔子，喂兔子主要用自家生产的玉米面、糠皮、山野菜等。到2006年12月，60只兔子共消费玉米面和糠皮约400斤，由于这些杂粮都是自家生产，所以成本无法准确算出。由于兔子销售前景不好，加之缺乏各种兔病的预防和治疗知识，到2006年年底，蔡××准备将兔子全部出售，但由于销路不理想，兔子迟迟没有卖出去，最后在亲戚的帮助下，把兔子卖到饭馆里了，共卖出50只，每只售价25元，销售兔子的收入共计1250元，其余的兔子继续喂养，该生计活动到目前为止的净收入为1000元左右，出租土地收入6760元，蔡的丈夫打工收入13000元，因此养兔子的收入占家庭净收入的比重为5%左右。

蔡××认为，养兔子的主要风险为各种疾病，预防和治疗总不到位，一旦兔子得病，基本上要赔钱。养兔子的另一个主要风险是销路问题。她表示以后不会继续养兔子了，因为没有销路，利润也不大。同时，觉得亚行的项目很好，帮助的钱也很多，但是她觉得致富信息更重要，几千元只能解一时的燃眉之急，不起实质上的作用，自己搞养殖也缺乏经验和技术，最好能得到专业人员的指点，饲养风险小、销路好、利润高的动物。关于养殖方面的培训，蔡××觉得，村里需要懂技术的人详细讲解预防兔子疾病、治疗兔病和喂养兔子的知识，在科学技术的指引下更快更多地挣钱。

总之，从这三个村的调查案例我们可以很清晰地看到，农民对于生计的选择是很理性的，认识到盲目地向大自然要土地是存在很大风险的。项目资助他们改变现有的生计结构，这无论是在思维还是在行为上都有助于减少他们对土地的依赖，从而达到保护湿地的目的。这可以从项目实施的三年中三个项目村都没有村民再进行湿地开荒得到证明。

2. 替代生计对村民居住环境的影响

从表3－31可以看出，东鲜村所申请的项目资金大多投入到耕种水稻上。为保证水稻的用水量，村民普遍抽取地下水灌溉，地下水位已经明显下降；另外，随着施用的化肥和农药越来越多，排出的水流入挠力河，造成了一定程度的水污染。75%的村民认为长此以往，会直接威胁到他们的居住环境。与东鲜村相似，永丰村有 74% 的农户认为项目对村民居住环境有不利的影响。主要是因为申请亚行项目资金的农户，搞养殖的并未形成规模，也未在村中开辟集中养殖场所。由于当地流动人口较多，交通便利，养殖存在一定的被盗风险，因此大多数农户选择了在自己住房周围建置养殖场所。夏季时养殖动物的气味难闻，招蝇惹虫，对农户及附近居住村民的生活环境产生了很不利的影响。四排村有 60% 的农户认为项目对村民居住环境有不好的影响，村民主要是针对养殖对居住环境的影响，和永丰村相似。

表 3-31　三个村庄中农户对项目影响居住环境的评价（%）

	东　鲜	永　丰	四　排
好	25	13	22
不　好	75	74	60
没有影响	0	13	18

3. 替代生计对湿地资源保护的影响

从表 3-32 可知，东鲜村 75% 的农户认为亚行的生计替代项目对湿地资源的保护是有利的。有的村民认为下乡调研的小组成员在当地举行的自然管理和资源共管培训提高了村民的觉悟，大家都觉得应该保护环境，这是有利于子孙后代的好事，很拥护。2007 年村民在保护区里发现很多年前出现过的野雁，觉得应该归功于对湿地资源的保护。永丰村距离湿地保护区较远，水资源也不如东鲜村充足。因此永丰村的居民对湿地资源的认识不如东鲜村的村民敏感。永丰村有 70% 的农户觉得项目的开展有利于湿地资源的保护，比例虽然略低于东鲜村的调研结果，但也能看出村民们对湿地资源的保护有一定的认识。另外，永丰村水资源不够充足，不适合种水稻，因此水田的量比东鲜村少得多，这样农药、化肥对水造成的污染也小得多。四排村有乌苏里江广阔的江面做天然的渔场，赫哲族人世世代代依靠打鱼为生。但是由于近些年的江河水质污染，影响了鱼类的繁殖和生长。亚行项目资金多数资助了赫哲人，使他们有资金搞养殖或种植业，不必过分依赖渔业资源，减轻了对乌苏里江渔业资源的破坏，所以大多数村民认为项目起到了保护湿地的作用。

表 3-32　三个村庄中农户对项目影响湿地资源的评价（%）

项　目	东　鲜	永　丰	四　排
有　利	75	70	58.7
不　利	0	0	1.6
没有影响	25	30	39.7

总之，通过调查发现无论是政府还是村干部现在都开始反思以前的做法，认识到湿地保护是大家的事情，湿地资源是公共的物品，不是个人财产。最后，借用村民一直向我们唠叨的一句话来结尾：“湿地的水鸟多了，物种丰富了，草地茂盛了。”这幅生机盎然的图画是我们愿意看到的项目结果。

（三）替代生计对性别关系的影响

俗话说“妇女能顶半边天”，在现在的农村，随着大量男子的外出务工，实际上是“妇女顶起一个天”，因此一定要充分认识到妇女在农村中的作用，她们的进步影响着农村的发展。本项目充分考虑了性别敏感性，让妇女参与项目并对她们进行能力建设，从而提高她们的能力，为替代生计项目作出贡献。

1. 培训对性别关系的影响

从表3－33和表3－34所显示的数据可知，农村妇女接受教育和培训的机会很少，受教育水平低下，成为制约妇女发展的瓶颈。针对此种情况，亚行项目组先后请有关专家做培训讲座，内容包括种植、养殖和环境保护等，不仅为妇女们提供了学习的机会，而且调动了妇女对家禽饲养、疾病的预防和治疗等相关技术的兴趣，让妇女看到了实在的经济利益。从长远看，这对提高下一代素质，保护健康，促进发展起到了积极的作用。

表3－33　所调查的农村妇女的文化程度

	文盲	小学	初中	高中
数量	9	20	51	20
所占比重(%)	9	20	51	20

表3－34　2005、2006和2007年所作的培训内容

年份	2005	2006	2007
培训内容	2005年需求评估访谈	2006年第2轮生计活动申报	2007年资源共管培训
	2005年项目管理小组选举大会	2006年底资源共管培训	通过村民大会了解项目内容
	2005年底第1轮生计活动申报	2006年底养殖种植技术培训	宣传参与项目的好处
	2005年底项目管理和自然资源管理培训	2006年资源共管培训	环境保护的好处

2. 替代生计对妇女地位的影响

在东鲜、永丰、四排三个项目村，调查小组访问的女性中普遍认为丈夫是家庭的“主心骨”、“做主的”、“精神支柱”和“经济的保证”。在重大事务的决策上，比如资金借贷、粮食销售等事情，主要是男性做主。但是家庭事务和家庭账务上由女性做主，另外，家庭中日常生活开支、投资、子女教育、医疗保健等事都是夫妻双方共同决定。但是在亚行的项目中，无论是培训还是养殖都主要以女性为主。从表 3－35 和表 3－36 中可以看到，妇女在家中的地位有所提高。

表 3－35　家庭主要生计和替代生计项目由谁执行（%）

项　　目	男主人	女主人	共同执行
家庭以前主要生计活动的执行者	54	31	15
替代生计项目活动主要的执行者	19	67.5	13.5

表 3－36　亚行项目执行三年以来妇女地位的变化

项　　目	次　数	频率(%)	项　　目	次　数	频率(%)
提高了妇女地位	65	67.7	没有影响	19	19.8
降低了妇女地位	0	0	不知道	12	12.5

总之，通过亚行的替代生计项目，妇女得到了培训教育的机会，增强了她们的社会交往和参与社区事物的能力，在项目实施的三年中，妇女地位得到了提高。

（四）生计替代的总体影响分析

根据以上分析，在饶河的生计替代活动主要产生了以下总体影响。

（1）参与式的发展方法反映出农户的替代生计需求，但在实践中会有些偏差。农户的需求通常分为短期和长期两种。如一小部分村民认为发展养殖业是将来的一种打算，目前的生计仍然依赖于种植业。而大部分农户认为单一的种植业风险太大，应该发展养殖业。存在这两种想法也导致一小部分村民贷款之后并不是着手实施申报的替代生计项目，而是继续用来投资种地或者还清贷款之内的紧急需要。

（2）农户生计呈多元化的趋势。从上述的数据和分析可以看到，三个村庄呈生计多元化的发展趋势：①亚行项目所做的社区需求评估充分显示出农户的生计多元化，所资助的项目活动包括养殖（猪、狐、貉、牛、蜂等）、开办小店（商店、小吃店、饭店等）、开展旅游服务（游船等）、办农机维修部、购买农机具等等。②实践中，很多农户表示项目进行得很好，可持续下去。③三年内，三个村在养殖业上的收入逐年提高。

农户生计多元化一是为了规避当地频发的自然灾害，以及因市场经济多变而当地市场信息特别不充分所存在的生计风险而做出的长远策略；二是减少当地单一的种植业对自然资源的破坏。所以，于理论于实践，我们都应该看到这是一个好的苗头，但是单靠一个国际项目来做这件事情是远远不够的，还需要社会的多方参与，解决的问题也不仅仅是投资的问题，还包括市场、技术、服务等等，所以在今后，一套完善的运行机制和多方参与才能把这好的苗头保持和发展下去

（3）促进农户能力建设。三年当中项目通过多种形式进行培训，总共培训 13 次，培训的主要内容包括养殖技术方面、环境方面、生计和环境的关系等。特别是养殖技术理论的知识远远不能满足实践的需要，它是需要技术员的实践指导和村民的反复摸索才能掌握。

在访谈过程中，很多村民认为：对于发展养殖来说，项目投资的几千元钱太少了。另外缺乏技术指导和市场信息。如四排村某村民原计划养 10 头猪，后来由于生产资料价格上涨，只买回两头小猪仔。养殖过程中缺乏技术，现在两头猪都死了，暂时没有打算再养的想法。因此，应该继续探索如何提高农户驾驭生计的能力，促使他们形成内源式的良性发展。

（4）促进了环境教育。替代生计的目的之一是发展对湿地友好的生计项目，从这个角度出发，替代生计无疑是成功的。首先在项目启动时，几乎没有农户认识到湿地的重要性，现在已经家喻户晓，并且开始自觉地保护湿地。在三个村的田间地头都有关于保护湿地的标语牌，如“湿地是地球之肾”，“保护湿地人人有责”，教育每一位村民都应该保护好与他们生存环境息息相关的湿地。

（5）具有性别敏感性，提高了妇女地位。项目实施前，很多村民告诉我们，妇女的工作主要是在家做家务，带孩子，而从事生产也只是当男人的副手。但是项目评估发现，妇女的地位有所提高，表现在：第一，替代生计需求评估的时候，有一定比例的女性参加，她们表达了其所希望从事生计的项目。在实践中他们从事这些申请的项目，为家庭经济作出了一定的贡献。第二，替代生计项目实施之后，很多妇女开始参与家庭的生产管理，重要的事情和丈夫共同决策。第三，妻子参与生产之后，很多丈夫开始承担一些家务活动。

五 三江平原替代生计项目制约因素分析

（一）国家粮食安全战略对替代生计的影响

三江平原在新中国成立后经过 4 次大开发而成为享誉世界的天下粮仓。无论是从国家的政策还是从产量的数量来说，三江平原可谓“肩负重任”，是中国八大粮食主产区。因此，在三江平原的替代生计项目上，应该考虑到

国家的粮食安全战略这一大背景。

民以食为天，这个天到底能不能撑住，首先取决于有没有足够种粮的土地。耕地资源无疑是中国粮食安全的生命线。在《2007年中国国土资源公报》中，人们可以清晰地看到，全国耕地面积已经从2001年的19.14亿亩锐减至2007年的18.26亿亩，迫近"18亿亩耕地红线"。"红线"首次提出是在2007年。国务院总理温家宝作政府工作报告时的声音犹在耳旁——"在土地问题上，我们绝不能犯不可改正的历史性错误，遗祸子孙后代。一定要守住全国耕地不少于18亿亩这条红线。坚决实行最严格的土地管理制度。"黑龙江省的耕地面积居中国之最，达到1.7亿亩。

从国家实施的农业政策中，我们也可以清晰地看到，农业税的取消和粮食直补的农业政策大大促进了农民种地的积极性。从古代山东的齐宣王开始征收农业税到2006年农业税全面取消整整2600年，农业税的取消让国家每年损失税收1250亿元，但是却带来了深远的影响，它不仅仅是经济上的影响，更多的还是一种社会政治影响。从农民的角度看有三方面的重要影响：①农民能直接得到经济利益；②政策鼓励了农民种地，保护农民的利益；③精神上获得了自由。"农业税的取消使9亿农民一身轻"。的确，调查的结果也显示，这一系列的惠农政策所表现出来的对农业的重视，对于农民来说是一种精神上的解放。

另外，我们从微观的角度来看，农民为什么愿意继续种植粮食作物。尽管三江平原存在众多的农业自然风险，如农业靠天吃饭和广种薄收，但是不可忽略的是，农户的户均土地面积达到20亩，远远超过其他地区。这两年稻谷、玉米的价格都呈持续上涨的趋势；大豆价格由于受到国际粮价的影响，大幅度走高，这三种农产品2008年的补贴有可能达到每亩70元，虽然存在生产资料成本的大幅度上升，但是一亩水田按照现在0.75元的保护价格加上补贴，农民可得利250元左右，一亩大豆按照现在收购价格3元/斤加上补贴，农民可得利300元。农民历来被称赞为最理性的经济学家，他们知道如何在现有条件下使利益最大化。因此在三江平原选择种植业作为最主要的生计模式是大多数农民的选择。

从国家立法保护耕地、农产品种植结构中对粮食种植的倾向和政策对农民的鼓励，以及农户根据市场行情的理性思考，耕地平均占有量名列前茅的三江平原的农户大多仍会将种植业作为生计的主要来源，选择养殖业作为生计替代的手段在三江平原现有的条件下很难做到。

（二）村庄政治对替代生计项目的制约

费孝通先生曾认为，中国的乡土社会是一个熟人社会。吴毅（2005）

把这个熟人社会归纳为：一是近，二是亲。“近”是指农村社区是一个面对面的人际交往结构；“亲”是农村社区的人多为各种亲缘关系所网络，形成一种普遍化的亲缘秩序。身处这种被亲情所浸润的社会，即使是在纯粹的事本主义交往中，也不能不注意到以情为先，为情所忌（吴毅，2005），同样这一秩序也会导致村庄中一部分亲缘结构外的群体或者村庄中的边缘者感觉到孤独无助。而替代生计项目则需要最后落实到每一家农户去执行，虽然我们的参与式方法在理论上能反映出农民的需求，但是实际上，农户在社区结构中的地位已经影响到谁能得到项目的支持，谁不能得到项目的支持。这样的熟人社会很自然地就把项目所预设的一些规则重新打乱再建构，也就是我们常说的干预的预设和现实之间的差距。

村民对于民主和选举可能更多的是基于宗族和经济利益的现实考虑，而非对某种抽象的权利理念使然。所以，当一个村庄中并不存在某种足以调动全村性公共参与的利益诱因时，所谓村庄政治就往往是村干部所专有的公共空间。乡村干部自上而下产生，实际上已经成为国家与村民之间的“承包者”或“经纪人”，从而破坏社区自下而上产生自己的权威的社会自发机制，毁坏了社区的自我治理能力。

《小镇喧嚣》一书中曾有一句经典的话语——“石头飞上天还要落地，事情出在哪里最后还是要由哪里解决”，意思是说发生的事情，最后的处理还是由乡政府来执行（吴毅，2007）。在我们项目实施的过程中有村干部说过：“在村子里发生的任何事情不可能绕过村委”。这两句话语都深刻地表明了村庄政治的影响，同样我们的项目在执行过程中也受到村庄政治的影响。如四排村社区滚动资金分为两批，第一批是优先发给赫哲族，而在发放的名单中不乏村长、书记的亲戚和朋友，并且获款数额也大于其他的人。第二批发放款在我们的干预下和社区内部发生冲突的压力下，最后平均每户发放资金400元。即使替代生计本身反映的是农民的需求，但是在运行机制受到村庄政治干预后它也很难成功。

（三）社会文化对替代生计的制约

前面已经叙述了文化和生计之间的共变关系，而我们所涉及的三个村庄属于朝鲜族和赫哲族村。朝鲜族种植水稻的历史由来已久。而赫哲族探索种植水稻的历史刚刚拉开序幕，一部分农户尝到了甜头，而一部分农户仍然没有适应这种生计模式。

19世纪中期，朝鲜族开始移民东北，为克服东北地区气候寒冷、无霜期短、缺乏水利设施等困难，试验着开发出了一片片水田，从而揭开了东北近代水田开发的序幕（衣保中，2002）。以上是20世纪30年代以前，朝鲜族农民在黑龙江开垦水田的情况。这之后，朝鲜族农民开垦的水田逐渐增加，到了1944年，黑龙江有朝鲜族20多万人，开垦的水田已由1930年的115万亩扩大到160万亩。到1949年时，黑龙江水田耕地面积为8000多万亩，主要由朝鲜族耕种，到现在虽然没有确切的数据记载，但是朝鲜族种植水稻已经成为该民族的一个鲜明的标志（管彦波，2005）。东北的朝鲜族将近200多年种植水稻的历史也形成了朝鲜族鲜明的文化。由于季节因素，每年真正劳动的时间只有三个月，形成了朝鲜族的消费文化。他们秉承“重现世”、“求乐生”的人生观（孙岿，2006），在朝鲜族中最为流传的就是“年吃年用”的说法，总是变着法子找出花样来进行各种各样的庆祝和酒宴，每次酒宴可以从早喝到晚，对内地汉族节约过日子的生活方式很是不以为然。另外，用粮食酿酒，逢年过节用粮食做成打糕等等一些生活方式已经深深地嵌入到朝鲜族的生活之中。因此，种水稻已经构成了朝鲜族文化生活的一部分，因此很难使其改变生计模式。

赫哲先民在这片古老的土地上已经走过了漫长的历史进程，至明末清初，基本停滞在以渔猎为主的生产方式、以氏族部落组织为基本的社会形态阶段（刘敏，2006a）。自清以来，赫哲族传统的渔猎生产方式和文化发生了变化（刘敏，2006b）。清末至民国初期，大量汉民涌入赫哲族生活的地域，尤其是20世纪60年代“北大荒”的开发，致使狩猎资源锐减，赫哲族人逐渐放弃了狩猎，而全力转向渔业生产。其后，随着人口的增多、捕鱼船的激增，导致了渔业资源被过度捕捞，渔业资源急剧减少，传统的捕捞渔业也面临着前所未有的危机，严重影响了赫哲族的经济发展和人们的生活（舒景祥，1999）。新中国成立后，在党和政府的支持和引导下，赫哲族区域的产业结构发生了变化，经济成分不断丰富，人们逐步开始从事种植业、养殖业和其他产业。在这一过程中，种植业逐渐替代原有的渔猎生计，但是这个转折经历了很长的时间，而且尝试种植业的过程也是一个很艰辛的过程。到现在，很多赫哲户仍然不会种植水稻，而靠打鱼为生。在当地社区广泛流传一个故事：某村民在外地看到花生，一尝很好吃，就把花生种带回来，并且种在地里，结果到了秋天却未看到结果，一生气，一把就把花生扯了，结果发现花生生在根部。从这些历史和流传的故事中，可以看到赫哲族生计转变的曲折，其中，涉及赫哲族的历史背景，特别是涉及社区的生活方式等等文化要素。

从两个民族的社会文化背景，能清晰地看到文化和原有生计之间关系的脉络。他们的生计和文化已经形成一种结构，相互影响，相互渗透。替代生计要嵌入村民的社会经济体系，就要使替代生计能够和民族文化相适应，而不是“有破无立”。这样才能得到农户发自内心的认可，并付之行动。

六 结论和建议

根据对饶河替代生计的行动研究，得出如下结论和建议。

主要结论有：

（1）在三江平原这类耕地资源十分丰富的地区，种植业有着天然的比较优势、资源优势和技术优势。其他的生计替代活动与种植业相比一般不足以具备资源上的比较优势和经济上的可行性，因此不易被农户所接受。

（2）国家对农业尤其是粮食生产的优惠政策以及较高的市场价格会刺激农民发展种植业，因此，也会减弱农民发展替代生计的动力。

（3）在项目区进行可替代生计转型的技术储备不充分，限制了可替代生计模式的选择。农民对新技术掌握的不成熟，也增加了新的生计模式的技术风险。

（4）市场价格的波动和农户对新的产品市场的陌生，影响了农户从新的生计模式中获得利润。

（5）在缺乏村民自治组织的情况下，村庄现有的治理机制，如村委会对社区滚动资金的介入，容易造成村中的强势群体对滚动资金的占用。

（6）社区滚动资金受村中权力结构、文化、村民关系的影响，这将会影响资金的可持续滚动。

（7）现有的生计模式不仅是社区农民赖以生存的手段，还构成了民族文化的一部分。改变生计模式也往往意味着对文化的割裂。因此，也会遭到来自社区的抵触。

（8）湿地保护是一种公共事业。在市场经济条件下，不能依靠社区群众自觉自发地进行替代生计来达到保护湿地的目的。因此，对退耕还湿应该进行政策性补偿。

主要建议有：

（1）对退耕还湿进行政策性补偿。环境是公共的资源，环境提供公共服务和社会整体效益，只能由政府来负责，政府运用公共权力和强制性手段来保护环境。所以环境能否得到保护，取决于政府的管理力度。应该对退耕还湿的农民进行政策性补偿，在保护环境的同时实现社会公平。

（2）政府要在技术培训方面给予支持。技术风险是可替代生计所面临的重要风险之一。因此，有关政府部门应该加强向农户提供更多的成熟的技术并加大对生计转型农户的技术支持，以减少技术风险给农户带来的损失。

（3）疏通市场信息渠道，为转型产品找到销路。当地政府和相关企业应为农民提供市场信息服务，并帮助农民为其转型的产品找到销路和制定收购的保护价格，使农户可以从转型产品中获得利润，降低转型农户的市场风险。

（4）建立村委会之外的农民自治组织。应该积极扶植和培养村委会之外的农民自治组织，以此来协调农民在转型生计中的经济活动和管理社区滚动资金。如果在农民组织中引入村委会，由于村委会有法定的管理社区公共事务的权力，就会把权威引入农民组织，影响组织的公开、透明和参与性。由于一家一户很难面对市场风险和接受技术服务，因此应该帮助当地转型农户建设农业合作组织，进而逐步提高农户在农产品销售和生产资料购买方面的谈判能力。

（5）减少社区滚动资金还款的风险。社区滚动资金应该借鉴小额信贷的管理方法，整借零还，降低资金的风险。另外，村级农民资金互助社应具备以下的基本条件：村社区内有一定凝聚力；有至少一位服众的具有一定德才水平的人物；有实际制衡作用的民主运营和管理机制；社员必须入股；有效管理和资金周转机制（操作和财务管理健全），以及有力的外部监管机制。

第四章
社区参与自然资源管理

湿地是地球上具有高度多样性的独特生态系统，它已被《世界保护战略》确定为地球上与农田、森林同等重要的生命支持系统之一。它具有很多重要的生态功能和社会经济功能，在蓄洪防旱、调节气候、控制土壤侵蚀、降解环境污染等方面起着极为重要的作用，被人们称为“地球之肾”。湿地既是重要的生态系统类型，又是独特的生态旅游资源，因而对其进行保护性开发与研究具有十分重要的意义。中国各级湿地保护区的建立在很大程度上保护了湿地自然生态系统，但是由于受到各种制约因素的限制，中国湿地自然保护区仍然遵循着传统的“封闭式”保护管理理念和传统的保护管理方法，保护区保护管理工作面临着严重的发展瓶颈。社区资源共管强调从更广阔的角度来认识和发挥自然保护区的生态、社会、经济、科学、文化多方面的价值和作用，并不断适应社会经济的发展变化。保护自然且不把人排斥在外，生物多样性保护与文化多样性保护相结合，实行伙伴式合作管理。

建立社区参与的湿地资源管理机制是本研究项目的重要组成部分之一。本章对社区参与自然资源管理的相关研究进行了综述，并介绍了在饶河项目区开展的社区参与湿地自然资源管理的过程和结果。

一　社区资源共管的产生和发展

自然保护区管理模式主要有 4 种：①开放进入模式；②国家集权管理模式；③私有化管理模式；④社区管理模式。在开放进入模式中出入自然保护区无任何限制；国家集权管理则是政府主导集权控制的模式；私有化管理则是在资源的使用和保护中由私人部门来管理的模式；社区管理模式是社区与保护区管理当局合作管理自然资源，即社区自然资源共管。社区共管不像开放进入模式那样无人管理，也不像集权管理模式那样管得太死，这种有弹性的、不断适应新情况的、不排斥当地社区的管理模式得到越来越多的关注。

（一）社区共管的缘起

某些自然资源具有公共物品的属性而又不完全是公共物品，它是一种介于公共物品和私人物品之间的而又有别于俱乐部物品的难以排他同时又为个人所分别享用的物品，比如水资源、渔业资源、森林资源、湿地资源等。国际上针对自然资源这种准公共物品的管理涌现了很多研究和实践，这些研究和实践总结起来有以政府为主和以市场为主的两种模式。以政府为主就是强调国家的控制，比如各国出现的自然保护区就是这种情况；以市场为主就是引入市场机制，把自然资源产权私有化到企业或者个人来进行利用和保护的方式。以政府为主的模式产生了高额的交易费用，并且无法解决政府能力不足和腐败、低效率等问题，市场为主的模式能够提供激励，一定程度上解决了效率的问题，然而又会造成“搭便车”问题和公平性不足等问题，导致“政府失灵”和“市场失灵”。因此，资源环境治理模式新增加了第三部门（Third sector）或所谓的公民社会（Civil society）。

社区共管的思维模式是当代西方政治学流派中社群主义[①]兴起的结果。社群主义是当代西方最有影响的政治思潮之一，它是在20世纪80年代后产生的，是在批判新自由主义的过程中发展起来的。如果说新自由主义的哲学基础是新个人主义，那么社群主义的哲学基础则是新集体主义。社群主义反对新自由主义把自我和个人当作理解和分析社会政治现象和政治制度的基本变量，而认为个人及其自我最终是由他所在的社群决定的，因此社群才是政治分析的基本变量。在价值观上，新自由主义强调个人权利优先的原则，而社群主义则强调集体权利优先的原则。比起个人权利来，社群主义特别倡导公共利益优先，用公益政治学替代权利政治学，是社群主义的根本主张。社群主义强调家庭、社区和国家的价值，倡导爱国主义、鼓励公民积极的政治参与（俞可平，2003）。

社群主义强调政府与市场之外的第三部门——社区——的重要性，认为无论是政府还是市场在解决有关公共事务上都可能失灵，因此，它提倡在传统的国家与市场之外建立一个既能够上情下达，也能够使下情得以伸张的公民社会。社群主义建立“公民社会”的核心就是重新设定国家和公民的位置，使事关切身利益的公民成为解决问题的第一行动主体、第一责任人，而国家只是按照辅助原则行事的辅助者，即在公民无力解决有关问题时，国家才介入，进行必要的合作，比如参与相关问题的讨论、协商，提供相应的信息、物资、资金和人员帮助等等（俞可平，2000）。社群主义把提高公民合作、信任、互惠和参与意识摆在重要的位置，其方法包括：向下民主化，把权利还给地区、城市和社区，鼓励各种公民组织、社区组织的发展，因为一个越来越具有反思性的社会必定是一个以高度的自治组织为标志的社会，另

① 社群主义是当前西方政治学六大流派之一（俞可平，2003）。

外，还包括从外部适当帮助边缘化人群解困，提高公民自身的修养等等。

社区共管实质上是属于自然资源治理的一种理念和实践，是以社区为基础的自然资源管理（CBNRM）的多种形式之中的一种理想状态。在以社区为基础的自然资源管理中，社区共管是其中一种实行得比较好的模式。社区共管作为国际上一种崭新的后发展地区的资源管理模式，起源于20世纪60年代，70～80年代早期在东南亚和非洲得到逐步完善的一种参与式模式。20世纪80年代由国际活体水资源管理中心（International Center for Living Aquatic Resources Management，ICLARM）和国际渔业管理组织（Institute of Fisheries Management，IFM）发起，广泛应用于渔业、海岸资源、森林和国家公园的日常管理，在东南亚、非洲、墨西哥等地取得了显著成效。社区共管要求一个多样的、多元的、多中心的公共管理资源和分配权力的模式。它不是单一的政府或市场的模式，而是通过“经纪人”（市场）、“政治人”（政府）和“道德人”（公民社会）的统一，为避免在二元模式下我们经常面临的市场和政府双重失灵而形成的三元的、三角状的稳定格局。在这个模式中“经纪人”、“政治人”和“道德人”相互补充、相互监督、相互制约、相互对话、共同协商，由此形成上下互动的动态过程（这也是共同决策的过程），从而，实现资源和权力的合理分配，最终保障公共利益的最大化。

（二）社区共管的界定

从定义上讲，广义的共管（cooperative management）指在某一具体项目中或活动中，参与的各方在既定的目标下，以一定的形式共同参与计划、实施及监测和评估的整个过程。自然保护区社区资源共管的含义是：当地社区和保护区对社区和保护区的自然资源进行共同管理的整个过程，包括两层含义，一是保护区同当地社区共同制定社区自然资源管理计划，共同促进社区自然资源的管理；二是当地社区参与和协助保护区进行有关生物多样性保护的管理工作，并使社区的自然资源管理成为保护区综合管理的一个重要的组成部分（左停、苟天来，2005）。

社区共管是指利益相关者共同参与保护区管理方案的决策、实施、监测和评估的过程，所谓利益相关者是指能够影响活动结果（积极或消极）的那些个人或单位。与以前保护区采用的管理模式相比，它特别强调发挥社区在共管中的重要作用，并保证在社区同意持续利用资源时，与保护区生物多样性总目标不发生矛盾，其主要目标是资源保护和可持续社区发展的结合（张宏、杨新军、李邵刚，2004）。共管强调多方共同参与资源管理，参与者共同协商达成共识，共享权力和收益，共同承担相关责任。社区共管就是让社区居民参与保护区自然资源保护的决策、实施、监测和评估的整个过程，是一种与保护区共同管理自然资源的管理模式，具有开放性、参与性、互利性等特征。

（三）社区共管在中国的探索和实践

新中国成立后特别是改革开放以来，中国自然资源的管理在跨越了开放进入模式后直接进入了国家集权管理模式，在采用这种模式对自然资源进行保护的时候又造成了矫枉过正。从国家到地方，甚至一些县和乡镇都建立了形形色色的保护区，这些保护区的建立和变更虽然有法规依据，但约束力不强，很多时候完全是地方政府为求一时之利益而为的。在当前“自然资源国家所有”的笼统概念指导下，各级政府纷纷以建保护区为名大肆圈地，使得很多传统上属于社区居民能够享有的自然资源正在离社区越来越远，居民被隔离在近在咫尺的保护区之外。

国内对共管的研究和实践是随着全球环境基金（GEF）、世界自然基金会（WWF）、世界银行（WB）等机构对中国的生物多样性保护和自然保护区及其周边社区社会经济发展、自然资源持续利用的项目资助活动而来的。从1995年8月起，在世界银行和中国国家林业局的具体指导和管理下，在中国的5个省10个自然保护区实施了为期6年的“GEF中国自然保护区管理项目”，社区共管是其中一个重要方面（温亚利等，2002）。1998年由荷兰政府资助的“中荷合作森林保护和社区发展项目（FCCDP）”在云南省展开，项目涉及云南省4个地州市的6个自然保护区，其中社区资源共管是FCCDP项目的重要组成部分。2002年10月到2008年10月间，GEF实施了“林业可持续发展项目（SFDP）”，社区共管是“保护区地区管理（PAM）”的1个子项目，该项目涉及7个省的13个自然保护区。另外，WWF在云南白马雪山和中甸等地，陕西秦岭地区，长江中游湿地和四川、西藏等地实施的众多保护与发展项目都有社区资源共管的部分（靳乐山等，2006）。

二　社区共管研究综述

在上述各类项目的支持下，自然保护区社区共管的理念在中国的实践得以推广，在社区共管缘起、实践、理解、探索、对政策法律背景的看法等方面出现了一些研究性思考和探索。

（一）在社区共管缘起方面

张晓红（2000）主要追述了保护区的传统管理模式和方法不能解决保护区与当地群众之间的利益冲突不断上升的问题。邵文（2000）则主要从保护区资源管理主体与利用主体不一致造成社区居民对资源的掠夺式开发利用的现象上，强调管理主体与受益主体的协调，通过村民直接受益于资源管理，调动村民保护和管理资源的积极性和主动性。靳乐山、左停等（2006）对中国自然保护区社区资源共管从以下五个方面进行综述：社区资源共管的引入；社区资源共管实践；对社区资源共管的理解；对社区资源共管的探索；对社区资源共管政策法律背景的看法。

（二）在共管实践方面

司开创（2002）主要强调了共管的组织实施步骤，首先是对社区和保护区进行充分的本底调查，了解社区存在的问题和需求、对保护区的威胁；其次是根据这些基础信息确定社区共管示范村，民主选出共管组织，共管组织按照具体要求与村民一起磋商制定资源管理计划，筛选发展项目，确定保护体系，在计划得到批复后，组织村民起草合同，明确各自的责任和义务。在项目的实施过程中，要遵循公平、公正、公开的原则，相互监督项目实施并组织监测项目的运行情况。赖庆奎等（2000）主要阐述了云南屏边大围山自然保护区管理部门与周围社区在资源管理与利用上的冲突以及解决途径，冲突包括了土地权属冲突、管理与利用冲突、政策法规与村民利益冲突、当地传统习俗与资源管理法规之间的冲突。解决这些冲突的途径为：实施沼气池和节能改造项目，无偿向村民提供苗木以解决村民自用材需求，改进社区经济作物经营管理和生猪饲养方法，挖掘新的经济来源，建立参与式的社区森林管理组织，社区森林管理规定建立在对当地习俗的充分尊重之上，建立社区与保护区交流制度，加强保护区管理机构在面对社区工作时的能力建设。

张金良、李焕芳、黄芳国（2000）阐述了陕西省秦岭地区应用共管模式在太白山、佛坪、周至等国家级自然保护区所开展的试点工作，表明了社区共管有助于解决发展与保护之间的矛盾，具有广泛的推广价值。刘悦翠、唐永锋（2005）从社区共管的概念入手，对陕西太白山国家级自然保护区的资源及管理存在的问题，试点社区的背景及存在的问题和村民的需求进行了调查研究，对社区共管模式的引入、实施效果及存在的问题进行了调查剖析，对中国自然保护区的社区共管工作提出了几点建议，包括持续的人力、资金、技术投入；协调好和地方政府的关系；增强社区自我发展能力；建立监督和奖惩机构；保障社区的知情权和参与权。梁启慧、何少文（2006）通过对引入商业机制参与佛坪保护区周边社区养蜂项目所做的尝试性分析，认为商业机制引入共管项目是可行的，它不仅协调了自然保护与社区发展的矛盾冲突，提高了社区村民对自然保护和自然资源可持续利用的意识和能力，促进了社区社会、经济的发展，减轻了社区贫困和资源不可持续利用对保护区所产生的威胁和压力，同时解决了项目可持续发展的问题。

施晓春、周鸿（2003）对高黎贡山国家级自然保护区周边的大田坡和百花岭两个行政村传承神山森林传统的社区共管方式进行了研究，并提出了对当今生态保护的借鉴意义，认为利用神山森林文化传统以及乡规民约对当地社区居民进行社区生态教育是一种很好的方式。胡崇德、刘明时（2006）对太白山自然保护区可持续发展与反偷猎体系建设项目的背景、意义、程序和过程进行了调查研究，讨论了保护区所面临的冲突，分析了社区共管的机制、管理模式、所取得的成效及产生的影响，指出了共管是解决保护与发展矛盾的有效途径，并对今后社区共管工作提出了建议。罗荣淮（2004）介绍了云南山地生态系统生物多样性保护项目中社区共管组织的运作方式与效果，其特点是，社区共管组织按照法律程序在当地民政部门注册，具有独立法人资格，政府给予必要的支持；共管组织民主选举，以公平对话方式，协调化解矛盾；最后通过问卷调查，村民对共管组织的满意度在95%以上。左停、靳乐山、李小云、高小巍（2006）对云南思茅市自然保护区社区共管进行实证研究后得出的结论为：要管理好保护区生态系统的健康和完整，除了对社区进行补偿性的发展支持外，还要建立以互相信任的伙伴关系为基础的共管安排，进而商讨解决资源利用矛盾的必要和有效手段。他们建议：要提高全民意识，开展环境意识教育活动，使不同利益群体达成共识；国家要相对制定一些关于自然保护区的法律法规；不同的保护区类型应该实行不同的共管形式；多采纳农民的意见，实行真正的共管。

（三）在共管理解方面

既有的共管项目和研究着重对以下问题进行了探讨：对已有的共管实践和研究的评估、对异地搬迁的不同意见、社区共管组织组建过程研究、对社区共管的外部社会环境分析、重视保护区周围的缓冲带、社区资源共管中对社区传统习俗及文化的挖掘与利用、女性在社区资源共管中的参与。在社区资源共管政策法律背景的看法方面，既有的研究主要发现和关注了如下问题：社区居民对自然保护区内资源使用权的散失、政策或法规实施的一致性问题、传统习俗与文化的利用、野生动物破坏庄稼的补偿机制尚未形成（靳乐山等，2006）等等。张宏、杨新军、李邵刚（2005）以太白山大湾村为例阐述了自然保护区社区共管的概念和内涵、实施步骤及对中国发展生态旅游的启示。

黄文娟、杨道德、张国珍（2004）从自然保护区与社区关系入手，介绍了社区共管的概念、研究方法（着重介绍了PRA方法）以及中国开展社区共管的基本情况及存在的问题，并根据存在的问题，提出了自然保护区与周边社区协调发展的相关对策。他们总结存在的问题为：①社区领导存在认识误区，把社区共管简单片面地理解成扶贫，在工作中一味注重经济发展，忽视其在自然资源保护方面的责任，因而背离了开展社区共管的基本目标；②环境保护教育有待加强，没有充分调动当地居民的主动性与参与性，造成居民的积极性不高；③保护工作人员缺乏必要的专业知识和经验，造成管理工作中漏洞较多，特别是资金管理方面；④在选择社区投资项目时缺乏专家的指导，有跟风的盲目性，而且开展社区共管的自然保护区之间缺少经常性的信息交流；⑤社区共管的开展应该具有可持续性，但当地群众往往在项目期后就不再参加保护区的管理工作了，使之成为一种短期行为，而没有列入长期管理计划中。

（四）在共管探索方面

诸葛仁、陈挺舫、特里·德拉西（2000）从武夷山自然保护区在处理自然保护与社区发展之间的关系以及推动社区参与保护区管理方面，描述了不仅社区参与程度较低，而且在某种程度上处于被动参与状态，保护区缺少一种激励机制来引导群众自觉参与保护，居于此，提出了在保护区建立旅游股份合作制公司的构想，并阐述了其运行机制。苏杨（2004）在分析了目前中国西部自然保护区建设和管理的质量问题的基础上，认为推行社区参与保护区共管是提高保护区管护质量的首选途径，并系统阐明了社区参与组成共管体系的原则和技术路线以及一些模式化成果，指出在实施社区参与共管过程中存在的3个问题：①生产结构调整受共管组织方经营能力和市场变化影响较大；②规模太小；③与国家重点生态建设工程结合不够。左停、苟天来（2005）介绍了共管的含义、共管实施原则、分析框架和评价指标，从公共部门和私人部门的互动模式、集体行动类型的不同、政府和资源使用者的参与管理方式三个方面论述了共管的模式。分析了政府和社区在共管实施过程中的作用，指出共管仍面临着分权不够、合作中的文化障碍、组织类型简单和信息交流不充分、社区参与能力和认识能力不足等挑战。

（五）在对政策法律背景的看法方面

徐建英、陈利顶、吕一河、傅伯杰（2005）从保护区与社区关系协调上着手，提出应该做好以下几点：必须有一套机制保证社区居民能够从项目中获得收益并参与管理，需要明确资源的所有权；只有获得法律上对所有权的规定，社区居民才有反对外来破坏的动力和宣称资源所有权的依据；赋予社区居民权利，解决社区居民在政治和经济中被边缘化的状况；赋予社区权利和明确资源所有权，可以使社区居民与其他利益群体平等地探讨问题；提高社区居民技术和管理能力，改变他们的态度和不可持续的生活方式，使他们能够与国家和其他利益群体有效合作；加强社区居民和其他利益群体之间的交流和谈判，了解不同利益群体之间的关系和他们的需要、期望以及价值观，使他们之间的交流建立在互相信任、尊重和理解的基础上；不同利益群体之间的关系随着自然和社会条件的改变而改变，有可能加剧原来的冲突或者出现新的冲突，利用情景分析方法可以了解不同利益群体的动态信息，提高社区管理的反应能力，实现不同利益群体之间的合作。

严旬（2006）对自然保护区的法律和政策作了一个全面的综述，在列举评述了中央和地方针对自然保护区的法律法规后，指出了法律和政策的积极合理方面和缺陷不足方面。积极方面为：确保了自然保护区的法律地位；阐明了自然保护区对保护自然生态系统和珍稀动植物的作用；认定了自然保护区保护和管理的基本制度和措施；明确了自然保护区的管理体制；明确了自然保护区管理机构的职责和任务；确定了自然保护区的法律责任。缺陷和不足方面为：法律法规和政策不完善；国家层面自然资源法律的缺失；政策冲突；国家的自然保护区政策与地方政策冲突；政策层面的不足；行政主管部门的不协调。最后，指出了在完善自然保护区法律和政策时应注意的原则为：资源和环境整体性原则；生态定位原则；保护为主，保护与经济发展同步；发挥政府的主导作用；重视社区发展和共管，参与国际合作与交流。

李小云、左停、靳乐山（2006）总结了自然保护区与社区之间存在以下问题：缺乏规范保护区与周边社区关系的法律法规；保护区与周边社区之间还存在权属问题；保护区管理机构的社区管理工作能力不足的问题；保护区对社区生计和社区发展的负面影响问题等等。另外，还总结了因当前保护区持续扩张的趋势而造成的新问题：在提议和批准建立自然保护区的过程中，缺乏关于社会影响的评估，缺乏对社区的告知，缺乏社区代表的参与，缺乏关于权属问题的敏感性，也缺乏有关的听证安排；在建立自然保护区的过程中，对于社区群众因资源征收、征用和其他限制性措施而遭受的权益损失缺乏合理的补偿；在自然保护区建立以后，地方政府的支持跟不上，很多管理措施（如划界、确权、管理机构设置）影响自然保护区的法律权威。在总结了以上问题之后，得出了合作管理或共管是中国保护区管理中处理与周边社区关系的一个无法避免的选择的结论，更指出了在保护区共管实践中，需要推广的是共管背后所蕴含的精神和原则。

如前所述，国内的社区共管项目大多数仍然处于探索和总结经验阶段，方法上则以案例研究为主，总结了许多有价值的经验和教训，在实践层面上为我们提供了可供借鉴的思路和方法。然而，所有的共管研究都是就共管而论共管，都是基于制度变迁的角度而作的研究，在谈到自然保护区与社区分权的困难时也只是简单地提及，仅谈分权困难而没有从文化、政治、经济等方面着手，对制度产生的来源、背景及制度移植的土壤、环境方面没有深究，更没有从中国的历史、文化、社会、经济及政治差异的角度来说明问题。因而，众多项目探索都尚未上升到理论层次的高度。

三　三江平原湿地资源社区共管项目的干预与结果

"三江平原发展可持续替代生计和社区参与可持续湿地管理"项目主要基于对当地社区内湿地资源的保护而立项，其主要目标是探讨贫困和环境的关系，旨在帮助湿地资源保护区附近贫困农户进行增加收入的生计选择和工作选择，同时，在该项目区发展自然资源合作管理体系，项目通过采用参与式的工作方法和工具开展了大量的项目活动。

（一）饶河县域内的自然资源现状

1. 三江平原和饶河县自然资源现状

（1）三江平原湿地资源现状

三江平原地势平坦，土地肥沃而且人烟稀少，是农业开发的理想地区。1949 年该区仅有耕地 78.6 万公顷，占该区土地总面积的 7.2%。从新中国成立至今，三江平原作为中国重要商品粮基地历经了 4 次大规模的开垦，大量湿地资源被破坏。尤其是 1978 ~ 1985 年的第三次开垦，历时 7 年，这次开垦的突出特点是没有计划性，导致三江平原生态环境被破坏。湿地面积下降到 1956 年前的一半。与此同时，当地人口已达到 700 多万，主要集中在少数几个城市中。1985 ~ 1990 年，是三江平原农业开垦的第四个阶段。人类活动对三江平原的动植物资源的破坏达到了顶峰，此次开发的特点是有计划的农业开发。对野生动植物资源进行掠夺式开采，致使当地的生物多样性严重丧失。与此同时，当地人口已达 800 多万，大量的工业和民用污染物更加剧了生态环境的恶化。三江平原原始的森林—草原—沼泽等天然生境基本上被以农田为主的人工生境所取代，生态环境的巨变和自然资源的丧失已经引发了一系列严重的生态危机和社会经济问题。三江湿地的现状及其面临的基本问题归纳如下。

1）湿地的盲目开垦和改造

随着三江湿地的大面积开垦，岛状林逐渐被砍伐完毕。在一些地方，由于开荒、生产建设用材和全部烧材都是依靠砍伐林木，使得周围森林遭到了毁灭性的破坏。早期的开垦主要是将湿地改造为旱田，主要作物以小麦和大豆为主。20世纪90年代以来，大量的湿地被改造为水田，主要种植水稻。同时又有相当面积的旱田被改为水田。近几年，三江平原井灌稻田发展得很快，大约有60万公顷，且还有进一步增加的趋势。而水田的增加，势必带动水利工程的建设。水利设施不可避免地改变了地表水和地下水的分布状态。

2）湿地的水资源减少和水体污染

水是湿地的主要依托，开垦后地下水资源急剧减少，不仅失去了天然淡水蓄积库，而且也影响对地下水的补给。近些年来，由于工业三废和生活污水的排放，区内大多数河流已受到不同程度的污染。较为严重的有松花江干流、安邦河、穆陵河等主要河流，污染物以有机农药和重金属为主，多为致癌物。水体类别多为Ⅳ类和Ⅴ类，均未达标。这些水系的商业性捕鱼目前实际上已经停止，因为已无鱼可捕（黑龙江省环保所，1995）。近年来，乌苏里江边的一些饭店收购当地渔民捕获的鱼，鱼的数量、种类、个体大小都明显减少，但价格越来越高，很多超过50元/千克。

3）生物多样性丧失

三江平原湿地自然资源丧失严重，许多野生动植物物种已灭绝或濒临灭绝，大型哺乳类动物基本上绝迹。而这一切都与人类在三江平原的活动有密切的关系。人口数量的剧增、农业生产活动、农业耕作方式、水利等各种工程建设和狩猎，使得三江地区生物多样性丧失的速率加快。如农用除草剂和杀虫剂的广泛使用，不仅使一些植物和昆虫直接死亡，而且引发了对相关物种的危害，特别是危害水禽。由人类活动所引发的大气污染、水体污染、土壤污染和局部自然灾害更成为野生动植物濒危的直接原因。

4）土坡风化和肥力降低

目前三江平原土壤侵蚀严重，因为在大面积开荒过程中，大森林、草甸和沼泽等天然植被被破坏，使农田失去了天然屏障，风蚀日益加剧。开垦后在人为因素影响下只用不养，肥力逐渐减退。开垦初期土壤有机质、腐殖质易氧化，有机质下降速度较快，开垦15年后下降速度变缓慢。

（2）饶河县自然资源现状

县域境内完达山东北支脉那丹哈达岭绵亘其间，由西南而东北直延伸到挠力河北，形成一道天然屏障，为黑龙江省重要林区县之一。20世纪初（1900年）森林面积约占总面积的75%；自50年代大规模开发以来，林地面积锐减，至80年代初（1980年），森林面积下降至仅占县域面积的50%左右；目前（2005年）县域内森林资源面积35.1万公顷，森林覆盖率为51%，人均占有林地2.5公顷。县内地势西高东低，山地海拔在250～400米之间，最高峰为824米；平原区海拔在50～70米之间。县域内森工、农垦企业经营面积占全县总面积的2/3以上。

县域内虽然建立了挠力河国家级湿地自然保护区、东北黑蜂国家级自然保护区和大佳河省级湿地自然保护区，但是在资源的管理上还存在着许多问题。超限采伐和盗伐导致林木蓄积量迅速下降、木本蜜源植物锐减；超坡度开荒和超载放牧造成草场退化，水土流失严重；乌苏里江和挠力河沿岸大量毁湿开荒导致湿地生态区水量不足，河湖和湿地面积日渐萎缩；大量农田排水致使乌苏里江和挠力河矿化度升高，水质恶化，流域内的名贵鱼种资源锐减；过度捕捞导致渔业资源枯竭；违法毁林开荒、私挖滥采砂石导致植被破坏，山体受损；违法盗猎和开发导致绿色走廊被破坏，生物多样性受到威胁。日益恶化的生态环境，导致气候变化，洪旱灾害频发，农业生产受损，加剧了贫困程度和经济、社会发展的压力，给区域经济的持续健康发展提出了严峻挑战。随着区域经济开发的不断加剧，外界对保护区的干扰和威胁会越来越大，如受保护的湿地部分被拍卖、开荒种植，河流水面、泡子被买断，无计划放牧，少数人进入区内捕鱼、打猎等破坏保护区的行为时有发生。由于自然保护资金投入严重不足，没有人员编制，机构不健全，土地划界难以落实，基础设施建设滞后，管护难度很大。

2. 三个项目村土地资源

饶河县土地资源相对丰富，特别是东鲜村和永丰村的土地面积广阔，东鲜村耕地面积从1976年的200亩增加到了现在（2007年）的4000亩左右，即使按照最大数36户住户来算①，东鲜村的户均土地面积均在100亩以上。永丰村全村耕地面积约为5300亩，但是永丰村的户数变动极大，按照以前的数据，永丰原有91户，后来逐渐减少至83户，又减至74户，按照张丙乾和永丰村会计的最新统计，现在永丰村只有69户人家，即使按照80户来计算，永丰村的户均土地面积仍然在60亩以上。2006年四排村全村共184户，其中赫哲户66户，全村面积48063亩，在册耕地面积15542亩（实质上为2.5万亩），目前账面上人均耕地面积达27.65亩，在66户赫哲农户中有种粮大户（100亩以上）23户、普通种粮户（30～100亩）14户，占56.06%。从上述资料可看出，三个村户均土地面积以东鲜居第一，为100亩以上；永丰第二，为60亩；四排第三，为30亩以上。

3. 项目村与自然保护区在资源利用上的冲突

（1）破坏野生动物资源的行为时有发生

由于保护区刚刚建立，在试验区仍有一些居民。他们在保护区内从事农业和林业生产，对保护区内动物资源的栖息产生一定的影响。由于目前保护

① 因2003年遭受旱霜，造成水稻绝收而导致大多数农户破产，2005年该村仅有16户在村里种地，其他农户由于出外打工而很少在家。

区权属未明确，在保护区内的河流、湖泊中，捕鱼活动时有发生，捕鱼工具带有灭绝性质，不分季节捕捞，对鱼类资源破坏极大，也对珍稀水禽的栖息和觅食产生了极大的影响。同时，也时有猎杀野生鸟类、捡蛋行为发生。在林区，每年冬季许多居民到保护区偷猎，对保护区内的珍稀兽类资源破坏极大，特别是满山遍野的钢丝套，对兔类和狍、鹿等危害极大。

（2）三个项目村居民与湿地保护区的冲突有扩大的隐患

由于大佳河省级自然保护区的建立，按照大佳河湿地保护区管理局的规定，凡是在保护区周边的村落几乎都涉及退湿的问题。具体到项目点的三个村中，据项目组调查了解，被划为退耕还湿范围的土地中，东鲜村有 2000 亩，永丰村有 1000 亩，四排村有 10000 亩。这些土地有的是有证开荒的，有的是无证开荒的，根据现有规定，有证开荒的土地，按照一定的标准给予补偿，而无证开荒的土地则无偿退湿。根据县林业局的有关规划，现有的责任田将被逐渐划为湿地保护区，这样一来，以后三个村的村民与自然保护区之间的冲突还会逐渐加大。

（3）管理机构的集权式管理思维模式处于主流地位

亚洲开发银行生计替代与湿地资源共管项目执行小组人员，于 2007 年 8 月 7～10 日在饶河县城对县级十几个相关机构的主要领导进行了访谈。经过与林业局、湿地办、农业局、水务局、环保局、财政局、民委、农委、发改委、扶贫办、国土局等机构主要领导的访谈后，我们得出了这样一个结论，就是现在几乎所有机构领导的管理模式仍然停留在集权式管理的阶段，在谈到对湿地资源的管理上，除了林业局领导和湿地办负责人从项目开始以来就一直关注项目的进展，因而对分权式管理比较熟悉外，其他机构领导仍然一味强调排斥社区居民在外的传统模式。

（4）管理机构对社区居民利用自然资源持谨慎态度

大佳河湿地保护区涵盖了大面积村庄农田和 4 万多人口在保护区范围内的生产生活，饶河县是农业县，虽然没有什么工业，但是 4 万多人口仍然对保护区构成了持续的压力。自然保护区管理如果仍然采用传统集权式管理的思维模式显然会因成本太高而难以操作，因而分权式管理不失为一种降低成本的方法，在资源的保护与利用之间找到一个很好的平衡点而且又能够降低交易费用就是社区自然资源共管的精髓。但是管理机构在对社区居民对资源的利用上仍然持非常谨慎的态度，不敢轻易答应社区居民对保护区内资源的合理使用。这种谨慎态度一方面来源于国家层面上法律、政策、制度的缺位，使得各级机构没有一个参照的准绳，为安全起见，遂采取谨慎的态度；另一方面则来源于各级管理机构为维护各自的部门利益。

（二）社区资源共管项目实施情况

为了实现项目目标，在对三个村的自然资源、社会经济等情况进行了充足的参与式本底调查的基础上，根据当地环境资源特点和社会经济情况，分别在三个项目村开展了生计替代和资源共管两项活动。在这两项活动中，项目特别注重对当地农民人力资本的培育和参与意识的培养，开展了各种形式的培训活动，充分调动社区农民全过程参与项目，实现项目活动的可持续进行。

1. 资源共管中的能力建设与生计替代

（1）替代生计项目管理及社区发展滚动资金管理培训

项目执行机构采用参与式发展工具、方法，于 2005 年 11 月 8 日在饶河县为来自四排村、东鲜村、永丰村等 3 个项目村的项目管理小组 19 人（其中妇女 3 人）举办了为期一天的“替代生计项目管理及社区发展滚动资金管理”培训班。通过专家授课、广泛的交流和沟通，加强了项目管理小组成员对项目管理和资金管理的认识，丰富了项目管理和资金管理的相关知识，提高了项目管理和资金管理的能力，收益显著。

（2）社区自然资源管理及传统知识的应用培训

2005 年 11 月 9 日，在饶河县为来自四排村、东鲜村、永丰村等 3 个项目村的村委会成员代表、村民代表（老、中、青）、妇女代表共 23 人（其中妇女 8 人），举办了为期一天的“社区自然资源管理及传统知识的应用”培训班。培训关注自然资源的社区管理方式，注重在项目过程中当地乡土知识的作用，培训活动效果很好。

（3）种植和养殖技术培训

2006 年 12 月 6 日至 31 日，项目专家小组又到项目区进行了对第一轮项目的评估和第二轮生计活动项目的筛选。专家们 12 月 15 日为东鲜、永丰村民进行了水稻的旱育稀植种植技术、乌苏里貉养殖技术以及保护区与社区湿地资源共管的培训；12 月 22 日为四排村民进行了貉和狐狸的养殖技术、动物疾病防治技术、庄稼病虫害防治技术以及保护区与社区资源共管培训。两次的培训均起到了不错的效果，村民与培训专家之间的互动都比较热烈。

（4）资源共管会议及培训

项目专家小组于 2007 年 7 月 29 日到 8 月 13 日之间到项目点的 3 个村分别进行了资源共管活动的推进工作。首先把东鲜村和永丰村的村民集中在一起进行了一天的共管知识和共管理念的培训，随后又单独在四排村进行了为期一天的培训。培训时，分发了两本小册子——《自然保护区共管指南

(基础知识篇)》和《自然保护区共管指南(实践篇)》。培训采用了参与式的原则和方法。在培训中,村民就共管的内容和形式提出了很中肯的意见,随后村民踊跃为计划中的参与式社区资源考察和资源巡护出谋划策,显示了部分村民极为强烈的参与意识和参与要求。

在亚行的资金支持下,“三江平原发展可持续替代生计和社区参与可持续湿地管理项目”的替代生计活动于2005年底开始启动。替代生计活动共分为第一期和第二期项目滚动资金,分别转账到了东鲜、永丰、四排3个项目村。第一期项目情况:东鲜项目户21户,项目内容为养银狐、养貉、建育秧大棚、养牛等;永丰项目户29户,项目内容为养貉、养狐狸、养牛、养羊、建育秧大棚、养蜂、养獭兔、小卖店扩建、养鱼、进城卖咸菜、办歌厅等;四排项目户44户,项目内容为开小店、搞旅游、买农用四轮车、养狐、养貉、养鱼等。第二期项目情况:东鲜村第二期社区滚动资金使用农户达到23户,比第一期增加2户,用款农户占总农户数达到50%。其中,除2户农民把申报的资金用于从事养殖业外,其余农户都将资金用于育秧大棚的建设,从事种植业的比例非常高。永丰村第二期社区滚动资金使用农户达到35户,比第一期增加6户,使得用款农户占总农户数达到44.6%。其中,27户农民申请到资金用于养殖业的发展,占用款农户比例的81.8%,用款额度达到29万元。四排村第二期共计63户农民申请了资金的使用,其中,申请资金用于发展养殖业的有47户,占用款农户的74.6%。

2. 资源共管

项目严格按照典型的社区共管的方法、步骤和措施进行,具体工作流程如图4-1所示。

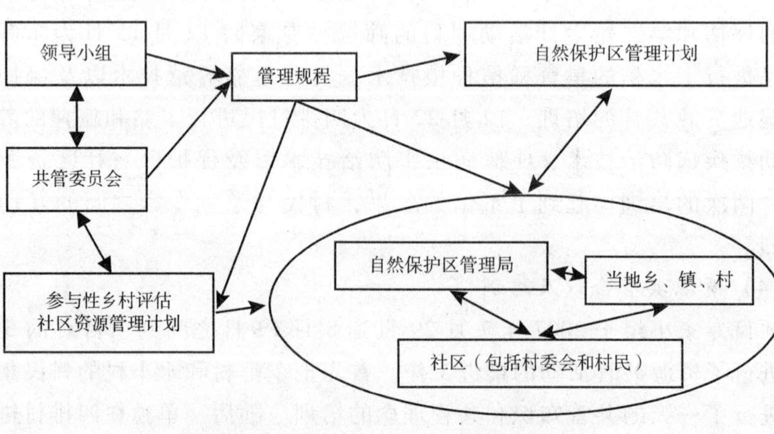

图4-1 自然保护区共同管理体系

（1）建设保护区共管体系的主要方法

①调查、访问，进行二手资料的收集；

②快速乡村评估；

③社会经济本底调查；

④非正式访谈。

（2）建设保护区共管体系的主要方法步骤

1）准备阶段

a. 向当地政府官员介绍共管工作；

b. 建立共管领导小组，由保护区领导和地方领导参加并负责共管过程的组织、协调和监督；

c. 领导小组确定工作目标、行动计划、工作程序以及制定试点社区的标准，并且推荐协调员，沟通保护区与社区之间的信息交流。

2）实施阶段

a. 成立共管委员会，作为社区共管基层组织，委员由村民推选产生；

b. 快速评估、收集数据和资料；整理分析数据资料，如对社区进行描述、准备社区地图、对资料分类整理，为社区制定计划作准备；

c. 对社区存在的问题和需求进行优先性排序，确定解决问题的办法；

d. 帮助社区制定资源管理计划，编制社会经济调查报告，选择社区发展项目，建立社区保护体系；

e. 建立监督和信息交流程序，制定工作计划，确定解决冲突的方法；

f. 协商和批准社区发展项目合同，并提交领导小组批准。

（3）建设保护区共管体系的具体措施

1）开展宣传教育，增强环保意识。通过举办以生物多样性保护等为主题的知识讲座，广泛宣传有关的法律法规；通过印发宣传手册，设公益广告牌、警示牌，进行入户访谈等活动，宣传社区共管的重要意义和作用，启发村民主动参与共管工作。

2）调查了解社区对资源利用的需求，为社区共管提供科学依据。项目组对社区的经济、居民的生产生活状况、自然资源利用情况、社区组织机构、传统文化习俗等情况进行全面调查，并做好进一步的统计和分析，绘制社区组织结构图和社区关系图，制作自然资源使用和利用价格表以及社区对自然资源利用与保护的主要冲突分析表，摸清社区群众经济发展水平和社会经济发展的关系。

3）成立共管组织，制定共管计划。根据国际国内的相关经验和项目的统一要求，分别在3个项目村建立了共管领导小组和共管委员会。领导小组成员包括保护区所在地县、乡（镇）的地方政府和保护区领导，是负责监督整个共管过程的主要机构，负责协调各级地方政府之间的关系，以使共管过程合理合法化。成立湿地资源共管委员会，协助社区建立健全各种规章制度。确定了社区在保护资源中的责任，明确了湿地资源共管委员会的目标、任务和职责。社区承担了保护区的劳务、社会治安、资源管理、教育宣传等义务，保护区与社区签订了自然资源的共管合同，消除了破坏资源和环境的不利因素。

共管委员会由村民推选的村民代表和村干部组成，主要职责是收集整理社区数据和资料，分析社区矛盾冲突和需求，制定社区资源管理计划，选择和实施社区发展项目，广泛征求和听取村民意见，动员不同群体的村民和个人参与共管工作。在实施过程中，项目组制定了社区共管实施工作计划，对存在的问题、解决的办法，实施时间和责任人都进行了确定。同时，保护区与共管委员会签订了社区投资基金项目实施和自然资源保护的合同，并且建立了由领导小组负责的监督和信息交流程序，根据合同编制监测计划和处理违反协定的措施，制定监测评估计划以评价共管效果。

4）推广养殖技术和先进农业技术。项目组在大佳河保护区的3个共管社区内，分别聘请农技人员传授农业先进技术，举办各种培训班4次，推广有地方特色的水稻旱育稀植技术和乌苏里貉和狐狸养殖技术，提高了科学种、养殖水平。

5）选择社区发展项目。项目组在深入调查的基础上，协助社区制订“社区资源管理计划”，根据社区不同情况选择社区发展项目。项目组向3个共管社区共投资106万元（实为97万元），资助社区发展养殖、种植、商业等多种发展项目。

6）协调地方关系，扩大社区参与。保护区聘请协调员（巡视员），协调与社区的关系。在制定社区资源管理计划、选择社区投资项目时，项目专家小组动员社区群众广泛参与，充分发表意见，并让村民参与社区资源清查工作，参与保护区的资源管理工作；在社区参与过程中与村民交流感情，密切社区群众之间的关系、调动村民参与活动的积极性。

建设保护区共管体系开展的主要方法及活动如下。

项目的开始启动阶段和执行阶段都有乡镇级主要负责人的参与，他们对整个项目的进展都有比较清楚的了解。3个村中东鲜村、永丰村离挠力河国家级自然保护区都很近，而四排村则就在乌苏里江边上，乌苏里江沿岸都属于湿地的范围。亚行三江平原生计替代与湿地资源管理项目从2005年1月开始启动以来，首先经过了3个村的需求评估调查，接着第一轮的农户替代生计活动开始展开，在生计替代活动进行的同时，项目操作者通过邀请专家授课和自己讲解的方式，对村委会和社区居民进行了小额信贷资金操作培训和以社区为基础的自然资源管理培训。亚行官员考察评估之后对第一轮生计活动的效果比较满意，随后，在有县里两位副县长参加的第一轮项目评估会上对第二轮项目的操作提出了相关的建议。紧接着开始了第二轮项目的需求评估活动，第二轮生计替代项目于2007年初开始展开。项目专家小组在第二轮生计替代与资源管理中，加强了资源共管活动的开展和推进。

项目专家小组于2007年3月份到项目点的3个村进行了资源共管活动的开展工作。首先把东鲜村和永丰村的村民集中在一起进行了共管的培训，随后又在四排村进行了培训。饶河县林业局以及县林业局湿地办的领导都参加了培训并分别作了讲话。湿地办领导在会上宣读了两篇由国际湿地保护协会会长所作的报告，在报告中也强调了湿地资源保护中以社区为基础的参与式管理的重要性。随即成立了以湿地局局长为主任，饶河县林业局局长和副局长为副主任，以林业局湿地办主任、东鲜村村长、永丰村村长、四排村村长为委员的共管委员会。在每个村又分别成立了共管领导小组，由每个村村长任小组长，由资金管理小组成员兼任组员。随后由项目操作小组和林业局、湿地办、3个村共管领导小组一起选出了共管巡视员，四排村和永丰村分别由2人担任，东鲜村比较小，只设1个共管巡视员。在3个村分别做了一套《饶河县三江平原湿地资源共管委员会成员名单》、《生计替代与湿地资源共管委员会职责》、《共管委员会与辖区内居民湿地保护公约》、《共管巡视员职责》4块牌子并钉在3个村的村委会墙上（具体内容见附录5、6、7、8）。项目执行小组于2007年7月29日到8月13日之间又对资源共管活动进行了进一步的推进工作。

从以上安排可以看到，无论在县级政府制订的饶河县发展规划还是在亚行项目本身的推动下，在饶河县域范围内开展湿地资源共管活动都具有一定的基础。首先政府支持，这是所有农村发展项目要取得成功的首要保障。其次，无论在省、县级主管机构还是在乡、村级的操作机构都对湿地资源共管活动具有相应的理性和感性认识并在行动上表现出了比较积极的配合。另外，共管活动最重要的一群利益相关者——社区居民本身在项目中得到了相当的实惠，因而能够积极参与到资源共管活动中来。这种积极性可以由村民积极为湿地资源共管活动出谋划策和参与巡视员的工作上看出来。

项目点所涉及的三个村，东鲜村和永丰村的村民都是朝鲜族，同质性比较高，居民人口素质相对较高。而四排村的村民除“赫哲户”外还有“老汉族”、“水稻户”和“盲流户”，同质性相对较低，居民素质参差不一。3个村中村委会的能力以东鲜和永丰最强，四排村委会能力也比较强，只是社区居民的异质性较高，团结性较差，因而间接影响了村委会的操作能力。虽然如此，各村均有许多以前成功开展项目的经验，另外村民对亚行项目也充满了支持和欢迎。

3 个项目村分别成立了湿地资源共管委员会，在地方政府主管部门的领导下，由该委员会负责组织实施以湿地资源管理为主要内容的自然资源管护工作。特别需要说明的是，当地地方政府十分重视湿地资源的管护工作，饶河县正在成立一个副处级的大佳河湿地保护区管理局，专门负责湿地资源的管护和可持续发展利用工作。同时，关于大佳河省级湿地保护区的管理办法正在制定之中，亚行项目专家组与当地有关部门进行了沟通，当地准备将社区共管的相关理念和实践规程纳入管理条例框架内，力图实现当地湿地资源共管的主流化。下面简要介绍湿地资源共管委员会的组织机构、主要职责和具体活动。

组织机构：每个村级的湿地资源共管委员会主要由 3 个层面的人员构成，其中包括县级主管部门的一位有关领导（目前是林业局的成员，下一步将是湿地管理局的成员）；一位村所在乡镇的分管领导，他们主要进行自然资源共管的组织协调工作；主体为项目管理小组的成员，具体负责自然资源共管在本村内的组织、落实。另外，在每个村，由村级共管委员会选派 2 ~3 名责任心强、身体力行的村民作为协管巡视员，负责野外监测巡视工作，做到发现问题及时汇报。

主要职责：湿地资源共管委员会的职责主要包括如下 3 个方面：一是宣传，对村民进行有关湿地知识、湿地管理有关规定、湿地资源可持续利用等相关知识的宣传，在四排村也包括对前来旅游参观的外来人员的宣传；二是协管，主要是为上级有关部门（如将要成立的湿地管理局）及时提供信息，如发现开垦湿地、违规放牧、打猎等破坏湿地的行为，及时向有关部门通报，并协助做好湿地核心区原有的开垦状况的清查工作，为进一步规范湿地管理做好准备；三是监测，协助做好湿地保护区内资源清查工作，如发现受国家保护的动植物（鸟类、兽类、植物等），及时进行拍照、记录，并向上级部门及时通报。

具体活动：目前，大佳河湿地保护区管理局正在筹建。据介绍，该管理局成立之后，首要的工作就是进行湿地资源的清点，包括湿地利用方式的清查、湿地保护区范围的界定，在此基础上，开展深入、严格的湿地管护工作，包括退耕还湿等工作。在此背景下，3 个项目村的湿地资源共管委员会的主要工作，将是围绕管理局的中心工作积极做好配合，如需要进行湿地资源巡视，共管委员会已经建立起比较畅通的网络，亚行项目为共管委员会配备了摩托车、照相机等一些相关的设备，为进一步做好湿地管护工作提供了设备保障。

（三）社区资源共管评价

在当地政府的支持下，经过社区共管机构的实际操作，目前社区共管工作已经取得了一定成效。

（1）相对于单一依靠地方政府执行项目的传统做法，该项目采用参与式方法，开展了面向农户生计需求和针对社区资源特点的项目活动，注重农户“可行能力”的提高，通过对社区村民的“赋权”、“权力再分配”、“自下而上”的过程，组织项目目标群体全面地参与到项目的规划、实施、监测、评估过程中，对当地地方政府今后从事类似项目形成一定意义上的积极影响。

（2）项目注重生计替代和可持续性的资源管理，所以，目前相关的改善资源环境的政策能否成功落实，土地利用方式能否成功转换，在很大程度上取决于生计方式的转型能否成功，即为那些主要收入来源依赖于耕地的农民提供可替代的生计，应当成为推行类似资源管理政策和项目的最基本的出发点和落脚点。在将来的扶助该地区农村发展的支农项目中，可充分利用该项目打下的工作基础，借鉴该项目的相关经验，采用多元生计途径，抓住社会主义新农村建设的历史机遇，以促进这一地区农村社区的可持续发展。

（3）通过参与式的农业技术培训和推广，增强了农民的自我发展能力，并逐步影响和改变着农业传统经济模式。另外，通过社区发展项目给社区也注入了不少的干预资金，对促进社区经济的发展也产生了或多或少的贡献。

（4）社区对保护区和保护工作的态度正在发生转变。村民从社区共管中获得了一定的经济激励，与保护区管理部门和自然保护区的对立情绪趋于缓解，对保护自然生态环境与生物多样性的知识逐渐增加，态度逐渐转变，积极性也逐渐升高。

（5）社区共管的试点起到了很好的示范作用。由于加强了对保护区管理部门、村民、村干部在社区共管方面的宣传教育，使当地领导干部和村民都增强了自然保护意识。实行共管以来，由于在社区加强了技术培训和资金方面的投入，与村民接触增多，感情融洽，使破坏资源的现象得到有效遏制，主动向保护区管理部门反映情况的群众在不断增多。

（6）项目不但有针对社区居民的生计替代资金支持，而且针对各村都有资源共管的一些公益资金支持。按照项目的设计，为监管单位林业局购买了电脑、照相机等设备器材，也为各村买了电脑、摩托车、照相机等设备器材，如果村级共管委员会能够很好地使用这些设备器材，将对共管的持续进行有很大的帮助作用。

（7）最重要的收获就是对社区群众的告知。这种告知不仅体现在社区对遥远外界的自然环境的认知上，也体现在社区对自己周围的自然环境的再认识上，最重要的是启发社区居民对自身与环境关系的反思，这种反思应该是社区今后真正解决资源和环境问题的星星之火。

基于干预主义的理念，针对许多农村社区的欠发达状况，先后实施了一系列的国内及国际发展项目，以期实现农村社区的快速发展，但大量的发展干预实践表明，其现实结果常常与项目的规划设想相差甚远。跟其他项目一样，本项目在取得了一定成效的同时，经过两年多的项目运行，不足之处也不少，择其重要几点概述如下。

（1）项目本身需要当地政府主管部门的大力协作和积极配合，离开了当地政府的权力保障和资金配合，仅靠执行人员的操作导致了所制定的共管条约规章等难以产生相应的权威，因而约束力也很小，另外，地方政府资金配合的不到位直接影响了项目后期的操作进展。

（2）项目所采用的参与式发展干预本身注重“赋权”、“自下而上”等理念和相应的操作方法与流程，与传统的由政府主导的“集权”、“自上而下”的项目运作方式有别，项目点所在的东北三省是属于资源丰裕地区，以往接受这种新的干预理念与方法的机会不是很多，因此领导干部和群众对这种理念指导下的操作方法不太适应，领导干部说了算的传统意识形态仍然占据主流，“分权”更是难以进行。

（3）项目社区资源与环境特点决定了以传统种植业为主导的生计方式已经根深蒂固而难以改变，可供替代的生计机会不多，导致项目本来首先提倡的以养殖业为主导的替代生计难以进行，项目第二期生计资金绝大部分又被农户用到了传统水稻种植上，即使运用项目资金发展其他生计的农户所经营的项目成功率也不高，导致生计替代的尝试最终归于失败。

（4）项目所涉及的3个村，其典型的特点是土地资源丰富，同时种植规模化、机械化，生产资料、农产品商品化，劳动雇佣化，农业生产投入资金信贷化等特点比较突出。在生产成本投入和产品收益的资金流量上均属于“大进大出”型，项目资金有限（3个村仅106万元，而且四排村第二轮地方政府配套资金9万元始终没有到位，最终所有注入资金仅有97万元），而项目的原则是尽量让所有农户普遍受益，因而分配到农户家庭的资金量太少（相比当地社区居民的年收入而言），农户对运用这些项目资金缺乏积极性，项目资金的干预缺乏影响能力。

（5）当地湿地保护区内的资源虽然丰富，然而几乎全被政府各个机构所垄断，资源归于政府部门的多，而可供社区直接利用的资源有限。社区农户与当地保护区的资源利用冲突明显存在，导致社区居民虽然参与社区共管项目，但对与各个部门能够分享资源使用权没有信心。他们对“共管是什么？与谁共管？怎样共管？”等基本问题始终不太清楚，虽经项目执行者耐心解释仍然成效不高，所以共管的效果也不十分明显。

（6）干预主义的理念和方法与社区实际结合后，通常都会被社区既有的正式或非正式的制度、权威、网络等所扭曲与重塑，导致干预的理想与社区的现实最终距离很大，在本项目点也是如此，从项目资金的操作和使用的发展变化来看，仍然是村委会的主导权力最大，而按照要求选举出来的资金管理小组最终成为摆设。“分权”和“赋权”的理想在村委会这一级就碰到障碍，最终打了很大的折扣。

四　社区资源共管问题与分析

（一）问题

1. 资源共管中滚动资金和生计替代存在的问题

项目本身是想把所有四排村居民都涵盖在内的，这样才真正符合社区共管的精神，然而在四排村民会议讨论后，开始在第一轮资金的分配上只有纯赫哲、杂赫哲和老汉户得到了项目资金。其他三类群体都未能得到资金，即使是在当地派出所有户口的水稻户，赫哲族也不承认他们的户口，更何况没有户口的水稻户和既无户口又无土地的盲流户。在第二轮项目资金的分配上，项目资金在村项目执行小组的主持下虽然对第二轮资金进行了均分，除第一轮享受到资金支持的农户和盲流户外，包括水稻户在内有 67 户左右的人家都得到了项目资金，但是第二轮的项目资金太少，这样大范围的均分又几乎没有起到什么作用。

东鲜村由于人口较少，现在在村里居住的总共就 23 户，因此项目资金在两轮中都是采用均分的办法。由于人口少，村民之间问题不复杂，因而在资金的使用和返还上是运作得最好的。永丰村现有的 69 户人中，第一轮享受到资金支持的有 29 户，第二轮有 35 户，两轮都没有享受到资金支持的农户还有十多户。永丰村的情况比东鲜复杂一些，在资金分配上主要还是得听从村项目执行小组的意见，因而有 5 户人家两轮都不能得到项目资金。

从 3 个村滚动资金使用的情况来看，东鲜村的滚动资金是应用得最好的，在村资金管理小组的管理和村民的积极配合下，两轮滚动资金的使用和返还情况都很好，以后仍然能够滚动下去。然而永丰村的效果就差得多，从两轮的使用情况来看，第一轮就存在有不能按期还款的农户，还有因养殖乌苏里貉全部死亡而失败的农户，而且，两轮滚动资金还有十多户人没有分配到，部分农户被“排斥”在滚动资金使用之外。四排村的情况最差，第一轮滚动资金除了几户老汉户之外几乎全部给了赫哲族，资金分配下去之后，到还款期限时仅仅有两户还款，导致第二轮滚动资金无法继续滚动。由于县配套资金始终无法兑现，因而第二轮资金只有亚行支持的6万元，村项目管理小组又为了公平起见，把6万元平均分配到了上一轮没有享受到资金支持的67户农户手中，因而导致分到每一户的资金很少，几乎无法开展任何替代生计项目。

从国际国内社区共管的执行经验上来看，一个或数个成功的可持续的生计替代措施是资源共管取得成功的必要条件（显然并非充分条件）。但是，不同社区的每一种生计模式都是与其周围的自然环境条件和社会经济情况息息相关的，一些传统生计如赫哲族的渔猎生计因渔猎资源的枯竭而不得不面临转型，然而对世代以种植水稻为其传统生计的朝鲜族来说，水稻种植仍然属于最为安全和保险的生计模式，其他的替代生计模式的安全性反而不如经过长期检验的水稻种植模式。另外，项目点属于典型的东北平原地区，资源环境的单一性很明显，缺乏气候多样性和生物多样性，导致无论从事种植业还是养殖业，可供选择的替代生计机会都太少。

2. 社区共管存在的问题

（1）滚动资金的可持续性直接影响社区共管的成败

3个项目村东鲜、永丰、四排，在获得了亚行的生计替代滚动资金的资助后，对参与保护区湿地资源共管活动有一定的积极性，这种积极性与3个村的滚动资金的使用情况关系很大，如果资金滚动难以持续，那么村民对参与资源共管的积极性势必降低。对社区居民，如果没有持续的资金投入作为他们所损失的发展机会的补偿，居民对参与资源保护的积极性就难以得到提高。从项目结束之后的后期补充调研中我们了解到，3个村中东鲜村的滚动资金运作是最成功的，直到项目管理小组撤离之后，在东鲜村所注入的资金仍然还在成功地滚动使用着。永丰村的滚动资金第一轮、第二轮是运行得比较好的，项目管理小组撤离之后，村资金管理小组对滚动资金的使用发生了一些扭曲，导致部分村民不满意程度增加。四排村滚动资金的使用从第一轮开始就无法持续，第二轮更是如此，滚动资金的实践从一开始就失败了。

（2）滚动资金对部分群体的关闭，影响社区居民参与共管的积极性

在资源共管活动介入之后，由于项目本身的原则规定和各村既有的权力与利益机制的影响，导致滚动资金的发放并不是遵循普遍性发放的原则。如前文中所述，除东鲜村在滚动资金的使用上能够采取普遍发放之外，永丰村和四排村均未能做到这点（原因很多，客观原因是村子大、人口多而无法普遍发放，另外，项目活动的要求本身就对部分农户进行了筛选。主观原因

则是很多的，后文中将会对此作出具体分析)，有很多本社区居民被人为地排除在项目活动之外，这些居民也是对保护区的资源使用构成压力的群体，由于没有享受到项目所带来的优惠，因而形成了极大的抵触情绪①，这种情绪的存在对我们所开展的共管项目活动带来了一些负面影响。

(3) 生计替代的成败与资源共管成败攸关

在国际国内所有进行的自然保护区与社区共管的研究和实践中，我们可以看到，资源共管总是伴随着生计替代的，而且生计替代的成败直接影响和制约着资源共管的成败。从3个项目村所进行的两轮生计替代活动的运行和结果来看，东鲜村和永丰村甚至四排村都是传统生计活动占据主导优势。由于项目社区以前很少有人从事养殖，通过本项目的宣传，部分农民也搞了养殖，但是，搞养殖受技术和当年市场行情的影响比较大，所养殖的动物死的死，赔的赔，很难持续。

(4) 既有的制度框架对社区共管制度形成约束

经过多次调研得知，饶河县域内的湿地及其资源被各个政府机构所管辖着，其余少数社区层面上能够掌握的资源也被围绕着权力利益网络的少数人所掌握，因此既有的正式和非正式制度完全控制了自然资源，社区共管制度作为一种外来介入的制度形式，背后缺乏相应的正式和非正式的权威作为支撑，受现有制度框架的约束很大。

另外，资源共管的宗旨是共同管理和共同利用资源，但社区居民对湿地内资源的利用受到限制，无法体现共同利用的原则。以前湿地周边社区的居民可以在湿地的草甸子上弄蒿草、砍柳条等作为柴火，还可在那里放牧、钓鱼、闲逛，现在划为湿地保护区以后，居民既无法继续搞柴火也不易在里面放牧、钓鱼和闲逛了，湿地对社区居民已完全封闭，连最简单的游憩功能也受到限制，更谈何利用。如果仅仅是对社区给予少量生计替代资金的补偿而不体现出共同维护和共同利用湿地内部分资源，这样也没有真正体现出共管的精神。

案例

自然保护区跟我们没有关系，好处也捞不着。以前永丰村，佳河镇都有人在保护区耕地的，先是在饶河土地管理局交钱②批证，然后就可以开地了，现在这些地都有土地局办的证，没法收回，这些地还有“两补”呢(粮食直补和粮食综合补贴)。现在湿地归林业局管，地就不让开了。以前咱们这里叫“鱼米之乡”，70年代那会儿出去就能搞点什么，80年代也将

① 我们每次在各村做问卷调查或访谈时，最难得到非项目户的配合，屡屡被拒之门外。

② 1989~1994年之间，开垦湿地只要交给国土局50元/亩的开荒费即可进行。

就，90 年代几乎啥也没有了。保护区也没有啥地位了，没有啥好保护的。现在野鸭子也少了，大雁也没有了，狍子也没有了，鱼也没有了，就连老鸦、麻雀都少了，如果提前 10 年保护还行，不过现在保护总比永远不保护要好。

——摘自对永丰村村民朴＊＊的访谈材料

（5）乡村政治权威影响社区共管实践

社区共管项目进入乡村之后，受到乡村政治权威的影响很大，项目开始时的一些理想的计划和措施在进入社区实地之后，都或多或少地发生了扭曲和重塑。亚行项目执行小组是借助于省林业厅和县林业局的权力或权威来执行项目的，自己本身没有在特定社区层面的特权，即使省林业厅或县林业局也只能在一定程度上影响项目的进行，真正项目的操作权力从后期以来，已经完全转移到了社区既有的权力结构手中，最终共管实践完全被社区层面所主导，而社区层面的权力持有者对资源共管并不关心，他们所关心的只是项目滚动资金的控制权和分配权，因而导致资源共管活动收效不大。

（6）社区共管中的文化理念与中国传统文化理念存在冲突

前文中我们对社区共管的产生和发展作了简要的综述，从中我们可以看出，社区共管之中所蕴含的文化理念是一种源自于西方的、崇尚于分权的社群主义的文化政治理念，在民主和分权的国家运用效果很好。但是中国是一个有着几千年中央集权制传统的国家，文化传统根深蒂固，无论从宏观国家正式制度层面，还是从微观社区非正式制度层面，都饱含了传统文化的精髓。这种精髓是与西方社会文化、政治与制度大不相同的，因此，源自于文化理念上的差异，对项目要求分权的操作实践上的影响必然是巨大的。这种影响和对抗不但来自于主要参与操作项目的上到省厅、下到村委会的各级领导阶层，还来自于参与或不参与项目的社区群众之中。简单地说就是，无论领导者还是被领导者内心里面都有着对分权的抵抗，即使是对项目滚动资金分配方式表示不满的社区群众也并不是对村委会的集权表示不满，而只是表示这种权力应该掌握在自己手中，或者由权力所主导的利益分配至少要倾向于自己而已。

这种源自于文化理念的不同对项目的影响是潜移默化的，而且也是持久的，且不容易被直接观察到。但是这种影响的力量却是最为巨大的，遍布于围绕着社区资源共管活动的任何一个角落。

（二）分析

Erin 和 Sherry（2003）总结了 9 个大指标来分析评价社区共管，这些指标包括制度安排、决策过程、共管能力、代表性、交流、社区参与、伙伴关系、知识构成、计划过程等。另外，每个指标还有相关的二级指标来评价，他们总结的相关的二级定量指标为：第一个是伙伴间的权力分配情况；第二个是行动者的范围以及所代表的利益情况；第三个是制度安排和操作过程的特征。在此处的分析之中，参照 E. ostrom 和 V. ostrom 夫妇以及迈克尔·麦金尼斯所提出的公共事务治理和多中心治理的模式，该模式提供的社区自然资源管理研究的制度分析框架为：社区自然资源属性；社区属性；围绕社区自然资源管理的制度属性。在本文中，笔者把该模式的制度分析框架做了一些引申和扩展，把制度分析框架拓展到经济（市场）、政治、文化、制度 4 种视角（分析框架见图 4－2），下面分别从这 4 个方面来进行分析。

1. 经济分析

凡有社区共管，必有社区生计支持项目相伴随，生计项目的成功是资源社区共管获得成功的必要条件之一。在项目社区的 3 个村中我们都进行了各种替代生计活动。下面利用成本效益分析方法对项目社区的几种生计模式作比较分析。

（1）种植户生产经济分析

对项目点 3 个村的种植户、捕鱼户和养殖户做了详细的调查，对种植不同的主要粮食作物的成本—效益做一比较可得出种植户的种植选择。表 4－1 是种植 3 种主要作物玉米、大豆和水稻的成本效益分析表。

从表 4－1 中玉米、大豆、水稻在 2005、2006、2007 年 3 年的种植情况（亩产、价格、成本、补贴）来看，即可得出结果：种植玉米的年均收入为 237.1 元/亩，大豆的年均收入为 152.4 元/亩，水稻的年均收入为 438.7 元/亩。由于种植水稻的比较效益增加，因此，近年来，农户纷纷都把旱田改为水田种植水稻。另外，最近土地的承包费每年将近 200 元/亩。如果种植大豆，纯属于亏本经营，即使种植玉米也仅仅是保本经营，但是如果种植水稻的话，即使是承包土地进行种植也是赚钱的。

表 4－1　种植玉米、大豆、水稻的成本—效益分析（成本取 3 年平均数）

品　种	玉　米				大　豆				水　稻			
亩产(斤)	850				250				1000			
年份(年)	2005	2006	2007	平均	2005	2006	2007	平均	2005	2006	2007	平均
价格(元/斤)	0.35	0.41	0.41	0.39	1.17	1.07	1.7	1.31	0.75	0.65	0.70	0.70
毛收入(元)	297.5	348.5	348.5	323	292.5	267.5	425	328.3	750	650	700	700
成本(元/亩)	110	110	110	110	200	200	200	200	300	300	300	300
补贴(元/亩)	22	22	28.5	24.1	22	22	28.5	24.1	30	36	50	38.7
纯收入(元/亩)				237.1				152.4				438.7

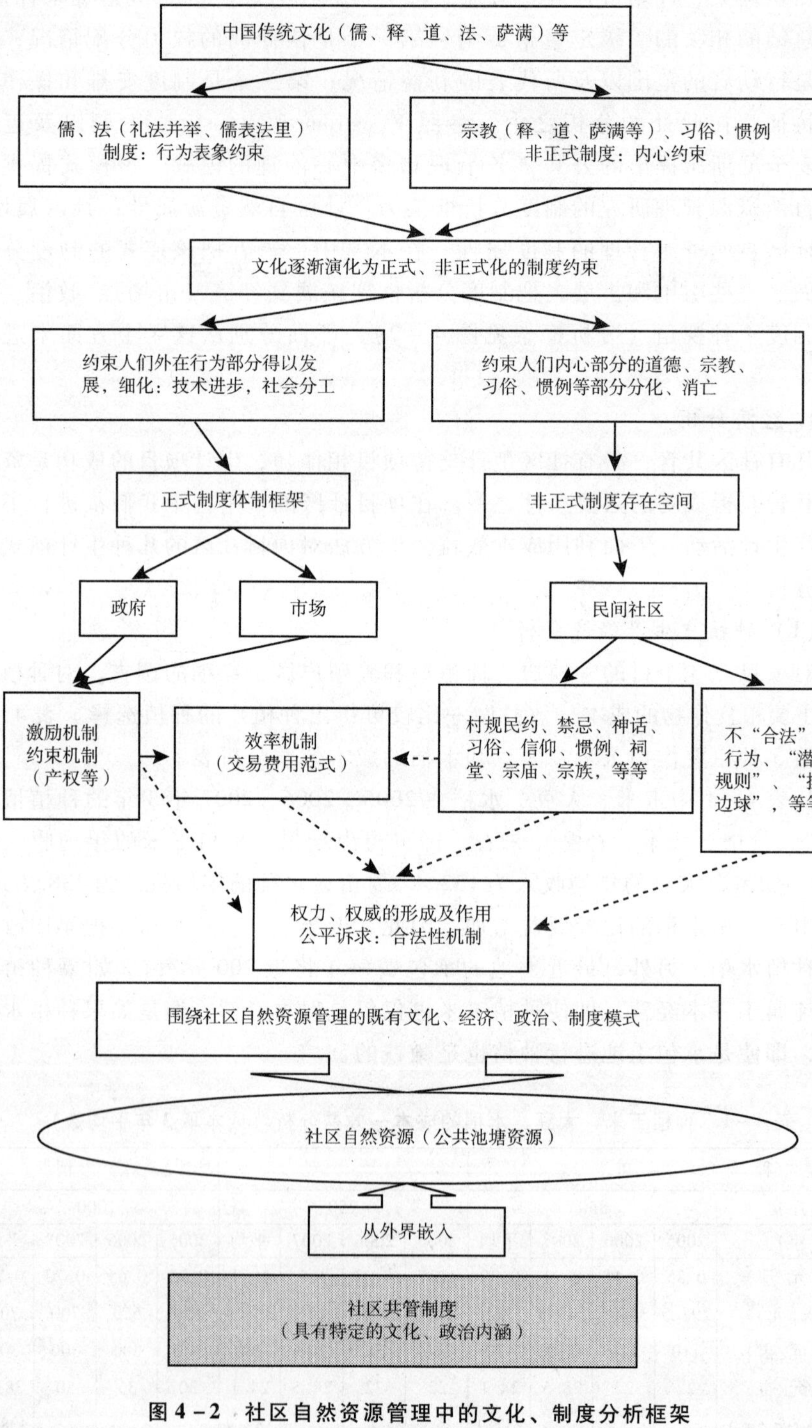

图 4-2　社区自然资源管理中的文化、制度分析框架

项目点几个村土地交易活跃。几乎每家每户都有过买卖和转包土地的经历，土地对于居民而言已经成为了商品。表4－2是2000～2008年间东鲜村的土地转包价格变化数据①。从表4－2中可以看出，从2000～2008年，水田和旱地的转包价格都是大体处于上升趋势，其中2002年和2003年因受水灾，土地价格有些回落，2004年受前两年影响，地价也低，然而从2005年以来水田价格大幅跃升，并在2005年和2006年两年达到高峰，之后有些回落；旱地价格则是从2000～2003年一直维持平稳的状态，从2004年开始小幅走高，2007～2008年则有一个跃升，并在2008年达到了顶峰；从2000年以来，旱地价格总体上保持了稳定上升的态势，中间没有回落过。

表4－2 东鲜村土地转包价格逐年走势（元/亩）

类型＼年份	2000	2001	2002	2003	2004	2005	2006	2007	2008
水田	50～60	50～60	30	30	30	160～180	160～180	130	130～150
旱地	60～70	60～70	60～70	60～70	80～90	100	100～110	140	170～250

说明：此表价格由东鲜村村民尹××提供。

水田和旱地的转包价格变化原因有以下几点：第一主要是受水稻、玉米、大豆价格变化的影响，水稻涨价则水田亦涨价，玉米和大豆涨价则旱地涨价；第二是水田价格受到水灾影响很大，如2002、2003年连续两年水灾，导致水田价格跌至历年以来的最低谷，相比之下，旱地受水灾影响不大。对比表4－3的水稻价格走势我们可以看到，水田的价格变化比水稻价格变化落后一年的周期，2004年虽然水稻价格很高，然而2004年的水田价格却很低，主要原因在于农户们转包土地均是在开春种植之前就完成了，价格只能参照往年的地价和来年的庄稼价格预期来定。旱地的价格在2007和2008年猛涨是因为大豆的价格在2007年猛升，2007年的大豆价格从年初的1.6元/斤涨到后期的2.4元/斤，最高峰时曾经涨到3元/斤。我们在2008年4～5月中对村民的访谈中得知，村民认为如果今年大豆低于1.5元/斤农户就要赔，因为包地种植大豆的每亩成本要在400元以上，1.5元/斤的大豆价格是保本的底线②。被访问的许多种植户普遍认为，如果水稻价格没有大幅度上升的话，现在水田价格涨到200元/亩几乎到顶了，以后即使水稻价格回落，地价也不会降得太多。种植水稻和玉米在当地有保护价，但是种植大豆

① 土地出售在当地是指买断30年的使用权，土地转包是指出售每年的使用权，文中除非有说明，一般所说的地价均是转包价格而非出售价格。

② 在对农户的访谈中，有一农户尤××曾说道："种地就是赌博！"。

没有保护价，预计旱地价格在2008年的反常攀升不会持久，如果来年大豆价格下降，旱地价格也将下降。

表4-3　东鲜村水稻出售价格逐年走势（元/斤）

价格＼年份	2000	2001	2002	2003	2004	2005	2006	2007
最高价格	0.65	0.60	0.40	0.75	0.86	0.86	0.75	0.72
最低价格	0.48	0.50	0.30	0.56	0.76	0.79	0.50	0.68
平　　均	0.57	0.55	0.35	0.66	0.81	0.83	0.63	0.70

说明：此表价格由东鲜村村民尹××提供。

种植水稻，东鲜、永丰村皆有河水可供灌溉，河水不够的时候就需要抽取地下水灌溉，四排村的灌溉则几乎完全靠抽取地下水。现在3个村都用柴油泵抽取地下水，平均100亩地需要3桶360斤装的柴油，从表4-4中可以看出，柴油价格也从几年前的1.5元/斤涨到3元/斤以上，而且耗油量也在增加，估计跟地下水的下降有关系。现在永丰村正在架高压电线，准备采用电力代替柴油抽水，因为用电力抽水可以节约2/3的成本。完成整个电网改造共需约70万元，县电力局已投资支持30万元，村里自筹20万元，还正在向县民委争取20万元。

表4-4　柴油价格走势（元/桶）

年　份	2002	2005	2006	2007	2008
价　格	500～600	900	980	1050	1100

(2) 捕鱼户生产经济分析

对四排村的捕鱼户进行调查得知，一个渔户每年仅有3000多元的毛收入，主要是捕鱼成本太高，还有就是现在乌苏里江的鱼越来越少，已经很难捕到了。捕鱼所需成本如表4-5所示。

表4-5　四排村捕鱼户每年所需成本（元/年）

项　目	金　额	备　注	项　目	金　额	备　注
渔　证	801	交县水产局	检修挂机	400	每年必要的花费
看船费	160	交乡派出所	柴　油	400	一条船，这是最低花费
船　证	75	交县外事办	总　计	3336	
渔　网	1500	每年换两次网，每次750元			

说明：此表情况由四排村渔民何××提供。

在乌苏里江边的四排村，赫哲渔民捕鱼和收获量的情况可分为以下4个阶段：

第一阶段：1968～1983年，鱼的种类、数量都很多，整个生产队只有8条小木船，每条船每天打鱼都在100斤以上；

第二阶段：1983～1991年，全村有20条船，半数为机动船，每条船每天可以打30斤鱼；

第三阶段：1991～2000年，全村有35条船，绝大部分是机动船，每条船每天可以打10斤鱼；

第四阶段：2000～2007年，全村的渔船有30多条，全部是机动船，每条船每天只能打2～10斤鱼了。

从上述4个阶段的情况可以看出，捕鱼量从1968年以来在急剧下降，而鱼的价格又如何呢？表4－6、表4－7和表4－8是笔者亲自访问了四排村的3位老渔户得到的情况，虽然各自所提供的价格有差异，但是我们从这3个表中还是可以看到1968年以来鱼类的种类和市场价格的巨大变化。

表4－6 1968、1990、2008年鱼类市场价格走势（元/斤）

年份 \ 鱼类	甲鱼	鲤鱼	鳌花	虫虫	嘎鸭子	大马哈	白鱼	狗鱼
1968年	0.40	0.26	0.30	0.12	0.08	—	—	—
1990年	—	8～9	—	—	—	5～6	—	—
2008年	已绝迹	50	20	25	12	35	20	15

说明：此表价格由四排村老渔夫付××提供。

表4－7 1990、2008年鱼市场价格及鱼情（元/斤）

年份 \ 鱼类	甲鱼	鲤鱼	鳌花	虫虫	嘎鸭子	大马哈	白鱼	狗鱼	花鲶鱼	牛尾巴	老头鱼	岛子
1990年	—	—	—	—	—	母鱼 8～9	—	—	—	—	—	—
	—	8～9	—	—	—	公鱼 5～6	—	—	—	—	—	—
2008年	已绝迹	全四排村只有5～6人打着	2～3斤重的50，过节的话70～80	最高40	最高25	母鱼30～50	20	15	—	最高25	好几年没打着了	好几年没打着了
	半斤重的15	最低4～5	最低6～7	公鱼15～30	—	—	6～7	最低10	—	—	—	—

说明：此表价格由四排村老渔夫何××提供。

表 4－8　2008 年鱼价及鱼情（元/斤）

鱼类 / 鱼价	鲤鱼	鳌花	虫虫	嘎鸭子	大马哈	白鱼	狗鱼	牛尾巴	岛子	红尾
最　高	50	80	40	—	40	—	15	—	30	15
最　低	25	30	10	10	18	—	8	15	15	10
鱼类 / 鱼价	川丁子	黄姑子	小白漂子	葫芦籽子	江泥鳅	黑鲶鱼	七里父子	鳇鱼	三花五罗	甲鱼
最　高	—	—	—	—	—	绝迹	绝迹	绝迹	近绝迹	绝迹
最　低	5	2	1.5	1	5					

说明：此表价格由四排村老渔夫任××提供。

表 4－6 展示了 1968 年、1990 年、2008 年各种鱼类的价格情况。我们从该表中鱼类的价格走势上可以看出，在不到 40 年的时间内，鱼类价格上涨了几十倍到 100 倍以上。

从表 4－7 和表 4－8 中的鱼价和鱼情得知，乌苏里江的许多鱼类已经绝迹和近乎绝迹，比如乌苏里江的特产大鳇鱼，20 年前还可以在江里打到 300 斤重的大鳇鱼，现在已绝迹，甚至以前赫哲渔民根本不吃的甲鱼现在也已绝迹了。然而随着鱼的种类和数量急剧减少，价格却是急剧攀升，剩下为数不多的近乎 20 种鱼当中，以鲤鱼、鳌花、大马哈、嘎鸭子等的价格为最高，鳌花的价格甚至达到每斤 80 元的天价，其他价格很低的都是小杂鱼，提供当地养狐、貉所需。

访谈过多数渔民得知，现在每户渔民打鱼的平均年收入都在 3000 元左右，这样的收入是难以维持家庭日常生活的正常所需的。四排村现在完全依靠打鱼为生的赫哲族还有 6 户，老汉族有 3 户，而打鱼兼种地为生的赫哲族有 7 户，老汉族有 3 户。总的加起来，四排村在乌苏里江打鱼的渔户共有 20 户左右。现在全村共有 184 户人家，除去以打鱼为生计的 20 户左右的人家外，其余绝大多数（165 户左右）已经转为主要依赖种植业为生了。

（3）养殖户生产经济分析

——养羊户经济效益分析

表 4－9　永丰村养羊户的毛收入和成本

毛　收　入			成　　本			纯收入（元/年）
公羊价格（元/只）	母羊价格（元/只）	羊绒价格（元/斤）	防治费用（元/只）	饲料（元/只）	牧羊人工资和吃住费用（元/年）	卖羊和卖羊绒
500	350～400	160～180	10	20	7500	>30000

说明：此表数据来源于对永丰村养羊户王××的访谈材料。

养羊户案例

（夫）王××：红卫农场内退职工，50岁。

（妻）王××：红卫农场退休职工，50岁。

红卫农场男职工60岁退休，女职工50岁退休。王××属于内退。夫妻二人2005年底来到永丰村，与村长金××合伙养羊。王××共养殖绒山羊200只，花5000元/年的工资雇了一个50岁的牧羊人为其放牧。他的200只羊，每年纯收入30000元整，平均每只可以卖300元。每年繁殖成活60～70只，1～2年成年了才卖，公羊500元/只，母羊350～400元/只。羊绒180元/斤，现在价格160元/斤，平均每只羊1年产1斤绒，在4月15日～5月15日之间产绒，每只羊平均光卖羊绒就可获得160元/年的收入。

养羊的成本并不算高，主要是防治费用、饲料费用和牧羊人工资和吃住费用三项。羊病很多，有痢疾、肺炎、羊肠毒血症、猝死、口蹄疫等。每年防治费用总共需要2000元，平均10元一只。王××说口蹄疫的预防疫苗国家是免费，但这里要收费（0.30元/只）；饲料：6～7斤饲料/年/只×0.4元/斤=3元/只/年，每年还可以放在农地里吃剩余庄稼，即使200只羊全喂饲料也只用600元/年。牧羊犬喂玉米面就行了，死了的小羊羔剥了皮喂它也行；牧羊人人工费、吃住费：5000+2500=7500元/年。

2002年，王买了15只羊，花了15000多元，当年卖羊绒3000多元，2003年又买了150只，花了26000多元，2004年卖羊绒18000多元，2005年卖羊绒35000元，2006年卖羊绒35000多元。现在产出已经稳定了，每年羊绒卖35000元；用羊羔更新大羊，每年更新50～60只，平均卖300元一只，卖羊可获得收入15000～18000元；每年总收入：35000+（15000～18000）=5万～5.3万元。

王××认为，只要村子北边的地退回来整个永丰能够容纳20000只羊，养羊就要规模越大越好，要转变小农意识。在永丰村搞养殖比较适合，空气好，水源好，适合养殖。王××对养羊的评价是："一次性投资，不靠天吃饭，属于吃天的干活"。他建议我们不要把资金（亚行项目款）给他们（村民），把资金给他们，他们就用在了别的地方了，应该直接把牛羊给他们，直接给牛羊的好处是，第一可以挣到土地流转费（转包给别人），第二养羊还有收入。

——摘自2007年8月3日对永丰村养殖户王××的访谈材料

从上面表4-9中所提供的的养羊户的收入成本情况以及永丰村养羊户王××的案例分析中我们可以看到，养羊是一个成本很低然而收益很高的生计，但是永丰村为何只有3户人家养羊呢？分析认为有两点原因导致：其一，养羊是一个技术性很高的活，特别是羊病的防治技术一般人难以掌握，没有丰富的学习和实践难以饲养成功；其二，养羊需要比较大的开阔空间供其放牧，现在永丰村的放牧空间已经饱和，难以容纳再多的羊群了。下面提供了王××所绘的永丰村放牧的位置示意图（见图4-3），我们可以看到，现在放羊户均是在永丰村耕地内的一小块湿地内放牧的，因而放羊的空间有限。

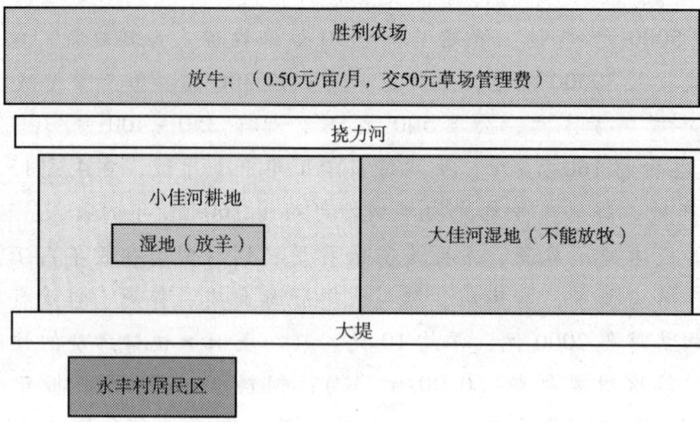

图4-3 永丰村放牧位置示意图

——养牛户经济效益效益分析

表4-10 永丰村养牛户的毛收入和成本（元/年）

毛收入	成本					成本总计		纯收入
每年都卖几头	盐	药	胶棚	雇工工资及吃住费用	草场放牧权和管理证	自己放牧	请人放牧	
30000	500~600	1000	1000	5000~6000	250	2750~2850	8250~8350	21650~21750

羊牛户案例

（夫）朱××，46岁，红卫农场内退职工。

（妻）杨××，45岁，红卫农场内退职工。

朱××夫妇共养了60多头黄牛，今年下的小牛活下来了10多头，往年活下来20多头，公牛长得快，当年就可以卖了，在家时养了10多头。2004年来到永丰，去年秋天卖了几头还贷款，年年贷款，年年还款，信用社贷款利息8厘。每年卖牛得30000多元。

成本：盐，每袋50~60元，每年用10袋；药，1000元/年；饲料款，2000~3000元/年；胶棚（冬天用），每年1000元以内；雇工：去年雇工3500元/年，吃穿住总的5000~6000元/年；今年没有雇人，丈夫自己放的。

放牛放羊位置：永丰村北边是挠力河，过了挠力河就是胜利农场，可在胜利农场放年，交给农场0.50元/亩/月/头的放牧费，去年花了415元买了草场放牧权，今年花了200元买草场放牧权，还办了50元的草场管理证，共花了250元。

全村养牛的有3家：朱××有60多头，小罗锅（金××）有2头，老方有2头，刚刚卖了，现在改行养猪，养了10多头，天天放猪。

——摘自2007年8月3日对永丰村养殖户杨××的访谈材料

从表4－10所提供的养牛户成本收益分析以及案例分析中可以看出，养牛的比较效益虽然比不上养羊，但是也很可观，一旦牛群上规模了，其更新换代就会比较快，能够达到自然更替的状态，上市也就比较快，容易形成经济效益。虽然我们不知道牛群具体需要多大的规模才能够达到这种状态，然而参照养牛户朱××夫妇的案例可以得知，这个规模要求不小，作为一般的种植户来说，养牛要想达到像他们这样的规模是很困难的，表4－10中没有提供买牛所需的成本，但是这个成本绝对不是小数，对于一般农户而言是很难承受的，即使养殖几头也不容易形成市场效益，因而缺乏可操作性。

——养狐、貉户成本效益分析

表4－11和表4－12为我们展示了养殖狐、貉的成本收益的预期情况。这两个表是在亚行生计替代与社区共管项目进行之前在东鲜村和四排村所做

表4－11　东鲜村饲养银狐的经济效益分析（理论预期）

成　　本	银狐/组≈2100元（每年8月份购买） 公银狐饲养费/年≈100元（每年8月到次年5月） 母银狐饲养费/年≈200元 幼崽银狐饲养费/年≈150元（次年5月到12月）
效　　益	银狐皮/张≥400元
净收益	约3280元/组（1组可产大约10只幼崽）

说明：此表是在做本底调查时对东鲜村的需求评估分析时所做，仅代表预期状态，没有找到实证材料。

表4－12　四排村饲养乌苏里貉的经济效益分析（理论预期）

成　　本	貉/组≈1400元（1组1公2母） 公貉饲养费/年≈100元 母貉饲养费/年≈200元 幼貉饲养费/年≈150元 饲养笼用的铁丝网/卷≈320元
效　　益	貉/只≥300元
净收益	约3000元/组（1组可产大约18只幼崽）

说明：此表是在做本底调查时对四排村的需求评估分析时所做，仅代表预期状态。

的需求评估分析时而制作的，从这两个表中提供的情况来看，理论上而言，养殖狐狸和乌苏里貉应该是收益比较高的项目，然而现实中情况却并非如此(见表4-13)。

表4-13 四排村养貉户经济效益分析（元）

毛收入	成本			收益
卖出7只 310×7	购买种貉一组 (1公2母)	饲料	笼子 320×2	净收入
2170	1400	4000	640	-3870

说明：此表材料来自于2006年10~11月份对四排村养殖户杜××的访谈材料。

养貉户案例

（妻）杜××，专门养貉。

（夫）何××，乡政府的前民政助理，中风病休在家，退休工资1000元/月。

杜××，1971年随父母过来寻亲，寻找爷爷，爷爷至今都没有找到，后来就扎根在这里了。1985年嫁给何××，父母在自己婚后去世。女儿21岁，在东北农大上学，儿子17岁，在大庆机床技校上学。

貉子是2004年底在饶河县赊来的，后来用亚行的钱付了赊账。买了一组，一公二母，1400元/组。2005年只下了一个崽，空养一年。后来总结不下崽的原因是因为喂得太胖了，还有就是饭店里的剩菜剩饭不能喂，但是江里的鱼崽能喂。2006年就买小江鱼、玉米面、麦麸来喂（如果要喂好，还得有科技饲料才行）。2006年下了18只崽，小的时候被大雨淋死两只，加上2005年下的那只，总共有17只。今年（2006）10月末卖了7只，310×7=2170元，10月中旬死了一只（不知道为何原因），请人剥了皮，头几天有人给我30元我没卖。现在老母子还剩3只，再加上9只小崽，小崽比老母子小点，留下的9只全部做种用，等以后下了再卖。由于饲料好，貉子（小崽子）只会长胖，不会长大，所以就卖了，如果按照正常大小应该卖500元/只（2006年价格），2005年、2004年价格比现在低，2005年只有400元/只；2004年460元/只；2003、2002年价格300~350元/只。哈尔滨来人买的，给现钱。听说抚远有貉子基地（看电视看的）。

养貉成本。饲料：饲料费花了4000元，不算煮饲料的柴火费；笼子：自己买铁丝网做的笼子，做了7个（一卷网）。铁丝网每卷320元，现在又买了一卷，准备等儿子回来再做。一个笼子装2只，太挤了长不均匀，笼子准备再做8个，总的有15个笼子就可以了。

养貉技术：在饶河一个朋友家学了一个月（主要是配种的技术），当时上饶河的时候一个朋友劝自己养貉子，一个月后就开始养了。小崽子在吃食之前要喂奶，有时母貉自己喂，有时得人帮着喂，每年5～6月是貉子产仔期，貉子会吃奶后喂食是我自己喂的。喂食配方的土办法在20多年前就是这样弄的。喂食：冬季每天喂一次。下崽后，头一个月每天喂食3～4次；后一月一天3次；此后每天喂1～2次就行了。此外，自己后来就再也没有跟别人学过任何养貉子技术了。

现在整个四排村养貉的人家还有6户：滕×，1990或者1991年来的，但他养得最多；黄×（汉），养了20只左右；张×（汉），养16只；付×（赫），养狐狸40只、貉子8～15只；陈×（汉），养了两组（6只）还没有下崽；老×头（汉），养了5组，下了19只崽，也卖了。所有养貉子的人家都是在老屯子里养，新区乡里规定不让养貉，说是味太重。

——摘自2006年10～11月份对四排村养殖户杜××的访谈材料

表4－14　饶河县乌苏里貉价格情况（元/只）

年　份	2002	2003	2004	2005	2006	2007	2008
价　格	300～350	300～350	460	400	500	80～90	160～170

表4－13和表4－14以及案例为我们展示的是现实中养貉户杜××的情况以及饶河县乌苏里貉6年间的价格变动情况。从中我们可以看到，养貉面临的风险很大，特别是市场价格的风险无法控制，貉子价格从2002年的300～350元/只涨到2006年的500元/只，然而到2007年价格急转直下，下跌到80～90元/只的最低价格，2008年也没有恢复元气，只达到160～170元/只，即使从表4－12中所提供的理论预期上我们也可看出，貉价应该在300元/只以上才可获利，如今已经跌破价格下线，所有的养貉户在2007和2008年都亏本了。虽然没有访谈到养殖狐狸的实证材料，然而在2008年4～5月份对3个村的回访中了解到，养殖狐狸的结局与养殖貉的结局如出一辙，貉皮和狐狸皮的价格面临巨大的缩水，短期之内难以反弹。

案例

永丰村一养貉户说："发展养殖业，政府不负责，扶持不够，没人管；现在皮毛价格上不去，自己又不会种地，再养殖几年等着看，看皮毛价格再不好就不干了。"

另一农户说："以前养过貉，买的时候价格很高，想卖的时候又没有人来收，皮子也不值钱了。"

——摘自2008年4～5月份对永丰村农户郑××和朴××的访谈材料

——养猪户经济效益分析

表 4－15　永丰村养猪户经济效益分析

成　本	猪崽≈210 元/头 饲料≈180 元/年 猪圈≈300 元/头	效　益	毛猪≈4.5 元/斤 猪肉≈7 元/斤
		净收益	约 200 元/头

说明：此表是在做本底调查时对四排村的需求评估分析时所做，仅代表预期状态，没有找到实证。

从表 4－15 需求评估分析中可以看到，猪肉价格只要在 7 元/斤以上时，养猪是能够有收益的。但是从整个东鲜、永丰和四排这三个村来看，养猪都没有达到规模化，在 2007 年 8 月对永丰村的农户访谈中得知，东鲜村整个村养猪仅有 3～4 头，四排村户均养猪 1 头，也没有形成规模的专业养猪户。永丰村全村有三分之一的农户养猪，但每户一般都养 1～2 头，缺乏一定的规模效应，只有一户专业养猪户老方养了 10 多头猪，在 2008 年 4 月的回访中了解到，老方的这些猪已经全部卖光而且赚了钱。

（4）不同生计模式比较

前文展示了种植户、捕鱼户、养殖户的生产经济分析情况，从中看到，在东鲜、永丰、四排 3 个村中，绝大多数居民都是以种植业为主要生计的，下面是 3 个村的生计模式构成情况的简单比较。

东鲜村：村内耕地转包、转卖现象较多，近几年个别种植大户种植超过 500 多亩的耕地。最近几年，因水稻价格上涨，国家改革农业政策，取消了农业税并实行种粮补贴、良种补贴以及农资综合直补，在一定程度上刺激了当地种植业的发展，该村有几户在国内打工的农户开始陆续返回村里重新种田。在亚行项目中，农户所申报的项目多数还是种水稻，近年水稻的价格比较高，亩产也高，水稻种植在东鲜村有进一步扩大的趋势。整个村的居民几乎全部都是种植户，养殖的比较少，有两户养貉的（但是这两户均是外地人，一个是四川人，另外一个是饶河县粮食局的退休职工，没有东鲜村的户口），最后也以失败告终。①

永丰村：永丰村 2005 年有 1000 亩左右的不属于责任田的耕地被划分为退湿的部分，一旦农户的替代生计、工作机会以及对农户土地的补偿问题得以解决，根据县林业局的有关规划，部分责任田也会逐渐被划入湿地保护区。整个村现有养羊户 3 户，一户是红卫农场内退职工，另外一户是小佳河

① 2008 年 4 月 23～5 月 1 日之间，我们对 3 个项目村进行的补充调查发现，东鲜村养殖乌苏里貉的退休职工和他所聘请的四川工人已经搬回到饶河县城了，因貉皮价格大幅下降，许多养貉、狐户已经失败。

镇的，还有一户是永丰村村长；养牛户 2 户，其中一户大户是外地人（也是红卫农场内退职工，养了 60 头牛），另外一户只有 2 头牛，不成规模；养貉狐一户，也不成规模；养猪户曾经有一户，现在他的猪已卖光，不再养了。在永丰村，光靠养狐貉、兔子的收入无法维持生计，仅能补贴家用。现在永丰村既有的那几户养牛、养羊户几乎都在旁边的胜利农场里放牧，需要交给胜利农场 50 元/年的草场管理费和 0.50 元/亩/月/头的放牧费。

四排村：1986 年四排乡建乡时，四排村共有 3000 多亩耕地，到 1987～1989 年“万亩开发”时，共开发荒地（湿地）6000 多亩；1996 年万亩灌区的灌渠出现问题，村民就开始准备开发新的土地；1997 年，开发荒地（湿地）4700 亩；1998 年，毁林 3000 多亩；1999 年，再次开垦草甸子（湿地）2000 多亩；2001 年之后共毁林 6000 多亩；在这期间，虽然 1997 年和 1999 年省委书记曾经来四排视察，提出不能毁林，其后虽有所控制，但仍有进行；最后到 2005 年形成村里土地面积为 2.5 万亩而荒地几乎开垦完的局面。虽然 50 多千米的打鱼区域在此期间没有改变，但是，由于过度的捕捞导致鱼类资源的急剧下降，打鱼的纯收入（纯捕鱼户）从 20 世纪 80 年代中期的户均 10000 元左右下降到 2005 年的户均 3000 元左右，在一定程度上刺激了农户对土地的需求。四排村只有 7 户人家养狐狸和乌苏里貉，在全村 184 户中也仅仅是极少数，不到 1/20。

总结了项目社区的 3 种主要生计模式的生产经济分析之后，可以得出下述结论。

1）养殖业的风险大于种植业

从亚行项目支持的生计替代的尝试和效果来看，2006 年搞养殖的基本没有挣到钱。对于没地的农民，很多人很早就开始思考尝试生计转型。项目款作为一种低息贷款的资金来源，即使选择一些替代生计，也缺乏后续资金的支持。

搞养殖业的风险有：市场行情和疾病。以前项目社区很少养殖，通过本项目的宣传，一些农民想搞养殖，但搞养殖受技术和当年市场行情的影响比较大，一些农民虽然用项目款搞养殖，但受前述两点影响，养殖的动物赔的赔，死的死，很难持续。养殖业未形成规模，且易受代际周期限制和市场波动影响，未能看出替代成果。搞种植业的风险有：市场行情和天灾。现在 3 个村的实际情况是：仍然以种植业为主要生计来源，不过正处在由面积求收入向以产量求收入的转变阶段。如果单纯从增加单位面积的产量出发从而达到减少对土地的依赖来讲，也可看做是替代生计的成果。

从前面对种植户、捕鱼户、养殖户的比较全面的分析中，我们已经得到如下判断：在种植业当中，以种植水稻和玉米较为保险，主要是有政府保护价，市场相对稳定，种植大豆风险较高，因为没有保护价，但是去年豆油涨价很猛，相应大豆涨价也猛，部分农户在2008年种植了很多大豆，但大部分种植户仍然遵循传统种植比例。现在，四排村的捕鱼户已经处在近乎山穷水尽的边缘，鱼类资源几乎枯竭，打鱼仅仅是满足老渔民的生活习惯而已，年轻人早已改行从事别的生计了。四类养殖户中，养殖绒山羊和养牛的收益较高，但是仅有数家；个别养猪户在去年猪肉涨价的热潮中赚了钱，但是因不成规模，难以代表众数；养殖狐、貉的在2007和2008年全部亏本。

2）不同生计模式对资源环境都可能有负面影响

养殖户特别是养牛和养羊户在每个村里由于空间和牧草量皆有限，因此容纳量相对较小，无法增加太多。养牛和养羊如果是放养，可能污染环境（主要是粪便污染了村里的道路环境），还可能破坏草地（绒山羊吃草是连根拔起的，牛相对要好一点）。四排村养殖的是乌苏里貉和狐狸，虽然对草场湿地没有直接影响，然而村里居民都很讨厌貉、狐身上散发出的那股怪味，夏天苍蝇多，气味对居民居住环境有较大的影响。另外，由于貉、狐最爱吃小杂鱼，这可能危及乌苏里江或者是岸上河滩里的小杂鱼，但大部分养殖户购买袋装饲料。种植业中，开荒本身就是对湿地资源的破坏，种水稻要抽大量的地下水，对水资源和湿地资源都是一种破坏。

3）经济激励重于环境意识

农民已经有保护环境和保护湿地的感性认识，相关机构也有一定的制度制约破坏环境的行为，目前，显性的破坏行为不多，如锯柳条车被扣，割草也有人被惩罚，农民意识到动真格了。现在最直接的环境改善的证据就是农民普遍认为水鸟多了。从能够利用的湿地资源来看，已经没有湿地资源可供开发。三个村中，东鲜村的效果比较明显，但这种效果主要体现在认识的提高上，基本上所有的农户都知道了保护环境的重要性，能够对此发表一些自己的看法，但实际行动很少。其他两个村效果比较差，农民对此关注程度不高。现在水稻价格上涨，土地价格也猛涨，对土地需求增加导致土地绝对和相对价格上升，价格上升反过来又诱导了需求。当农民生计的压力和保护资源环境发生矛盾时，经济刺激不利于既有的湿地保护。

2. 制度分析

（1）当地自然资源管理的现有制度框架

1）正式制度和制度之间的冲突

——湿地资源管理仍以建立自然保护区为主要模式

围绕湿地资源的管理，黑龙江省出台了自然保护区管理办法等法规规章。1996年，《黑龙江省自然保护区管理办法》开始实施，2003年又出台了《黑龙江省保护区管理条例》和《黑龙江省湿地保护条例》。自2002年以来，黑龙江省政府共新建或升级各种类型自然保护区24处。截至2006年10月，黑龙江省已建自然保护区171处，总面积达530万公顷；占全省国土面积的11.5%，其中国家级14处，省部级45处，市县级112处。黑龙江省还计划在松花江流域建立12处保护区、在黑龙江流域利用5年时间建立6处保护区，计划将自然保护区总面积增加到640万公顷，占全省面积的14.4%，拟通过这些保护区的建立，使松花江、黑龙江流域得到有效而全面的保护，同时使全省90%以上的国家重点保护动植物得到有效保护（据国家环境保护总局网）。

2001年，三江平原地区共建保护区35个，占地区总面积10%（国家环境保护总局网）。在这些保护区中，位于项目点饶河县境内的有3个：一个是归属饶河县黑蜂局（副处级）管辖的以保护蜂种及蜜源植物为主的东北黑蜂野生动物类型国家级自然保护区；另一个是归属黑龙江省农垦总局下属的农场管辖的以保护内陆湿地及水域生态系统为主的挠力河内陆湿地类型国家级自然保护区，成立于1999年，于2002年7月被批准为国家级自然保护区；第三个是2004年经过省级有关部门和专家组的评审后被省政府批准通过的现在属饶河县湿地局（副处级）管辖的大佳河内陆湿地类型省级自然保护区。

——县域内自然保护区存在的主要问题和矛盾

三江平原湿地类型的自然保护区内资源的主管部门涉及林业、农业、环保、水利、农垦、城建、轻工、地方政府。结合项目点所存在的挠力河国家级自然保护区以及大佳河省级自然保护区的实际情况来看，在保护区的规划建设及管理上也存在一些问题，具体表现在以下方面。

a. 湿地保护区面积过大与现实利益之间的矛盾

饶河县是农业县，大佳河湿地保护区内涵盖了大面积农田和村庄，4万多人口。村庄迁移，土地退耕还湿，给农民带来很大的利益损失。加之近年来粮价上涨，土地价格一再飙升，使土地资源更加宝贵。大面积建设和保护大佳河湿地的矛盾突出表现在两个方面：一是县财力不足，国家又不给补贴，少量的经济补偿代替不了土地带给农民的长远利益。二是湿地范围过大突出不了重点。大面积耕地和村屯划入自然保护区内，有些正常的生产活动和工程建设也受到限制，影响和制约了保护区周边的生产活动和正常发展。据县级机构访谈和实地调查得知，饶河县县城周围有不少稀树草原型湿地，按照大佳河湿地保护区的规划，连饶河县城周边都是湿地保护区的范围，既然是保护区，一些县域经济开发项目就不能够上马，甚至部分已上马的项目也被停止了。

案例

据饶河县环保局某领导说："环保局现处在夹缝中生存，如果我们按照环保职责办事，对经济发展就不利。现阶段保护区内有一些建设项目已经夭折，招商引资谁也不来。现在仍然还有许多村屯在大佳何湿地保护区的缓冲区、试验区里，把他们都迁出？不现实，资金就是限制，而且他们应该属于生态移民呢还是属于生态难民？有无必要迁？……申请项目也难，落后村屯要发展，按照湿地保护的要求他们就要牺牲自己成全大家。……大佳河保护区的规划也不太科学，连县城都被划在湿地保护区的范围内，还让我们怎么发展经济？……保护区形状也不利于保护，属于长条形，看着大，其实狭长，那天在钓鱼的时候我就徒步穿过了核心区。"

谈到与湿地局的关系时，×××说："感情复杂，以前湿地是属于环保局管的，后来孩子养大就抱给林业了，现在大佳河湿地已属林业管，但东北黑蜂自然保护区仍然由环保局监管。"然而，环保局按照《自然保护区建设条例》、《环评法》、《建设项目管理条例》和国家现有的其他自然保护区管理办法现在仍然还管着湿地方面的一些事情。

——摘自2007年8月8日对饶河县环保局副局长的访谈资料

据饶河县水务局某领导说："湿地的规划应该合情合理，大佳河湿地规划有问题，很多地方划为缓冲区，影响立项开发，阻碍了县域经济发展。"

——摘自2007年8月8日对饶河县水务局局长的访谈资料

饶河资源丰富，办毛皮加工厂不仅节省运费，而且利润高。有商人提出投资办毛皮加工业，前期投资1000万元，但因为对环境污染严重最终下马。

——摘自2007年8月7日对扶贫办的访谈材料

亚行项目共管最基本的要求就是要分权，然而，现实中由于部门利益的需要，集权唯恐不够，理想中保护区向其内或周边的社区居民分权的想法更是很难实现。各级地方政府竞相建立保护区的行为背后隐藏着经济激励，体现了道格拉斯·诺斯国家理论所论述的政府作为公共物品的提供方和公共利益的代言人也会有追逐私利的行为。

b. 保护区域内管理机制混杂，资源多部门交叉管理

饶河境内有3个自然保护区：挠力河国家级自然保护区，属黑龙江省农垦总局下属的农场管辖；大佳河省级自然保护区，属饶河县湿地局（副处级）管辖；东北黑蜂国家级自然保护区，属饶河县黑蜂局（副处级）管辖。其中东北黑蜂自然保护区完全覆盖了挠力河以及大佳河自然保护区。走访东北黑蜂自然保护区领导时，他们说黑蜂自然保护区主要是为保护蜂种和蜜源植物而设，空间属性的特点比较大，蜜蜂保护区与人类活动不但没有冲突，而且相反还离不开人类，因为，很多家养的蜜蜂离开了人类反而难以生存。

保护区在范围上虽然完全覆盖了另外两个自然保护区，但是与大佳河保护区和挠力河自然保护区没有权属之争。黑蜂保护区内的管理机制混合了地方政府、森工企业、农垦企业三种类型。

东北黑蜂国家级自然保护区位于黑龙江省饶河县境内，面积27万公顷，1980年经黑龙江省人民政府批准建立，1997年晋升为国家级，主要保护对象为东北黑蜂及蜜源植物，是目前中国最大的蜂种保护区。保护区由核心区、缓冲区和隔离带组成，其中核心区和缓冲区位于黑龙江省饶河县境内，向外延伸20千米的范围为隔离带，隔离带位于饶河县现辖行政区界向西、南、北方延伸20千米，向内延伸5千米的范围为缓冲区。隔离带和缓冲区的设置是考虑到蜜蜂采蜜时飞行距离10千米而设置的。

挠力河国家级自然保护区是由长林岛、雁窝岛和挠力河3个省级自然保护区和七里沁县级保护区合并扩建而成，总面积为160595.4公顷。该保护区为“自然生态系统类”中的“内陆湿地与水域生态系统类型”，以水生和陆栖生物及其生境共同形成的湿地和水域生态系统为主要保护对象，以挠力河中下游河滩地为主体，是黑龙江省三江平原现存面积最大的湿地区域，生物多样性极为丰富，珍稀濒危物种数量和种群密度大，系统自然完整，是天然的湿地生物基因库，在全球同一生物带中具有高度的典型性和代表性。保护区内湿地发育良好，复杂多样，泡沼星罗棋布，生物多样性丰富，珍稀濒危物种繁多，是天然的生物资源基因库，也是目前三江平原为数不多的保存较为完整的原始湿地。

大佳河自然保护区位于饶河县境内，总面积72604公顷，其中核心区面积30749公顷，缓冲区面积12022公顷，类型与挠力河自然保护区一样。生态多样性十分丰富，是三江平原原始景观的缩影。被专家组称为“三江平原野生生物种源基地和基因库”。大佳河自然保护区内共有植物661种，其中国家级珍稀濒危保护植物12种；野生动物381种，属国家一级重点保护的有51种，具有极高的保护价值。大佳河省级自然保护区的建立，对于深入研究三江平原地质地貌、湿地生态系统和森林生态系统的演变、野生动植物源等都有着十分重要的意义。

保护区内资源多部门交叉管理，增加了保护区管理的阻力。例如保护区内经土地局批准开发的国有土地106704亩，其中已办证的63178亩，土地局收费没办证的43526亩。[①] 大佳河湿地在2000年2月1日被县政府批准确定为县级自然保护区，而这些土地，有的是在近三年内刚刚办的土地证，甚至还有2005年签包的土地使用合同。目前持证开荒的农户因还没达到证内

① 《大佳河自然保护区管理办法（讨论稿）》。

批准开荒的面积而仍在继续开垦。基于这种情况，各部门自说其理，让主管部门很难办，导致退耕还湿工作很难进行。

资源交叉管理及部门利益冲突案例

林业局与国土局：按照饶河县国土局的职责规定，国土局依法对饶河县的所有土地进行管理，包括土地利用总体规划；保护土地所有者的合法权益；实施土地用途管理，组织基本农田保护；指导未利用土地开发、土地整理、土地复垦和开发耕地的监督工作；实施土地确认权和登记发证工作；主管全县农用地转用、土地征用、土地占用工作，管理农村集体非农土地使用权的流转；按规定组织实施土地使用权出让、转让，确认土地使用权价格等等[①]。以前未划为保护区的时候，国土局批了好多湿地作为开垦农田之用，批地时收取了耕地开垦费（0.50～3.00元/平方米），新增建设用地有偿使用费（8.00元/平方米）。好多地是先批再开垦的，批地的时候已经收取了开垦费，所开垦的土地有的是办了证的，有的是没有办证的，但是无论有证无证，国土局都收了费。还有办了证由于没有开够证书上登记面积的人还在继续开地。现在林业局主管退耕还湿工作，开地的人就以国土局的证书为由拒绝退湿，要求补偿，导致退湿工作难以取得进展，而且直接导致林业局和国土局的矛盾冲突，现在冲突已经表面化。

林业局与畜牧局：畜牧局某领导告诉我们："草原越来越少，划为湿地管辖范围的封了，政府划分的。草地出租价格是：0.3元/亩/月，现在涨到0.5元/亩/月。草原少了也影响到一些利益，但利益不大，所以不存在太多的利益冲突。"表面上他们说不存在太多利益冲突，实质上利益损失后他们也很有意见。

林业局与水利局：水利局建排水渠，林业局为保护湿地不让建，因此导致冲突，此冲突已交林业厅解决了。

林业局与农民：退耕还湿中与农民产生冲突，因为无补助，无法协调，遂强制执行，但强制执行中也遇到部分开地农民聚众到县政府上访，使得政府也很头疼。

水产局与工商局：按照水产局规定，乌苏里江在春秋两季各有一个禁捕期（其中春季：6月10日～7月15日，禁捕35天，为多数鱼类繁殖期。秋季：10月1日～10月20日，禁捕20天，为大马哈鱼繁殖期）。水产局规定禁捕期不能捕鱼，但是工商局却对非法捕到的鱼类等水产品也给以认证，从而使得非法捕获的鱼类产品能够得以在市场上合法出售。

水利局与水产局[②]：冲突表现在河流里的资源管辖和利用上，河水及河

---

① 查阅饶河县政府网："饶河县国土资源局职责"。

② 水利局与水产局已于2007年合并，称为水务局，此冲突因而得以避免。

底的沙归水利局管，河里的鱼归水产局管。

水务局与环保局：河流沿岸的企业建设，审批归水务局管，企业建成后污染问题归环保局管。

水务局与城建局：水资源管理，如打井的审批归水务局，但是城市用水规划归城建局管。

黑蜂局与森工局：黑蜂局根据2004年12月3日由黑龙江省林业厅、黑龙江省森林工业总局、黑龙江省农垦总局、黑龙江省环保局4家单位联合发文（《关于加强保护东北黑蜂国家级自然保护区椴树资源的通知》）进行椴树资源保护，但是森工企业仍然还在继续砍伐椴树。

——摘自2007年8月和2008年4月对饶河县级相关机构的访谈材料

社区共管要求自然保护区（一般是其主管部门代表）、社区、地方政府的三方面利益群体共同参与管理，共同分担管理的权力和尽到保护的责任。然而，源于条块分割的历史原因，各部门都在自然资源管理上拥有一定权力，项目点所涉及的保护区权属不明确，保护区内资源多部门交叉管理，僧多粥少，为保护部门利益，谁也不会主动让出自己的权力。机构和机构之间围绕着权利产生的冲突，让农民对各机构制定的不同制度感到无所适从，对保护资源和环境极为不利。因此，在连权属都尚未明确的自然保护区内进行共管活动，其效果是大打折扣的。

c. 职能部门在湿地保护方面存在的困难

饶河县湿地管理局虽已正式成立，但人员编制尚未配齐，暂时由林业局兼管。初步设想要40人的编制，现在县政府只批准15个编制，最后还得报市编制办批准，即使现在县里同意的15个编制，市里尚未批准。保护工作主要存在两方面困难：一是人力不足，县政府核准的15个编制没有财力作保证。二是财力不足，政府没有划拨专项经费，缺少必要的交通工具，使湿地主管部门想作为而无力作为。由于部分湿地蕴含矿产资源，因此在保护区成立以前就有乱开挖现象，直至现在，由于经济利益的驱动导致历史造成的湿地破坏现象仍在继续。湿地局现在已经制定了《大佳河自然保护区管理办法（讨论稿）》，报县政府和人大审阅，现在仍然没有批复。

案例

按照饶河县林业局湿地办的湿地保护政策规定：破坏湿地每平方米罚5～10元，每亩至少罚3300元，然而这样的处罚制度几乎不能执行，因为以前开垦的湿地国土局已经办了证。另外，据永丰村某村民说："湿地保护区仍然种地，都是当官的人开的。"该村民建议我们："退湿必须是有证无证的都要退，一刀切，否则没证的人都会跑去办证，即使是后来开垦的湿地，他们办理的证书上的日期也会跟以前政府号召开垦时候的一样，到时候根本没法退湿了。”

另据四排村民何××说：“法律之间应该相互协调，现在执法部门之间不协调，比如水产局和工商局之间就不协调；还有，饶河农场要挖一个大沟，现在大沟已经挖好了（挖大沟排水不利于湿地的保护）；边防3团对禁捕期捕鱼的管理开始很严格，后来有人“进贡”了就没人管了；饶河县水产局准备在四排建一个沙场，现在他们已经在乌苏里江挖沙，用小轮船运沙了，破坏了乌苏里江的河道和网滩。”

——摘自对永丰村和四排村村民的访谈材料

现在大佳河自然保护区权属归湿地局管辖，没有异议。但是，保护区内的资源管理权还存在混乱。这些资源的管理主要涉及下列3个部门，即畜牧局、国土局、水务局。这些部门对各自管辖范围内的收费都收归国库，其中以国土局的收费量最大，土地资源管理费他们的征收标准是20元/亩。现在，我们有这样的两个思路，一是在湿地局的名义下统一管理，湿地局征收湿地资源有偿使用费，收费标准应包括国土局以前的土地资源管理费，另外一个办法就是国土局和湿地局仍然一起收费，各算各的。

对于饶河县境内的曾经开垦的湿地的问题，我们也与相关部门进行过谈判，现在谈判初步确定为：在大佳河保护区成立之前国土局所办的土地证，湿地局给以承认；保护区成立之后（保护区成立时间以2000年6月30日成立的市级保护区为准，2004年9月1日晋升为省级自然保护区）国土局所办的证都属于废证，湿地局不予承认。

现在我们和各相关部门已经对保护区内的土地进行了丈量，只是还没有进行清理，等到《大佳河湿地自然保护区管理办法》正式出台以后，按照这个办法一清理就明白了。我们估计于2008年即可启动清理工作。

——摘自2008年4月29日下午对饶河县湿地局的访谈材料

总结上述项目点湿地内自然资源管理的现有正式制度及其存在的冲突发现，上至国家自然保护区法律法规的建设，下至地方的管辖权限的确立等都存在问题。法律、制度本身存在漏洞和冲突，各级部门都在充分利用这些漏洞为自己部门谋利，保护区周边的社区居民也利用“权力的利益网络”① 为自己谋利，导致既有的正式制度难以起到规范和制约作用，起作用的是经过地方化、本土化异化了的非正式制度。

① 相对于杜赞奇提出的“权力的文化网络”，贺雪峰认为，构成当前村庄权力基础的因素不再是传统社会的权力“文化网络”，也不是人民公社时期的权力“组织网络”，而是权力的“利益网络”。

（2）非正式制度及其演变

项目点3个村中的东鲜村和永丰村均是朝鲜族村，而四排村则是赫哲族村。据研究，历史上赫哲族和朝鲜族在自然资源管理中均存在着一些各自的生态伦理观和非正式制度，他们的生态伦理观和非正式制度以宗教信仰、习俗禁忌、氏族组织、伦理道德、民族语言等方面体现在自然资源的管理当中，在传统王权无法统制该领域时，对当地的自然资源管理起到了很好的管辖作用。

1）赫哲族传统生态伦理观与资源管理非正式制度的演变

赫哲族先民在与自然环境相互依存的漫漫历史长河中形成了“万物有灵”的生态伦理观，这种生态伦理观充分体现在赫哲族人物质生活层面上的语言、文化、生活中和精神生活层面上的宗教、习俗、禁忌中，这种“万物有灵”的生态伦理观反映了赫哲族祖先跟他们生存环境之间的共生共荣的和谐关系。赫哲族意识层面上的生态伦理观是由他们赖以为生的物质层面上的自然环境所决定的，反过来，这种生态伦理观又对决定其生存的自然环境产生了适应和保护的反作用，但这种反作用是有益的，是赫哲族先民解读大自然、顺应大自然的智慧的选择。

综合了学者们从民族学和人类学的学科视野中对赫哲族传统宗教信仰、习俗禁忌、氏族组织、伦理道德等方面的描述我们可以看出：从世界观上来看，赫哲族先民崇拜自然神灵，他们所信仰的相信“万物有灵”的萨满教，也像佛教、道教一样是亲近自然、保护环境的。在萨满教自然生态伦理观教义影响下的民族，对其赖以为生的自然环境、资源始终存有一种敬畏、感恩之心，他们小心翼翼地和大自然相处，对大自然毕恭毕敬，因而大自然也对他们慷慨地回馈了比较丰富的衣食资源，从而使得该民族能够传延至今。

其中，宗教信仰和习俗禁忌更多地体现了该民族对自身氏族社会以外未知世界的认识和把握。而氏族组织和伦理道德则更多地体现了该民族在处理氏族社会内部成员之间关系的一些行为规范和处事原则。从这些规范和原则上我们可以看出，赫哲族先民在自然资源的分配和捕获渔猎物的分配上是秉承“人人平等，人人有份，共同劳动，共同消费”的道德准则和遵循“公正平和”的思想精神的，而这些世界观以及道德准则和思想精神就是他们信奉并且遵循的制度，然而与传统王权统治之下的正式制度相比，他们所信奉的只能算作非正式制度。

赫哲族先民的种种非正式制度渗透到民族生活的各个领域，强调从内心里面对氏族内群体进行规范与约束。体现在人与自然环境之间的关系上就以民族生态伦理的形式表现出来，如表现在萨满教教义里的自然崇拜、动物崇拜、图腾崇拜、灵物崇拜、偶像崇拜等等，显示了人与自然和谐相处的原始朴素的生态伦理意识，在这种意识形态指导下生活的赫哲先民，本身就是大自然的一部分，在他们那里不存在浪费资源或破坏环境这类事情，因而使得这种以纯渔猎为生的民族能够繁衍至今。然而，在满汉文化影响、国家政策干预、商品经济的侵袭下，赫哲族的生态伦理观和非正式制度，无论是从物质层面上的语言、文化、生活以及精神层面上的宗教、习俗、禁忌都在逐渐消融、瓦解、崩溃。如萨满教信仰、禁忌被修正直至消失；无阶级差别的氏族组织被有阶级差别的等级制度所取代；承载民族文化的赫哲语言消失；规范民族成员内心世界的伦理道德逐渐沦丧。

明末清初以前的赫哲族基本上属于化外之民，从经济上和文化上都与其他的民族交流不多。清初以来，清朝政府对赫哲人居住地区进行了 17 次征讨（程丽云，2007），将其纳入清王朝的统治体系中，并在赫哲族地区采取了“编户”和“编旗”制度对其进行控制，另外又采取了“贡貂”与“赏乌林”制度对其进行怀柔，自此赫哲族开始进入王化范畴。清末放垦，大量关内汉民涌入赫哲族聚居区开荒种田。新中国成立初，10 万解放军官兵奔赴三江平原，建立了众多的国营农场，把全国闻名的“北大荒”变成了“北大仓”。随着原始森林的全面开发，大片森林草地消失，丰富的野生动物资源逐渐枯竭，赫哲族古老的传统狩猎业再也不可能继续下去了。人民公社时期，赫哲人也经历过初级社、中级社、高级社的过程：“别看我们是四小民族，在国家政策号召下，搞运动我们一次也没有落在后面。”① 特别是 1958 年“大跃进”时期，为追求“多、快、好、省”目标，在“向鬼山开战，向神山要粮”的口号下，全国上下轰轰烈烈地搞“革命”，大炼钢铁，大办食堂，大兴土木，结果殃及森林，不仅没有赶上发达国家，反而破坏了更多的自然资源；1962 年的“破四旧”运动，由于受到了“左”的思想控制，盲目地把一切少数民族文化都打上了“封建迷信”的烙印，导致很多有利于生态环境改善的民族风俗都被强行废除，不仅消灭了好的“习惯法”，还使很多少数民族群众对其原有的生态文化观念产生了彻底怀疑；“文化大革命”时期，在破除一切封建迷信和牛鬼蛇神的革命口号下，整个国家更是陷入了无政府、无纪律状态，在此期间因缺乏有效管理，造成了严重的乱砍滥伐。

1986 年由政府主导而启动的“万亩灌区”工程，使得原来林地密布、沼泽纵横的四排赫哲族村现在仅沿乌苏里江江边防洪河堤等处尚存部分林木；同时，原来的草甸子也基本开垦殆尽，仅存沿江边防线附近泛洪区域没

① 引自与四排赫哲族村老书记尤××的谈话。

有开垦，但据村民讲，所谓“万亩灌区”，“只是口号上这样讲的，能够灌溉上的农田根本不到一万亩，而且工程刚开始的第二年就失败了”[①]。1992年后，三江流域人口增多，捕鱼船只倍增，致使持续超量捕鱼，鱼类资源严重萎缩，多年来捕鱼量逐年降低，赫哲族渔民的生活水平普遍下降。2000年以来，国家民委倡议和发起的“兴边富民行动”为赫哲族修建了公路、堤防和住宅小区，在“离江上岸”的号召和行动下，绝大部分赫哲族人现在已经告别了捕鱼为生的时代。[②] 现在的赫哲族已经脱离了仅仅以捕鱼、狩猎为生计的传统时代，进入了以多种农业为主，多种经营为辅，捕鱼仅仅是副业和“习惯爱好”[③] 的时代。

从新中国成立至今，由于资源的快速枯竭，导致早先“渔猎经济”的赫哲族经过了两次大的转型，第一次是从渔猎经济向单纯渔业经济转型，第二次是从渔业经济向农业经济转型，而国家的政策和运动当属造成这两次转型的重要原因。赫哲人物质生活层面的渔猎资源在不断遭受破坏直至耗竭的同时，其精神生活层面的宗教信仰、习俗禁忌、道德文化、生态伦理等等也在国家管制下发生了翻天覆地的变化，特别是在新中国成立以来的这短短50年间，历次运动和错误的政策在对资源造成破坏的同时，对民族文化和民族生态伦理观也是一种冲击。在上述错误政策的诱导下，传统文化的神圣性遭到无情冲击，人们生出了“人定胜天”的“豪情”，同时也失去了对自然的敬畏，丢失了自己最可宝贵的文化传统。

丰富的渔猎资源以及地广人稀的社会环境，使得赫哲族千百年来逐江河而生，依青山而立，创造出独具特色的渔猎文化，渔猎自然经济贯穿于赫哲族古代社会各个历史发展阶段。自然资源的枯竭也使赫哲人改变了生产方式，由山上、水上走向地上，从事种植业、养殖业和其他产业。大量关内汉民涌入赫哲族聚居区开荒种田，对赫哲族地区农业经济发展产生了更大的影响。汉族人所带来的先进的生产方式和生活方式迅速改变了赫哲族地区的面貌，部分赫哲人逐渐开始从事农业生产，并在汉人的影响下，逐渐掌握了农耕技术，学会了种菜和种田。

自19世纪中叶开始，商品观念和意识在赫哲人头脑中增长起来。“近来他们唯利是图，因过了端午的茸角虽不足贵，鹿皮尚可得善价，古风已不复存在”，以至于“茸角亦不可多得，貂儿至绝种”（凌纯声，1934）。改革

① 四排村某村民语。

② 据我们调查，现在整个四排村的66户赫哲族中，完全靠捕鱼为生的只有6户，加上捕鱼兼种植户也不超过20户。

③ 据老渔民付××说，即使打鱼一年到头一分钱不赚也甘愿，并不只是为了赚钱，觉得就是离不开这种生活习惯。

开放以后，以市场经济形态所代表的主流文化无孔不入，然而市场经济在对待生态问题上却是“失灵”的。在价值规律的作用下，人们普遍片面追求经济利益的最大化，忽视环境价值和生态效益。在商品经济的冲击下，赫哲人商品观念和意识逐渐增长，使其“不可浪费渔猎资源”的传统观念遭到冲击，其后果是导致渔猎资源加速枯竭。更为堪忧的是，到了最近几年，不少人为了一己之利，甚至连小鱼苗也不放过。20 世纪 80 年代初饶河全县兴起养貉、狐业，需要大量的鱼类饲料，而小杂鱼因价格低廉，广受养殖专业户的欢迎。为牟取暴利，渔民使用各种违禁网具狂捕乱捞，损害了大量鱼苗，严重影响了鱼类的繁殖和生长（饶河县宗教事务局，2006）。因商品经济意识膨胀而带来的经济理性最终战胜了适应自然的生态伦理，天然渔场不可避免地陷入了“公地悲剧”。

2）朝鲜族社会生活中的非正式制度及其对资源环境的影响

中国朝鲜族在 1860 年前后，大批从朝鲜半岛迁入我国东北定居，和中国人民共同开发东北边疆，已有 150 多年的历史。极少数在明末清初已在中国定居。

清入关之初，曾一度实行辽东招垦政策，鼓励汉人进入辽东地区垦荒。但是不久之后，清政府出于维护满族统治的根据地，独占东北特产资源，实施民族隔离分治等的目的，开始在东北实行封禁政策（衣保中、房国凤，2005）。19 世纪中叶以来，清政府为了巩固东北边疆，在封禁政策松弛后，又实行了移民实边政策。这时，大批的朝鲜饥民纷纷涌入，揭开了近代东北三省水稻种植的序幕。下面从社会组织方面来看看在朝鲜族社会生活中起到较大影响的非正式制度。

由于这一移民群体始终处于弱势阶层，生活水平低下，“契”这种古老的民间自发的社会互助组织在近代东北朝鲜族移民社会中仍普遍存在。通过“契”的互帮互助，他们共同协力，以求谋生。最初朝鲜移民迁入东北，虽打破了原有“安土重迁”的理念，但削弱了移民原有的宗族群体力量，大家必须协同劳动才能开荒拓土，普遍组织“荒渡”（是旱田地区互助合作战胜草荒的劳动组织形式）、“都列”（是水田地区为兴修个体农民无法完成的水利工程而建立的）、“品阿西”（是在农忙季节互助换工的劳动组织形式）等互助“契”。到 20 世纪 20 年代以后，随着朝鲜族农民日益佃农化的趋向，“契”也因之有了结构性的变化，由单一到多元，从简单到复杂。在保留原有“牛契”、“农物契”等组织形式的基础上，又以业缘形式建立了“木匠契”、“石匠契”等；以血缘关系组织了“门契”；以地缘关系形成“洞契”。为便于管理，又成立了育人兴学、婚丧嫁娶、扶贫济困的“婚姻契”、“治丧契”、“治学契”等。随着商品货币的渗透，“契”的管理办法和运行方式也相应发生了一定的变化，“契”中原有无偿互助劳动，被金钱补偿替代。对于有耕牛和无耕牛、出工多和出工少等方面的差别，常以现金形式补偿与抵消。另外各种互助形式的“契”，要求成员缴纳“契费”，并将“契”的存款贷给组织成员，收取一定利息，以用于公共事业。这有利于资金流动，缓解生产、生活资金短缺。伴随着商品经济进一步发展，“契”建立了移民间政治、经济、文化等多方面的联系，形成了相对稳定的社会秩序，强化了朝鲜族移民这一社会群体（赵英兰，2004）。

不仅如此，在打柴、盖房子、织布等日常生活中也换工互助共渡难关。谁家有红白喜事或遭到意外灾难，左邻右舍甚至于全村都动员起来，在人力、物力、财力等各方面给以无私援助。这种历史上形成的民间组织的传统习俗，后来随着商品经济的发展、小农经济的瓦解，受到一定的冲击，但是长期形成的优良传统，已成为朝鲜族人所珍惜的共同心理特点和道德准则，至今在社会生活的各个领域中仍起作用，一家有难、全村相帮已成为朝鲜族人的自觉行动，这种精神在现代化大生产中也是不可或缺的。现在的这种互助组织可以从个人生日酒席上的参加人员来进行判断，一般来参加酒宴的都是平时相处关系好的，能够互相帮助的亲戚朋友圈子。[①]

（3）社区共管制度在现有制度框架中的嵌入及其效果

从新制度经济学的视角来看，根据制度经济学家们对制度的各种定义和划分[②]得知，社区共管制度因为有政府的支持，理应算作是正式制度的范畴。从前文中我们对围绕当地自然资源管理的正式和非正式制度框架的回顾与描述可知，社区共管这种模式无论是在赫哲族还是在朝鲜族的历史上均没有出现过。

赫哲族在被清政府征讨之前对当地的自然资源享有习惯性的属地的使用权和收益权甚至所有权，在被满洲征服之后相应的所有权就散失了，但是仍然具有使用权和收益权，随着清政府的移民实边政策的实施，汉民族的大量迁入，在自然资源的利用上对土著赫哲族造成了影响。1949 年后，10 万官兵开发三江平原这片“北大荒”，众多大型国营农场的介入又使得赫哲族的生存之地更加狭小。现在的赫哲族在政府的关怀下逐渐“离江上岸”，学会了种田，自此以后其生计模式逐渐转型为以种植业为主的农业模式。在政府划定的区域内，赫哲族拥有在乌苏里江捕鱼的权利，也拥有在他们村庄内的

① 专家组在东鲜村和永丰村做蹲点调查时，经常碰上村民办生日酒宴。

② 诺斯（2003）在《论制度》一文中给制度的定义较为明确：“制度是人为设计的，构造着政治、经济和社会相互关系的一系列约束。制度由非正式约束（道德、禁忌、习惯、传统、意识形态等）和正式的法规（宪法、法令、产权等）组成”。

土地上种地的权利。自从有志之士认识到湿地的重要性之后，政府又开始圈地划为保护区，然而在湿地几乎被开垦殆尽的情况之下建立保护区，其冲突在所难免。建立保护区后，传统上周边社区的一些湿地或者荒地内本来可以为居民提供放牧、打柴、捕鱼、挖沙甚至闲逛的方便，但现在却被禁止了，居民完全被隔离在自然保护区之外，属于局外人。朝鲜族的情况也大体相似，只是朝鲜族是最早在东北种植水稻的专家，传统上就是以种植水稻为其主要生计，对其他自然资源的使用相对较少，从其社会组织、文化以及宗教信仰等社会生活的回顾中我们也可以看到，其“荒渡”、“都列”、“品阿西”（均为朝鲜族种水稻的合作组织）等非正式制度均是围绕着种植业的分工合作而产生的。直至现在，在自然资源的管理中，当地的势力范围可大概总结为：农场或兵团——政府及其各个代理机构——村民。

从委托—代理的理论视角来看，在项目点的自然资源管理中均是以政府层面集权管理为主，自然保护区及其监管机构林业局或湿地局等作为政府在自然资源管理中的代理人，对政府这个委托人负责。本来政府也仅仅是全体民众的代理人，然而在资源管理当中它又变成了次级委托人（把湿地委托给林业局或湿地局管理），由委托—代理理论可知，这样的多重委托—代理关系会导致委托人的目标和代理人做到的最终效果发生很大的偏离。

新经济社会学家马克·格拉诺福特认为，经济行为可以视为是“嵌入”在社会网络中的，经济制度也是社会结构（理查德·斯威德伯格，2003）。借用格拉诺福特的“嵌入”的话语，我们认为社区共管制度也是嵌入在国家许多正式制度和社区非正式制度之中的，只不过这种嵌入，因为缺乏和当地背景与文化相融合的优势而显得不太协调。哈耶克认为，制度是演化而来的，这种演化是适合于当地环境和社会条件的演化。他不赞成道格拉斯·诺斯所持的制度是人为设计的观点。同样，我们也认为，制度还是应该遵从演化的路径，人为设计的制度或者移植引进的制度首先得看是否与当地人文和自然环境条件相适应，否则即使制定了规章、制度、条例，也只能是形同虚设。

3. 文化分析

根据 Norman Uphoff 和韦森的观点，从广义的文化来讲，制度（无论是正式制度还是非正式制度）实质上也是一种文化。从对赫哲族传统渔猎生活中的非正式制度和变迁的研究中，我们发现，导致赫哲族渔猎资源耗竭的原因除了人口的增加、现代捕鱼工具的出现以及商品经济（为更广阔的市场生产，而不仅为当地社区生产）的兴起之外，传统非正式制度的凋敝也是其中一个重要的原因。

从生态人类学而言，自然资源与民族生态伦理之间有着共同消长的关系。从对赫哲族传统生态伦理观及其湮灭的研究中发现，赫哲族在从传统的单纯渔猎生计到现在的以农业生计为主、渔业仅仅是副业的生计转型过程之中，也蕴含着民族文化和生态伦理的消融。

项目点两个朝鲜族村和一个赫哲族村均是少数民族，他们既有和汉民族共同的文化，也有着自己独特的民族文化和个性。只不过在对两个民族的生态伦理观的研究之后我们发现，即使历史上他们存在着爱护自然、敬重自然、神明的宗教信仰、习俗禁忌等，但在社会和市场的双重压力下，其民族文化和民族生态伦理观都受到了冲击，功利主义的生存哲学已经成为了指导他们生活的主流。这种变化不只是发生在他们二者之上，所有的民族在现今全球化的冲击之下，或早或迟地都要对自己的文化习惯或生存哲学进行调适和整合，否则就会被现实社会生活所淘汰。

文化：朝鲜族在历史上长期处在农业社会，自给自足的小农经济占统治地位，商品经济极不发达。长期的农业社会造成朝鲜族人民在品质上既有勤劳、朴实的一面，也有安于现状、因循保守的一面。朝鲜的文化在世界大文化系统中属于儒家文化，儒家文化对朝鲜传统文化的形成、发展都产生了极大的影响，尽管朝鲜儒学在自己文化形成发展过程中同本土文化相结合，同时吸收了其他外来文化，但基本上属于儒学为主导的文化（李秀东，1997）。

朝鲜族具有双重身份：既是中国的公民，也是朝鲜民族的成员。这种双重身份决定了朝鲜族文化的双重性：一方面朝鲜族自迁入中国东北之后，在中国这一新的地域、新的生活方式中，将中华传统文化因子纳入自己的民族文化之中，逐渐形成一个有别于朝鲜半岛民族的新的民族共同体——朝鲜族，也形成了带有中国特色的朝鲜族文化；另一方面，由于历史上所形成的语言、文字、民族意识等方面的共性，中国境内的朝鲜族与朝鲜和韩国的朝鲜民族在政治、经济、文化等方面有千丝万缕的联系。

随着改革开放的进一步深入，农民生产生活意识不断改变，加之朝鲜族所特有的地缘和语言优势，出国或到国内沿海地区打工、经商已成一种热潮。朝鲜族人口流动程度，居国内各民族之前列。目前朝鲜族农村劳动力中，大约1/3以上的人离土离乡到国内大中城市经商、打工或去国外从事劳务（郑信哲、李春虎，1998）。有的村庄甚至一半以上的劳动力离土离乡另谋出路，而种地的劳动力不及总劳动力的一半。其中大部分打工族回国、回乡之后不愿意再务农，把打工赚来的钱投入到城镇另谋出路。因此，农村劳动力转移到城镇的比例明显增高。农村出现许多空挂户，致使村庄趋向于“空洞化”或村庄规模变小，甚至趋于荒废。[①] 朝鲜族的文化特征总体来说

① 永丰村现有户籍的户数为69户，但有11户到韩国打工，4户到山东打工，6户已经迁到饶河县城居住，致使常住户数只有53户。同样，东鲜村有户籍的户数为36户，常住户只有21户。

就是好动，喜欢迁移，本来在一个地方住得好端端的，突然之间就可以把房子卖了举家搬迁到外地居住，甚至在本村内也喜欢搬来搬去，经常换居住地点。而在消费文化之中则秉承“重现世”、“求乐生”（孙岿，2006）的人生观，在朝鲜族中最为流传的就是“年吃年用”的说法，总是变着法子找出花样来进行各种各样的庆祝和酒宴，每次酒宴可以从早喝到晚，对内地汉族节约过日子的生活方式很是不以为然。

宗教信仰：萨满教作为朝鲜民族的原始宗教，在东北朝鲜族历史上一直起着不可忽视的作用。朝鲜族的萨满教信仰中的神灵有278种，可分为自然神和人类神两个类别（王若茜，2002）。“文革”以后的东北的朝鲜族已经几乎不存在原来意义上的萨满教（祭神求平安，跳神治病除灾）（朱睿，1995）。现在朝鲜族的萨满教巫坛已经绝迹，但其影响仍保留在一些年长者中间。现在东北朝鲜族的民间信仰具有明显的现世功利倾向，讲求实用的特征非常突出。种种民间信仰控制着朝鲜族民众的心理与行为抉择，支配着他们的日常生活。以前他们崇尚亡灵信仰、巫觋信仰、占卜信仰等等。至20世纪80年代以来，作为外来宗教的基督教在东北的朝鲜族聚居地区长驱直入，对民间社会的精神信仰已构成重要影响（江帆，2007）。现在的朝鲜族已经信仰多元化，对神鬼的信仰已经虚化弱化了，对巫或者医的信仰则是见机行事，对占卜倒是习以为常，对外来宗教如基督教则尽量把它本土化，加以了地方特色的解释和变通。

综合以上对东北朝鲜族的社会组织、文化与宗教信仰的描述，我们可以看到朝鲜族有其艰苦勤劳的一面，也有逍遥度日的一面，文化上的根源本来自于儒家教化，然而现实中却是信奉功利主义哲学，有用就信，无用则不信。“重现世”、“求乐生”，“好动，喜搬迁”，“重朋友”等等是其民族特征。

从技术手段上来看，本章开头提出的4种自然资源管理模式，即：开放进入模式；国家集权管理模式；私有化管理模式；社区管理模式。在饶河县而言，当地的湿地资源管理模式既不是开放进入，也缺乏规范市场机制的作用，更没有形成多中心治理的共管模式，绝大部分仍然还是属于国家集权的管理模式。这种“自然科学式”的管理模式体现在占据主导地位的“隔离式”保护中，即把社区居民与保护区隔离开来的单纯保护。随着时代的进步，保护与发展成为了现实中资源管理的主题，把社区居民的生计与发展考虑进去的“纳入式”保护的“社会科学式”的管理模式应该逐渐成为主流。

从技术层面来说，社区共管应当是一种良好的理念和设想，然而中国的社区千差万别，也不是每一个社区都能圆满地达到共管的要求和状态的。即使部分社区能够做到成功的共管，技术手段相对来说仍然属于治标之策，要达到标本兼治还得从民族意识形态方面着手进行教育改造。改变我们生存的价值观、道德观，塑造一种全民全社会都追求和奉行的保护环境的意识形态。

4. 政治分析

传统中国乡村的治理范式被温铁军概括为："国权不下县，县下惟宗族，宗族皆自治，自治靠伦理，伦理造乡绅"（秦晖，2003）。而早在 20 世纪 20 年代的马克斯·韦伯就提出了关于传统中国"有限官僚制"的看法："事实上，正式的皇权统辖只施行于都市地区和次都市地区。……出了城墙之外，统辖权威的有效性便大大地减弱，直至消失。"韦伯认为："自从帝国统一得到巩固后（大约在公元初），就再也没有完全独立自主的思想家出现过。只有儒教、道教与佛教徒继续争斗。在得到承认的或容许的儒家学说内部，哲学和与之相连的统辖政策之争继续存在，直到满洲人的统治最终把儒教封为正教为止。"他进一步认为："儒教伦理让人非常有心计地处于他们自然生成的或由社会尊卑关系所造成的既定的个人关系之中。儒教只神话那些由人际关系——例如君臣、上级官吏与下级官吏、父子、兄弟、师生、朋友之间——所产生的社会伦理义务。……在中国，伦理的作用是非常重要的，它造成了以下的结果：中国所有的共同行为都受纯粹个人的关系尤其是亲缘关系的包围与制约。此外，所有的共同行为也受到行业兄弟会的包围与制约。……在中国，原则上起作用的，是威力无比的传统、地方习俗与具体官员的个人恩惠。"① 费孝通在《乡土中国》中为大家所描绘的中国传统乡村社会是一个"差序格局"的社会："……好像把一块石头丢在水面上所发生的一圈圈推出去的波纹。每个人都是他社会影响所推出去的圈子的中心。被圈子的波纹所推及的就发生联系。每个人在某一时间某一地点所动用的圈子是不一定相同的。"

无论韦伯还是费孝通，他们都把中国传统社会概括为一种伦理宗族治理的社会。和上述各家相反，秦晖研究考证了出土于 20 世纪末，并于 1999 ~ 2000 起开始陆续公布的魏晋时期长沙走马楼吴简的简牍资料后发现：吴简反映的"国家政权"在县以下的活动与控制十分突出（秦晖，2003）。进而通过对历代史料的研究后，秦晖认为中国历史上大部分时期，血缘共同体并不能提供有效的乡村"自治"资源，更谈不上以这些资源抗衡皇权。② 如果中国传统社会如秦晖所认为的是一个"皇权的力量无处不在"的社会是属实的话，那么可以这样说，在中国自古以来就不存在村民自治的历史和现实的土壤。无论秦晖或是费孝通等在对中国传统社会的认识上存在怎样的差

① 马克斯·韦伯：《儒教与道教》，洪天富译，南京：江苏人民出版社，2003，第 125 页、第 192 页。

② 秦晖：《传统十论——本土社会的制度、文化与其变革》，上海：复旦大学出版社，2003。

异，即使承认中国传统社会是由“礼”、“法”并举的宗法制度约束世人的费孝通先生，也都认为传统中国人之中并没有西方社会每个人均是“团体”平等之一分子的观念。再者，中国自古以来的儒家文化也只是号召人们“修身、养性、齐家、治国、平天下”，中国人的观念除了自己，之后便是家庭，然后便是国家或者天下了，即除了自己和家庭算是自家人而外，其余皆是外人，没有一个类似于西方社会的以法律、产权、契约、合同等规范，达到使人们既保持一定的距离又保持一定联系的平等群体的社会关系。因而，从来没有出现过西方社会学家如 F. 腾尼斯等所描绘的同质性很高的“社区”共同体。社区在中国而言，更多的只不过是一种地域范围，而非情感认同概念。

以上所谈及到的对中国传统社区及其社区居民的关系的论述，涉及了如今社会学界很时兴的乡村治理的研究热潮。社区共管本身属于西方政治学流派中“社群主义”思潮，这种思潮提倡在传统“国家”与“市场”二分法之外，建立一个既不同于“国家”那么集权，又不同于“市场”那么自私的第三部门，即“公民社会”。依靠“公民社会”来代替传统的除了国家就是市场的二元对立方法来解决自然资源的管理模式。借助于“公民社会”达到既兼具“国家”与“市场”的双重优点，又能排除“国家”与“市场”双重缺点的理想的资源管理状态。然而，这种理想状态在我们项目点的社区现实里有没有可能存在呢？

虽然我们无法完全弄清楚在 3 个项目村中，包括村长、书记和普通村民们，各自是如何围绕“权力的利益网络”进行活动的。然而从项目开始，直至项目结束，项目执行者一直都“参与式”地卷入了整个项目的运行之中，开始的时候，项目该怎么做等等问题主要是项目执行机构觉得该这么做，然而，随着项目的持续运行，各个村既有的有形的和无形的力量就开始影响或者是改变了项目的初衷，直至使得项目的运行达到另外一种不同的状态。

东鲜村：东鲜村由于户数少、人口少，村民之间比较团结，同质性比较高，内聚力强。整个项目的操作和运行情况都比较简单，也比较顺利。村长家里有 800 多亩土地，其本身属于经济精英，村长本人的威信很高，村里也经过村民民主选举了项目资金管理小组，按照项目要求，资金管理小组的组长不能由村长兼任，所以开始的时候又另外选举出一名非村委会成员的组长来领导项目资金管理小组，但是随着项目的继续，村长发现在其后选举出来的永丰村和四排村的资金管理小组长均是村长，（也许是因为“面子”问题的原因）在经过与永丰村村长的磋商后，由永丰村村长代为向县级项目指导委员会提出其想要兼任资金管理小组长的意思。为项目的顺利进行考虑，县级项目指导委员会同意了永丰村长的提议，于是东鲜村的资金管理小组长后来也是由村长兼任。虽然项目资金分配管理权完成了从资金管理小组到村委会的完全过度，然而村长本人并不专权，在其后每次召开的村项目滚动资金管理和分配的会议上，都是资金管理小组全体成员共同研究，共同分配。在3个村中，东鲜村基本属于“民主型”社区。项目的运行所采用的模式可以概括为“分权主导下的分权”模式。

永丰村：永丰村相比东鲜村而言比较复杂，户数、人口也多。村里的政治势力主要分成两派，在亚行项目进入前的村长选举中，有两大势力在竞争村庄领导权，以现任村长的胜利而告终。从开始选举资金管理小组长的时候就已经形成了由村长兼任的形式。由于村里分为两派势力，因此在项目滚动资金的分配中，与村长或村委会关系好的村民都能够分配到资金，经过两轮滚动资金的分配后我们发现，总是有部分村民得不到项目资金。村长本人由于其强悍和精明①，在村治中形成了“一言堂”的局面，而且，村长本人还借助亚行项目强化了其本人的权威，依靠对项目资金的掌控，成功地打压了部分反对者，项目成为现有村委会的政治砝码。永丰村属于典型的“政治精英村治”或“强人村治”类型，属于“集权型”社区。项目的运行所采用的模式可以概括为“集权主导下的分权”模式。

四排村：四排村由于其户数多、人口多和居民类型多②，在三个村中最为复杂，其权利结构的复杂跟其人口组成也有很大关系。现村中的政治势力大概分为三派，现任村长只是三派之中的一派，靠“赫哲户”和部分“老汉户”的支持在上次选举中以略微的优势获得成功，在村中并无压倒性的势力。村长本人为人比较忠厚诚实，不属于类似于永丰村村长那样的强悍之人。除此之外，由于四排村是一个有着“四小民族”之一——赫哲族的村子，有其特殊性和复杂性。从新中国成立以来直至现在，国家的政策、项目都屡次向该村倾斜，该村是一个“受过度干预的社区”。亚行项目在四排村增加了村民和村委会的矛盾，村长为了在政治上拉拢另一部分“老汉户”、“有户口水稻户”和“无户口水稻户”③，在第二轮的滚动资金分配上遂采

---

① 其任村长书记多年，凭借很多个人的社会关系为村里争取了很多项目，比如正在进行的需投资70多万元的抽取地下水灌溉的高压电网改造工程，主要就是由于其本人的社会关系而申请到的。

② 前文中曾描述了四排村具有6种类型的村民：“纯赫哲户”、“杂赫哲户”、“老汉户”、“有户口水稻户”、“无户口水稻户”和“盲流户”。

③ 按照四排村的规定，“没有户口的水稻户”和“盲流户”没有村级领导班子的选举权，但是，现任村长以承诺帮助部分“没有户口的水稻户”解决户口作为交换，以使这部分居民在下次的村长选举中投自己的赞成票。

取了平均分配的办法，由于第二轮滚动资金数量很少，仅为6万元，因此很多农户仅仅分到400元的项目资金，造成了部分农户和村委会发生冲突，亚行项目对于四排村村长来说，反倒成为一个烫手的山芋。四排村政治上无绝对强人，政治主体多元化，村民几乎是一盘散沙。

总体说来，在如今实行“村民自治”的大背景之下，亚行社区共管项目在一定程度上给了村民更多起码是形式上的参与和接触村中公共事务的机会，在项目运行中可以发现，村民参与公共事务的意识提高了。结合社区治理的政治实践，在倡导“民主”、“赋权”、“自下而上”的“参与式”理念的社区共管项目的干预之下，村民参与公共事务的积极性在一定程度上得到了提高，虽然，正如对上述几个村子的分析，真正民主化的实现还任重而道远。从三个村子中围绕项目滚动资金的权力斗争之中可以看到存在这样的两条主线：一是经济利益的冲击对既有权力结构的影响——四排村的案例；二是既有权力结构对经济利益的影响——永丰村案例。从这两条主线的对立统一中可以看出“权力的利益网络”始终处于支配地位。

诚如费孝通《差序格局》一文中所言：“在西洋社会里争的是权利，而在我们却是攀关系、讲交情。”社区共管项目在三个村子中成了试探村庄政治的探针，从这个探针中可以略微窥探到社区微观层面上的治理模式，只不过这种模式既非如温铁军所言的“礼法并举”的宗族治理模式，也不完全类似于秦晖所言的“儒表法里”模式，更多的类似于贺雪峰所提出的“精英治理”模式，从大的范围上看，还是脱离不了费孝通“差序格局”的伦理范式。社区共管所要求的能够独立承担社区自然资源管理的“公民社会”在项目社区看来还正处在孕育之中。

5. 比较分析

以往的社区共管实践主要在中国的内蒙古、青海、陕西、四川、云南、贵州、湖南进行过，在东北三省而言“三江平原发展可持续替代生计和社区参与可持续湿地管理”项目是第一次的共管实践。下面结合以前在西南省区和东北所进行的共管项目所取得的经验做一个简要的比较分析。

西南：西南省份面积相对狭小，自然资源相对稀缺，所以，社区更加注重参与项目的机会。另外，西南省区难以形成统一的大市场，市场被零星分割，不同社区之间相比较多样性明显，某些社区特别是贫穷落后的山区还有很多自然经济和市场经济的混合形态，自然资源作为生活保障的意义更大。社区之间异质性明显，各自有不同的非正式制度管辖自然资源，传统的影子无处不在；社区受政府、宗族、民族群体之间混合作用而形成的“权力的文化网络”的影响力较大，政府和乡村小共同体（由乡村之中的故习或宗法伦理所维系）主宰人们的行为，与市场“距离”相对较远，农民更多以

"社会人"身份参与社会活动。社区本来就有一些受传统习俗等维系的自然资源管理的制度，社区共管制度引进以后，如果能够与当地的制度和非正式制度的混合体嫁接成功，相对来说容易获得成功运转。

东北：东北三省面积较大，人口相对稀少，因而自然资源相对丰富。相对于农民的收入情况而言，社区对此类投资较小的项目不是很重视；社区与市场"距离"较近，粮食、土地等在此都是商品，可以自由交易（粮食交易是正式的，土地交易是非正式的），土地不只是作为内地的社会保障的功能而存在，还兼具商品的功能，资源作为商品交换的意义更大；政府和市场的力量更多地主宰了人们的行为，在二者之间尤以市场力量的主导为主。不同社区之间同质性较大，正式制度和市场无处不在，挤占了传统非正式制度的空间。信息化和市场化对农民的影响很大，农民更多的是以市场中的"经纪人"身份参与社会活动。社区之中传统上的非正式制度缺乏运行的空间，维系社区自然资源管理的制度以国家的正式制度为主，社区共管制度如果不与当地这些起主导作用的制度相融合则不容易获得成功。

五　结论与建议

综上所述，笔者就社区参与自然资源管理得出如下结论。

（1）在项目区所做的各种社区共管活动，其成效目前还仅限于意识提高方面。

（2）通过资助替代生计或改善当地社区生计水平来建立与当地社区的互信关系，是国内外资源共管的共同做法。生计替代的成败直接影响和制约着资源共管的成败。

（3）社区共管制度作为一种外来的制度能否与当地制度磨合嫁接，除受当地正式制度影响制约外，还受当地非正式制度的影响制约。

因此，笔者建议：

（1）湿地管理部门应该具有统一管理湿地保护区内各种自然资源的权力，在此基础上与当地社区合作共同管理湿地及其周边社区的自然资源。分散于国土、水利、农业、畜牧、环保、林业等资源管理部门的对湿地保护区内各资源行使的资源管理职权，应该集中于湿地管理部门，这样才能实施有效的社区共管。

（2）拟议中的湿地管理部门，应设立社区关系科，专门负责协调与当地社区的关系、建立运作资源的社区共管事宜。

（3）为社区的替代生计提供后续的资金、技术、信息等方面的支持。

第五章
公共政策对湿地保护的影响

湿地是地球上的陆地与水体的过渡地带，是具有特殊结构与功能的生态系统。在《世界自然资源保护大纲》（1980）中，湿地与森林、海洋并列为全球三大生态系统类型，湿地也由此被称为“地球之肾”。三江平原湿地是中国最大的淡水沼泽湿地之一，其生态系统具有多种功能，不仅为人类提供了丰厚的社会和经济效益，而且具有极高的生态效益，在维持生态平衡、保护生物多样性和珍稀物种资源以及涵养水源、蓄洪防旱、降解污染等方面都起到了重要的作用。随着中国人口的不断增长，粮食生产量难以满足粮食的实际需求，因此，新中国成立后国家开始对三江平原地区进行了有组织的开发，这也使三江平原为保障中国的粮食安全而作出了巨大的贡献。但与此同时，其湿地资源也遭到了掠夺性的破坏。2000 年以来，国家对农业的一系列优惠政策再次激起了农民对粮食种植的热情，使湿地资源面临再次被破坏的危险。为了保护中国有限的湿地资源，国务院办公厅于 2004 年发布了《关于加强湿地保护管理的通知》，黑龙江省政府于 2003 年颁布了《黑龙江省湿地保护条例》。不同时期的公共政策对湿地保护产生了不同的影响。但是，同一时期内涉及湿地保护的不同公共政策之间也存在着某些冲突。分析公共政策与湿地保护之间的关系，有助于中国未来湿地资源的保护与可持续利用。公共政策的内容非常广泛，涉及社会、经济的各个方面，本章仅研究人口政策、扶贫政策、环境政策以及农业政策中与湿地保护相关的具体政策。政策研究也是本项目的重要组成部分之一。

一 三江平原湿地面积的变化

中国现有湿地面积为 3848 万公顷，天然湿地面积为 3620 万公顷，占全国湿地总面积的 94%。其中，东北三江平原沼泽湿地面积约 536 万公顷，是世界上最大的湿地之一。

新中国成立后，对东北三江平原湿地的开垦经历了 4 次高潮：

第一次开荒高潮是 1949 ~ 1954 年，共计开荒约 20 万公顷；

第二次开荒高潮是 1956 年和 1958 年，10 万转业官兵进驻三江平原，仅 1958 年就开荒 23.06 万公顷；

第三次开荒高潮是 1969～1973 年，45 万城市知识青年下乡到生产建设兵团务农期间，每年开荒约 6.8 万公顷；

第四次高潮是 20 世纪 70 年代末，县乡和农场在连续干旱之年，开荒超过 100 万公顷。

新中国成立以来 50 多年的开发建设，使三江平原湿地面积减少了大约 432 万公顷，平均每年减少 8 万公顷左右（详见表 5－1），湿地面积缩小了近 80%。

1999 年中国政府停止了对三江平原的进一步开垦，并且对三江平原湿地进行综合性治理，努力恢复其原有的生态功能。2004 年国务院办公厅发布了《关于加强湿地保护管理的通知》。同时，一批国家级、省级自然保护区也相继建立，三江平原由此进入了对其湿地的保护阶段。

表 5－1　三江平原地区耕地面积增加与湿地面积减少对比（万公顷）

年份	耕地面积	耕地增加量（与 1949 比）	湿地面积	湿地减少量（与 1949 比）	耕地增量占湿地减量的比例(%)
1949	81.1	0	536	0	
1975	242.2	161.1	244	292	55.2
1985	314.3	233.2	150	386	60.4
1990	315.4	234.3	113	423	55.3
2000	350.9	269.8	104	432	62.5

资料来源：王韶华等：《三江平原湿地保护措施的初步研究》，《灌溉排水学报》2004 年第 6 期。

二　公共政策对环境和湿地的影响

1949 年，中国在结束了一个世纪的战乱之后，人口数量开始恢复性增长。20 世纪 50～60 年代的冷战时期，国家为了准备可能爆发的世界大战，采取了鼓励人口增长或不抑制人口增长的政策。随着冷战的结束，中国人口基数变得相当庞大，增长趋势难以逆转，这给农业和粮食供应造成了巨大的压力。这时期的国家政策开始倾向于“以粮为纲”，重点解决百姓的吃饭问题。但是，由于经济体制存在问题，当时的粮食产量很低，迫使国家采取通过外延扩大再生产的方式（如开垦湿地资源）来提高中国的粮食产量。

1978 年家庭联产承包责任制开始实行，限制中国农业发展的体制问题得到初步解决。1978～1984 年，国家又相继出台了一系列促进粮食生产的政策，到 1984 年中国的温饱问题基本得到解决。1998 年，中国粮食产量达到51229.5万吨，粮食安全问题得到缓解，环境保护问题才开始真正被提到议事日程上来。

1998～1999年，中国先后启动了"天然林资源保护工程"和"退耕还林工程"。2003年，政府又启动了"退牧还草工程"和"退耕还湿工程"，农业开始为生态保护"让路"。然而，1999～2003年间，中国的粮食产量连续5年下降，2003年中国粮食产量仅为43069.5万吨，粮食安全又成了问题。2004年中央出台"一号文件"再次重视农业发展，同时颁布了"粮食直补"等惠农政策。2006年在全国范围内取消了农业税，与此同时，2004年"退耕还林"指标规模缩减80%，2007年中止新的退耕还林项目，提前4年结束了该工程，这时期的国家政策又重新倾向于粮食生产方面。

2004～2007年，中国粮食产量连续4年增长，2007年粮食总产量达到50150万吨。这时国家政策的"钟摆"又将摆向何方、如何协调粮食安全和生态安全之间的关系，这些都是目前政府需要解决的重要问题。本章将从人口政策、扶贫政策、农业政策和环境政策4个方面来具体分析公共政策对中国环境保护尤其是湿地资源保护的影响。

（一）人口政策

中国的人口政策演变可以分为3个阶段9个时期。

第一阶段：鼓励生育阶段；

第二阶段：生育政策酝酿转变（含反复）阶段；

第三阶段：限制生育阶段。

9个时期分属于相关阶段，详见表5－2。人口政策主要包括：人口增殖政策、国内人口迁移政策、人口分布政策、国际移民政策。

表5－2　中国人口政策演变

阶　段	时　期
一、鼓励生育政策阶段	1. 1949～1953,鼓励生育政策
二、政策转变酝酿阶段	2. 1954～1957,政策转变酝酿
	3. 1958～1959,上层思想反复
三、限制生育政策阶段	4. 1960～1966,确定限制生育政策并开展工作
	5. 1966～1970,丧失限制生育政策实施环境
	6. 1970～1980年初秋,全面推行限制生育政策,"晚稀少"
	7. 1980年秋～1984年春,"晚稀少"调整为"晚一孩"政策
	8. 1984年秋～1991年,完善生育政策,形成地方计划生育条例
	9. 1991年至今,现行计划生育政策的稳定

资料来源：冯立天：《中国人口政策的过去、现在和未来》，《人口研究》2000年第4期。

1. 人口增殖政策

从1949年新中国成立到1953年，中国在理论和政策上是鼓励人口生育的。在理论上，照搬苏联的提法，即认为人口不断地迅速增长是社会主义人口规律的要求，是社会主义制度优越性的表现。在政策上，采取鼓励生育的措施，如城市住房和农村自留地按人口多少分配，国家和集体实行多子女困难补助以及严格限制人工流产、禁止绝育等。同时，处于冷战时期的中国也在为可能爆发的战争做着人口准备。中国进入第一次人口生育高峰时期。

1954～1970年，政府开始提倡节制生育，确定限制生育政策。但是，1958～1961年的三年自然灾害以及后来的十年“文化大革命”，破坏了这些限制生育政策实施的社会环境，中国人口处于自然发展阶段，同时也进入了第二次生育高峰时期。

1965年，中国年出生率高达37.88‰，死亡率为9.50‰，自然增长率为28.38‰。1949～1983年，中国农村人口由4.84亿增加到7.84亿。20世纪五六十年代的人口政策使得中国人口数量增加了3亿。随着人口数量的激增，中国的粮食需求远大于粮食供给。由于人口压力带来的粮食需求危机，迫使国家于20世纪50年代开始对三江平原进行有组织的大规模开发，大面积的湿地被开垦为耕地，湿地资源遭到破坏。

2. 人口迁移政策

1949年至20世纪80年代初期，中国人口迁移具有明显计划经济的特点。由于东北地区具有得天独厚的资源条件和较好的基础设施，在国民经济恢复时期和“一五”期间，东北地区成为国家重点开发的地区。

1949～1957年，政府实行自由的人口迁移政策，允许居民在城乡间或城镇间自主迁移。1951年和1953年政府先后颁布了《城市户口管理暂行条例》和《关于建立经常户口登记制度》，对公民的迁出、迁入未提出任何限制，只需要办理相关手续即可。在这一阶段，东北地区自发性人口迁移和计划性人口迁移都比较活跃。计划迁移主要集中在城市的工业化建设，而自发迁移则延续了传统的“闯关东”路线，山东、河北等地移民主要迁往东北北部农业资源条件较好的地区。特别是人口密度较低的黑龙江省，在1955～1957年三年中，共安置外省自发流入的农民24.89万人（于潇，2006）。

1958年，农垦部组织近10万官兵转业到黑龙江省开发“北大荒”。1959年还吸收了5万多山东青年开发建设三江平原。十年“文革”期间，知识青年到农村插队落户，其中又有45万城市知识青年下乡来到三江平原生产建设兵团。表5－3详列了1954～1980年黑龙江省人口迁移的情况。

表 5-3 1954~1980 年黑龙江省人口迁移情况

	累积净迁移人口(万人)	年净迁移率(‰)
1954~1957("一五")	146.51	10.74
1958~1962("二五")	235.08	13.60
1963~1965(三年调整)	43.67	2.13
1966~1970("三五")	82.16	3.48
1971~1975("四五")	123.83	4.43
1976~1980("五五")	69.22	2.22

资料来源：于潇：《建国以来东北地区人口迁移与区域经济发展分析》，《人口学刊》2006 年第 3 期。

3. 人口政策对环境的影响

1949~1953 年，政府的人口政策实际上是鼓励更多地增殖人口。由于冷战时期的政策目标是"备战备荒为人民"，加之对人口发展规律认识不足，造成中国人口数量极为庞大，导致增长惯性难以控制的局面。人口激增使得中国的自然资源人均占有量大幅减少，加大了人口对资源环境的压力。

中国人均土地面积只有 0.8 公顷，不及世界人均水平的 1/3；中国人均耕地只有 0.08 公顷，仅为世界人均水平的 1/4；中国森林覆盖率 13.8%，人均林地 0.1 公顷（世界平均为 0.9 公顷），为世界平均数的 11.76%。近十年，全国天然林面积减少 23.1%，以致生物多样性也随之减少；中国草地的退化、沙化和盐碱化日益严重，退化面积占可利用草场面积的 1/3 以上；中国沙漠化面积以每年近 2000 公顷的速度蔓延；森林资源减少、草原资源退化也带来了严重的水土流失。据估算，全国水土流失面积 492 万公顷，土壤年流失量 50 亿吨，每年流失氮、磷、钾达 4000 万吨；中国人均拥有水资源 2637 立方米，为世界人均量的 1/4，中国水资源用量已占全国水资源总量的 1/5，占全国可利用水资源量的 1/2，其开发程度居世界前列；有 400 万公顷的耕地和 1/3 的草地受到缺水的威胁，有 5000 万农民和 4000 万头牲畜饮水困难（张亚等，1999）。

随着人口逐年增加，粮食需求也不断上涨。新中国成立初期，由于依靠传统的耕作技术和耕作方式粮食产量不可能有所增长，在计划经济体制下农民又没有或很少有其他经济收入来源，于是，只有通过开垦荒地（如湿地）、围湖造田等手段，即外延扩大再生产的方式来提高粮食产量。人口迁移政策就是为了保证这种生产方式来提高粮食产量。1949~1984 年中国人口逐年增加，耕地面积也保持净增长的趋势（见表 5-4）。

4. 人口政策对湿地的影响

湿地长期以来被人们视为"荒地"，即是后备的耕地。一提到"开荒"，

表5-4　1949~1990年中国人口、耕地增长率对比（%）

	1949~1952	1953~1957	1958~1965	1966~1978	1979~1984	1984~1990
总人口年增长率	2.0	2.4	1.5	2.2	1.2	1.3
耕地年增长率	+3.3	+0.7	+1.0	+0.9	+0.3	-0.5

资料来源：曲格平等：《中国人口与环境》，中国环境科学出版社，1992，第51页。

人们自然而然地就想到了肥沃的湿地，而三江平原就曾被称为“北大荒”。20世纪60年代，中国把目标开始投向三江平原，欲把“北大荒”变为“北大仓”，即把湿地变为农田。

自新中国成立以来，三江平原地区新垦湿地432万公顷，湿地平均每年减少8万公顷左右，局部草甸黑土地带垦殖率高达85%以上。过度开垦，使得三江平原植被遭到破坏，土地退化、土壤次生盐渍化严重，导致很多开垦后的耕地被迫退耕。据统计，三江平原国营农场系统已垦耕地因旱涝、盐碱影响而被迫弃耕的大约有13.3万公顷。

随着湿地的大面积开垦，湿地的整体功能已出现退化，生态环境遭到严重破坏，生物多样性降低，原始植被遭到破坏，生态系统结构趋于单一化，野生动物栖息地和觅食范围大幅度减少，一些珍稀野生动植物种群数量减少，濒临灭绝。气候恶化，旱涝频繁，水土流失与土地退化日趋严重，目前三江平原水土流失面积达230万公顷，每年流失表土5~6毫米，发源于区内的中、小河流径流量明显减少，枯水期甚至断流（孙国徽等，2006）。

（二）扶贫政策

直到20世纪70年代，中国还是世界上最不发达的国家之一，拥有世界上最多的贫困人口。1978年中国有2.5亿人处于赤贫状态，基本的温饱问题尚未解决。因此，中国政府首先确立了开发式扶贫的减贫战略，即以促进区域经济发展来带动贫困人口脱贫。

1984年9月，中国政府开始大规模的有组织、有计划的扶贫活动，在发出了《关于帮助贫困地区改变贫困面貌的通知》（中发［1984］14号）之后，又把扶贫列入第七个五年国民经济发展计划，并投入了大量的人力、物力。1984~1995年间，中央政府为贫困地区提供的各种拨款及优惠贷款总额达745亿元，其中“八五”期间总额达394亿元，1995年、1996年每年的扶贫投入都接近100亿元。

1994年，国务院制定的《国务院八七扶贫攻坚计划（1994~2000）》，成为中国20世纪末各项扶贫活动的行动纲领。根据国家公布的数字显示，中国农村的贫困人口，由1978年的2.5亿减少到2001年的3000万。

2001 年 5 月，中国政府制定了新的《中国农村扶贫开发纲要（2001 ~ 2010）》，提出未来 10 年中国扶贫开发总目标是：尽快解决极少数贫困人口温饱问题，进一步改善贫困地区的基本生产生活条件，巩固温饱成果，提高贫困人口的生活质量和综合素质，加强贫困乡村的基础设施建设，改善生态环境，逐步改变贫困地区社会、经济、文化的落后状态，为达到小康水平创造条件。2006 年底，中国农村绝对贫困人口减少到 2148 万，农村绝对贫困和低收入人口总数为 5700 万，占农村人口总数的 6%（详见图 5 - 1）。

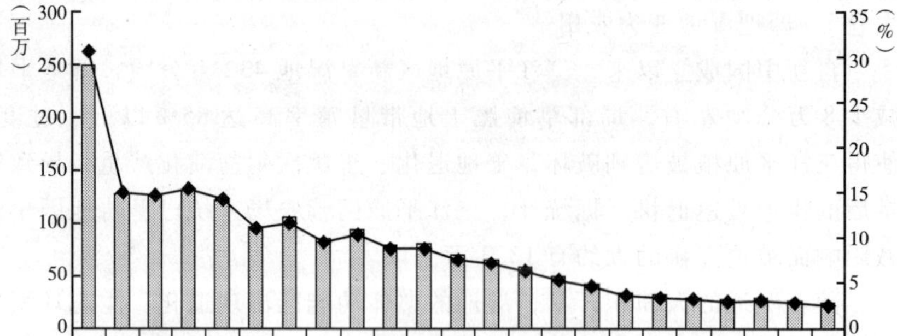

	1978年	1984年	1985年	1986年	1987年	1988年	1989年	1990年	1991年	1992年	1993年	1994年	1995年	1996年	1997年	1998年	1999年	2000年	2001年	2002年	2003年	2004年	2005年
贫困人口	250	128	125	131	122	96	106	85	94	80	80.7	70	65	58	50	42	34	32	29.3	28.2	29	26.1	23.7
贫困发生率	30.7	15.1	14.8	15.5	14.3	11.1	11.6	9.5	10.4	8.8	8.8	7.6	7.1	6.3	5.4	4.6	3.7	3.4	3.2	3	3.1	2.8	2.5

图 5 - 1　1978 ~ 2005 年中国农村贫困人口规模和贫困发生率

资料来源：贫困人口数据来源于国家统计局，农村总人口数据来源于《中国农村统计年鉴》各年版。

1. 中国贫困人口的地区分布

中国农村贫困人口主要集中在西部地区、边远山区和少数民族地区。列入《国家八七扶贫攻坚计划》的国家重点扶持贫困县共有 592 个，分布在 27 个省、自治区、直辖市，覆盖了 80% 的贫困人口。从集中连片的角度看，这些贫困县主要分布在东、中、西部 18 片贫困地区（见表 5 - 5）。

这些地区贫困的主要特征为：第一，由于地处高原、山区、丘陵、沙漠或喀斯特（岩溶）地貌等区域，生态环境恶劣，水土流失严重。第二，人均农业资源匮乏且质量差（西南石山和喀斯特地区人均可耕地少，土地瘠薄，西北则水资源严重不足）。第三，地理位置偏远，基础设施落后。大多数地区都较为偏僻，远离政治经济中心地区，交通不便，地理位置不利于经济和社会发展。第四，缺乏基本的教育和医疗卫生等社会服务，从而制约了贫困人口的基本素质和能力的提供。第五，上述各种因素共同导致农业生产力水平低下，市场化程度和非农产业发育程度较低。

表 5-5　18 片贫困地区在东、中、西部的分布情况

经济地带	连片贫困地区数	贫困地区名称	涉及的省、自治区	涉及贫困县数
东　部	2	沂蒙山区	鲁	9
		闽西南、闽东北地区	闽、浙、粤	23
中　部	7	努鲁儿虎山区	辽、蒙、冀	18
		太行山区	晋、冀	23
		吕梁山区	晋	21
		秦岭大巴山区	川、陕、鄂、豫	68
		武陵山区	川、湘、鄂、黔	40
		大别山区	鄂、豫、皖	2
		井冈山和赣南地区	赣、湘	34
西　部	9	定西干旱地区	甘	27
		西海固地区	宁	8
		陕北地区	陕、甘	27
		西藏地区	藏	
		滇东南地区	滇	19
		横断山区	滇	13
		九万大山地区	桂、黔	17
		乌蒙山区	川、滇、黔	32
		桂西北地区	桂	29

资料来源：国务院贫困地区经济开发领导小组办公室：《中国贫困地区经济开发概要》，农业出版社，1989。

2. 开发式扶贫的主要措施

中国的具体扶贫政策措施主要有以工代赈、科技扶贫、劳务输出、异地搬迁、国际合作等。

（1）以工代赈

中国的以工代赈属于救济的范畴，但它又不同于一般的单纯救济，其特殊性在于它是救济与建设的结合统一。以工代赈是救济对象通过参加必要的社会公共工程的建设而获得赈济物资或资金的一种特殊的救济方式。以工代赈计划是由国家发改委系统组织和实施的跨年度计划（见表 5-6）。早期的以工代赈计划在管理上的一个特点是用实物的方式来支付工程成本。基本管理方式是发改委将能兑换成粮食、布料和日用工业品的实物券直接分配给有关的项目实施机构（如交通局、水利局等），由它们来兑换。实物由粮食局、商业局等调拨，有些情况下也可以在银行将食物券兑换成现金。

“八五”期间，以工代赈资金投入总额为 247 亿元，1996 年，中央政府投入扶贫资金和物资总规模为 98.5 亿元，其中以工代赈资金 40 亿元，约占总投入的 40%。1998 年以后，以工代赈资金包括 40 亿元的财政以工代赈资金和发改委每年安排 20 亿元国债以工代赈资金（1998 年为 10 亿元）。

表 5-6 1984~1997 年以工代赈计划

计划期	投入的物品	价值(亿元)	主要项目
1984~1987	粮食、棉花和布料	27	道路和饮水设施
1989~1991	中低档消费品	6	道路和饮水设施
1990~1992	工业品	15	道路、饮水设施和农田改造
1991~1995	食品	50	梯田和小型水利工程
1991~1995	食品和工业品	100	大江大河治理
1993~1997	粮食、衣服、食用油、中低档消费品	100	基础设施,包括医疗设施

资料来源：汪三贵、李文：《中国农村问题研究》附表 14，中国财政经济出版社，2005，第 87 页。

（2）科技扶贫

科技扶贫，是 1986 年由国家科委提出的中国反贫困战略中的一个重要举措。其宗旨是应用成熟的科学技术和现代管理科学，增强贫困地区农民的开发能力，大幅度提高贫困地区的资源开发水平和劳动生产率，求得最佳经济、社会和生态效益，促进贫困地区的商品经济发展，加快农民脱贫致富的步伐。1986 年以来，国家科委相继在大别山、井冈山、陕北地区的 55 个县以及部分少数民族贫困区开展了科技扶贫。

国家科委通过派出科技扶贫团，配合当地政府组织的科技扶贫工作。针对贫困地区农民需要，大规模推广应用先进科学技术；依靠科技进步，发展区域支柱产业；建立健全社会化科技服务体系等措施来实施科技扶贫。值得注意的是，科技扶贫计划十分重视资源的可持续利用，强调在开发利用资源的同时要进行资源的保护，防止生态环境继续恶化，逐步进入生态良性循环。因而，在科技扶贫工作中安排了大量的经济、社会、生态效益协调发展的生态农业技术示范项目。针对贫困地区生态基础薄弱、水土流失和沙化情况严重的问题，采取工程、生物、生态技术措施，以及区域性综合治理技术措施，在较大程度上扭转了贫困地区生态恶化的局面，保持了经济的可持续发展。

（3）劳务输出

为了帮助贫困地区实现劳动力充分就业和增加收入的目标，国家鼓励并引导具备条件的贫困地区开展劳务输出。劳动者通过在异地就业不仅提高了收入，而且学到了新技术、新生活方式、新工作方法，提高了自我发展能力。据国家统计局对全国 592 个国定贫困县的监测统计显示，1999 年贫困县劳务输出人数达到 1096 万人，占劳动力总人数的 11%（见表 5-7）。

综观劳务输出的地域分布，全国劳务输出的基本格局是由中、西部地区流向东部地区。2000 年中西部地区输出的农村劳动力占全部跨省流动劳动

表 5－7 1994～1999 年全国贫困县劳务输出变化

	劳务输出人数(万人)	劳动力数(万人)	劳务输出人口比重(%)
1994	1372.10	9294.60	14.76
1995	1468.70	9401.10	15.62
1997	1040.00	9554.00	10.89
1998	1065.00	9708.00	10.97
1999	1096.00	10000.00	10.96

资料来源：1994、1995 年资料来自国务院扶贫办：《国家重点扶持贫困县统计》。

力的 90%，而吸纳的跨省流动劳动力仅为 18%。在全国贫困县劳务输出人口的地区流向分布中，省内输出人数一直占全部输出人数的一半以上。从劳务输出的行业分布结构来看，工业、建筑、服务业和商业、饮食业，在过去几年一直占据前 4 位，尤其是工业，其吸收农村转移劳动力的比例一直占 37% 以上，是吸收农村劳动力转移的主要行业。

（4）异地搬迁

对于那些自然条件恶劣、资源贫乏、基本生产和生活条件缺乏的贫困地区，按照自愿的原则，政府组织居民搬迁。这种有组织的扶贫开发移民最早开始于 1983 年的山西地区。90 年代中期，没有解决温饱问题的贫困人口大都集中于那些自然环境恶劣，人地矛盾尖锐的大山区、深山区、荒漠沙化区。1994 年中央出台了《国家八七扶贫攻坚计划》明确提出了要“对极少数生存和发展条件特别困难的村庄和农户，实行开发式移民”。截止到 1999 年底，17 个省、区、市相继开展了扶贫移民搬迁工作，共搬迁安置贫困地区移民 56.92 万人。2001 年《中国农村扶贫开发纲要（2001～2010）》中明确提出要把“稳步推进自愿移民”作为新世纪扶贫开发的内容和途径之一。

（5）国际合作

《国家八七扶贫攻坚计划》的实施，使国际机构在中国的扶贫活动，无论在规模、领域、覆盖区域等方面都大幅度扩大了。早在改革开放初期，国际机构就在中国开展了扶贫活动，表 5－8 列出了在中国开展扶贫活动的主要国际机构。国际机构在中国的扶贫方式各不相同，它们的活动覆盖了多数部门的各种不同类型的项目，包括小额信贷、小型基础设施建设、社区开发、环境保护、技术援助、能力建设和农村综合开发。

国际机构对中国贫困地区的大量资金投入，成为缓解中国扶贫资金不足的一条重要途径。据《中国农村贫困监测报告》的统计，1997～2000 年，592 个国家级贫困县利用外资达 71.3 亿人民币，平均每年每个国家级贫困县利用外资 300 万元。

表5－8　在中国开展扶贫活动的国际机构名单

国际发展援助机构	联合国开发计划署(UNDP)、联合国粮农组织(FAO)、世界粮食计划署(WFP)、联合国儿童基金会(UNICEF)、联合国工业发展署(UNIDO)、国际劳工组织(ILO)、联合国人口基金会(UNFPA)
国际金融机构	世界银行(WB)、亚洲开发银行(ADB)、国际农发基金(IFAD)
国外政府双边机构	澳大利亚(AusAID)、加拿大(CIDA)、英国(DFID)、德国(GTZ)、荷兰、芬兰、瑞典和日本(JICA)
国际非政府机构	福特基金会、世界自然基金会、香港乐施会、德国复兴银行、爱德基金会、世界宣明会、英国救助儿童会、国际计划、国际鹤类基金会、美国渐进组织等

资料来源：汪三贵、李文：《中国农村问题研究》，中国财政经济出版社，2005，第127页表6。

3. 扶贫政策的环境影响

开发式扶贫是以促进区域经济发展来带动贫困人口脱贫，由于贫困人口主要集中在自然生态条件较为恶劣的地区，因此，扶贫开发项目与环境的联系十分紧密。一些扶贫开发项目在完成扶贫目标的同时，也改善了区域内的生态环境状况。

白南生等（2000）在总结中国农村扶贫开发移民的方法和经验时指出，就扶贫移民项目的输出地而言，外迁移民在人口中的比例是影响生态效果的重要因素之一。在移民外迁比例较大的乡村，耕地的紧张得到缓解。一些村重新规划耕地的使用，将一部分山坡地退耕还林、退耕种草，初步改善了迁出地的生态环境。而在那些迁出农户较少的地方，改善生态环境的效果并不明显。

但是，目前中国的扶贫政策还没有与生态环境保护结合起来，扶贫项目规划设计中大多缺少环境影响分析，导致一些扶贫工程对生态环境产生了负面的影响。

李小云等（2005）对环境与扶贫的关系进行分析后指出，按照《环境影响评价法》，任何建设项目都要进行环境影响评价，但是大部分村级扶贫规划项目中的基础设施建设项目（如修路、通电、引水），都没有进行环境影响评价。这可能会导致因忽视基础设施建设而衍生出来的一些潜在的或长远的不利于环境的影响因素的发生。

根据蔡葵等（2003）对云南省村级扶贫综合规划与环境关系的评估，云南会泽县的村级扶贫规划中引入了很多高产和高经济回报的农作物，其中大多数需要显著增加农药化肥的施用量，对环境造成了污染。畜禽养殖是被贫困地区广泛采用的经济发展项目的重要组成部分之一。在云南澜沧县，随着畜禽数量的急剧增长，畜禽养殖废弃物对地下水的污染越来越严重。在云南澜沧县，大规模种植桉树，虽然为一个大型造纸厂提供了原料，增强了创收能力，但却减少了种植区的生物多样性。

4. 扶贫政策对湿地的影响

在592个国家级贫困县中，有部分的县（镇、村）位于或临近湿地资源保护区，因此，在这些区域内实施的一些扶贫项目工程可能会对湿地资源产生影响。

大佳河湿地自然保护区是黑龙江省省级自然保护区，位于本研究社区饶河县境内，其天然湿地面积2033公顷。目前，饶河县的财政扶贫资金主要用于五大工程，即：发展种植业、养殖业；农田水利建设；基础设施建设（道路、电力、通信、广播电视等）；社会公益事业建设（饮水、住房、教育、卫生条件等）；生态建设（小流域综合治理等）。

通过调查发现，虽然大部分扶贫项目对环境的影响是中性的或从长期看是有利的，但扶贫项目支持的旱田改水田项目，致使农业用水需求量增加，许多农户都购买了抽水机抽水灌溉农田，使得湿地保护区内水资源受到了威胁。同时，大量农药化肥也随排水流入湿地保护区，污染了湿地保护区内的生态环境。

支持基础设施建设是扶贫项目中的重要内容。在这方面，肖晓妮（2006）认为道路建设的永久性占地使得湿地利用方式发生改变，会影响到一些动物的活动，因而可能造成湿地生物量的减少。由于道路的永久性阻隔，造成地表水及地下水径流方向改变，对沿线湿地生态系统结构及生物多样性产生不利影响。道路投入使用后，车辆通行产生的交通噪音也会影响道路沿线的动物活动。

（三）农业政策

农业用地和湿地是土地利用的不同方式，农业政策直接影响土地利用方式，从而影响湿地的状况。

1. 主要农业政策

（1）垦荒政策

1949～1957年中国粮食增加主要是依靠耕地面积的扩大。1949～1952年国家进行了全国性土地改革并提出“谁开谁有”的政策来提高农民从事农业生产的积极性，大量由于战乱撂荒的耕地得到复耕；1949年12月中央发布军队参加生产建设工作的指示，复垦和开荒面积迅速扩大；1953～1957年国家采取大办国营农场、军垦农场和鼓励知识青年志愿垦荒、移民开荒以及农民就地开荒等政策推进了荒地的大规模的开发。

这一时期，中国耕地资源数量从1949年的97881.3千公顷增加到1957年的111830.0千公顷，累年净增长了13949.33千公顷，增加幅度达

14.25%，年增长1.68%（张士功等，2006）。1949～1957年，中国粮食产量从1亿吨增加到2亿吨。

（2）农业结构调整政策

1981年，政府制定了“决不放松粮食生产、积极开展多种经营”的政策方针，进行新中国成立以来的第一次农业结构大调整。到80年代末90年代初，种植业在农业生产中的比重由1978年的79.3%下降到1990年的64.7%，畜牧业由1978年的15.5%上升到1990年的25.8%，林业由3.6%上升到4.3%，渔业由1.6%上升到5.4%。

1992年，国家通过了发展高产、优质、高效农业的决定。

1998年，政府从统筹城乡、工农、区域、经济与环境协调发展的角度再次对农业进行战略性结构调整，提出优化农产品的品种区域布局，发展农村二、三产业，推进城镇化、抓紧生态环境建设、促进退耕还林、退牧还草、退田环湖等七个大的方向。农业结构变化见表5－9。

表5－9　农业结构变化（农林牧渔业总产值构成，1978～2006）

（农林牧渔业总产值＝100）

年　份	种植业	林　业	畜牧业	渔　业
1978	80.0	3.4	15.0	1.6
1980	75.6	4.2	18.4	1.7
1985	69.2	5.2	22.1	3.5
1986	69.1	5.0	21.8	4.1
1987	67.6	4.7	22.8	4.8
1988	62.5	4.7	27.3	5.5
1989	62.8	4.4	27.6	5.3
1990	64.7	4.3	25.7	5.4
1991	63.1	4.5	26.5	5.9
1992	61.5	4.7	27.1	6.8
1993	60.1	4.5	27.4	8.0
1994	58.2	3.9	29.7	8.2
1995	58.4	3.5	29.7	8.4
1996	57.8	3.3	30.3	8.6
1997	56.0	3.4	31.5	9.1
1998	58.1	3.5	28.6	9.9
1999	57.5	3.6	28.5	10.3
2000	55.7	3.8	29.7	10.9
2001	55.2	3.6	30.4	10.8
2002	54.5	3.8	30.9	10.8
2003	50.1	4.2	32.1	10.6
2004	50.1	3.7	33.6	9.9
2005	49.7	3.6	33.7	10.2
2006	50.8	3.8	32.2	10.4

资料来源：国家统计局：《1998年中国发展报告》，北京：中国统计出版社，1998；《中国统计年鉴2007》，北京：中国统计出版社，2007。

经过20多年的农业结构调整，种植业比重从80.0%降到50.8%，畜牧业比重从15.0%上升到32.2%。2003年，中国政府又进一步提出了农业的5个目标：高产、优质、高效、生态、安全。

（3）农业土地政策

1980年，中共中央发布了《关于进一步加强和完善农业生产责任制的几个问题的通知》，1982～1986年中共中央又连续出台了五个“1号文件”，标志着中国农业土地家庭经营承包制度政策的确立。

1984年中共中央1号文件明确规定：耕地的承包期一般不应短于15年；开发式的农业，如荒山、荒坡、荒滩、荒沟等“四荒”的开发，土地的承包期可以更长。

1993年，中共中央、国务院11号文件即《关于当前农业和农村经济发展的若干政策措施》提出：第一轮承包15年到期后，再延长30年不变；开发式的农业承包期可以更长。

（4）农产品价格支持政策

表5－10 1985～1990年主要粮食统购统销价格表（元/50千克）

年 份	6种粮食平 均	小 麦	玉 米	稻 谷		
				平 均	籼 稻	粳 稻
1985	18.64	22.07	14.66	—	15.66	19.90
1986	18.78	22.10	15.22	—	15.70	20.24
1987	19.35	22.14	16.01	—	17.32	21.19
1988	20.01	23.83	16.10	18.31	17.34	22.13
1989	20.01	25.34	17.12	23.53	22.61	27.82
1990	20.01	25.34	17.12	23.53	27.61	22.82

2008年，国家在稻谷、小麦主产区继续实行最低收购价政策，并适当提高2008年生产的稻谷和小麦最低收购价水平。其中，每50千克早籼稻（三等，下同）由70元提高到75元；中晚籼稻由72元提高到76元；粳稻由75元提高到79元；白小麦由72元提高到75元；红小麦由69元提高到70元；混合麦由69元提高到70元。

（5）税收和补贴政策

1）农村税费政策

2004年，为了调动粮食主产区农民粮食生产的积极性，吉林、黑龙江两省作为试点先实行免征农业税改革，河北、内蒙古、辽宁、江苏、安徽、江西、山东、河南、湖北、湖南、四川等11个粮食主产省（自治区）农业税税率降低3个百分点，并主要用于鼓励粮食生产，其余省、自治区、直辖市农业税税率总体上降低1个百分点。上海、北京、天津、浙江、福建、西藏6个省份和其他省份的274个县（市）也自主免征或基本免征农业税，农业税附加随正税同步降低。沿海及其他有条件的地区也可视地方财力情况进行免征农业税的改革试点。

农村税费改革包括4个取消，即：①取消城乡统筹；②取消农村教育集资等专门向农民征收的行政事业性收费和政府性基金、资金；③取消屠宰税；④取消统一规定的劳动积累工和义务工（当地方遇到特大自然灾害，经县政府同意，仍可以利用农民工）。

2005年进一步扩大农业税免征范围，农业税减征力度加大。在国家扶贫开发的592个重点县试行免征农业税，其他地区进一步降低农业税税率。2005年在牧区开展取消牧业税试点。国有农垦企业执行与所在地同等的农业税减免政策。从2006年开始，中国全面废除了农业税和与其相连带的“三提”、“五统”收费。

2）粮食直补

2003年，对种粮农民实行直接补贴是中国新一轮粮食流通体制改革的重要内容。全国有29个省份实施了粮食直补，安排直补资金116亿元，有6亿农民直接得到了补贴的实惠。2004年，粮食直补工作在全国范围内全面展开，依据向产粮大县、产粮大户倾斜的原则，粮食主产省、自治区要在全省区范围内实行对种粮农民（包括主产粮食的国有农场的种粮职工）直接补贴。粮食直补资金的兑付方式，采取直接发放现金的方式和向农户发放储蓄存折或储蓄卡两种方式。

3）良种补贴

良种补贴是国家为了提高农产品质量和竞争能力，建立优势产业，鼓励农民种植优质专用品种而设立的补贴。国家确定的良种补贴范围有大豆、小麦、玉米和水稻4种作物。2003年良种补贴大豆、小麦，补贴规模3亿元，补贴地区为内蒙古、辽宁、吉林、黑龙江、河北、河南、山东、江苏、安徽9省区。2004年良种补贴水稻、小麦、玉米和大豆，补贴额达10多亿元，补贴地区为内蒙古、辽宁、吉林、黑龙江、河北、河南、山东、江苏、安徽、湖南、湖北、江西、四川13个粮食主产省区。

2005年国家良种推广补贴项目重点安排在13个粮食主产省区，兼顾非主产省区的生产区域。2005年安排优质专用小麦1亿亩，每亩补贴10元；专用玉米1000万亩，每亩补贴10元；高油大豆1000万亩，每亩补贴10元。小麦重点补贴优质强筋和弱筋品种，兼顾优质高中筋和中筋品种；玉米重点补贴青贮玉米；大豆继续补贴高油品种。国家继续对黑龙江、辽宁、吉林、江西、安徽、湖北、湖南等7省以计税耕地为基础的水稻种植实际面积给予补贴，即早稻每亩补贴10元，中稻（东北粳稻）每亩补贴15元，晚稻每亩补贴 7 元。

4）农机补贴

农业机械购置补贴（简称农机补贴）资金是中央财政为鼓励和支持农民使用先进适用的农业机械，推进农业机械化进程，提高农业综合生产能力而设立的专项资金。补贴对象是符合补贴条件的农民（农场职工）和直接从事农业生产的农机服务组织，以农机专业户为主。中央财政资金的补贴标准为按不超过机具价格的 30% 进行补贴，各地的具体补贴方案要根据当地具体情况而分别制定。

5）农资综合直补

农资综合直补是指在现行粮食直补制度基础上，对粮农因柴油、化肥、农药等农业生产资料增支实行的综合性直接补贴政策。补贴规模根据预计全年农业生产资料价格变动对农民种粮收益的影响综合测算确定，并对柴油调价硬性增支因素予以充分考虑。补贴资金全部由中央财政负担，一次性拨付地方并重点向粮食主产区和产粮大县倾斜，年内不再随后期农业生产资料实际价格变动而调整。2006 年中央共安排农资综合补贴 125 亿元。

6）能繁母猪补贴

2007 年国务院颁发了《国务院关于促进生猪生产发展稳定市场供应的意见》，意见中指出，为了促进保护能繁母猪生产能力，国家按每头 50 元的补贴标准，对饲养能繁母猪的养殖户（场）给予补贴，补贴资金由国家承担。其中，中央财政负担 60%，计 30 元/头，地方财政负担 40%，计 20 元/头。地方财政承担的 40% 中，省辖市承担 30%，计 6 元/头，县承担 70%，计 14 元/头。

7）奶牛良种补贴

为了提高农民使用优质奶牛冷冻精液的积极性，加速奶牛品种改良，改善牛群质量，提高奶牛养殖效益，2005 年农业部畜牧司启动了奶牛良种补贴（试点）项目。在列入《全国奶业优势区域发展规划》的河北、内蒙古、黑龙江和山西 4 省（区），选择部分奶牛生产重点县作为实施奶牛良种（冷冻精液）补贴的试点县。在试点县对使用优质奶牛冷冻精液的奶牛养殖户给予补贴。具体补贴标准是：对价格在 15～60 元/支的优质奶牛冷冻精液，按每支 10 元的标准进行补贴。2005 年计划改良奶牛 60 万～65 万头。

8）油料作物补贴

由于国内油料作物减产，国内植物食用油价格攀升，农业部于 2008 年 1 月启动了振兴油料生产计划，该计划目标是使 2008 年油料生产恢复到 2006 年水平，即面积达到 3.46 亿亩，平均亩产达到 135 千克，总产量达到 4700 万吨。到 2010 年，油料面积比 2006 年扩大 2080 万亩，平均亩产提高 10

千克，总产提高14%。计划主要包括7个方面：对油菜、大豆良种进行补贴，组织油料生产大项目的实施以及制定油料作物重点区域布局规划等等。

2. 农业政策对环境的影响

在农业政策中，以粮食增产为目标的一些政策对生态环境产生了负面影响。这主要表现在垦荒政策、农业土地政策、农产品价格政策、农业生产资料补贴政策等几个方面。

垦荒政策直接导致农业自然资源过度开发，同时开垦一些不适合农业生产的土地，如草原和农牧交错带，会引起土地退化。农业土地政策中的“四荒”拍卖政策如果监管不当，会破坏生态脆弱的边际土地。农产品价格支持政策鼓励了农民种粮积极性。农业生产资料补贴政策直接鼓励使用农药、化肥，而农药、化肥的过量使用会破坏农业生态环境。研究表明，目前，中国化肥当季利用率仅为30%～40%，其中磷肥的利用率在10%～25%，氮肥利用率在30%～40%，钾肥利用率在40%～60%，而农药杀虫剂中有效成分的利用只有10%～15%。农药、化肥中的残留物质大部分会随空气、土壤和水散失，对生态环境的影响十分严重。

3. 农业政策对湿地的影响

以粮食增产、农民增收为主要目的的一些农业政策给湿地资源带来了一定的负面影响，如垦荒政策、农业土地政策、农产品价格政策、农业生产资料补贴政策等。

以三江平原湿地为例，新中国成立初，在国家“以粮为纲”方针的指引下，湿地资源被大量开垦为农田。经过50多年的开发建设，三江平原湿地面积减少约432万公顷，平均每年减少8万公顷左右，湿地面积缩小了近80%。1992年以来，本研究社区所在的挠力河两岸的大片湿地被开垦成农田。以水田为主的百万公顷农田的灌溉用水中，对化肥和农药残留未经处理便被放入河中，水体富营养化状态加重，生化耗氧量显著增高，这些已经对水生动物的生存和繁衍产生了负面影响。

近期国家对农业的一系列优惠政策再次激起了农民的粮食种植热情，尤其是在农村人均耕地面积达到15亩以上的三江平原地区，农民的种粮热情十分高涨。但是，在湿地保护机制尚不完善的情况下，仍存在着农户为了提高粮食产量、增加家庭收入而开荒拓地，进而破坏湿地资源的现象。

促进农村劳动力转移政策有利于湿地保护。劳动力进城务工减轻了农村人口压力，同时也减轻了对土地资源的压力，有利于湿地保护项目的建设。1995～2000年，黑龙江省人口迁入率为1.95‰，迁出率为5.70‰，净迁移率为－3.75‰，黑龙江省也从人口净迁入地区转变为人口净迁出地区（于潇，2006）。

（四）环境政策

环境政策是协调发展与资源环境之间矛盾的手段，同时也是可持续发展战略的延伸和目标实现的重要调控手段。中国的环境政策主要经历了以下3个阶段。

第一个阶段（1979～80年代末）。以1979年颁布的《环境保护法》为标志，中国工业环境保护开始纳入法制轨道。这一时期中国环境政策制度建设的总原则是“谁污染、谁治理”，环境政策主要致力于建立环境标准法规、加强环境检测和统计、“三同时”政策、排污收费、环境影响评价、环境保护目标责任制、企业环保考核、城市环境综合治理定量考核、排污许可证制度、污染集中控制、污染源限期治理等。

第二个阶段（80年代末～90年代初）。以1994年《中国21世纪议程》的提出为标志，在建立社会主义市场经济体制中，充分运用经济手段，促进保护资源和环境，实现资源可持续利用。这一时期，中国的环境政策主要致力于：实行持续发展战略；采取有效措施，防治工业污染；深入开展环境综合治理，认真治理城市“四害”；提高能源利用效率，改善能源结构；推广生态农业，坚持不懈地植树造林，切实加强生物多样性保护；大力推进科技进步，加强环境科学研究，积极发展环保产业；运用经济手段保护环境；加强环境教育，不断提高全民族的环境意识；健全环境法制，强化环境管理；参照环发大会精神，制定中国的行动计划①。

第三个阶段（2003年至今）。以2003年“科学发展观”的提出为标志，政府提出了“统筹城乡发展、统筹区域发展、统筹经济社会发展、统筹人与自然和谐发展、统筹国内发展和对外开放”。这一时期，中国的环境政策致力于统筹人与自然的和谐发展，高度重视资源和生态环境问题，处理好经济建设、人口增长与资源利用、生态环境保护的关系，增强可持续发展的能力，推动整个社会走上生产发展、生活富裕、生态良好的文明发展道路。

1. 湿地保护政策

1979年中国颁布了《中华人民共和国环境保护法（试行）》，标志着中国的环境保护开始纳入法制轨道。1992年，中国正式加入了《湿地公约》，并将黑龙江扎龙等7个自然保护区列入《国际重要湿地名录》。

目前，虽然中国还没有制定专门的湿地保护法律，但是也已颁布了一系列有关自然资源及生态环境保护的法规，其中《森林法》、《野生动物保护

① 1992年8月，在联合国环境与发展大会以后，党中央国务院批准了中国环境与发展的十大对策，总结了环保工作20年的实际经验。

法》、《水土保持法》、《环境保护法》、《海洋环境保护法》等多部法律法规均与湿地保护密切相关。同时，中国还制定了与湿地保护有关的一系列行政法规，如《自然保护区条例》、《陆生野生动物保护实施条例》、《基本农田保护条例》等十几部。各级地方政府根据国家有关法律，结合本地区实际情况，还制定了相应的实施办法及地方性法规，如《黑龙江省湿地保护条例》、《甘肃省湿地保护条例》等。同时完成了与湿地保护与管理有关的《中国21世纪议程》、《中国生物多样性保护行动计划》、《全国生态环境建设规划》、《中国湿地保护行动计划》、《全国湿地保护工程规划（2002-2030)》等全国性的重要规划。2004年6月5日国务院办公厅发出了《关于加强湿地保护管理的通知》，体现了对湿地资源和生物多样性保护的高度重视，并将湿地保护与管理工作推向新阶段。

2004年，黑龙江省政府将饶河县境内的大佳河自然保护区定为省级重点湿地保护区，该保护区总面积为72604公顷，其中天然湿地面积2033公顷。同时，该县成立了大佳河省级自然保护区管理局，并根据《环境保护法》、《自然保护区条例》、《黑龙江省湿地保护条例》等有关法律法规，于2006年制定了《大佳河省级自然保护区湿地管理办法（试行)》，对大佳河湿地保护提供了具体的政策依据。根据该管理办法，2007年位于核心区内挠力河堤北侧无合法手续的耕地要全部退耕还湿，其他地域，根据国家湿地恢复政策逐年退耕还湿。

2. 与环境保护相关的项目工程

围绕生态环境保护，林业、环保、农业、水利等部门实施了若干重大生态环境保护工程。

(1) *天然林资源保护工程*

1998年开始试点，2000年10月正式启动，由国家林业局负责实施，工程规划期到2010年。主要政策措施是森林资源管护，按每人管护5700亩，每年补助1万元。工程范围包括长江上游、黄河中上游地区和东北、内蒙古等重点国有林区的17个省（区、市）的734个县和163个森工局。长江流域以三峡库区为界的上游6个省区市，包括云南、四川、贵州、重庆、湖北、西藏。黄河流域以小浪底为界的7个省市区，包括陕西、甘肃、青海、宁夏、内蒙古、山西、河南。东北内蒙古等重点国有林区5个省区，包括内蒙古、吉林、黑龙江（含大兴安岭)、海南、新疆。天保工程区有林地面积10.23亿亩，其中天然林面积8.46亿亩，占全国天然林面积的53%。

在2000~2010年间工程实施的目标为，一是切实保护好长江上游、黄河上中游地区9.18亿亩现有森林，减少森林资源消耗量6108万立方米，调减商品材产量1239万立方米。到2010年，新增林草面积2.2亿亩，其中新增森林面积 1.3 亿亩，工程区内森林覆盖率增加 3.72 个百分点。二是东北、内蒙古等重点国有林区的木材产量调减 751.5 万立方米，使 4.95 亿亩森林得到有效管护，48.4 万富余职工得到妥善分流和安置，实现森工企业的战略性转移和产业结构的合理调整，步入可持续经营的轨道。

（2）退耕还林工程

由国家林业局负责实施的退耕还林工程于 1999 年开始试点，在陕西、甘肃和四川三省率先开展。2000 年，工程扩展到西部长江上游的云南、四川、贵州、重庆、湖北，黄河中上游的陕西、甘肃、青海、宁夏、内蒙古、山西、河南、新疆共 13 个省（区），174 个县。2002 年中国全面启动退耕还林工程。其范围从以西部为主的 20 个省（区）进一步扩展到全国 25 个省（区、市），1897 个县。到 2003 年底，退耕还林覆盖了全国 2 万多个乡镇，10 万多个村，6000 多万农户。2004 年，在全国粮食供求关系发生重大变化，粮食价格攀升的情况下，国家对退耕还林政策进行了局部调整，即大幅度减少新增退耕还林面积，对退耕还林的补助方式也有变化。2004 年退耕户的粮食补助改为现金补助。表 5－11 详列了 1999～2004 年间退耕还林的完成情况。

在退耕还林工程的具体实施方面，根据《退耕还林条例》的规定，国家按照核定的退耕还林实际面积，向土地承包经营权人提供补助粮食、种苗、造林补助费和生活补助费。2002 年《国务院关于进一步完善退耕还林政策措施的若干意见》规定的补偿标准为，国家无偿向退耕户提供粮食、现金补助。粮食和现金补助标准为：长江流域及南方地区，每亩退耕地每年补助粮食（原粮）150 千克；黄河流域及北方地区，每亩退耕地每年补助粮食（原粮）100 千克，每亩退耕地每年补助现金 20 元。粮食和现金补助年限：还草补助按 2 年计算；还经济林补助按 5 年计算；还生态林补助暂按 8 年计算。补助粮食（原粮）的价款按每千克 1.4 元折价计算。补助粮食（原粮）的价款和现金由中央财政承担。

此外，退耕还林政策还规定，国家保护退耕还林者享有退耕土地上的林木（草）所有权。退耕土地还林后的承包经营权期限可以延长到 70 年。承包经营权到期后，土地承包经营权人可以依照有关法律、法规的规定继续承包。退耕还林土地和荒山荒地造林后的承包经营权可以依法继承、转让。

（3）退牧还草工程

退牧还草政策的实施背景和退耕还林一样，其目的也是为保护草原生态环境，实现草原的可持续利用和牧民生计的可持续获得。退牧还草工程是指通过围栏建设、补播改良以及禁牧、休牧、划区轮牧等措施，恢复草原植被，改善草原生态，提高草原生产力，促进草原生态与畜牧业协调发展而实施的一项草原基本建设工程项目。

表 5－11　中国 1999～2004 年退耕还林完成情况

年份	合计（万公顷）			退耕还林（万公顷）			宜林荒山荒地造林（万公顷）		
	计划	完成	%	计划	完成	%	计划	完成	%
1999	44.70	44.70	100.00	38.10	38.10	100.00	6.60	6.60	100.00
2000	84.50	83.10	98.40	37.70	38.20	101.40	46.80	44.90	96.00
2001	98.30	88.50	90.00	42.00	39.90	95.00	56.30	48.60	86.30
2002	574.90	413.20	71.90	264.70	197.50	74.60	310.20	215.70	69.55
2003	713.33	667.87	93.63	336.70	320.62	95.23	376.63	347.25	92.19
2004	400.14	373.73	93.40	66.66	65.93	98.90	333.48	307.80	92.40
合计	1915.87	1671.10	87.22	785.86	700.25	89.11	1130.01	970.85	85.92

数据来源：国家林业局 2004 年 12 月 24 日前公布的数据。

该工程 2003 年由农业部负责实施，计划用 5 年时间在西部 11 个省（区）实施。重点治理蒙甘宁西部荒漠草原、内蒙古东部退化草原、新疆北部退化草原和青藏高原东部江河源草原，先期集中治理的 10 亿亩草原约占西部地区严重退化草原的 40%。2003 年和 2004 年是工程的试点期，在甘肃、内蒙古、新疆、青海、宁夏试行。

（4）森林生态效益补偿制度

2001 年中央财政开始设立“森林生态效益补偿基金”，首先在河北、辽宁、黑龙江、山东、浙江、安徽、江西、福建、湖南、广西、新疆 11 个省（区）的 658 个县和 24 个国家级自然保护区，进行森林生态效益补偿资金的试点。2004 年 12 月 10 日中央森林生态效益补偿基金机制正式在全国范围内全面实施，从 2004 年起，中国每年拿出 20 亿元，对全国 4 亿亩重点公益林进行森林生态效益补偿。这意味着中国正从无偿使用森林生态效益进入到有偿使用的阶段。

森林生态效益补偿基金是对重点公益林管护者发生的营造、抚育、保护和管理支出给予一定补助的专项资金。基金的补偿范围为国家林业局公布的重点公益林林地中的有林地，以及荒漠化和水土流失严重地区的疏林地、灌木林地、灌丛地。补偿基金补助标准为平均每年每亩 5 元，其中 4.5 元用于补偿性支出，0.5 元用于森林防火等公共管护支出。补偿性支出用于重点公益林专职管护人员的劳务费或林农的补偿费以及管护区内的补植苗木费、整地费和林木抚育费。公共管护支出用于按江河源头、自然保护区、湿地、水库等区域区划的重点公益林的森林火灾预防与补救、林业病虫害预防与救治、森林资源的定期定点监测支出。

（5）生态家园富民计划

生态家园的概念于 1999 年由农业部首先提出，它主要以生态环保为主题，农民增收为目的，把农民生产、生活有机结合起来。“生态家园富民计划”于2000年首先在陕西、甘肃、宁夏等西北7个省、自治区开始试点。该工程建设以农户为基本单元，系统整合再生能源技术和高效生态农业，与农村改厕、改圈、改厨、改院结合，引导农民改变落后的生产生活方式，使土地、太阳能和生物资源得到更有效的利用，形成农户生产、生活的良性循环，实现家居温暖清洁化、庭院经济高效化和农业生产无害化。改善生态环境，增加农民收入，促进贫困农民脱贫致富。该工程建设前期主要为以沼气为纽带的各类能源生态模式工程，同时根据实际需要，配套建设太阳能利用工程、省柴节煤工程和小电源工程。其预期实现目标为农民生活环境得到明显改善，生产活动实现经济生态良性循环；农民生活用能效率达到30%以上，优质能源占50%左右；农民收入在原有基础上，人均增收1000元以上。自2000年提出并组织实施生态家园富民计划以来，国家已投入资金34亿元，项目涉及2594个县次、26383个村，受益农户达375万户。

（6）全国生态省建设

1995年国家环保局首先提出进行生态示范区建设，并于1996年批准了第一批试点。1999年，国家环境总局又提出开展生态省（市、县）的创建活动，将范围扩大到省域，将示范推广到连片的市和县，将标准进一步提高到和经济社会的长远目标相一致。2003年，国家环保总局又发布了生态省（市、县）建设的指标体系，用于指导生态省（市、县）建设，同时将环境优美乡镇和生态村纳入这个序列进行管理。从而形成了生态省、生态市（地）、生态县、环境优美乡镇、生态村这样一个不同层次的创建模式，从生态示范区到生态省（市、县）按指标要求的不同则形成了两个阶段。截至2004年底，经国家环保总局批准在建的生态示范区包括海南、吉林、黑龙江、福建、浙江、山东和安徽等7个生态省试点单位，484个县市级生态示范区试点单位，其中82个已通过国家环保总局考核，并被命名为国家级生态示范区。

按照生态省的系统结构，将生态省建设总目标具体分解为经济发展总体水平、资源保障和可持续发展水平、生态建设和资源永续利用水平、社会发展水平、人居环境质量水平6个子目标。其中生态建设和资源永续利用水平和环境保护水平指标如表5－12所示。

3. 环境影响评价制度

环境影响评价，是在环境的开发、利用之前，对该开发或建设项目的选址、设计、施工和建成后将对周围环境可能产生的影响、拟采取的防范措施和最终不可避免的影响所进行的调查、预测和评价，并制定防止和减少环境损害的最佳方案。1979年中国的《环境保护法》中规定了实行环境影响评价报告制度。1981年的《基本建设项目环境保护管理办法》中对环境影响

表 5－12　生态省部分指标的具体衡量标准

指标类别	指标名称	单位	衡量标准
生态建设和资源永续利用水平	森林覆盖率	%	30
	自然保护区面积占辖区面积比重	%	15
	退耕还林还草占地率	%	1
	人均用水量（地下水）	立方米/人	55
环境保护水平	工业固体废弃物综合利用率	%	90
	工业废水排放达标率	%	100
	主要工业污染（SO_2）去除率	%	80
	农用化肥施用强度	千克/公顷	250
	农药使用强度	千克/公顷	12.4
	环境保护投资占 GDP 的比重	%	3.5

资料来源：国家环境保护总局：《生态县、生态市、生态省建设指标（试行）》，2003。

评价的范围、内容、程序等做出具体规定。1998 年国务院发布了《建设项目环境保护管理条例》，进一步扩大了评价的范围，在中国确立了完整的环境影响评价制度。此外，在《海洋环境保护法》、《大气污染防治法》、《水污染防治法》等单行环境保护法中也都对环境影响评价制度作出了规定。2002 年中国颁布了《中华人民共和国环境影响评价法》，并于2003 年 9 月 1 日正式施行。

中国环境影响评价的主要内容包括：建设项目基本情况（包括建设项目的地点、建设规模、产品方案和主要工艺方法、主要原料、燃料、用水量和来源、各种废物的排放量和排放方式、废弃物回收利用和处理方案、占地面积和土地利用情况、发展规划等）；建设项目对周围地区的环境影响的分析和预测；环境监测制度建议；环境影响经济损益分析；环境质量的影响，建设规模、性质，选址是否合理、是否符合环保要求，采取的防治措施经济上是否合理、技术上是否可行，是否需要再进一步评价。

4. 环境政策的影响

天然林保护工程、退耕还林工程和森林生态效益基金的实施，提高了中国的森林覆盖率。中国森林覆盖率从 1998 年的 16.5% 提高到 2006 年的 18.2%，就是其主要推动作用的体现。

同时，生态退耕是中国耕地减少的主要原因。1997～2004 年全国耕地损失量为 1.5795 亿亩，主要流向分为四类：建设占用、灾害毁损、生态退耕、农业结构调整。生态退耕，累计减少耕地 0.9705 亿亩，占总耕地损失总量的 61%。

李小云（2004）认为，"2004 年以来，由于担心粮食供应不足，'恐粮症'再次开始影响这一具有重要战略意义的计划，退耕还林、退牧还草的计划开始收缩，这一波动显示了中央政府在粮食安全与生态安全之间仍未找到一个长期性的战略选择”。

5. 环境政策对湿地的影响

目前，中国保护湿地的主要手段是建立湿地自然保护区，这是目前国际通行的做法，也是加强对湿地保护与管理的最有效的方法之一。中国现已建立湿地自然保护区353处，面积近4000万公顷，其中国家级46处，湿地面积402万公顷，省级121处。1600万公顷的天然湿地和33种国家重点保护水禽在保护区内得到较好保护。并且，建立了黑龙江扎龙、吉林向海、江苏盐城、湖南洞庭湖、江西鄱阳湖等21处国际重要湿地，面积达303万公顷。因此，国家建立湿地自然保护区政策对湿地资源具有积极的影响。

但是，湿地保护政策在执行过程中也存在一些问题。首先，湿地管理体制不顺。中国湿地保护、管理与开发利用涉及十多个有关政府部门，如国家发改委、环保总局、农业部、海洋局、水利部、国土资源部、林业局，由于各部门对湿地的保护、开发利用和管理方面的责任、权利、义务不明确，各行其是，各取所需，相互之间出现众多矛盾，严重地影响了湿地的科学保护和合理利用（黄成才，2004）。以饶河县为例，保护区内经土地局批准开发的国有土地106740亩，其中已办证的63178亩，土地局收费没办证的43526亩。2000年2月1日，大佳河湿地被县政府定为县级自然保护区，而这些土地的承包合同期还未到，甚至还有持开荒证的人因为没有达到开荒证内批准收费的面积而仍在继续开垦，严重地破坏了该区域内的湿地保护。

其次，湿地管理法规不全。中国目前还没有对湿地进行专门立法，对湿地保护与管理的相关依据散落在各种基本法律和行政法规中。现行的法律法规中还没有明确给出湿地概念的法律定义，其调整范围也不明确。由此导致一些法律对湿地类型或者湿地相关类型资源的开发利用行为，实际上采取的是默认或者鼓励的态度，给原本应该加强保护的湿地，又增加了合法开发的压力。例如，《中华人民共和国土地管理法》将沼泽、滩涂等湿地列入往往被视同为荒地的“未利用地”类型，将湿地保护置于两难处境（朱建国，2004）。

再次，湿地保护影响了农户的生计。建立湿地保护区是保护湿地的一种有效办法，然而一些湿地保护区范围过大，大面积耕地和村屯被划入自然保护区内，影响和制约了保护区周边的生产活动和正常发展。同时，由于湿地保护资金不足，农户获得的“退耕还湿”补助低于土地生产效益，给农民带来了很大的利益损失。大佳河自然保护区涉及饶河县9个乡镇，30个村屯，共计1800余户，4万余人，可耕旱田15万亩，水田5万亩，湿地保护区的建立无疑将对这些农户的生计造成影响，尤其是该区域内的贫困农户受“退耕还湿”的影响更大，生计更为脆弱。

黑龙江省是目前全国7个生态省试点之一，提出了建设黑龙江省生态省的政策保障体系。在黑龙江生态省建设标准中将物种多样性指数、珍稀濒危物种保护率等列为生态环境保护和建设指标，有利于黑龙江省境内湿地资源的保护。

由于地方在项目工程执行过程中存在的误区，一些与环境保护相关的项目工程对湿地资源也产生了不利的影响。这主要表现在退耕还林工程中，误把林地覆盖率当成评估和监测的标准，盲目追求植树造林的面积，而忽视了当地生态系统结构情况。蔡葵（2003）指出，云南会泽县在湿地自然保护区内植树造林，从而影响了鸟类的栖息地。同时，谢焱（2003）认为退耕还林工程缺乏对当地濒危物种的考虑，如丹顶鹤等水禽的生存需要恢复湿地植被，而不是盲目的植树造林。

三　饶河县公共政策分析

本研究通过机构访谈的方式，对饶河县部分机构实施的公共政策进行了调查，进而对与湿地保护相关的公共政策进行分析与评价。目前，饶河县与湿地资源管理直接相关的行政机构①有林业局、国土资源局、水务局、畜牧局、环境保护局；与湿地资源管理间接相关的行政机构有农业委员会、扶贫办。

（一）与湿地资源管理直接相关的行政机构及其政策分析

1. 林业局

机构设置及其职能

（1）办公室；

（2）县绿化办：负责全县义务植树和造林绿化工作；

（3）造林工作总站（退耕办、三北办、亚行造林项目办）；

（4）森林资源办公室（林政股、野生动植物保护办公室）：贯彻执行《野生动物保护法》以及国家、省有关野生动植物资源保护的法律法规；组织野生动植物资源调查监测；

（5）生产经营办公室（种苗站、森林生态效益补助办公室）；

---

① 饶河县政府已成立湿地局，拟在湿地局内部设置的机构有：办公室、保护科、宣教科、生产科、湿地派出所。初步设40人的编制，但县政府只批准了15个编制，目前已经报送双鸭山市政府审批，但尚未批准。同时，湿地局已经制定了一个《大佳河自然保护区管理办法（讨论稿）》，报饶河县政府和县人大审阅，现在仍然没有批复，湿地局的工作仍未正式运行。因此，本研究对于湿地管理方面的政策分析暂列入林业部门的政策分析之中。

（6）县森林防火办公室；

（7）森林病虫防治检疫站；

（8）林业森林公安分局；

（9）乡（镇）林业工作站；

（10）木材检查站。

林业相关政策法规

（1）林业法律部分

序　号	法　律　部　分	生效时间	制定机关
1	中华人民共和国森林法(1998年修订)	1985.01.01	全国人大常委会
2	中华人民共和国野生动物保护法	1989.03.01	全国人大常委会
3	中华人民共和国种子法	2000.12.01	全国人大常委会
4	中华人民共和国防沙治沙法	2002.01.01	全国人大常委会

（2）林业行政法规部分

序　号	法　律　部　分	生效时间	制定机关
1	森林法实施条例	2000.01.29	国务院
2	陆生野生动物保护实施条例	1992.03.01	国务院
3	森林防火条例	1988.03.15	国务院
4	植物检疫条例	1983.01.01	国务院
5	野生植物保护条例	1997.01.01	国务院
6	植物新品种保护条例	1997.10.01	国务院
7	退耕还林条例	2003.01.20	国务院
8	自然保护区条例	1994.12.01	国务院
9	病虫害防治条例	1989.12.18	国务院
10	全民义务植树运动的实施办法	1982.02.27	国务院
11	森林和野生动物类型自然保护区管理办法	1985.07.06	国务院
12	中华人民共和国猎枪弹具管理办法	1994.03.01	国务院
13	陆生野生动物资源保护管理收费办法	1993.01.01	国务院

（3）林业部门规章

序　号	行政执法依据名称	生效时间	制定机关
1	林木林地权属争议处理办法	1996.10.14	林业部
2	林木和林地权属登记管理办法	2000.11.02	国家林业局
3	占用征用林地审核审批管理办法	2000.11.02	国家林业局
4	占用征用林地审批管理规范	2003.08.14	国家林业局
5	林地管理暂行办法	1993.08.30	林业部
6	森林采伐更新管理办法	1987.09.10	林业部
7	植物检疫条例实施细则(林业部分)	1994.07.26	林业部
8	关于造林质量事故行政责任追究制度的规定	2001.09.24	国家林业局
9	造林质量管理暂行办法	2002.02.17	国家林业局
10	《木材运输检查监督办法》	1990.11.01	国家林业局
11	《林业行政处罚程序规定》	1996.10.01	国家林业局

(4) 林业地方性法规

序 号	行政执法依据名称	生效时间	制定机关
1	黑龙江省林木种子管理条例	1997.10.01	黑龙江省人大常委会
2	黑龙江省森林管理条例	1995.10.01	黑龙江省人大常委会
3	黑龙江省野生动物保护条例	1996.10.01	黑龙江省人大常委会
4	黑龙江省湿地保护条例	2003.08.01	黑龙江省人大常委会

(5) 林业地方规章

序 号	行政执法依据名称	生效时间	制定机关
1	黑龙江省自然保护区管理办法	1996.02.08	黑龙江省政府
2	黑龙江省森林植物检疫实施办法	1996.11.22	黑龙江省政府
3	黑龙江省实施退耕还林条例办法	2003.06.01	黑龙江省政府
4	黑龙江省森林病虫害防治实施办法	1997.12.01	黑龙江省政府
5	黑龙江省森林采伐管理办法	2002.05.27	黑龙江省政府
6	黑龙江省实施《森林防火条例》办法	1989.03.09	黑龙江省政府

相关政策分析

(1) 森林生态效益补偿基金制度

饶河县林业局于 2002 年开始实行森林生态效益补助试点工作，全县 12066.7 公顷重点生态公益林被纳入工程范围，并对其实行森林管护经营，每年投入近百万元资金用于造林、森林防火、林木病虫害防治、森林公安检查等基础设施建设和支付管护工人开支，建设期为 10 年。

(2) 退耕还林工程

2002 年，省政府将饶河县纳入退耕还林工程建设区。2003 年，全县完成“退耕还林工程”耕地还林 6670 公顷，每亩补贴 160 元，资金由中央财政直接拨款。2004 年，全县完成“退耕还林工程”荒山荒地造林 334 公顷。2005 年，完成“退耕还林工程”耕地还林 200 公顷。至今，全县实施“退耕还林工程”共造林约 13000 亩，成活率均达 90% 以上，保存率在 85% 以上。

(3) 野生动植物保护

湿地及野生动植物保护是林业部门的职责。饶河县林业局于 2003 年成立了野生动植物保护管理办公室，专门负责野生动植物的保护和监测工作，依照相关条例，其有权对破坏湿地保护区内的野生动植物进行行政罚款。据初步统计，保护区植物组成中包含的经济植物可分为 15 类：药用植物 440 种，占该区植物总种数的 65.09%；食用植物类群 114 种，占该区植物总种

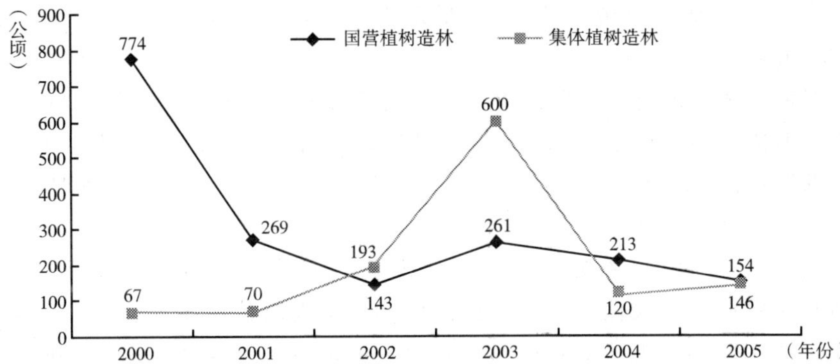

图 5-2 2000~2005 年饶河县植树造林情况

数据来源：饶河县人民政府：《饶河县志》（续志）

数的 16.84%；蜜粉源植物 164 种；绿化、环保植物 210 种等。同时，保护区内共记录有脊椎动物 381 种，林栖动物和湿地动物尤为丰富。全区共有脊椎动物 6 纲 37 目 87 科 235 属 381 种。其中圆口类 2 种；鱼类 7 目 16 科 49 属 56 种，占黑龙江省鱼类种数的 57.28%；两栖类 2 目 4 科 8 种，爬行动物 3 目 4 科 9 种。保护区共有鸟类 251 种，占全省鸟类种数的 67.84%，由于该区拥有大面积的湿地，每年均有数百万只水禽来此栖息、繁殖。饶河县林业局野生动植物保护管理办公室的行政执法将有效地保护该区域内湿地资源和生物多样性。

（4）湿地保护区和退耕还湿

2004 年设立的黑龙江省级大佳河自然保护区，保护区总面积为 72604 公顷，其中水域约为 5633 公顷、沼泽 34521 公顷、草甸草原 9534 公顷、耕地 13340 公顷、林地 9576 公顷，分别占保护区总面积的 7.76%、47.55%、13.13%、18.37%和 13.19%。区内大小河流 50 余条，均属黑龙江北系乌苏里江流域。主要河流有 2 条，即乌苏里江和挠力河。大小泡泽百余个，较大湖泡有南湖、莲花泡等。其余面积为耕地、村屯、道路等占地。

保护区共分湿地、山地两大区域。其中，湿地区域，东至西丰嘴子，西至西丰镇芦源村与红旗岭农场十六队交界处，南至饶西公路，北至挠力河。面积为 38081 公顷。其中核心区面积为 19275 公顷，缓冲区面积为 9357 公顷，试验区面积为 9449 公顷；山地森林区，东至乌苏里江，西至通河林场与东方红林业局交界和饶西公路饶河至三人班段，南至七里沁与虎林为界，北至三人班村与饶河农场为界。面积为 34523 公顷。其中核心区为 11471 公顷，缓冲区为 3665 公顷，试验区为 19387 公顷。保护区涉及全县9个乡镇，30个村屯，共计1800余户，4万余人。可耕旱田15万亩，水田5万亩。

根据《大佳河省级自然保护区湿地管理办法（暂行）》规定，“保护区核心区内挠力河堤防以北（外侧），已确认没有合法手续的耕地，在2007年全部退耕还湿；其他地域，根据国家湿地恢复政策逐年退耕还湿”。目前，大佳河保护区内已完成退耕还湿土地面积达200公顷。

但是，湿地保护区规划和退耕还湿对区内农户生计产生了一定影响。饶河县是农业县，大佳河湿地保护区内涵盖了大面积村庄和农田，即4万多人。村庄迁移，土地退耕还湿，将给农民带来很大的利益损失。加之近年来粮价上涨，土地价格一再飙升，使土地资源更加宝贵。同时，国家对退耕还湿农户没有补贴，饶河县少量的财政经济补偿难以代替土地带给农民的长远利益。另外，大面积耕地和村屯被划入自然保护区之后，有些正常的生产活动和工程建设受到限制，影响和制约了保护区周边的生产活动和正常发展。这些问题都有待于由即将成立的饶河县湿地局进行解决。

2. 国土资源局

机构设置及其职能

（1）办公室。

（2）计财股。

（3）人事股。

（4）规划股。

规划业务：组织拟定国土综合开发整治的政策措施；组织编制、修订和实施国土规划、土地利用总体规划、土地专项规划。

（5）用地股。

耕地保护业务：负责组织实施基本农田的保护、农地转用、土地征用、土地开发、土地整理和复垦工作；负责土地开发、整理、复垦的审查、报批及组织实施工作；负责各类建设项目占用耕地的占补平衡措施的审核和监督检查、验收工作。

土地开发、利用管理业务：拟定并组织实施土地使用权划拨、出让等管理办法；负责农村集体非农土地使用权的流转管理。

（6）地籍股。

组织实施土地调查、统计、确权、登记、发证工作；负责土地划界和权属管理，调解和处理土地权属纠纷；承办土地证书的土地登记和发证。

（7）矿产股。

（8）执法监察局。

国土资源相关政策法规

序　号	政策法规名称	生效时间	制定机关
1	中华人民共和国物权法	2007. 10. 01	全国人大
2	自然保护区土地管理办法	1995. 07. 24	国家环境保护局
3	中华人民共和国测绘法	2002. 12. 01	全国人大常委会
4	协议出让国有土地使用权规定	2003. 08. 01	国土资源部
5	外商投资开发土地管理办法	1990. 05. 19	国务院
6	土地登记规则	1996. 02. 01	国家土地管理局
7	耕地占用税契税减免管理办法	2004. 08. 03	国家税务总局
8	地质灾害防治条例	2004. 03. 01	国务院
9	中华人民共和国城市房地产开发经营管理条例	1998. 07. 20	国务院
10	土地违法案件查处办法	1996. 03. 01	国家土地管理局
11	中华人民共和国土地管理法实施条例	1999. 01. 01	国务院
12	中华人民共和国土地管理法	1999. 01. 01	全国人大常委会
13	中华人民共和国矿产资源法	1997. 01. 01	全国人大常委会
14	基本农田保护条例	1999. 01. 01	国务院
15	建设用地审查报批管理办法	1999. 03. 02	国土资源部
16	划拨土地使用权管理暂行办法	1992. 03. 08	国家土地管理局
17	黑龙江省土地权属争议处理办法	2002. 06. 01	黑龙江省人民政府
18	黑龙江省土地登记办法	2004. 10. 15	黑龙江省人民政府
19	黑龙江省实施《中华人民共和国城镇国有土地使用权出让和转让暂行条例》办法	1993. 01. 01	黑龙江省人民政府
20	黑龙江省矿产资源管理条例	1998. 11. 01	黑龙江省人大常委会
21	黑龙江省地质环境管理办法	1999. 09. 02	黑龙江省人民政府
22	黑龙江省土地管理条例	2000. 01. 01	黑龙江省人大常委会

相关政策分析

大佳河省级自然保护区的管理权归饶河县湿地局，但是保护区内的资源则由多个部门交叉管理。其中，饶河县国土资源局对保护区内耕地的收费量最大。根据国土资源部门相关收费规定，饶河县国土资源局主要的收费项目有：土地管理费、土地复耕费、矿产费、评估费、土地登记费和年检费。土地管理费的收费标准为：农牧生产土地管理费 0. 30 元/平方米；非农牧生产管理费 0. 80 元/平方米。

调查发现，保护区内经县国土资源局批准开发的国有土地有 106740 亩，其中已办证的土地有 63178 亩，国土资源局收费但没办证的土地有 43526 亩。大佳河湿地在 2000 年 2 月 1 日被县政府批准确定为县级自然保护区，而这些土地有的是在近三年内刚刚办理土地使用证，甚至还有 2005 年签约承包的土地使用合同。目前，持证开荒的农户因还没达到土地使用证批准收费的面积而仍在继续开垦，这些都妨碍了区内湿地保护工作的开展。

《大佳河省级自然保护区湿地管理办法（暂行）》规定：“大佳河省级自

然保护区管理局在保护区内行使各项收费工作，同时原相关部门一律停止在保护区内的一切收费活动。保护区管理局使用财政部门的统一票据收取湿地资源管理费，存入财政专户，用于湿地管理、恢复和保护，做到专款专用；原有关部门签订的有效土地合同或有土地证的耕地，保护区管理局按每亩每年 50 元标准收取湿地保护管理费；位于核心区内挠力河堤防北侧为无合法手续耕地的，2006 年无条件退耕还湿。堤防南侧，无手续耕地由湿地局清理测量后，暂时按 70 元/亩收取湿地管理费，以后根据需要，按国家退耕还湿政策逐步退耕还湿；原有关部门签订的土地合同，保护区管理局按每亩每年 50 元的标准收取湿地保护管理费，挠力河堤防南侧的无手续耕地，暂行由湿地局清理统计，收取 70 元/亩的湿地恢复费，之后根据国家退耕还湿政策逐步还湿。”

但是，该管理办法仍在讨论阶段，各相关机构之间仍未达成协议。目前，湿地局和其他相关部门共同完成了保护区内土地的丈量工作，待湿地保护办法正式出台后，统一对保护区内的土地资源进行清理。

3. 水务局

机构设置及其职能

（1）办公室。

（2）财务审计室。

（3）农田股。

负责编制全县水利建设中长期规划和年度计划，并组织实施。负责重点水利建设项目的建议书和可行性研究报告立项、审查及申报工作。

（4）总工技术室。

（5）水利基层站。

负责全县灌区、涝区、机电井、机电排灌站及抗旱、排涝等农村水利工作。

（6）水利勘测设计队。

（7）水政水资源办。

组织实施全县取水许可制度和水资源费的征收工作；拟订全县水资源长期供求计划、水量分配方案，并监督实施。

（8）水政监察大队。

（9）两费一金办。

负责征收县区内工矿企业、机关事业单位（包括中省直、外地市驻饶单位和“三资”企业职工）及私营企业、个体经营者的防洪保安费。

（10）水土保持办公室（水土保持监督站）。

（11）防汛办。

（12）堤防管理站。

负责收缴堤防维护费。

（13）河道管理站。

负责依法开展县区河道管理工作，清理河道障碍物，确保安全泄洪、度汛，审批河道管理区内砂场，并征收管理费。

水务相关政策法规

序　号	政策法规名称	生效时间	制定机关
1	取水许可和水资源费征收管理条例	2006.04.15	国务院
2	中华人民共和国防洪法	1998.01.01	全国人大常委会
3	中华人民共和国防汛条例	1991.07.02	国务院
4	中华人民共和国水法	2002.10.01	全国人大常委会
5	中华人民共和国水土保持实施条例	1993.08.01	国务院
6	中华人民共和国行政许可法	2004.07.01	全国人大委员会
7	黑龙江省水土流失防治费和使用管理规定	1994.06.14	黑龙江省财政厅、物价局、水利厅
8	黑龙江省河道采砂管理办法	2004.08.11	黑龙江省水利厅
9	黑龙江省河道管理规定	1998.01.01	黑龙江省人大常委会
10	黑龙江省水资源费征收管理使用规定	1995.01.01	黑龙江省财政厅、物价局、计划委员会、水利厅
11	黑龙江省水利工程管理条例	1991.10.01	黑龙江省人大常委会
12	黑龙江省防洪保安费征收使用管理办法	1999.01.01	黑龙江省人民政府

相关政策分析

水务部门与湿地资源保护之间存在的冲突主要表现在以下两个方面。一是，排灌工程的修建改变了湿地的水文格局。以饶河县境内的别拉洪河为例。别拉洪河是乌苏里江的支流，全长267公里，流域面积达到4340平方公里。在新中国成立初期，流域内的沼泽面积率达95.93%，1983年以后，开始了大规模的涝区治理排水工程，修建了别拉洪流域的别拉洪新河及排干河，使得别拉洪流域的水文格局发生了很大变化，由一个流域变为3个小流域，湿地大面积减少。①

另外，水务局对保护区内的河道采砂具有行政许可权，并且在区内已经发包了许多水面、河段、泡子等合同，这为保护区内湿地资源的管理设置了行政阻碍，根据《大佳河省自然保护区湿地管理办法（暂行）》要求“原水利部门发包的水面、河段、泡子等合同，到期后不再续签，由保护区管理局统一管理”，但是，该管理办法中对保护区内已经发包的水资源合同并未采

① 王翠晓、刘红玉：《排水工程对三江平原湿地流域的影响分析》，《灌溉排水学报》2008年第1期。

取措施。

4. 畜牧局

机构设置及其职能

饶河县畜牧局内设机构有：综合股、办公室、检疫所、监督所、草原站、畜牧站、防疫站、兽医站。主要负责全县范围内的草地资源和畜牧业管理。

畜牧相关政策法规

序　号	政策法规名称	生效时间	制定机关
1	重大动物疫情应急条例	2005.11.16	国务院
2	种畜禽管理条例	1994.07.01	国务院
3	兽药管理条例	2004.11.01	国务院
4	草原防火条例	1993.10.05	国务院
5	中华人民共和国动物防疫法	2008.01.01	全国人大常委会
6	中华人民共和国畜牧法	2006.07.01	全国人大常委会
7	中华人民共和国草原法	2003.03.01	全国人大常委会
8	饲料和饲料添加剂管理条例	2001.11.29	国务院
9	兽药管理条例实施细则	1998.01.05	农业部
10	动物免疫标识管理办法	2000.07.01	农业部
11	黑龙江省种畜禽管理条例	1989.12.01	黑龙江省人大常委会
12	黑龙江省草原条例	2006.01.01	黑龙江省人大常委会
13	黑龙江省饲料管理暂行办法	1992.06.01	黑龙江省人民政府
14	黑龙江省绿色食品管理条例	2001.07.01	黑龙江省人大常委会
15	黑龙江省畜禽屠宰管理办法	2004.10.22	黑龙江省人民政府
16	黑龙江省奶业条例	2004.12.01	黑龙江省人大常委会
17	黑龙江省实施《中华人民共和国草原法》条例	1994.03.01	黑龙江省人大常委会
18	黑龙江省乡镇畜牧业综合服务管理条例	1996.01.01	黑龙江省人大常委会
19	黑龙江省种畜禽管理条例(修正)	1997.04.25	黑龙江省人大常委会
20	黑龙江省动物防疫条例	2001.03.01	黑龙江省人大常委会

相关政策分析

饶河县畜牧局在养殖项目引进上未进行过资源环境的影响评估，因而，给当地自然资源环境造成了一定的负面影响。2000 年，畜牧局与扶贫办共同引进了“绒山羊圈养项目”，到 2003 年，全县羊的饲养量达到 73514 只，其中绒山羊饲养量达 54979 只。由于绒山羊对树木、草地植被破坏严重，县政府及时停止了该项目。

畜牧局对草场实行承包经营，将草原与牧草、牲畜挂钩。饲养大牲畜 1 头可承包草场 5 亩，饲养绵羊 1 只可承包草场 2 亩，饲养山羊 1 只可承包草场 1 亩。至 2005 年，全县有草场承包户 91 户，面积 833.3 公顷，改良草场 320 公顷。大佳河自然保护区内的草场资源相当丰富，保护区成立后，湿地局和畜牧局对草场资源都有行政管理权，并且畜牧局已经发放了（放牧）

草原证，在草原证未到期前，湿地局只能通过对保护区内养殖户牲畜收取湿地保护管理费的方式来保护现有的草场资源。

5. 环境保护局

机构设置及其职能

（1）办公室。

（2）生态管理股。

（3）生态办，监督和实施自然生态保护法法规和规章，监督和管理东北黑蜂自然保护区、大佳河自然保护区的环境保护工作；负责生态示范区和生态县建设的组织、监督、指导工作。

（4）环境监察大队。

（5）环境监测站。

环境保护相关政策法规

序　号	政策法规名称	生效时间	制定机关
1	中华人民共和国环境保护法	1989. 12. 26	全国人大常委会
2	中华人民共和国大气污染防治法	2000. 09. 01	全国人大常委会
3	中华人民共和国水污染防治法	1984. 11. 01	全国人大常委会
4	中华人民共和国环境噪音污染防治法	1997. 03. 01	全国人大常委会
5	中华人民共和国固体废弃物污染环境防治法	1996. 04. 01	全国人大常委会
6	中华人民共和国放射性污染防治法	2003. 10. 01	全国人大常委会
7	中华人民共和国环境影响评价法	2003. 09. 01	全国人大常委会
8	建设项目环境保护管理条例	1998. 11. 29	国务院
9	中华人民共和国污染费征收使用管理条例	2003. 07. 01	国务院
10	放射性同位素与射线装置安全和防护条例	2005. 12. 01	国务院
11	中华人民共和国水污染防治法实施细则	2000. 03. 20	国务院
12	排污费收缴使用管理办法	2003. 07. 01	国务院
13	中华人民共和国自然保护区条例	1994. 12. 01	国务院
14	国务院关于加强发展循环经济的若干意见	2005. 07. 02	国务院
15	国务院关于落实科学发展观加强环境保护的决定	2005. 12. 03	国务院
16	国务院关于环境保护若干问题的决定	1996. 08. 03	国务院
17	黑龙江省环境保护条例	1995. 04. 01	黑龙江省人大常委会
18	黑龙江省工业污染防治条例	1997. 01. 01	黑龙江省人大常委会
19	黑龙江省自然保护区管理办法	1996. 02. 08	黑龙江省人民政府
20	黑龙江省居民居住环境保护办法	2000. 02. 01	黑龙江省人民政府
21	黑龙江省环境监理办法	1998. 01. 01	黑龙江省人民政府
22	黑龙江省排污费征收使用管理办法	2004. 06. 01	黑龙江省人民政府
23	黑龙江省湿地保护条例	2003. 08. 01	黑龙江省人大常委会

相关政策分析

饶河县环境保护局负责的生态示范区和自然保护区建设，有利于湿地资源的保护。饶河县于 1998 年 10 月 15 日被国家环保局（现环境保护部）确定为第二批全国生态示范区建设试点地区，2002 年 3 月 8 日被正式批准为国家级生态示范区，同时，又制定了《饶河县生态示范区建设的总体规划》，这对于保护三江平原湿地、生物多样性、天然林资源具有极大的促进作用。

目前，饶河县环境保护局依据《黑龙江省湿地保护条例》、《中华人民共和国环境影响评价法》、《建设项目环境保护管理条例》、《黑龙江省自然保护区管理办法》等法律法规，对大佳河自然保护区仍具有行政管理和监督的权力，这都有利于大佳河自然保护区内湿地资源的保护和管理。但是，环境保护局在湿地资源行政执法权力和范围上都远低于湿地局，因此，环境保护局时常在湿地资源管理上处于边缘化的行政管理位置，其对湿地资源管理的监督权力有待加强。

（二）与湿地资源管理间接相关的行政机构及其政策分析

1. 农业委员会

饶河县农业委员会内设置机构有办公室、科教信息股、生产股、法制股、绿色生产办公室、政策调研信访办公室、种植管理站、农村能源股。目前，饶河县农业委员会开展的工作中对湿地资源管理具有的积极作用包括：推进结构调整、发展优质粮食生产；推进农业科技进步；转移农村剩余劳动力。

饶河县农业委员会组织的农村劳动力转移的途径主要有：一是县内就地转移，通过调整农业产业结构，发展劳动密集型产业吸引农民转产、转业；二是通过加快小城镇建设，鼓励和引导农民发展餐饮业、流通业和服务业，加快农民向市民转变；三是域外劳动输出，通过能人带领，进行外出打工转移，充分发挥血缘、亲缘和地缘关系带动转移。2007 年，饶河县转移农村劳动力 1.5 万人，增收 0.85 亿元。农村剩余劳动力的转移，缓解了土地资源所承受的人口压力，有利于湿地资源的保护。

2. 扶贫办

饶河县是国家级贫困县之一，全县有贫困人口 87074 人，贫困户 24869 户。其中重点村贫困人口 82347 人，贫困户 23569 户。目前，饶河县扶贫开发办公室内设机构有项目股和综合股。2002 年，全县开始实施“一次规划、两年实施、逐村验收、分批推进”的整村推进战略，即整合扶贫资源，计划每两年推进 15 个重点贫困村。其资金来源主要包括两个方面：扶贫资金和整合资金。其中，整合资金的主要来源有以工代赈、交通局、民族宗教局、水务局、广播电视局、教育局等。其实施的扶贫项目中与湿地资源管理相关的有以下几个方面。

（1）农田水利设施建设

农田水利设施修建主要包括铺设农田道路砂石和修建基础农田排水沟渠。该项目规划投资总计7544.01万元，其中申请资金6889.11万元，自筹资金654.90万元。农田水利设施的改善有利于提高粮食生产效率、节约农业用水、防治农业污水外泄污染周边湿地，对于农田周边的湿地保护具有积极的作用。

（2）发展养殖业

2005年饶河县扶贫办投资建立了15个村级畜牧站；2006～2007年，又在饶河镇朝阳村和大佳河镇永胜村投资扶持农户从事狐貉养殖，共有60户农民参加。朝阳村和永胜村均位于大佳河省级自然保护区内，而狐貉养殖对区内的渔业资源仍具有威胁。在农户调查中发现，2006年，随着皮毛价格的上涨（以貉为例，每张貉皮大约400元），小杂鱼的价格也开始上涨，因此，保护区内小杂鱼的数量也开始下降。2007年，由于“暖冬”气候的影响，皮毛价格大幅度下降（貉皮价格降至80～90元/张），很多养殖户放弃狐貉的饲养，因此，保护区内小杂鱼的数量也开始恢复。由此可以看出，狐貉养殖对保护区内的渔业资源仍具有一定的威胁，狐貉皮价格的变化会直接影响到保护区内渔业资源的数量。

（3）村庄道路建设

村庄道路的建设是饶河县扶贫的一项主要工作。其计划建设道路（包括桥、涵洞）共计538.70公里，投资4835.50万元，其中申请资金4464.09万元，自筹资金371.41万元。调查发现，在村庄道路修建的过程中，仍存在着就近取土、采石的现象，这对道路周边环境和资源都产生了破坏。同时，湿地资源周边道路的修建也对湿地野生动物的生活产生了干扰和破坏。

四　农民视角的公共政策评价

在公共政策的制定、执行、实施和评价过程中，涉及了许许多多的利益相关者，包括各级政府机构、专家学者、村庄管理者和农民等等，而农民在作为公共政策的最终受益者、实施者和参与者时，他们对公共政策的效果评价如何？他们对湿地资源的保护有何建议？明确了这些问题，无疑将会对中国公共政策的完善，湿地保护措施的改进具有重要的参考价值。

本研究在饶河县3个亚行项目村（小佳河镇东鲜村、永丰村和四排乡四排村）随机抽取了50户项目户和50户非项目户，并对其进行了公共政策方面的问卷调查，完成有效问卷共计100份。问卷内容主要包括：①被调查农户的基本情况，包括农户贫富分类、收入来源、种植面积等；②对农业政策的评价，包括对村庄现有农业政策的了解程度和满意度，对发展农业生产，提高农民收入途径的看法，农民在决策种粮时主要考虑的因素以及农户对惠农政策是否会影响湿地资源的评价；③对扶贫政策的评价，包括对村庄现有扶贫项目效果的满意度，对村庄贫困群体帮扶的关心程度；④对环境政策的评价，包括对黑龙江省现有环境政策法规的知晓情况，对湿地资源管理的关心度和满意度，对湿地资源管理的建议和评价。

（一）调查样本介绍

1. 贫富分类

本研究调查的三个亚行项目村庄都是国家扶贫开发重点扶持的少数民族村落，本研究对贫富分类的划分主要是依据土地耕种面积、2007 年家庭收入情况和借贷情况以及村干部的评价。贫富分类结果见表 5－13。

表 5－13　农户贫富分类

贫富分类	农户数	划　分　标　准
富裕户	15	自有土地面积较多，同时大量转包其他农户土地；家庭经济收入能够维持正常生活开支和来年农业生产投入；信用社借款依靠自己收入能在期限内还清。
中等户	65	自有土地面积较多，同时少量转包其他农户土地；家庭经济收入能够维持正常生活开支，来年农业生产投入需借贷；信用社借款依靠自己收入能力在期限内还清。
贫困户	20	自有土地全部转包他人；家庭经济收入勉强维持日常生活开支；经济收入来源主要依靠农事务工；信用社借款不能按期还清。

2. 收入来源

三个村庄中被调查农户的收入来源依次为种植业（67.0%）、务工（14.4%）、渔业（10.3%）、养殖业（2.1%）、做生意（1.0%）、其他（5.2%）。其中，东鲜和永丰两个村庄以朝鲜族农户为主，由于其在民族语言上的优势，在韩国务工的农户所占比例较多，因此，在其生计来源中，国外务工收入的比例较大。而四排村以赫哲族为主，其村庄土地面积较多，渔业资源较为丰富，因此，在其生计来源中，种植业和渔业的比例较大。

表 5－14　三个项目村庄的生计来源排序

项目村庄	第一位	第二位	第三位	第四位	第五位
东鲜村	种植业	国外打工	国内务工	养殖业	做生意
永丰村	国外打工	种植业	国内务工	养殖业	做生意
四排村	种植业	国内务工	渔业	养殖业	做生意

3. 种植面积

在调查村庄中，东鲜村种植面积为 4000 亩；永丰村种植面积为 5300 亩；四排村种植面积为 25000 多亩。被调查农户的平均种植面积为 108.91 亩，具体种植面积情况如表 5 - 15 所示。

表 5 - 15　农户种植面积情况

	50 亩及以下	50 ~ 100 亩	100 亩及以上
频次(户)	50	20	30
百分比(%)	50.0	20.0	30.0

（二）农民视角的农业政策评价

1. 农民对农业政策的了解程度

目前，被调查的三个社区中的农民所享受到的农业政策主要有农业税减免、粮食直补、良种补贴、农机补贴、柴油化肥补贴以及粮食价格保护政策。其中，农民对农业税减免和粮食直补政策的了解程度最高，而对农机补贴和粮食价格保护政策的了解程度较低，有 16.5% 的农民不知道农机补贴政策，27.8% 的农民不知道有粮食价格保护政策。

表 5 - 16　农民对农业政策的了解程度（%）

了解程度 / 政策名称	非常了解	比较了解	知道一点	不知道
农业税减免	27.8	30.9	31.9	9.3
粮食直补	21.6	33.0	34.0	11.3
良种补贴	22.7	29.9	35.1	12.4
农机补贴	21.6	30.9	29.9	16.5
柴油、化肥补贴	24.7	30.9	22.0	12.4
粮食价格保护	20.6	24.8	24.7	27.8

2. 农民对农业政策的满意度

在对农业政策的满意度方面，75.0% 以上的农民对农业税减免、粮食直补、良种补贴政策表示满意，而对农机补贴、柴油化肥补贴和粮食价格保护政策的满意度相对较低。其中，农民对粮食价格保护政策的满意度最低，有 25.4% 的农民表示不满意，同时，纯种粮户的满意度要低于非纯种粮户。

表 5 - 17　农民对粮食价格保护政策的满意度（%）

	很满意	满　意	一　般	不满意	很不满意	不知道
纯种粮农户	14.3	27.0	15.9	19.0	0.0	23.8
非纯种粮农户	9.7	35.5	6.5	3.2	3.2	41.9
总　体	12.8	29.8	12.8	13.8	1.1	29.8

东北地区粮食生产市场化程度较高，粮食收购部门较多，主要包括粮食中间商、粮食加工企业和国家粮库。调查发现，以水稻价格为例，如果粮库价格为0.72元/斤，那么中间商收购价格可能在0.69～0.70元/斤之间，但是农民更愿意将粮食卖给中间商，而不是国家粮库。主要原因是：首先，村庄与粮库之间的距离太远，卖到粮库要增加运输成本；其次，粮库管理存在问题，“人情粮”、“关系粮”问题严重。因此，农民对国家粮食保护价格政策的不满主要表现在农户对国家粮库管理上的不满。

案例：朴某，54岁，朝鲜族，东鲜村会计。2007年，朴会计耕种水田150亩，其中，以140元/亩的价格转包他人土地95亩，自有土地面积为55亩。2007年共产水稻120000斤，每亩地投入（不算转包土地费用）大概350元。2007年，粮食中间商在东鲜村的水稻收购价格是0.69～0.72元/斤，国家粮库收购价格为0.75元/斤。朴会计选择到离村庄十几公里外的国家粮库卖粮，粮库首先要扣除粮食水分，结果朴会计的粮食被定价较低，但粮食已经运到粮库，如果再运回去，就要赔上运费钱。因此，朴会计以每斤平均0.71元的价格将粮食卖给了国家粮库，但是减去运输费、转包土地费和生产投入费用后，他的收入明显低于东鲜村卖给粮食中间商的农户。提到此事，朴会计说：“卖粮库卖赔了，明年肯定不去粮库卖粮了。”

3. 农民对发展农业生产、提高农民收入途径的看法

调查发现，农民认为降低化肥、农药等生产资料的价格和提高农产品价格是发展农业生产、提高农民收入的最重要途径。调查数据显示（见表5－18），农民当前最强烈的愿望是降低化肥、农药等生产资料价格，90.6%的农户选择此项。其次，有88.5%的农户选择提高农产品价格。再次是发展农业科技（66.7%）、改善基础设施（50.0%）、合理保护利用耕地（50.0%）和转移农村剩余劳动力（50.0%）。而选择发展乡镇企业和调整产业结构的农民比例较低。

表5－18　农民认为发展农业生产、提高农民收入的重要途径（%）

	提高农产品价格	降低生产资料价格	改善基础设施	发展农业技术	发展乡镇企业	合理保护利用耕地	转移农村剩余劳动力	调整产业结构	其他
总　体	88.5	90.6	50.0	66.7	35.4	50.0	50.0	35.4	4.2
纯种粮农户	96.9	100.0	55.4	64.6	35.4	52.3	46.2	38.5	3.1
非纯种粮农户	71.0	71.0	38.7	71.0	35.5	45.2	58.1	29.0	6.5
50亩及以下	81.6	81.6	40.8	63.3	30.6	46.9	57.1	30.6	6.1
50～100亩	88.2	100.0	52.9	70.0	35.3	47.1	35.3	52.9	0.0
100亩及以上	100.0	100.0	63.3	70.6	43.3	56.7	46.7	33.3	3.3

从表 5－18 中也可以看出，纯种粮农户对与种植业生产密切相关的农田水利、灌溉等基础设施更为关注，其中 55.4% 的纯种粮农户选择改善基础设施，其比例远高于非纯种粮农户（38.7%）。同时，随着农户种植面积的增加，其对粮食增收途径的关注程度逐渐增加。

4. 农民决策种粮时主要考虑的因素

本研究对农民决策种粮时主要考虑的因素进行了调查，分析了惠农补贴政策对农民种粮决策和种粮积极性的作用。调查表明，粮食市场价格、农业生产资料价格和土地承包价格是农民考虑种粮时的三个重要因素。在对农民的调查中，有 77.4% 的农民认为粮食市场价格是决策种粮时考虑的第一因素，而没有农民把政府种粮补贴放在第一位，有 14.8% 的农民将政府种粮补贴列在第二位。这个结果表明，政府惠农补贴政策并不是影响农民是否种粮的最重要因素，它在农民种粮决策中起到一定的影响作用。

调查发现，东北地区农户间的土地流转行为相当活跃，而当前在农民的土地转包合同中一般规定，转包的土地所应获得的政府种粮补贴资金应归原土地所有者，这就意味着转包他人土地的农民并没有享受到政府种粮补贴政策，这些农户决策种粮时考虑的第一因素就是粮食市场价格。

表 5－19　农民在决策种粮时考虑因素的选择比例（%）

	第一位	第二位	第三位	第四位	第五位
粮食市场价格	77.4	13.0	0.0	0.0	0.0
政府种粮补贴	0.0	14.8	11.6	11.8	21.4
种植习惯	6.5	11.1	0.0	2.9	17.9
土地转包价格	3.2	16.7	14.0	20.6	14.3
自然灾害	3.2	18.5	34.9	11.8	3.6
自己的粮食需求量	6.5	0.0	7.0	5.9	7.1
农业生产资料价格	3.2	25.9	20.9	32.4	7.1
劳动力价格	0.0	0.0	11.6	11.8	28.6

5. 农民对惠农政策是否会影响湿地资源的评价

调查数据表明，60.0% 的农民认为近期国家出台的惠农政策不会导致开荒拓地的事情发生，主要是因为：首先，政府在湿地管理方面十分严厉。自 2003 年起黑龙江省和国家相继出台了湿地保护管理条例后，三江平原地区的湿地破坏行为明显减少。其次，相当部分农民认为不会再有开荒的事情发生的原因是没有或很少有可开荒的地了。

案例：东鲜村的耕地面积变化情况

- 1976～1985 年，东鲜村刚刚成立时，全村只有 6 户人家，村庄周围有大片的荒地，随着村庄农户的增多和国家鼓励政策的出台，该村耕地面积由1976年的200亩增加到了1981年的2000亩；

- 1985~1990年，国家开始对开荒加以限制，每亩开荒地收取15元的开荒费，这一政策的实施在一定程度上减缓了东鲜村的开荒速度，但开荒面积仍呈上升趋势，1990年该村共有耕地2800亩；
- 1990~1998年，由于自然灾害频发，村庄耕地面积基本停滞在2800亩左右；
- 1998~2003年，村庄大力修建水利基础设施，自然灾害也有所减少，农户开荒种地的积极性又被调动起来，到2003年，东鲜村耕地面积已经达到4000亩，达到了村里耕地面积的顶峰；
- 据村民讲，从2003年起至今，耕地面积便一直停留在4000亩，没有增加，并且预测以后也很难再增加了，因为东鲜村原有的荒地几乎已被开发完了。

同时，有7.4%的农民认为惠农政策会导致开荒拓地的事情发生，20%的农民认为可能会导致开荒。农户这样认为的理由是：首先，农民对政府的湿地管理能力不信任。有农民认为，本村人不会再去开荒，只怕那些有权力的人会去开荒。其次是土地利益的驱动。随着土地价格的逐年上涨，存在着部分农民受利益驱使而去开荒拓地的风险。再次是农民的湿地保护意识淡薄。

（三）农民视角的扶贫政策评价

本研究的3个项目社区都为少数民族村落，同时也是国家重点扶贫村，近年来3个村庄开展了多个扶贫项目，涉及的方面主要包括道路、饮用水、灌溉水、用电、电视收看、发展养殖业等。亚行三江平原项目也同样具有扶贫性质，因此本研究将亚行项目与其他扶贫项目放在一起，让农民对各类扶贫项目进行评价，进而分析扶贫政策的效果以及需要改进的方面。

调查表明，在扶贫项目中，农民对道路、用电、饮用水的满意度较高，对电视收看、发展种植业、亚行项目的满意度居于次位，而对养殖业和灌溉水的满意度较低（见表5-20）。

在农民比较满意的扶贫项目中，道路的满意度最高，但是农民对村庄的道路情况也存在一定的不满，主要表现在：①道路宽度不够，地势较高。村庄道路规划宽度仅为3.5米，大型车辆难以入村。同时，道路地势较高，排水不好，雨水经常流入农户家院子里。②道路部分路段质量不好。③扶贫道路规划项目未完成覆盖村庄内部的部分路段。以四排村为例，四排村道路修建资金来源于国务院扶贫办、国家民委、省交通厅。资金主要用于修建赫哲族新区道路和四排乡到西林子乡之间的道路，而四排村汉族集中居住区却没

表 5-20 农民对扶贫项目的满意度（%）

项目类别	很满意	满 意	一 般	不满意	很不满意	不清楚
道 路	27.1	50.0	16.7	5.2	1.0	0.0
贫困农户	16.7	55.6	22.2	5.6	0.0	0.0
饮用水	21.9	41.7	21.9	11.5	1.0	2.1
贫困农户	22.2	44.4	22.2	11.1	0.0	0.0
灌溉水	6.3	22.1	12.6	11.6	4.2	43.2
贫困农户	5.6	33.3	27.8	5.6	0.0	27.8
用 电	25.0	49.0	18.8	2.1	0.0	5.2
贫困农户	16.7	61.1	22.2	0.0	0.0	0.0
电视收看	15.6	44.8	14.6	14.6	1.0	9.4
贫困农户	16.7	44.4	22.2	11.1	0.0	5.6
发展养殖业	0.0	16.3	22.8	8.7	3.3	48.9
贫困农户	0.0	27.8	22.2	11.1	0.0	38.9
发展种植业	4.1	44.3	21.6	2.1	0.0	27.8
贫困农户	11.1	27.8	27.8	11.1	0.0	22.2
亚行项目	13.4	38.1	9.3	9.3	2.1	27.8
贫困农户	22.2	50.0	5.6	5.6	5.6	11.1

有修建道路。农民对用电不满意的地方主要表现在农忙季节每月都要限电2~3次，对饮用水不满的地方是水质一般，经常需要自家过滤。

在对亚行项目的评价中，13.4%的农民表示很满意，38.1%的农民表示满意，而9.3%的农民表示不满意，2.1%的农民表示非常不满意。农民对亚行项目的不满主要表现在对资金的分配上。很多农民认为，亚行项目是有利于农民的，但是项目管理委员会在资金分配上不够公平。还有很多非项目户对亚行项目还不够了解。

农民对政府的养殖业项目和灌溉项目满意度较低。农民对政府养殖业项目的不满主要表现在养殖业风险较大，市场价格不稳定。以养殖貉为例，貉皮价格：2006年，400元/张；2007年，80~90元/张；2008年，160~170元/张，市场价格波动很大。同时，农民缺乏养殖技术，而且政府组织的技术培训不能满足农民的需求。在灌溉方面，农民的不满主要表现在农田水利设施不完善，水费较高。

从表5-20还可以看出，贫困农户对扶贫项目的满意度与总体满意度之间的比较表明了该项目的扶贫效果。在贫困农户满意度高于总体满意度的扶贫项目中，贫困农户对亚行项目的满意度明显高于总体满意度，说明亚行项目在各类扶贫项目中扶贫效果最为明显，但是也应该看到，有11.1%的贫困农户对于亚行项目仍不了解，这也是亚行项目需要进一步改进的地方。

（四）农民视角的环境政策评价

1. 农民对环境政策的了解程度

本研究选择了黑龙江省所实施的部分环境政策并调查了农户对这些政策的了解程度。其中，农民对湿地保护条例的了解程度最高，其次是有关退耕还林、退耕还湿的政策规定，而对生态省建设了解程度较低。同时，亚行项目农户对环境政策的了解程度明显高于非项目农户，有 2.1% 的项目户还了解一些与自然保护区相关的法规条例，这与亚行项目向农民分发《自然保护区共管指南》等一些资料是分不开的。

表 5-21　农民对环境政策的了解程度（%）

	退耕还林	退耕还湿	生态省建设	湿地保护条例	其他	都没有听说过
项目户	87.5	54.2	12.5	91.7	2.1	2.1
非项目户	77.1	45.8	12.5	85.4	0.0	4.2
总　体	82.3	50.0	12.5	88.5	1.0	3.1

2. 农民视角下的湿地资源管理

（1）谁应该来管理湿地资源？

调查数据显示，农民认为政府部门是最应该管理湿地的，其次是村委会、村民，但农民选择由亚行项目成立的共管委员会的比例较低。

在传统的社区里面，资源价值被表达成了信仰的形式：资源的存在与某种神灵相联系，而一跃成为一种超凡的价值，即价值的升级，人们由于这一信仰而合作（Wade，1988）。但是，在现代社会里，传统社区的信仰已经失去，人们的行动都是直接针对资源的实际利益，所以，资源呈现出的都是那赤裸着的使用价值，没有任何文化印记（陶传进，2005）。因此，社区已经逐渐失去了它原有的合作机制。

新的治理理念开始重新强调社区合作、社区资源的共管，强调社区中农民知识的应用和能动性的发挥，希望通过政府的主导来带动社区参与和社区组织的建设，而共管委员会就是这样一种社区组织形式。但是，自 1949 年后国家对社区实行高度集权管理，到 1978 年国家实行了改革开放，这样使得社区在承受着政治集权压力的同时还承受着现代化和市场化所带来的冲击（陶传进，2005）。农民已经形成了政治上依附于国家政权，经济上以个人私利为主的观念，而社区资源共管的理念还处于萌芽阶段，其成长必将面临各方面所带来的困难，所以，大多数农民在湿地管理上选择了以政府部门管理为主。但我们从表 5-22 中看到，参加亚行项目的农户选择共管委员会管理湿地资源的比例（62.5%）明显高于总体比例（47.9%），所以说，亚行项目中的资源共管理念已经开始发挥了它的作用。

表 5-22　农民认为有责任管理湿地资源的个人和部门（%）

	村　民	村委会	政府部门	共管委员会	其　他	不需要管理
项目户	81.3	85.4	95.8	62.5	0.0	0.0
非项目户	68.8	75.0	89.6	33.3	0.0	0.0
总　　体	75.0	80.2	92.7	47.9	0.0	0.0

（2）什么在威胁湿地资源？

调查发现，农民认为农药化肥的使用和放牧养殖的发展会对湿地资源产生不利影响的比例最高，分别占60.4%和44.8%（表5-23）。还有一部分农民认为人口增加和生活用燃料也会对湿地产生不利影响。而农民选择修建道路、农田水利设施和粮食价格上涨的较少，同时有5.2%的农民认为茅草房屋顶换新草可能会破坏湿地保护区内的草场资源。

表 5-23　农民认为会对湿地资源产生不利影响的因素的比例（%）

修建道路	修建农田水利设施	发展放牧养殖业	农药化肥的使用	粮食价格上涨	人口增加	生活用燃料	茅草屋顶用草
15.6	14.6	44.8	60.4	13.5	27.1	28.1	5.2

当问及农民哪些是最有可能对湿地资源产生负面影响时，有34.2%的农民认为是发展放牧养殖业，31.6%的农民认为是农药化肥的使用，总之，农民选择这两项的比例都明显高于其他选项。由此可以得出，目前湿地资源面临的最大威胁就是放牧养殖业和农药化肥的使用。

五　公共政策对湿地保护的影响分类

前面本研究从宏观、中观和微观三个层面上论述和分析了中国湿地保护的相关公共政策对环境和湿地资源的影响。可以看出，不同的公共政策对湿地保护产生了不同的影响，同时，不同时期、不同目标的同一种政策对湿地保护的影响的性质和程度也不同。因此，下面本研究将把公共政策对湿地保护所产生的影响进行分类，进而对这一问题进行更为清晰、系统的论述。

（一）对湿地保护具有直接影响的公共政策

1. 人口政策

人口增殖政策直接导致人类对自然资源的压力增加，而单纯地依靠传统的耕作技术和耕作方式是不可能获得粮食增长的，所以，通过外延扩大再生产的方式（开荒拓地、围湖造田等）来提高粮食产量成为必然选择。而人口迁移政策也是为了保证这种生产方式能够顺利实行进而提高粮食产量。

2. 农业政策

垦荒政策直接导致了农业自然资源的过度开发，成为三江平原湿地面积剧减的主导因素之一。粮食价格政策是农民种粮考虑的第一位因素，粮食价格的上涨一方面刺激了农民种粮的积极性，另一方面也会导致人们为追求经济利益而重新开荒。农药化肥的大量投入使得湿地成为农业污染的承泄区，农业生产资料补贴政策则直接促进了农药化肥的大量投入。

3. 扶贫政策

发展放牧养殖业的扶贫项目对湿地资源造成了负面影响，如牛羊的放养直接破坏了湿地保护区内的草场资源。

4. 环境政策

环境质量影响评价制度和湿地保护条例是保护湿地资源和可持续发展的直接保障，也是环境保护部门管理湿地资源的主要依据。

（二）对湿地保护具有间接影响的公共政策

1. 农业政策

劳动力进城务工减轻了农村人口对土地等资源的压力，因此农村剩余劳动力转移政策也有利于湿地资源的保护。农业结构调整有利于农业发展、农民增收，有利于改变传统单一种植业的格局，有利于减轻土地的生产负担，对湿地资源保护也起到了积极作用。

2. 扶贫政策

湿地保护区周边道路建设会使得湿地利用方式发生改变，会影响到一些动物的活动以及会造成地表水及地下水径流方向改变，进而影响湿地资源的保护。农田水利设施的改善有利于提高粮食生产效率、节约农业用水、防治农业污水外泄污染周边湿地，对农田周边的湿地保护具有积极的作用。

3. 环境政策

与环境相关的项目工程，例如退耕还林工程、天然林资源保护工程等等，对中国生态环境的改善具有重要的作用，同时，对湿地生态系统的平衡和保护也有间接的积极作用。全国生态省建设可以为湿地资源的保护提供良好的外部环境，生态省、生态县建设的相关指标也有利于湿地资源的保护。

4. 对湿地保护具有潜在影响的公共政策

近期国家出台的农业政策（包括农业税减免、粮食直补、良种补贴、农机补贴）对于湿地保护具有潜在的风险。虽然农民的种粮积极性主要源于粮食市场价格，但补贴政策对农民种粮决策也起到了一定的促进作用，同时土地价格的上涨也与补贴政策的出台相关。因此，本研究认为在湿地保护机制不完善的情况下，存在着农户为了提高粮食产量、增加家庭收入而开荒拓地，进而破坏湿地资源的风险。

另外，扶贫规划项目中的基础设施建设项目（通电、引水等）缺少环境影响评价，这可能会导致忽视基础设施建设中所存在的对环境不利的影响因素，同时，湿地保护也因此而面临着潜在的威胁（见表 5－24）。

表 5－24　公共政策对湿地保护影响分类

	直接影响	间接影响	潜在影响
人口政策	人口增殖 人口迁移		
农业政策	垦荒政策 粮食价格政策 化肥农药补贴政策	农业结构政策 农村劳动力转移政策	农业税减免 粮食直补 良种补贴 农机补贴
扶贫政策	发展养殖业	修建道路 农田水利设施	其他基础设施建设项目
环境政策	环境评估 湿地保护政策	与环保相关项目工程 生态省建设	

六　结论与建议

（一）结论

（1）人口政策中的人口增殖政策与人口迁移政策会对湿地保护产生负面影响。20 世纪五六十年代的人口增殖政策给中国的粮食生产带来巨大的人口压力，而依靠传统的耕作技术和耕作方式又不可能获得粮食产量的快速增长，于是，通过开垦土地资源相对丰富的三江平原地区来提高粮食产量成为必然选择。而人口迁移政策也是为了保证这种生产方式的顺利实行而制定的。因此，人口增加是三江平原湿地遭到破坏的根本原因。

（2）目前，与湿地保护相结合的扶贫政策并不普遍。大多数扶贫政策在制定时都缺少环境影响评价制度的介入，忽视了扶贫项目工程有可能对环境所造成的潜在或长期的不利影响，同时也给湿地保护带来了潜在的威胁。尤其是在养殖业发展方面，牲畜对湿地保护区内的草场、渔业等资源破坏较大。在基础设施建设项目中，湿地保护区周边道路的修建也会间接影响到野生动物的生活习性，而农田水利设施的修建却对减少农业污水对湿地的污染以及湿地保护具有积极的作用。

(3) 在农业政策方面，由于目前政策协调机制不完善，以粮食增产为核心的农业政策引发了很多以利益最大化为目的的短期行为，从而导致了大面积湿地被开垦，农药、化肥的投入大量增加，结果，这些都直接破坏了有限的湿地资源。惠农补贴政策对农户种粮积极性的提高起到了一定的促进作用，然而在湿地保护机制尚不完善的情况下，仍存在着农户为了个人私利而开荒拓地，进而破坏湿地资源的风险。

以农民增收为主的农业政策对湿地保护产生了复杂的影响。农村劳动力转移政策有利于缓解人口数量给有限土地资源带来的压力。发展乡镇企业政策对湿地保护产生了负面影响。一些乡镇工业由于生产技术落后，将大量的工业废弃物排泄到湿地中，破坏了湿地原有的生态功能。

(4) 环境政策对湿地保护具有积极的作用。当前中国的湿地保护工作已取得了一定成果，例如湿地自然保护区的建立、湿地保护条例的出台等等。但是，中国的湿地保护仍然存在着一些问题。首先，与湿地保护相关的政策法规并不完善。当前，中国还没有制定出专门的湿地保护法律，尽管中国有部分法律法规已涉及湿地保护，但是仍存在交叉和冲突，甚至会对湿地保护起负面作用。其次，湿地保护部门缺少强制性权力，湿地保护部门与其他部门之间存在着职能冲突，这都给湿地资源的保护带来了行政阻力。再次，湿地自然保护区内的农户生计问题仍有待解决。目前，国家对退耕还湿的农户并没有建立补偿机制，少量来自湿地保护部门的补贴难以维持“失地”农户的生计，特别是近年来粮食价格、土地价格上涨，更需要国家在湿地保护方面建立并完善生态补偿制度来弥补给农户造成的损失。

针对湿地保护，环境保护部门所具有的行政管理和监督的权力，有利于自然保护区内湿地资源的保护和管理。但是，环境保护部门在湿地资源执法权力和范围上仍处于边缘化的行政管理位置，因此，其对湿地资源管理的监督权力也有待加强。

以农业、林业部门为主导的与环境保护相关的项目工程，为湿地资源保护提供了有利的外部环境。但是，在实现该部门政策目标与生态效益时，两者之间存在着一定的偏差，实施过程中也存在着误区，这些都对湿地资源保护产生了一定的负面影响。

（二）建议

(1) 政策评估机制。政策评估对公共政策具有重要的意义。它是在政策过程中如何认识问题、发现问题的依据，是衡量政府机关及其工作人员政绩的依据。所以说，政策评估有利于政策的科学化。目前，中国已经实施了建设性项目环境影响评价制度，但针对公共政策的环境影响评价制度还没有实行。政府评估机制，尤其是环境影响评价，将确保公共政策的可持续性。

（2）部门之间协调。由于政策制定体制以及各个政策制定部门之间相互协调的机制还不够完善，经常会在执行的过程中发生政策与政策之间的冲突。在保护湿地的过程中，湿地保护政策与其他相关政策之间也存在一定程度的冲突，这些政策冲突制约了湿地保护的进行。目前，中国所进行的政府机构大部门制化改革，有利于协调各部门之间的利益关系，且将为政策部门之间的协调提供体制上的保证。

（3）农户替代生计活动。根据亚行在三江平原实施的湿地保护和替代生计项目经验，在湿地保护区的社区建立社区滚动资金，为采取替代生计的农户提供资金和技术上的支持，可以在有效保护自然资源的同时，保证农户的生计来源。并且，该项目也有助于在社区内形成自我发展的内生动力，增强农户自然环境资源保护的意识。

（4）倡导生态农业。生态农业是在经济和环境协调发展的原则下，以生态学、经济学理论为依据，运用现代科技成果和现代管理手段，在特定区域内所形成的经济效益、社会效益和生态效益相统一的一种新型农业。发展生态农业既能通过高产和有益的耕作制度提高农作物产量和改善农村生活，又能保护生态、环境资源，因此，其将会成为协调农业发展和环境资源保护的一个核心战略。

七　讨论：粮食安全与湿地保护

自2007年底以来，国际市场粮食价格大幅上涨，中国的粮食安全问题再次引起了全社会的关注。一些学者认为，中国粮食产量低于5亿吨，就意味着出现了粮食安全问题或存在粮食危机；播种面积低于23亿亩，就意味着中国出现了粮食安全问题（麻志周，2004；苏振生，2004；陈锡文，2006，等）。国务院提出在2020年之前，中国耕地保有量至少要有18亿亩，即所谓的耕地“红线”，这样才能满足粮食需求。

为保证中国的粮食安全，一些生态退耕项目也不得不缩减，甚至是中止，例如退耕还林工程于2007年中止，比原计划提前了4年。目前国家政策的“钟摆”已在粮食安全与生态安全之间偏向了前者。由此看来，中国的生态安全与粮食安全之间的关系，要长期处于这种“均衡——打破均衡——再均衡”的不断调整之中。

附录1
各项目社区滚动资金还款制度一览表

社区	还款措施
东鲜村	1. 使用项目资金的农户，每年12月末还清全部所用项目资金。 2. 不能够按照计划还款的，则下一轮不能参与项目申请（由于不可避免的风险造成的除外，不可避免的风险指的是自然灾害等人为不可避免的风险，具体可以由项目管理小组来确定），并且对所用资金按1.2分的月利收取利息（从开始使用该资金之日算起）。 3. 抵押制度：使用项目资金的农户用土地做抵押，每户要用等价的土地进行抵押，如果到期不是由于不可避免的风险不能够按照计划还款，则拿当年的土地的使用权抵偿所借用项目资金。 4. 联保制度：如果没有土地抵押的，可以采用三到五户联保，用款农户自由组合，形成联保小组，联保小组中若有一户不按期偿还资金，则其他联保户代为偿还。
永丰村	1. 使用的资金分两年还清，第一年偿还所用资金的50%，第二年还清全部剩余款。 2. 不能够按照计划还款的，则下一轮不能参与项目申请（由于不可避免的风险造成的除外，不可避免的风险指自然灾害等人为不可避免的风险，具体由项目管理小组来确定），并且对所用资金按1分的月利收取利息（从开始使用该资金之日算起）。 3. 抵押制度：使用项目资金，每户要用等价的土地进行抵押，如到期不是由于不可避免的风险不能够按照计划还款，则拿当年的土地的使用权及其他有效资产抵债。 4. 联保制度：如果没有土地抵押的，本批使用资金的农户可以采用五户联保，一户只能参加一个联保小组，自由组合。联保户中若有一户不按期偿还资金，则其他联保户按应还款额代为偿还。正在办理出国手续的，如果出国后家中没有劳动力，可以参加联保，等有签证结果后再决定签用款合同事宜。 5. 不参加联保户的农户，必须找一个担保人，担保人把自己的土地证交给项目管理小组作为担保物，土地证上的土地应是未发包出去、正在耕种的土地。
四排村	1. 使用的资金分两年还清，第一年还所用资金的50%，第二年还清全部剩余款。不能够按照计划还款的，则下一轮不能参与项目申请（由于不可避免的风险造成的除外，不可避免的风险指的是自然灾害等人为不可避免的风险，具体由项目管理小组来确定），并且对所用资金按1分的月利收取利息（从开始使用该资金之日算起）。 2. 抵押制度：使用项目资金的农户要用土地做抵押，每户要用等价的土地进行抵押，如果到期（不是由于不可避免的风险）不能够按照计划还款，则拿当年的土地的使用权抵偿所用项目资金。 3. 联保制度：如果不使用土地抵押，本批使用资金的农户应采用三户联保，一户只能参加一个联保小组，自由组合。联保户中若有一户不按期偿还资金，则其他联保户代为偿还。 4. 担保制度：如果找不到联保户，本批使用资金的农户需找两个担保人，担保人可以是未使用本批资金的农户（人）。

附录 2
生计替代与湿地资源共管委员会职责

为使自然保护区的自然资源和和生态环境得到有效保护和永续利用，亚行生计替代与湿地资源共管项目设立共管委员会，并根据《中华人民共和国环境保护法》和《中华人民年共和国自然保护区条例》及有关法律、法规，结合自然保护区实际情况，制定的共管委员会的职责如下：

1. 自然保护区内有关湿地保护的法律法规，由环境保护行政主管部门或者湿地管理局授权共管委员会统一执行，并接受上级有关部门的监督和检查。

2. 在村湿地保护范围内设立界碑，选择合理的地理位置设立标牌，以明确保护区的范围，强化村民保护湿地的意识。

3. 定期向村民开展自然保护宣传教育、普及自然保护知识、提高村民对环境的保护意识。

4. 在村里设立湿地知识宣传栏，对保护过程中发生的事情进行动态记录并在宣传栏中进行公示，以便让村民和外来参观者了解本地资源消长变化情况。

5. 在湿地保护区内，经批准进入自然保护区的单位、个人和村民，必须严格遵守自然保护区的各项管理制度，自觉保护自然资源、景观和设施。

6. 严禁破坏植被，防止沙化和水土流失。在自然保护区内不得建设任何污染环境和破坏自然景观的设施。自然保护区内的各种生产和经营活动必须按照自然保护区规划进行，并接受共管委员会的监督和管理。

7. 共管委员会对村民污染环境和破坏自然资源、自然环境事件（如开垦湿地、违规放牧、打猎等破坏湿地及其资源的行为）有向自然保护区管理机构和当地人民政府提出控告和检举的权力。

8. 村民如有对自然环境和湿地资源造成破坏者，共管委员会应责其当事人限期进行治理，情节严重者应移交司法机关处理。

9. 协助上级有关部门做好湿地保护区既有的开垦耕地的清查工作，为进一步规范湿地管理做好准备。

10. 协助上级有关部门对保护区内外湿地资源进行清查，掌握资源消长规律，建立自然资源档案，如发现国家保护的动植物（如鸟类、兽类、植物等），及时进行拍照、记录，并向上级部门及时通报。

11. 共管委员会成员有权使用本项目所购置的工具及配套设施（项目所购置的器材、工具、标牌和摩托车等），并制定相应的办法进行管理和维护，使其在湿地资源保护中能够发挥最大的效用。

12. 项目共管委员会要充分发挥中介组织的作用，积极协调各方面的力量保护湿地资源，从而使湿地资源的利用和经济发展能够交相辉映，和谐发展。

生计替代与湿地资源共管委员会

2007 年 3 月 12 日

附录3
项目共管委员会与辖区内居民湿地保护公约

为使自然保护区内的自然资源和生态环境得到有效保护和永续利用，保护区管理机构和辖区居民共同制定本公约。

一、自然保护区管理机构和辖区居民有共同管理和保护湿地资源的责任和义务，并具有相互监督的权力和对外宣传教育的责任。

二、辖区居民必须自觉遵守有关湿地保护的公约。

1. 村民不得擅自移动和破坏保护区的界碑和标牌，进入保护区必须严格遵守自然保护区的各项管理制度，自觉保护自然资源、景观和设施；

2. 严禁破坏保护区内的植被，防止沙化和水土流失。村民在自然保护区内的各种生产和经营活动必须按照自然保护区规划进行，并接受共管委员会的监督和管理；

3. 村民应主动向自然保护区管理机构和当地人民政府提出控告和检举污染环境和破坏自然资源、自然环境事件的行为；

4. 村民应积极配合自然保护区管理局在保护区内的巡查、资源清查等工作。

生计替代与湿地资源共管委员会

2007 年 3 月 12 日

附录4
共管巡视员职责

1. 宣传自然保护区有关湿地保护的法律、法规、方针和政策，并接受项目共管委员会的监督和检查。

2. 积极主动向村民开展自然保护宣传教育活动、普及湿地保护知识，使村民进一步了解湿地的重要性，从而提高村民对湿地的保护意识，形成全村参与的局面。

3. 对巡视和保护过程中发生的事情要进行动态记录，并及时汇报，重要信息在宣传栏中进行公示，以便村民能及时了解，并引起重视。

4. 每月必须保证至少两次对村周边湿地的巡视。对于污染环境和破坏自然资源事件（如开垦湿地、违规放牧、打猎等破坏湿地及其资源的行为），必须及时向项目共管委员会和相关自然保护区管理机构或者当地人民政府提出控告和检举。

5. 村民如有对环境和湿地资源造成破坏的，巡视员应协助共管委员会帮助当事人进行治理。

6. 协助上级有关部门对湿地核心区原有开垦状况所开展的清查工作，为进一步规范湿地管理做好准备。

7. 协助上级部门组织保护区内资源清查工作，掌握资源消长规律，建立自然资源档案，发现国家保护的动植物（如鸟类、兽类、植物等）及时进行拍照记录，并向上级部门及时通报。

8. 巡视员有权使用本项目购置的工具和配套设施，但应遵循项目管理委员会所制定的管理办法，使其在湿地资源保护中能够发挥最大的效用。

9. 巡视员应在每月巡视后进行总结，向共管委员会进行汇报，并作出下次巡视的计划。

生计替代与湿地资源共管委员会

2007 年 3 月 12 日

Acknowledgement

This book is the output of the action research project on Development of Sustainable Livelihood and Community-based Wetland Resource Management, funded by Poverty and Environment Program of Asian Development Bank. The authors would like to convey the thanks to the Asian Development Bank for its financial support in publishing this book. Social Sciences Academic Press (China) also made great efforts on editing of this book. Sincere thanks are due to all of them.

Preface

With the growth of population and the expansion of agriculture, the lakes and wetlands, which are at the periphery of human's activity, and related conservation about species variety are facing huge challenges. On one hand, in these areas, people's livelihoods rely on the natural resources, which has become a bigger and bigger burden for the natural resources; on the other hand, the conservation about the natural resources might limit the use of these natural resources and reduce people's living spaces. In this dilemma, the important issue is how to find a proper development model which could protect the natural resources and improve local people's livelihoods.

The Sanjiang Plain Wetlands, located in the east of Heilongjiang Province, was the biggest fresh water wetland once, and in the 1950s, the total area was 5,360,000 ha., which was called "Great Northern Wilderness". With 4 upsurges of land reclamation after the 1950s, the area of wetlands reduced by 80%, and the Sanjiang Plain Wetlands became the important grain production base. The "Great Northern Wilderness" became the "Great Northern Granary".

With the improvement of food security and the degeneration of ecological environment, both the Central Government and Heilongjiang Province Government realized the importance of conservation of wetlands.

In 1998, Heilongjiang Province Government issued the *Decision on Strengthening the Conservation of Wetlands*, which decided to stop wetland reclamation, establish the natural reserve, required the local government to be responsible for the conservation of wetlands and bring the conservation of wetlands into the important agenda of local government. In 2002, the Sanjiang Plain Wetlands was nominated as Ramsar sites. In 2003, Heilongjiang Province issued the first wetlands conservation regulation in China, *Wetlands Conservation Regulation of Heilongjiang Province*, which clarified the administration department of wetlands conservation, authorized the Wetlands Natural Reserve at provincial level and above the administrative penalty and dictated that the government at county level and above should develop wetlands conservation plans and bring them into the socio-economic development plans, and arranged specified fund for the conservation of wetlands. In 2004, the State Council issued *Notification about Strengthening the Conservation of Wetlands*, which determined the goals and contents of wetlands conservation in the future.

However, the millions of demobilized servicemen, immigrants from other parts of China, the educated youths who went to the countryside, local minority have lived in this area for years and their livelihoods rely mainly on local natural resources. Due to frequent freeze and drought, the households who lived surrounding the existing wetlands were still in poverty. People are exploring the approaches to improving their livelihoods and protecting local resources at the same time.

Funded by Asian Development Bank (ADB), the Center for Integrated Agricultural Development (CIAD) of College of Humanities and Development (COHD) of China Agricultural University (CAU) and Forestry Department of Heilongjiang Province implemented *the Development of Sustainable Livelihood and Community-based Wetland Resource Management Project*, a poverty alleviation and environment conservation project, in Raohe County of Heilongjiang Province, located at the margin of the Sanjiang Plain, between 2005 and 2007, in order to explore the way to solve the dilemma of livelihood improvement and natural resource conservation to improve the resource administration mechanism and related policies. This project, from the perspectives of alternative livelihood, multi-management of resource and policy analysis, studied the possible solutions to the dilemma of community livelihood improvement and resource conservation and explored the way to break the vicious circle of poverty and resource conservation based on community's participation into resource management with the cut-in of alternative livelihood.

This book collected the research outputs of this project. The conservation of wetlands resources need to pay attention to local community's livelihood. The sustainable conservation of wetlands can be fulfilled only when the local community has other ways to improve their livelihoods. Therefore, this project explored the function of alternative livelihood in the conservation of wetlands. The conservation of wetlands needs community's participation which is an important precondition in wetlands conservation. So this project also explored the function of community based on co-management in wetlands conservation. The solution to the conflicts between agricultural policies and environment conservation policies was the institutional foundation for sustainable wetlands conservation. So this book proposed some suggestions for the policy about sustainable wetlands conservation based on the discussion about the functions of alternative livelihood, multi-management of resources and policy co-ordination with the focus on the conservation of wetlands.

This book consists of preface and other five chapters. The preface introduces the background, research significance and research issues of the project, drafted by Jin Leshan and Wang Libin. Chapter Ⅰ "Current Situation and Strategy of the Sanjiang Plain Wetlands Conservation", reviews the history and current situation of the Sanjian Plain Wetlands conservation and the methods and policies of the conservation, drafted by Zhao Yong and Cheng Shaoxia. Chapter Ⅱ "The Alternative Livelihood Strategy in Natural Resource Conservation", reviews and summarizes the literature and studies about alternative livelihood in resource conservation, drafted by Yang Ming and Wang Libin. Chapter Ⅲ "Technical Options to Alternative Livelihoods", introduces the processes and results of activities of alternative livelihoods implemented in Raohe County, drafted by Yang Ming, Wang Libin, and Quan Wu. Chapter Ⅳ "Community Participation in Natural Resource Management " reviews and summarizes the literature and conclusions about multi-management of natural resource and introduces the methods and effectiveness of the activities of co-management about wetlands implemented in Raohe County, drafted by Yang Junwu, Jin Leshan, and Li Xiaoyun. Chapter Ⅴ "Impacts of Public Policies upon Wetland Conservation", summarizes and analyzes the impact of public policies on the conservation of wetlands, taking Raohe County as an example, drafted by Zhao Yong, Li Xiaoyun, and Jin Leshan.

This project received supports from many parts. Firstly, we appreciate the supports in fund and capacity building from ADB. In the implementation of the project, we were also supported and received supports from Forestry Department of Heilongjiang Province, various departments in Raohe County Government especially the forestry bureau, Xiaojiahe Township, Sipai Township, Dongxian Village, Yongfeng Village and Sipai Village. We appreciate all supports from the parts above and thank them for their help.

The conservation of wetlands involves many different fields and we have done some exploration in it. We appreciate any comments about this book and welcome any discussion about this issue. With everyone's attention and endeavor, we believe that we could protect the wetlands better.

1 Current Situation and Strategy of the Sanjiang Plain Wetlands Conservation

The Sanjiang Plain, located in the northeast of China, ranging from the southeast of Lesser Khingan in the west to the Ussuri River in the east, from the HeilongJiang River in the north to the Khanka Lake (Xingkai) in the south, is made by the flood of the Heilongjiang River, Songhua River and Ussuri River. The total area is 108,900 km^2, the total population is 86,250,00 and the population density is 79 persons per km^2. The area of arable land per capita is 5 times of the average of China. The Sanjiangs are the Heilongjiang River, Ussuri River and Songhua River, so the water resource is very sufficient and the total is 18.764 billion m^3, which produces the most dense wetlands area in China.

In the 1950s, the Sanjiang Plain Wetlands had originally natural landscape with 5.36 million hm^2, accounting 49.3% of the total area. With the development in decades, the Sanjiang Plain has become the important cereals production base and strategic grain backup base and contributed a lot to the national food security. At the same time, the wetlands were destroyed severely. In the area, 200 rivers dried up and 4,000 small pool marshes disappeared. The area of the wetlands decreased to 1.04 million hm^2, and 8.7 billion m^3 water disappeared (Wang Shaohua, etc., 2004). In 1999, China Government stopped the reclamation and started to recover the ecological function by integrated development and management. In 2004, the general office of the State Council issued the notification about strengthening the conservation of wetlands. At the same time, some natural reserves at national and provincial levels were established, and the Sanjiang Plain started its period of conservation of wetlands.

1.1 History of Conservation of the Sanjiang Plain Wetlands

1.1.1 Development Period of the Sanjiang Plain Wetlands

The development of the Sanjiang Plain started from the Qing Dynasty. After the People's Republic of China was built, with the growth of population, development of economy and increase of food consumption, the development started to speed up,

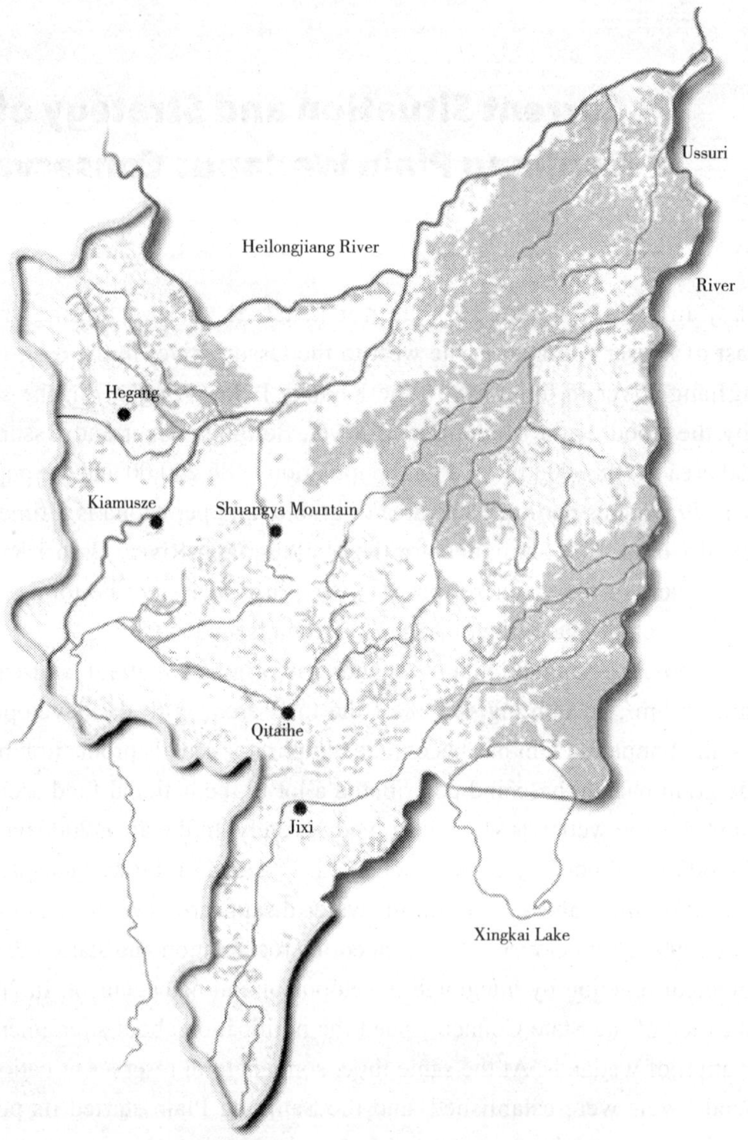

Figure1-1　Topographic Map of the Sanjiang Plain

and in recent 50 years the reclamation experienced four upsurges.

The first upsurge was from 1949 to 1954 and the area of reclamation was about 200,000 hm^2.

The second upsurge was in 1956 and 1958 when 100,000 demobilized servicemen immigrated into the Sanjiang Plain. In 1958, the area of reclamation was 230,600 mn^2.

The third upsurge was during 1969 to 1973 when 450,000 educated youth went to the countryside and worked in the Production and Construction Corps. During this period, the area of reclamation was bout 68,000 hm^2.

The fourth upsurge was in the end of the 1970s, when this area suffered continued drought and the area of reclamation was more than 1 million hm^2.

After over 50 years of construction, the area of the Sanjiang Plain decreased by 4.32 million hm^2, 80,000 hm^2 per year on average (see Table 1-1). The wetland area decreased by 80%.

Table 1-1 Comparison between the Increase of Arable Land and Decrease of Wetlands in the Sanjiang Plain (10,000 hm^2)

Year	Area of Arable land	Increase of Arable Land(Compared with 1949)	Area of Wetlands	Decrease of Wetlands (Compared with 1949)	Ration of Increase of Arable Land and Decrease of Wetlands (%)
1949	81.10	0.00	536	0	
1975	242.20	161.10	244	292	55.20
1985	314.30	233.20	150	386	60.40
1990	315.40	234.30	113	423	55.30
2000	350.90	269.80	104	432	62.50

Data source: Wang Shaohua and so on, "Elementary Study about the Conservation Measures of Sanjiang Plain Wetlands", *Journal of Irrigation and Drainage*, vol. 6, 2004.

1.1.2 The Period of Conservation of the Sanjiang Plain Wetlands

In 1998, Heilongjiang Province Government and Party Committee issued *Decision about Strengthening Conservation of Wetlands* based on the investigation about the development and conservation of the Sanjiang Plain Wetlands, which prescribed that all reclamation in wetlands should stop and local government leaders should be responsible for the conservation of wetlands. This is the first regulation about the conservation of wetlands which played an important role in the conservation of wetlands in Heilongjiang Province. At the same time, Heilongjiang Province established the natural reserve of wetlands which stopped the trend of reduction of wetlands. In the 10th Five Year period, Heilongjiang Province issued the first local regulation about the conservation of wetlands, *Regulation about Conservation of Wetlands in Heilongjiang Province*, which started the legal conservation of wetlands. By 2007, Heilongjiang Province has established 52 wetlands natural reserves at national and provincial level with a total area of 3.58 million ha., and among them Zhalong, Honghe Xingkaihu and Sanjiang 4 natural reserves were listed as Ramsar Sites.

1.1.3 Sustainable Development Period of the Sanjiang Plain Wetlands

In the 21st century, with the guide of scientific development concept, the trend of the conservation of the Sanjiang Plain Wetlands is to co-ordinate the relationships between the nature and human, integrate the development, use and conserve in order to achieve the greatest efficiency of the wetlands. Firstly, Heilongjiang Province strengthened the research about wetlands resources and checked the area of existing wetlands which provided scientific data for the development and conservation of wetlands. Secondly, The provincial government developed the ecological tourism in the Sanjiang Plain Wetlands and disseminated the knowledge on conservation of wetlands at the same time in order to promote the awareness of resource conservation. Nowadays, ecological tourism sites have been established in Xingkai Lake and Naoli River in the Sanjiang Plain. Thirdly, The provincial government developed international partnership projects, including "China-Russia Conservation of Sanjiang Plain Project Area in GEF Wetlands Project in Heilongjiang Province", "Alternative Livelihoods and Community's Participation into Sustainable Wetlands Management in the Sanjiang Plain" and so on. All these projects introduced international models, methods in development and conservation of wetlands in Heilongjiang Province. Therefore, the Sanjiang Plain Wetlands started its sustainable development period.

1.2 Current Situation of Conservation of the Sanjiang Plain Wetlands

China Government started the research about wetlands, marsh and species diversity since its establishment, but the specialized research about wetlands as an ecological system started from 1992 when China joined the Ramsar Convention. In 1998, Heilongjiang Province Government issued *Decision about Strengthening the Conservation of Wetlands* which stopped all reclamation in wetlands. In 2002, three wetlands in Sanjiang, Xingkai Lake and Hong River were nominated as Ramsar Sites. On August 1,2003, the first local law about conservation of wetlands in China, *Regulation of Conservation of Wetlands in Heilongjiang Province*, was implemented. On June 5,2004, the general office of State Council issued *Notification about Strengthening the Conservation of Wetlands*, which highlighted the conservation of wetlands and species diversity and determined the goals and contents of conservation of the Sanjiang Plain Wetlands in the future.

Heilongjiang Province, which has the biggest area and most types of wetlands and the four Ramsar Sites including Zhalong, Sanjiang, Hong River and Xingkai Lake, has 4.34 million ha. natural wetlands, accounting for 12.8% of the total wetlands in China. The types of wetlands are "Dahurian Larch and Sphagnum Wetlands", "Sedge Wetlands in the Sanjiang Plain" and "Reed Wetlands in Songnen Plain" belonging to "Forestry Wetlands and Underbrush Wetlands of Mountain and Plain in Northeast of China". All wetlands in Heilongjiang Province included 460,000 ha. river wetlands, 430,000 ha. lake wetlands, 3.32 million ha. marsh wetlands and 130,000 ha. pool wetlands. Sanjiang Plain Wetlands, listed as Ramsar Sites, was the biggest plain wetlands in China with an area of 1.56 million wetlands, accounting for 36% of the total wetlands in Heilongjiang Province. It was also the biggest fresh water wetland in China. There are more than 1,000 plants, 500 vertebrates and 37 endangered species at world level. (Data sources: *Wetlands Investigation Report*, 2000.)

Nowadays, Heilongjiang Province has established 8 wetlands natural reserves at national level, including 6 wetlands natural reserves in the Sanjiang Plain, 32 wetlands natural reserves at provincial level, including 11 wetlands natural reserves in the Sanjiang Plain. The total area of natural reserves was more than 3.3 million ha., which included 76% of the natural wetlands.

1.3 Strategy of Conservation of the Sanjiang Plain Wetlands

Nowadays, the strategies of conservation of the Sanjiang Plain Wetlands included legislation, establishing natural reserve, introducing international resource and developing international cooperation in conservation of wetlands, implementing rehabilitation of small river basin and so on.

1.3.1 Policy, Law and Regulation

(1) "Decision about Strengthening Conservation of Wetlands"

In 1998, Heilongjiang Province Government issued *Heilongjiang Province Party Committee and Government' s Decision about Strengthening Conservation of Wetlands*, which has strict regulation about the conservation and management of wetlands.

The decision included 8 fields:

1) Governments at various levels should implement related laws and

regulations strictly, including *Law of Conservation of Environment of People's Republic of China*, *Law of Conservation of Wild Animal of People's Republic of China*, *Law of Conservation of Natural Reserve of People's Republic of China*, and *Law of Conservation of Wild Plant of People's Republic of China*, and so on.

2) Compile the wetland development and conservation plan before the end of 1999 based on the investigation about wetlands and mine resources and bring it into the national socio-economic plans.

3) Establish the wetlands natural reserve as soon as possible in order to save the endangered wetlands resources.

4) Strengthen the administration about wetlands and implement strictly *Regulation of Conservation of Natural Reserve of People's Republic of China* and *Instruction of Administration of Natural Reserve in Heilongjiang Province*.

5) Stop reclamation and mining in the natural wetlands, and any departments have no authority to authorize the development project in wetlands.

6) Related departments should make compensation rules for use of natural resources according to the principle that "the one who use shall compensate" in order to guarantee the conservation and rehabilitation of wetlands financially.

7) Organize related institutes and universities to develop researches about wetlands in perspective of geologic environment, ecological process of wetlands, values and environmental function of wetlands, species diversity in wetlands, sustainable development and conservation of wetlands and so on.

8) Implement the local governors' reasonability mechanism and bring the conservation of wetlands into schedule of local government.

(2) "Regulation about Conservation of Wetlands in Heilongjiang Province"

On June 20, 2003, the third Session of the Standing Committee of the 10th People's Congress in Heilongjiang Province adopted *Regulation about Conservation of Wetlands in Heilongjiang Province*, which takes effect since August 1, 2003. The regulation attempted to protect the species diversity, maintain the basic function of wetlands ecology, and promote the sustainable use of wetlands resources. The regulation therefore has de tails in following fields.

In administration of wetlands, the forestry departments at county level and above are mainly responsible for the administration of wetlands resources. In wetlands, the construction projects which need use wetlands should be approved by forestry department at provincial level and the project should implement environmental evaluation and related approval process. The approved wetlands should be used in less than two years and the construction should not change the function of the wetlands or build permanent buildings. Local government at county level and above should take measures to protect wetlands resources.

In use of wetlands, the use should accord with the wetlands conservation plan and maintain the sustainability. The use should not change the basic function of the wetlands ecological system, not cause permanent damage to wildlife, not overburden the resources or not destroy the wildlife habitats. In the wetlands, cutting reeds and grass, collecting herb, grazing and other activities should be limited in certain areas with limited amount.

In the conservation of wetlands, the regulation proposes the condition and approval process of establishment of wetlands natural reserve. It is forbidden to live in the core area of wetlands natural wetlands, to conduct tourism and production activity in buffer zones of wetlands natural reserve, the existing production should stop. The regulation also clarifies the responsibilities of the administration institution of wetlands natural reserves.

Finally, the regulation proposes the penalty for violations including 1) draining water from wetlands; 2) ditching, damming and reclamation; 3) destroying the migration route of fish and other aquatic organism and breeding area and habitat of wildlife; 4) sand quarrying, soil extracting, grazing, burning the grass on waste land, hewing trees or hunting protected wild plants at province or national levels with authorization; 5) hunting wild animal, collecting bird eggs or fishing and hunting or other aquatic organism in extinct ways; 6) draining waste water or poisonous gas into the wetlands; 7) throwing chemicals which might harm water and aquatic organism into wetlands or surrounding waters; 8) pouring solid waste in the wetlands and the area within 1 km of the wetlands; 9) other behaviors which may destroy the wetlands.

(3) "Regulations of National Natural Reserve in Xingkai Lake"

On October 20, 2006, the 23rd Session of the Standing Committee of the 10th People's Congress in Heilongjiang Province adopted *Regulations of National Natural Reserve in Xingkai Lake*, which takes effect since January 1, 2007. The compilation of regulations of conservation of wetlands of other types was in process. This regulation includes following contents.

In administrative structure, the Administration of Xingkai Lake National Natural Reserve is the administrative institution of the natural reserve, which belongs to Jixi City Government and is responsible for the conservation, plan, use, management and implementation of the regulation. It is instructed professionally by forestry department at provincial level. The departments of construction, water conservancy, land resource, environment conservation, agriculture, tourism and so on at provincial level supervise its work according to related laws and regulations.

In administration of the natural reserve, the projects in natural reserve should implement environment evaluation, compile project environment evaluation documents and conduct related approval procedure according to related national and province regulations. Projects which might pollute the environment or destroy the environment and landscapes are forbidden in the natural reserves. In the core area of the natural reserves, followings are forbidden: 1) reclamation; 2) hunting wildlife; 3) hewing trees, digging plants or herbs; 4) fishing; 5) production; 6) quarrying, soil extracting, grazing, burning the grass on waste land; 7) other behaviors which may destroy the natural resources and ecological environment.

In the use of wetlands resources, the fishing in natural reserves should have fishing license, certificate of registry of fishing boat, certification of proof of fishing boat. Besides, the fishing in border should have special license for fishing in borders. The approved wild plant production, such as cutting reed, should be conducted in appointed area, time and work load. The water supply should give priority to people's living and wetland ecology. And the water for production should be planed according to the general water needs.

At the same time, the regulations also prescribe the drainage of oil sewage from the boat, domestic sewage, the people and agricultural production organizations' use about chemical fertilizers and pesticide. Finally, the regulation also prescribes the penalty for violations.

1.3.2 Wetlands Natural Reserve

Nowadays, the Sanjiang Plain has 6 national natural reserves, including Xingkai Lake, San River, Bacha Island, Hong River, Seven Stars River and Naoli River (shown in Table 1-2) and 11 province natural reserve, including Dajia River, Zhenbao Island, Anbang River and so on. The establishment of wetlands natural reserve is significant for the conservation of species diversity in wetlands. The wetlands natural reserves contribute a lot to the water conservation, climate adjustment, flood control, people's living and production.

1.3.3 International Wetlands Conservation Project

Nowadays, the international partnership project in the Sanjiang Plain is Sanjiang Plain Wetlands Conservation Project implemented by Forestry Department of Heilongjiang Province, Global Environment Facility (GEF) of World Bank and Asia Development Bank (ADB).

Table 1-2 Profile of National Wetlands Natural Reserve in the Sanjiang Plain

Natural Reserve	Profile
Xingkai Lake	It is located in Mishan City of Heilongjiang Province (45°01'00"- 45°34'30"N,131°58'30"-133° 07'30"E) and established in 1984 with total area of 222,488 hm2. In 1994, it promoted to national natural reserve. In 1997, it joined in the Northeast Asia Crane Conservation Networks. In 2001, it joined Ramsar Convention and was listed as one of the 21 Ramsar Sites in China. The natural reserve had 650 higher plants including Xingkai Pine, Linden, Phellodendron Amurense and other 6 national protected plants, and 319 vertebrates, including 4 national Grade One protected animals, red-crowned crane, oriental white crane, white-tailed eagle and golden eagle, and 36 national Grade Two protected animal, such as Grus vipio, whooping swan and red deer.
San River	It is located in Fuyuan County and Tongjiang City of Heilongjiang Province (47°26'-48° 22'50"N, 133°43'20"-134°46'40"E), the confluence of Heilong River and Ussuri River, and established in 1994 with total area of 198,100 hm2. In 2000, it promoted to national natural reserve. In 1999, it joined the national wild goose and duck conservation network. In 2002, it joined in the Northeast Asia Crane Conservation Networks. In 2002, it joined Ramsar Convention and was listed as one of the 21 Ramsar Sites in China. The natural reserve has 57 rivers, 201 lakes and 26 islands. Based on the elementary investigation, there are 291 vertebrates, including 9 national Grade One protected wild animals, such as stork, red-crowned crane, white tailed sea eagle and 32 national Grade Two protected wild animals, such as whooping swan, grus vipio, thunderbird, water dog, lynx. The natural reserve has 500 higher plants, including national protected wild plants, such as Glycine soja, Phellodendron amurense, Fraxinus mandshurica and so on. This natural reserve is an important route for bird migrating and habitat for bird in northeast Asia.
Bacha Island	Heilongjiang Bacha Island National Nature Reserve is located in the northeast of Tongjiang , Kiamusze which is in the Sanjiang Plain hinterland (48°08'-48°18'N, 133°40'-134°01'E). It is recognized as the Wetland ecosystem that the total area is 30,921 hm^2, core area 7,918 m^2, buffer area 6,450 hm^2 and experimental area 16,553 hm^2. The Bacha Island Nature Reserve Management Station in Tongjiang city came into existence in 1999, promoted to the provincial reserve in 2001 and to the national nature reserve in 2003.The main protect objects are wetland and water area ecosystems that consist of all kinds of wildlife and their habitats. In the reserve, there are 593 kinds of vascular plants which include 22 kinds of ferns subordinated to 10 sections and 14 genera, 571 kinds of seed plants subordinated to 94 sections and 292 genera. Among these plants, there are 12 national rare and endangered plants. The state first-grade conservation species of fish in this area are Chum salmon, salmon, Brachymystax and Taimen. The big vertebrate species include panther, spotted deer and musk deer. The birds are oriental white stork, golden eagle, pallas's fish eagle, white-tale sea eagle, red-crowned crane, Chinese merganser and so on. The second-grade conservation species are palm bear, black bear, water dog lion, snow hare, moose and so on.

Continued Table 1-2

Natural Reserve	Profile
Hong River	Honghe National Nature Reserve was established as a provincial wetland nature reserve in January 1984. It was recognized as one of the national reserves in November 1996 and listed as one of the Wetlands of International Importance in February 2002. The reserve is located between Tongjiang and Fuyuan County, the northeast part of Sanjiang Plain (47°42'18"-47°52'N, 133°34'38"-133°46'29"E). The tasks of the reserve are focused on protecting the oriental white stork, red-crowned crane, white-napped crane, swan and the wetland ecosystems. According to the investigation, there are 174 species of birds in the reserve including 10 rare and endangered species: oriental white stork, black stork, red-crowned crane, white-napped crane, swan, mandarin duck, hazel grouse, steller's sea eagle and spotted eagle. There exist 1,012 species of wild plants including 6 species of national rare and endangered plants: Fraxinus mandshurica, Juglans mandshurica, Phelodondron amurense, wild soybean, Acanthopanax senticosus and Astragalus membranaceus.
Seven Stars River	Seven Stars River Nature Reserve is situated in Baoqing County, Heilongjiang Province (46° 40'-46°52'N, 132°5'-132°26'E). The total area is 20,000 hectares. The conservation tasks of the reserve primarily focus on wetland and marsh ecosystems and the rare birds. It was permitted to set up by the Baoqing government in 1991, promoted to municipal reserve in 1996 by the Shuangyashan government, and recognized as the provincial nature reserve in 1998. This reserve lies in the hinterland of Sanjiang Plain with flat topography, star-studded swamps and marshes. Reed marshes, Deyeuxia angustifolia and Calamogrostis angustifolia constitute the natural vegetation in the reserve. Particularly, the large typical reed marsh is the only one in Sanjiang Plain. The reserve is rich in wetland types and biodiversity including senior plants 62 family 174 genus 386 species, vertebrates 28 family 50 genus 163 species (mammals 5 order 8 family 17 species, birds 16 order 30 family 123 species and reptile 1 order 2 family 15 species). The state first-grade conservation wild animals are red-crowned crane, Chinese merganser, white-headed crane and white crane, and state second- grade conservation wild animals are grey crane, white-napped crane, whooper swan, Tundra Swan, snow hare and other 12 species.
Naoli River	Naoli River National Nature Reserve lies in the hinterland of Sanjiang Plain, spanning Baoqing, Fujin, Raohe and Fuyuan County(46°30'10"-47°22'17"N, 132°22'41"-134°10'24"E). Its total area is 160,595 hm^2 including the core area 37,045 hm^2, the buffer area 5312 hm^2 and the experiment area 70,425 hm^2. Changlin Island, Bird\` Nest Island, Naoli River and Senven Stars Reserve compose the Naoli River reserve which was recognized as one of the national nature reserves on July 2nd, 2002. The reserve involves inland marsh and water area ecosystems. With typical different wetland types and diverse wildlife, the reserve is the largest one in the Sanjiang Plain currently. The reserve is mainly composed of forests, bushes, meadows and hydrophytes vegetation. There are a wide range of wild species including 593 kinds of wild animals, 1,047 kinds of wild plants. Among these, there are 70 species belong to the national rare and endangered conservation animals. There are 10 national rare and endangered conservation plants in which 5 species have been listed into the Red List of Threatened Species in China.

(1) Project Goals

Protect the species diversity in the Sanjiang Plain Wetlands, which is significant for the world, and the wetland ecology system. Promote the sustainable socio-economic development of local society and increase the livelihood and welfare of local people.

(2) Project Profile

◆ Fund Source

The total amount is 55.55 million US dollars, including 15 million US dollars loan of ADB, 12.14 million US dollars grant of GEF and 28.41 million US dollars counterpart fund from Heilongjiang Province Government.

◆ Project Location

The Sanjiang Plain lies in northeast of China (45°01′-48°27′56″ N, 130°13′-135° 05′26″ E) with a total area of 108,900 km^2. It is in the basin of the Heilongjiang River, Songhuajiang River and Ussuri River and created by the flood of these Sanjiangs.

In the Sanjiang Plain, the area of original wetlands is 44,000 km^2, which is the biggest fresh wetland in China with the wetlands coverage rate of 20%. In project area, there are 3 national natural reserves including Anbang River, Xingkai Lake and Zhenbao Island, and 3 provincial natural reserves including Seven Stars River, Dajia River and Naoli River. The project involves 13 counties of the 18 counties of the Sanjiang Plain.

◆ Project contents

1) Basin management

Including: forestry conservation, water resource management and planning;

2) Natural reserve management

Including: natural resource management, demonstrative project of wetland rehabilitation and rehabilitation of wildlife;

3) Livelihood substitute

Including: agriculture in forest farm, development of underwood products, village development and ecological tourism;

4) Education and capacity building

Including education about natural conservation, promotion of public awareness and training about wetland management;

5) Project management

1.3.4 Environmental Rehabilitation of Small Watersheds

The nearby counties of the Sanjiang Plain Wetlands are developing green economy, speeding up the adjustment of rural economic structure, increasing

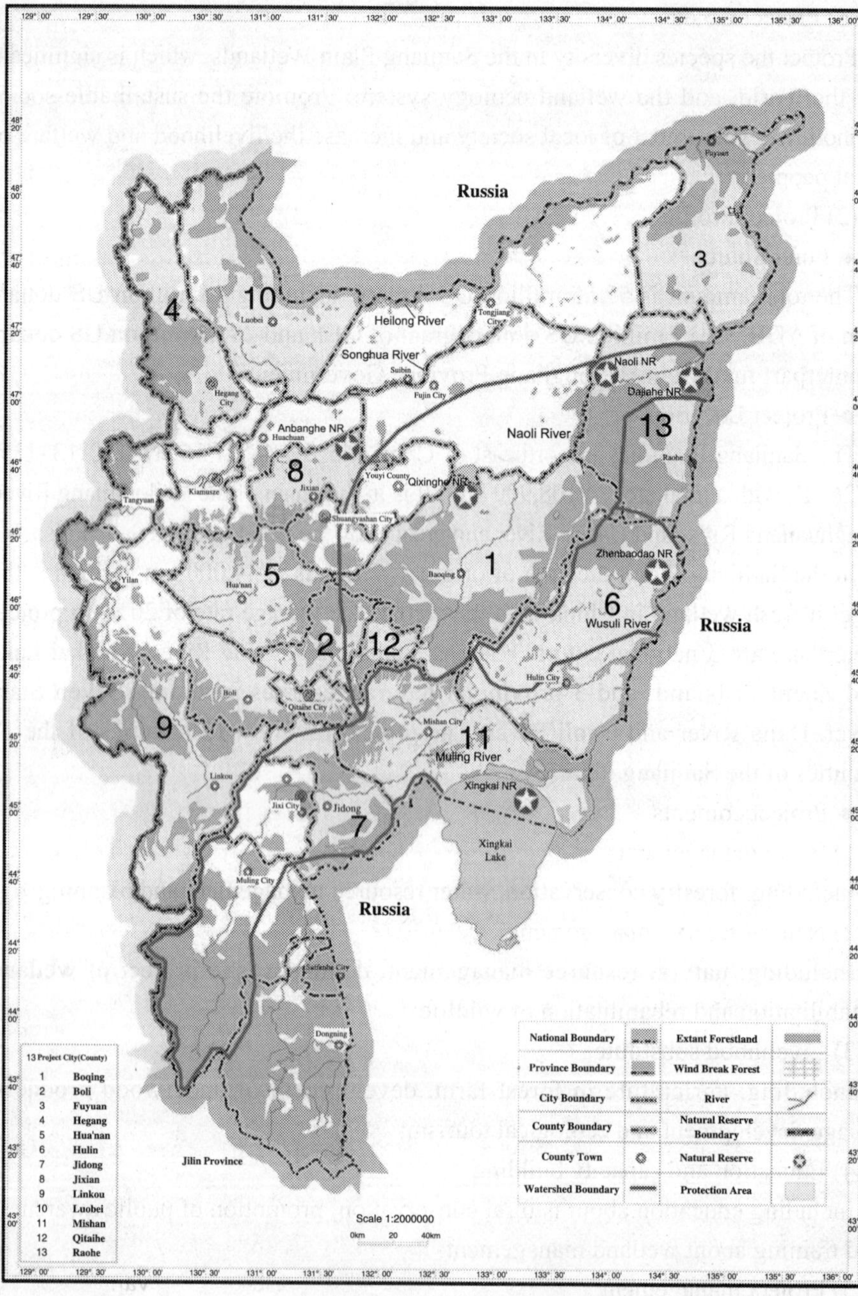

Figure1-2 Map of the Sanjiang Plain Wetlands Protection Project

inputs into agricultural production, promoting the social service system in rural area and developing animal husbandry integrating with wetlands animal and plants which changes the structure of agricultural production and achieves high quality and efficiency agriculture. Besides, nearby counties implement rehabilitation of small river basin and environment including grain for forestry, grass and wetlands project and promoting the coverage rate of forestry by reforestation. With forbiddance of grassland and over grazing, they protect wetlands with forestry and strengthen the construction and management of grassland. In core zones and buffer zones, the county governments carry out ecological resettlement and migrate local people out, and at the same time implement grain for forestry project. Besides they forbid any reclamation, water conservancy project or other construction as well as fishing in the rivers or lakes. With these measures, the environment rehabilitation of small river basin stops the depravation of the wetlands resources generally (Tang Jiawei, 2008) .

1.3.5 Strengthening Scientific Research about Wetlands

In Heilongjiang Province, the research about wetlands started from the 1960s, but the researches mainly focused on development of wetlands. And then, Forestry Department of Heilongjiang Province held the training class for investigation, evaluation and monitoring about species diversity in wetlands for the conservation and development of Sanjiang Plain Wetlands, which meant the beginning of the National Wetlands Conservation Project in the Sanjiang Plain. Wetland conservation project is one of the important systematic projects of environment conservation, including physics, biology, climatology, agrology and other subjects. In wetlands conservation projects, a project needing lots of high technologies, it is necessary to train all the technicians on practical and theoretical levels and make them master investigation tools in wetlands, determination of enrichment region of diversity, identification and classification of wetlands species, evaluation of wetlands diversity and monitoring of wetlands resources.

1.4 Problems in Conservation of Wetlands

1.4.1 Incomplete Management Rules of Wetlands

At present, No special laws for wetland conservation are avaiable in China. The wetland conservation and management have to be based on relevant laws and administrative regulations. The current laws and regulations have not provided a precise legal denifition for wetland and its adjustment scope is not clear. It can be misinterpretered sometimes that some laws in fact agree or encourage the development and utilization of wetland or land of this type, making excuses for legal development of land which is supposed to be protected. For example, the *Land Administration Law of the People's Republic of China* listed the marsh and Tide land to the type of un-utilized land, same as wasteland, putting the wetland conservation in dilemma. (Zhu Jianguo, 2004)

1.4.2 Un-optimized Management System of Wetlands

The wetland conservation, management and development in China involve more than 10 governmental departments, such as National Development and Reform Commission, State Environmental Protection Administration, Ministry of Agriculture, State Oceanic Administration, Ministry of Water Resources, Ministry of Land and Resources and State Forestry Administration, etc. Because their responsibilities, rights and obiligations are vague, they tend to act on their own for their own beneifits, which leads to a lot of conflicts between them, seriously affecting the scientific protection and reasonable utilization of the wetland (Huang Chengcai, 2004).

1.4.3 Lack of Water and Depravation of Water Quality in Wetlands

The Sanjiang Plain is an important grain production base in China with an area of arable land of 3.509 million hm^2. However, since the 1990s, it suffered worse and worse drought, and the most droughty area was 1.406 hm^2, accounting for 40.1% of the total arable lands, the area which is tending to suffer drought is 808,000 hm^2, accounting for 23% of the total arable land (Wang Shaohua and so on, 2003). More and more agricultural water consumption threatened the water resources in wetlands, at the same time, the water resources in wetlands were also threatened by industrial waste water and living waste water. Therefore, it is urgent to reduce industrial water consumption, increase ecological water supply and supplement water into the wetlands.

1.4.4 Unworkable Evaluation of Impact on Environment

Since the lack of awareness about wetlands conservation, nowadays, there is no effective evaluation about the impact on environment about the use of wetlands. Though some relevant departments conducted elementary evaluation about the use of wetlands according to relevant laws and regulations, the evaluation could not meet the need for comprehensive, systematic, scientific and correct evaluation about the benefit of wetlands from government and public because it applies qualitative description without systematic and quantitative standard and lacks evaluation system and evaluation standard of wetlands benefits.

2 The Alternative Livelihood Strategy in Natural Resource Conservation

The farmers' livelihood security and livelihood status are core issues of China's rural areas nowadays while the integration of relevant policies with stable and reliable livelihoods can play an important role in promoting sustainable development of the community, such as alleviating poverty and improving the sustainable utilization of community resources (Li Bin, 2004). Therefore, the research on rural development should start from the fact that the gap between rural development and urban development does exist and the livelihoods of many farmers still fail to meet subsistence requirements and some rural areas stay in slash-and-burn cultivation where the people have to strive for satisfying basic needs.

Some new-type alternative livelihoods, including settle-down, reclamation & farming, and planting medicinal herbs had been carried out in some rural areas before, but the outcomes were not satisfactory because of the failure to foretell the changes in surrounding biological environment arising from the new livelihoods, the ignorance on the disaster of gradually worsening water and soil erosion, and psychological disorders and depressions caused by maladjustment to new life and cultural discontinuances (Zhuang Kongshao, 2006). These alternative livelihoods, making little of rural communities or the ethnics' wisdom of survival, have been cut, totally by outside force, into the traditional ecology system of a community that has run for a long period of time and in an orderly manner all the time. This kind of practice might overthrow the former livelihoods, but cannot find right positive system to substitute the old one. Neither livelihood, to which local ethnics can get adopted immediately, has been proposed nor can the cultural system be continued organically so that the old system has been broken down but no new system has come to take its place and the community farmers don't know what course to take.

Under the context of intervention policy, domestic and international development programs have successively carried out different activities to promote community development with new livelihoods so as to substitute former community livelihoods and alleviate current poverty of the farmers. However, the actual results of many development intervention practices usually diverge from original plans. In this case, the subject of development intervention (individuals and rural households) should be analyzed by Asian Development Bank, the designer and implementer of the community-based alternative livelihood project in Sanjian Plain, which can be used as a carrier to decompose the whole dynamic process of alternative livelihood and find the right way to develop alternative livelihoods in rural areas. This chapter reviews and summarizes the national and international researches on alternative livelihoods.

2.1 Origin and Concept of Alternative Livelihoods

2.1.1 Origin of Alternative livelihoods

The concept of alternative livelihood gained its popularity in the 90's of the 20th century. International development research institutes and non-governmental organizations (NGO), after drawing lessons from past researches and practical experiences, propose and adopt alternative livelihoods to alleviate poverty of rural communities, improve natural resource management and protect ecological environment. These fruitful researches and practices are useful reference for future study on China's rural development and practice (Li Bin, Li Xiaoyun and Zuo Ting, 2004).

The adoption of alternative livelihood is actually a process of livelihood transition that would carry through from the beginning to the end of human development. Livelihood transition can be dated back to the genesis of human kind as early men lived on fishing, hunting and gathering, but this kind of livelihood meant an unstable and insecure life and the people often got starved since there was no enough food source. Therefore, the people began to take up breeding and planting activities in addition to the prehistoric fishing, hunting and gathering livelihood, which filled the gap of insufficient fishing and hunting resources, and after trial and error over a long period of time, the livelihood mode evolved into a new one where planting and breeding activities became the prime focus (Li Ji, 2007). The process of livelihood transition was also accompanied by the rise and up to the fall and decline of nomadic ethnic groups. After more than ten centuries' contest with agricultural civilization, nomadic civilization finally came to an end with the rise of industrial civilization and the livelihoods of most nomadic ethnic groups were changed from free-range grazing to fixed-range grazing or planting

(Yin Weiqiang, 2007). Most hot topics in current society, such as eco-migration, Three Gorges migration and restoring farmland to forest, can also demonstrate the process of alternative livelihood and share the final goal of solving livelihood problems. The people, in face of the changes in natural and social conditions, have to find alternative livelihoods to meet the needs of survival. The transition of livelihoods nowadays, as a kind of way to make a living, has been widely adopted in development projects. If unrecoverable damages have already been made to natural conditions by former community livelihoods, a new environment-friendly livelihood should be designed to substitute the former one so as to protect natural resources.

2.1.2 Meanings of Alternative livelihoods

The alternative livelihoods can take three different forms and natural transition of livelihood is the first of them, which would occur inevitably as the former livelihoods cannot be continued with the restrictions of natural circumstances for survival so that the people have to find new livelihood tailored to current natural circumstances to substitute the old one. For example, Hezhe ethnic group was forced to change their livelihood to agriculture because of the exhaust of fishery resource. In the process of livelihood transition, the farmers usually make proactive and energetic exploration to suit the new livelihoods. After the long-time evolution, the people have gradually become aquatinted with the new livelihoods and made them one important part of their daily life (Henri Mendras, 2005). The second form is the livelihood transition caused by the changes in social conditions, which means that the people begin to do some thinking on the social changes and compare economic benefits and social benefits between the former livelihoods and new livelihoods allowed by current social conditions. In case that the benefits of new livelihoods are bigger than those of the former ones, the people would choose the new livelihoods and a good case in point is that rural labors have flooded into cities to find a job. The effects of this alternative livelihood are always decided by the state's policies, but not the choices of individuals (Zhuang Kongshao, 2006). The third is livelihood transition under the context of intervention policy, which would be brought out in consideration of low productivity of the former livelihoods or the conflicts between the former livelihoods and natural resource management so that the rural communities would conduct some new livelihood activities to take the place of old ones and increase the farmers' income in addition to developing environment-friendly livelihood systems. In most cases, this kind of alternative livelihood has to be carried out by international development organizations through intervening project, but the intervention outcomes are usually contrary to original wishes and are not so satisfactory (Zhang Bingqian, 2007).

It can be seen that the above three alternative livelihoods have wide implications and applications, but the alternative livelihood under the context of intervening policy is adopted most frequently in alleviating poverty (improving community livelihood), managing community natural resource and protecting ecological environment. The alternative livelihood under the context of intervening policy is the alternative livelihood hereinafter referred to.

2.1.3 Definition of Alternative Livelihoods

For a long period of time in the past, the core interest of domestic researches is concentrated on how to increase farmers' income and livelihood-related researches have also been conducted in the income framework. Robert Chambers' work in the middle of the 80's of the 20th century represented international researchers' reflections upon the livelihoods of rural households, which have later been developed by himself and Conway, et al. According to the practical concept put forward by Chambers and Conway, livelihoods are secure when households have ownership of, or access to, resources including reserves and assets, and income-earning activities (R. Chambers, and R. Conway, 1992). A major feature of this concept on livelihoods is that it directly diagnoses the relationship between the assets holding and the options constrained for them at the income level to meet livelihood requirements (Frank Ellis, 2000). The researchers on poverty and rural development problem think that the concept of livelihoods, as compared with that of occupation, income and career, has richer contents and more complications and can also describe the complicated survival situation of the poor more completely so that their strategies to protect survival security are more understandable. In fact, the assets rural households own or have access to have direct bearing on their welfare and have strong influence on their poverty alleviation. As suggested by the research of the World Bank, the increase in the assets of the poor can raise their economic, political and social status and strengthen their self control (Li Linyi, 2007).

The sustainable livelihood strategy, a theoretical framework developed on the basis of participatory concepts with the years' experiences of NGOs, development workers and scholars, appeared at the beginning of the 90's last century and proved of intense theoretic, practical and systematic features. The people are presumed to live in a feeble environment under the context of Sustainable Rural Livelihood Strategy, according to which, the people can acquire certain assets and realize their conceived ideas on the meaning of life and personal value by edging into mainstream society, system and organization. This kind of settings can also have effects on livelihood strategy, i.e. assets combinations and utilization activities. The people, in order to raise their own livelihood level, are usually in pursuit of the most profitable livelihoods, but often cause damages to resources at the same time. The five assets, including human, social, financial, physical and natural assets have penetrative influences on sustainable livelihood strategies (DFID, 2001).

Alternative livelihood is usually deemed as the transition of some livelihoods to others. In DFID's sustainable livelihood framework, alternative livelihood is also referred to as the changes in natural, physical, financial, social and human assets that bear upon livelihoods, and the transition of livelihoods is decided by these changes (Cui Shuli, 2007). Alternative livelihood usually occurs when the livelihood earners, in case of changes in external conditions or under outside intervention, decide to take other livelihood activities to achieve a certain goal (Long Jian, 2007). Alternative livelihood can be effected with outside interventions in various forms to raise community livelihood level, establish sustainable livelihood system and realize well-balanced development between the nature and community through community-participation approaches (Zhang Wenxiong, 2006). According to some scholars, alternative livelihood can be brought out by environment-friendly and economic-feasible agricultural production project in which the community participates in to substitute current inefficient livelihoods and instruments, improve community livelihood significantly and build sustainable livelihood system so as to achieve the harmony between the nature and community.

In conclusion, the definition of alternative livelihood may be stated in different words, but to the same effect that alternative livelihood is a kind of measure to promote community development or utilize natural resources more reasonably. According to the paragraphs above, we give the definition of alternative livelihood as follows: the livelihood earners, in case of changes in external conditions or outside interventions, make proactive exploration to find new livelihoods attuned to external changes with the purposes of increasing the sustainability of community livelihood and economic, political and cultural development while the success of alternative livelihood is the outcome of blending and interaction between different society interest groups.

2.2 Domestic and International Practices of Alternative Livelihoods

2.2.1 Domestic Practices of Alternative livelihoods

Most domestic literatures only list some successful cases of alternative livelihood, let alone give first-hand descriptions on rural households or any observation on livelihood issues in their eyes.

The livelihoods of many farmers have been threatened by the adoption of policies in restoring farmland to lake in Poyang Lake and Dongting Lake, so the local governments take advantage of ample grass resources beside the lakes to develop animal husbandry industry in substitution of farming activities to solve livelihood problems of the farmers who lost land in this process. The project executing organizations have suggested two kinds of animal husbandry solutions according to the growth status of local grass resources: firstly is seasonal fattening centered on the utilization of Huzhou Grassplot and secondly is forage cultivation and livestock (fowl) raising centered on reclaimed farmland. Five measures have been drafted out to promote the development of alternative livelihoods: firstly is to perform overall and effective evaluation on the feasibility of substituted grassplot animal husbandry; secondly is to formulate relevant policies as regards the development of substituted industries and make scientifically-sound plans for the development of substituted grassplot animal husbandry so as to secure evident improvements in industrial economic benefits; thirdly is to establish and perfect workable and practical social supports and service systems; fourthly is to increase capital inputs and fifthly is to conduct technical research on the production of seasonal grassplot animal husbandry. The ongoing production mode proves to be highly effective in deriving economic benefits from the substituted grassplot animal husbandry. The existing natural grassplot, even used in raising grass-feeding livestock, would generate more economic benefits as compared with per unit yield of ordinary agricultural crops so that the farmers, after being convinced of the benefits, are generally willing to accept this new livelihood (Fan Jiangwen, 2001).

The alternative livelihoods and community development of HSBC Yangtze River Project (2004) chiefly took the form of establishing revolving funds for the development of substituted industries and the revolving fund would be used to start alternative livelihood project for rural households and would also be used in supporting other rural households to develop alternative livelihood projects after the originally intended farmers have successfully substituted their livelihoods. The revolving development mechanism can steer the farmers to conduct production activities in a highly efficient, diversified and environmental-friendly manner to take the place of current production and operation activities detrimental to the conservation of river and lake wetland functions. World Wildlife Fund's Sichuan Giant Panda Conservation Base Project has helped the rural households of 500 villages inside the giant panda conservation area to conduct sustainable livelihood activities to reduce their consumption of natural resources and protect the natural conditions on which the survival of giant pandas depends on. The measures of this project included funding mountain villagers to plant prickly ash, chestnut and mushroom on returned farmlands and courtyards of rural households as well as develop apiculture and fungus breeding. The agricultural products planted by them are all purchased at the prescribed protective prices so as to reduce market risks and offset the economic loss they have suffered from giving up the gathering of medicinal materials and illegal hunting while the benefits generated by new livelihood activities are much greater than former activities in exploiting natural resources.

2.2.2 International Practices of Alternative livelihoods

International countries started alternative livelihoods experiments at an earlier date. For example, the National Park Project of Argentina, which was launched in the 80's, was designed to develop travel industry in substitution of traditional planting and fishing industries in the local area so as to reduce rural household' s dependence on land and surrounding resource of community to make a living. However, in the process of implementing the plan to protect resource and develop travel industry, the local rural households had not been recognized as interest society group and thus could not voice their ideas on how to utilize land and resources so that the rural households got marginalized by this project. Furthermore, the rural households showed lukewarm interest in travel industry and participated in the project unwillingly out of inadequate understanding on new livelihoods, which directly led to the preliminary failure of this alternative livelihood project (David Aagesen, 2000). In some regions nature reserves have been established, the executives tried to make rearrangements for the rural households in the natural reserves and created a new approach of livelihoods for them, but they came to find that the rural households, who had long lived on natural resources, could not get well adapted to new livelihoods and the established systems failed to be supported and carried out by the rural households. Sometimes the rural households even acted against the original intention of protecting natural reserve and this practice has been gradually come to a halt because of its impracticability (Clad,1985; Gray,1991; Pimbert & Pretty,1995; Stevens,1997).

2.3 Theoretical Approach

Not a simple or single factor can decide the rural household's livelihood choices. The alternative livelihood approaches under some interventions, although implemented in a participatory manner, can really reflect rural household' s demand theoretically while in practice, the individuals at the micro level do not make decision totally out of livelihood considerations but some other considerations (such as cash need in emergency) and also the restrictions of some factors (such as the unitary arrangement of villager committee). In addition, the spiritual world of every person is different and the result of putting thoughts into reality usually differs in thousands ways. From the practice of intervening, we come to find that the individuals, although restricted by something structural of the community, can also exert their subject initiatives still and play a certain part in the reconstruction of relevant structures. The final outcome is thus not the same as the one preset in intervention plans, but also differs from natural transition. Alternative livelihood has long been considered as only an intervening instrument to promote rural development and is in lack of the framework of core theories. However, some relevant theories such as participatory development theory, intervening theory, theory of structuralism and actor-oriented theory have usually been referred to in the process of intervention and therefore in this chapter we would make an introduction of some background theories related to alternative livelihood.

2.3.1 Planned Intervention Approach

The unbalance between the economic developments of different regions is a common problem in the development of all countries across the world and the governments of all countries make interventions, at different degrees, to bridge regional gap (Han Fengqing, 2004). The term Development Intervention, in the field of international development, is defined as the human's endeavors to change the status quo for the purpose of achieving expected development goal. Development Intervention can be divided to Institutional Intervention and Less

Direct Forms of Intervention. Institutional Intervention refers to development projects and development plans while Less Director Forms of Intervention usually are usually some policy intervention measures such as price adjustment, taxation system or other fiscal and legal instruments (Wang Yihuan and Ye Jingzhong, 2005).

For a long time, the governments at different levels of China have adopted various development intervention measures in rural areas to achieve all-round development goals, such as a series of poverty alleviation projects, returning-farmland-to-forest policies, greening and forestation and environmental conservation programs formulated by the central government to be carried out all over the country, as well as road construction, bridge erection, well digging and water piping in a small village can all be deemed as a kind of human's endeavors to change the status quo of the subject the intervention project has intended for. From the 80's, international societies have implemented different development projects as regards China's development, such as UNDP's poverty alleviation projects in poverty-stricken regions of central and western China, the World Bank's expressway construction loan projects in Guangxi and Guizhou and the Sino-Germany cooperative forestation project funded by KFW Bankengruppe that spreads over 20-odd provinces of China (Wang Yihuan and Ye Jingzhong, 2005). All these projects or the like are typical planned interventions while economic growth theory and theory of modernization, which lay a foundation for the theories and actions of planned intervention approach, can be considered as the theoretical basis of planned intervention (Lin Zhibin, 2006).

2.3.2 Theory of Structuralism

Anthony Giddens' theory of structuralism critically notes on structural functionalism's ignorance on the inter-actor's initiatives and theoretical defects in underestimating the people's abilities in reviewing, supervision, defining and decision making. According to Anthony Giddens, structural functionalism thinks that inter-actor, with little influence, operates and reproduces these structures in a way different from the actor to change these structures. However, Anthony Giddens also finds some defects with interaction theory, ethno-methodology and other micro-sociological theories since these theories, in his view points, are more susceptible to dualism of individual and society and thus cannot combine individual activities with social structure & order in a wider arena (Jonathan H. Turner, 1987). As suggested by the theory of structuralism, the binary opposition at micro level and macro level is not necessarily a conflict, but a kind of duality, which means that inter-actors can take advantage of the rules and resources that constitute social structure of daily life, but at the same time, new rules and resources of social structure are produced by inter-actor in this process. It thus can be seen that individual activity, interaction and social structure are interdependent and they are not objective reality that is irrelevant to one another, but the duality of the same reality. The structure of social system is not only characterized by its nature as a medium, but also the result of actions to form social systems. Only understanding on these rules and resources of social structure that have been used in interaction can help us to observe the long-standing far-reaching systematic structure fully. The structuralism process of social system is how such kind of system has been produced and reproduced in the interactions (Anthony Giddens, 1998). This also means that the theory of structuralism attempted to answer the question how individual's activities have reproduced structural characteristics of a bigger collective. This theory is useful to analyze how relevant policies, in the practice of rural community, have been restructured by complicated interactions, or to put it another way, how a new kind of established system, structure and rule has been reproduced by the rural community (Liu Yue and Song Tang, 2006), which can help to integrate the factors of actions and the factors of structures synthetically in the practice of implementing rural community development project.

As said above, praxis-oriented research, practical sociology and ethno-methodology feed ideas for our research to analyze and decompose this project funded by Asian Development Bank. This research, starting with the observation on individuals in rural community at the micro level, pays major attention to the process of interactions between all society interest groups and the farmers' everyday life and spiritual world. At the same time, this research would examine and analyze the impacts of intervening project on rural community and the consequent reform on livelihoods against a bigger social and historical backdrop such as social transition and the modernization of minority ethnic groups, striving to command whole situation at the macro level as well as put forth efforts on studies at the micro level.

2.3.3 Actor-oriented Approach

The actor-oriented approach advocated by Long is a new kind of perspective and method to explain and study planned intervention theoretically. The core argument of this theory is that "undoubtedly, many structural changes have been caused by the impacts of outside force ... outside intervention, no matter what form it takes, can exert effect only through their influences on the world where the individuals and collectives live. In this process, external factors would be coordinated and switched by internal structures" (Long, 1992). This approach, from a new perspective, shifts attention focus from structures and macro-level analysis to agent. The change in analysis focus makes it possible to reveal and understand the dynamic process of planned intervention at the micro level, which is particularly useful for us to examine the difference and deviation between the designed target and actual outcome. As reiterated by (Long, 1984), "outside intervention, no matter what form it takes, must find entry into daily life of the individuals or collectives it intends and therefore have to penetrate the filtration of certain social and cultural factors". Outside intervention, whatever form it takes, is carried out with the medium of social roles and organizations under its influence and can also been changed by the latter. In this case, it is vital to know the process of social change in a more dynamic manner, which is an acknowledgement of the interaction and interdependence between internal and external factors and the central role that the individual's actions and consciousness have played in this process (Long, 1984).

The core concept of actor-oriented approach is Human Agency, a compound concept of knowledge, ability, social blending and relevant actions, the people's actions that influence and shape themselves and others and their explanations on all things (Long, 1989; Kong, 1992). In other words, there are two elements of Human Agency, which are sufficient knowledge and actual ability (Giddens, 1987). The stress on Human Agency here does not necessarily mean that the property of individuals is the only important thing. As noted by (Hindess, 1986), the individual is not the only agency in making decision and taking action. Human Agency is made of social relationships and can be realized only through social relationships as well. Human Agency is decided by the establishment of individuals' networks and connections and these individuals partly (hardly totally) participate in the project of others (Long, 1992). Therefore, strategic alliance or manipulation on social relationships and connections is required to achieve effective Human Agency that should be steered at certain nodes of interaction on specified items (such as requirements, rules, physical matters, utensils and information) (Clegg, 1989).

The social interface analysis of actor-oriented approach is another perspective that is useful to understand how planned intervention has influenced the life of individuals and collectives and then might enter into a social process as a resource factor or restrictive factors ... social interface analysis pays attention to blending and performance of the people with different ideas on value and different interest groups in the stage of society. The concerned parties should not only be observed for their fights and struggles for power in the past, but the dynamic process of cultural compatibility should also be unveiled to show how contradictive world views can get adjusted and blended. This is a difficult topic for research, but is also a core issue that is helpful to understand the expected goal and unexpected outcome of planned intervention. The planned inventions under study can be carried out by governments or development organizations or interest groups at different levels (Long, 2001).

Certainly, actor-oriented approach does not necessarily mean the disaffirmation or ignorance on structural factors, but is actually a review on the structural analysis. The analysis of actor-oriented approach, with a more open perspective as compared with that of structuralism approach, refuses to accept the existence of a constant, standardized, presumed homogenous & consistent and forced enforced framework as regards some concepts including Market, Commodity Exchange and Nation, but a kind of relationship established on a real-time basis, a kind of agreement improvised under prevailing situation or a kind of standpoint that is negotiable, which means that the researchers with this approach should keep closer contact with the reality of Everyday Life. The approach of structuralism stresses on an inflexible and static status and the analysis from this approach usually leads to ill-conceived ideas or imaginary ideas on the reality (Lin Zhibin, 2006).

2.3.4 Participatory Development Theory

Participatory development is nearly a new concept that appears the most frequently in current researches and practices on intentional development, international politics, economic policy and social policy. The concept of participatory development has been used by both the leaders of World Bank who decide the development trend and the executives in the practice of this development in community (Li Xiaoyun, 2005). In order to overthrow the traditional practice of a vertical system from top level to bottom level and stress more on native knowledge resources and organization, many international project have adopted participatory method as a useful tool to stimulate the grass-root's participations. The development of participatory theory is based upon the understanding on the relationship between development practices and their influences and criticizes on the authority of experts and the vertical expert-centered strategy. This kind of thinking can feed useful ideas on how to understand the relationship between professional knowledge and native knowledge (Lin Zhibin 2006).

The value of participatory approach is not limited to its criticism on professionalism and simplification theory, but also creates a new methodology and a set of practical tools to challenge professionalism so as to make a better use of all native and external resources accessible and designate "local participation" a core factor. Although the concept of "local participation" has positive meaning in its respect for native skills and knowledge, there is an underlying presumption behind this concept. That is, the local people need be motivated by well-informed professionals so as to participate in the project designed and operated by outsiders (Lin Zhibin, 2006).

The term "participation" is widely used in most development project nowadays and is usually quoted by the persons in the practice of rural development in their project evaluation, project plan and the preparation of monitoring and evaluation documents and reports. However, the most important thing is to truly understand the implied meaning of "participation" and to bring the participation theory into practice. Participation, per se, should include some important factors and aspects as follows: firstly is the intervention of decision making and selection process, which is contrary to the considerations of traditional development theory so that the beneficiaries can immensely take part in the whole development process to make decision and select; secondly is the intervention of all project cycles. All development efforts are purported to benefit the subject groups. Only when the farmers can participate in all cycles of the development projects, the idea that we are working for the farmers can be changed to the idea that we are working together with the farmers and only in this way, the farmers' demands could be considered and satisfied in the whole process of project selection, feasibility research, project design, project implementation and project monitoring & evaluation; thirdly is the contribution of efforts. The participation in development also suggests that the beneficiaries should make their contributions and efforts to the development project. For example, the farmers should make due contribution to community forestry development project; fourthly is commitments and ability. The participation in development project requires that beneficiaries should burden considerable commitments to the success of the project and should have certain abilities to fulfill the project; fifthly is the motivations and responsibilities. The beneficiaries of development project should participate in the plan of the project and have a sense of responsibility in the implementation of the project; sixthly is native knowledge and innovation. An important part of participation theory is to let local people bring their own knowledge and skills into full play in development activities under familiar conditions; seventhly is the utilization and control of resources, which is another precondition to encourage the farmers' participation in development activities. From another aspect, participation is also a process that the people have gradually acquired utilization right and control over resources so that their living standards can be improved better; eighthly is ability-building. An important target of participatory projects is to help the big rural population to educate and train themselves so that they could have a better measurement of their own situation and organize themselves into an influential and powerful collectivity and play a creative part in the development changes of community; ninthly is benefits-sharing. Participation, by no means, is limited to the local people's inputs to development activities, but should also enable the people to divide benefits from the project they participate in. To put it in another way, the people should not only participate in development activities, but should also share benefits of the project. If benefit sharing has not been taken into consideration in the project's overall design, we cannot, or should not expect that the poverty-stricken population in the rural area would take an active part in any development activities; tenthly is self-organization and independence. Participatory development project should also advocate the establishment of self-aid groups or organizations in different forms while external intervention is only a catalyst to promote and assist the people's collective activities so that the native mass no longer depend solely on external supports and their consciousness on self-organization, self-reliance and interdependence can be heightened; the eleventh is the redistribution of powers and democracy, which is a kind of participation at a higher level since it is partly the improvement of political system and the development of legal system so as to secure the people's immediate participation in the process of economic development; the twelfth is the promotion of mechanism. It has been widely acknowledged that the existences of both formal and informal mechanisms and instruments can greatly boost the people's participation in development activities. The mechanisms herein referred to are not only those in social and economic fields, but also those in cultural, political and legal domains (Ye Jingzhong, 1999).

The essence of participatory development is Empowerment while the core of Empowerment is the redistribution of powers in the full process of participation, decision making and development support activities, which in brief means to increase the poor and the women's rights in speaking out their viewpoints and making decisions. For governments and development supportive organizations, the community should be firstly empowered and participate in the project by fully expressing its viewpoints and having a louder voice in decision making, which is different from the concept of community development because the latter only stresses on the community's passive participation but no play in the process of decision making while participatory development points out that the subject community and subject group should not only participate in the implementation of development project, but more important should also participate in the determination of development project direction and contents. That means to participate in the process of decision making. Secondly, inside the community, to community elites (including both formal and informal leaders of community), the poor and the women (or so-called Disadvantaged Group) or Marginalized Group should be empowered. They would like to hear the poor and the women's ideas and magnify the poor and the women's voices in decision making to realize these groups' participation in development process. This process has a significant meaning because in most cases, especially in poverty-stricken regions, the poor and the women are not only marginalized in economic life of the society, but also marginalized in political and cultural life of the society. To empower the poor and the women is a process to help them regain confidence in their own knowledge and ability and rebuild their self-esteem, which is of vital importance to the community's Capacity Building and Social Capital (Li Xiaoyun, 2005).

There is no simple or single factor that can decide rural households' livelihood choices. The participatory development approach although can reflect actual demand of rural households, the final results are surely different from the expected results because they are undertaken different researchers and performers in the reality. As stated in Giddens' theory of structuralism and actor-oriented approach, every person has a different spiritual world and this difference would carry through the whole process of practice. Furthermore, the individuals at the micro level, although restricted by something structural, can have their own subjective initiatives and play a certain part in rebuilding the structure.

2.4 Factors Influencing Alternative Livelihoods

2.4.1 The Impacts of Political Factors on Alternative livelihoods

There is a game between community livelihoods and the country's natural resource management since the state food security plans certainly influence the community's livelihood selection and the government's policies and the farmers' security would both be reflected on political level and thus have certain bearing on the community's livelihood choices.

The state's governance by powers is different from the community's self-governance that complies with social mechanisms and the intervention of the state or the intervention of international society would lead to the decline or collapse of the community's former authority and then touch on the collapse of traditional community management system (Tao Chuanjin, 2005). The government's intervention on the community is usually out of a consideration on total benefits, not exactly to serve a certain interest group in the way we generally take it for and this might also be explained by some ideological reasons. China is a centralized country where it is not beyond imagination that the country's power would enter into the villages. After the founding of New China, the administrative system has penetrated to the gross root of rural areas through rural cooperative movement and people's community movement and in consequence administrative villages, in place of village families and family groups, have already assumed the leading role in peasant economy and social life. In the latter of the 80's, the grass-root community in rural areas has been gradually unchained from the state's administrative system and is thus changed from an administrative organization to a self-governance organization. The domination of the state power on grass-root community can take the following forms, which can also influence the implementation of alternative livelihood projects.

Centralized Management of Natural Resources The state ownership and centralized management over China's natural resources have, in a certain sense, deprived the traditional rights the natives claim on local natural resources. The outcome is that the community, on one hand, utilizes and manages natural resources in an inflexible and inefficient manner within the framework of state laws and policies more for the purpose of defending the state's total benefits or the higher circle's benefits than for serving actual demand of all local areas, and on the other hand, in marginal areas prescribed in the state's laws and policies or other areas that the state power cannot reach, the natural resources in these places would become "public property" truly and have been stolen away by treachery or seized by bullying in order to meet the needs of different livelihoods so that the natural resources there have been exhausted.

Community Development Should be a Part of National Overall Development Plan The governmental policies usually steer the community to develop livelihoods compatible with the state's development path, which however contradicts the goal of alternative livelihood projects to increase environment friendliness and improve the livelihood of community residents. The residents in rural communities are usually accused as direct environment destroyers and this may be true in some cases, but the most serious erosion of China's water and soil appeared in the period when food was given primacy and the degradation of grassland in northern China was actually the result of government's appeal for reclaiming grassland to plant grains while the two big devastations to forestry resources occurred in 1958 when the enthusiasm of ironmaking and steelmaking went out of control and in the 70's of the 20 century when the reform on rural management system (household contract responsibility system) was carried out respectively (Zhong Yingshui, 2005). When the governmental policies come into effect, the rural households, under the influences of these policies, are inclined to depend on the development and utilization of natural resources and direct utilization of natural resources has gradually become their main source of livelihood and also caused immediate damage on natural environment. For example, the farmers have the trees between their farmland or beside their houses well protected, but have felled down and logged trees illegally at the same time. This phenomenon can be explained by the state's policies as regards forestry industry and ownership. The Tragedy of the Commons would happen everywhere if the forestry policies are always in change and the management right and property right are not consistently defined (Zhao Yaoqiao, 2003). The government, with awakening consciousness on the damage to environment, promulgated a series of environmental conservation polices in the beginning of the 90's to protect ecological environment, but at the same time, this effort has been challenged by some development policies. For example, the "two exemptions and one subsidy" agricultural taxation policies have not only lessened the farmers' burdens, but also motivated their enthusiasm in planting grains and agricultural crops, which make certain contributions to China's food security. The farmers are further encouraged to reclaim farmland and increase the size of their plantation, which is another strike on the already feeble ecological environment. Whether the government can draft out workable policies with top priority on environmental conservation would be among the difficulties to achieve the goal of alternative livelihood.

There is a Lack of Social Security for Farmers The rural reform starting from the adoption of household contract responsibility system has brought huge changes to the economic society of whole rural areas and the former social security system has almost broken down to nothing with the decline of collective economy, but new social security system that can be adapted to market economy has not been established yet. For this reason, rural households have to undertake more and more risks both directly and indirectly (Chen Chuanbo and Ding Shijun, 2005). One category of risks is caused by highly unstable natural and social environment and the other category of risks arises from the lack of well-regulated risk management system and social security network so that the single rural household has to directly confront the risks from various sides. In case any major change such as natural disaster, market fluctuation, unexpected accident or disease occurs, the rural households, poverty-stricken rural households in particular, are susceptible to the influences and impacts of adverse factors because of their weak self-conservation, which would then lead to a lot of serious problems, to name a few, poverty, epidemic and polarization of rich-poor gap (Tuo Guozhu and Wang Guojun, 2003). The rural households, when experimenting with some new livelihoods, would also been restricted by the market, governance and natural resource and so on while the farmers' frangibility and lack of social security would bar them from an adequate estimation on the risks that they might encounter in changing their livelihoods. In this case, the farmers usually make adjustment to their livelihood activities in the process of alternative livelihood according to their own situations. The farmers, as rational economists, are inevitably subject to the influences of possible risks and absence of social security systems in their livelihood activities.

2.4.2 The Impacts of Economic Factors on Alternative Livelihoods

The Impacts of Poverty Poverty is an economic phenomenon that has long been in existence since the formation of human society and is also a social and cultural phenomenon (Xian Wenxie, 1994). Poverty has never disappeared from the scene of human development and as a matter of fact, the humankind has been in diligent pursuit of a final victory over poverty and becoming well-off, but the poverty that cannot be removed by the process of development and the poverty caused in the process of development is always a disturbance on the development (Zhou Yi, 2004). All development projects strive to eliminate poverty and alternative livelihood project, as a kind of development projects, aims to develop environment-friendly community livelihoods that can improve community livelihoods consistently and can benefit the rural households. But new problems keep popping up in the process of implementation and many rural households, after the failure in new livelihoods, return to poverty because of their weak ability. There is a long-standing dispute on the economy of scale in development field. Some think that the resources should be firstly divided between only a few village elites who, after getting rich themselves, would help poverty-stricken rural households to achieve the common development of community. Evidently, poverty-stricken rural households are usually discriminated and excluded from the development project and they would become poorer and poorer. The poorest rural households whose survival depends on natural resource are usually immediate users of natural resources and also the most direct victim of environment damages (Li Xiaoyun, 2005). Therefore, the poverty issue and the interests of poorest rural households must be taken into consideration for the success of alternative livelihood.

Community Development Depends on Natural Resources As the saying goes, living on the mountains, live off the mountain; living by the water, live off the water. This is Chinese farmers' traditional concept on livelihoods (Xu Jieshun, 2003). With this concept in minds, the farmers usually select livelihoods keenly related to their surrounding geographic conditions. For example, Jing ethnic group in south China's Guangxi Province, who live beside sea, changed their livelihoods from primitive offshore fishing to crops planting because of the government's grains-oriented policies and the reform to rural land system, but the per unit grain yield is only 250 kg at most because of serious land desertification and basification in the local area. As a result, the people there still live in poverty but environment damages have already been caused. Jing ethnic group, after repeated transitions in livelihoods, have to return to the sea they used to live on and develop aquiculture industry on marine resources and conduct border trade of marine products. The sea-depended livelihoods, no longer primitive as before, have been diversified constantly so that the living standards of Jing ethnic group have been improved all the time (LV Junbiao, 2003). The generally low productivity of rural communities has resulted in inadequate funds and weak risk tolerance of rural households and these factors make it difficult for farmers to find new ways of getting rich and to thrive on local natural resources has become their only hope of development, all of which could explain the conflict between environmental conservation and community development. The conflict between human and nature has also restricted the development of alternative livelihood activities in the natural reserve since some new livelihood activities, rather than solving the above problems, actually escalate the said conflict.

So, whether the alternative livelihoods can reduce the community's dependence on natural resource effectively and gradually or not is decided by the feasibility of finding the livelihoods that can utilize natural resources in a circulating way tailored to local conditions and is also a difficulty to handicap the achievement of alternative livelihood goal.

Main Livelihood Activities Depend on Natural Resources As the dual structure of rural and urban areas has been gradually removed, the flows between cities and villages become more often. Many rural communities that used to live on planting and breeding activities have enriched their livelihood choices constantly, such as finding job in cities and doing small business. Some rural communities even embark on industrial activities, which have taken the place of agricultural activities, to become the mainstream livelihoods activities of these communities. For example, a certain village in Jiaocheng County of Shanxi Province has built up an industrial park and the rural households in this village who used to focus on planting vegetable and breeding animals turn to engage in industry inside the industrial park and their annual income from current jobs is much higher than income from agricultural activities. But some communities (minority-inhabited rural communities in particular) still rely on natural resources for their survival and have caused direct damages on local ecological environment because of their excessive utilization of natural resources. Exactly, the entire Sanjiang Plain now faces this problem as well because the rural communities in Sanjiang Plain chiefly depend on planting activities, but the ever growing tillable area in these years has been acquired at the cost of wetland loss.

Therefore, alternative livelihood aims to take the place of environment-unfriendly livelihood activities. If the main livelihood activities of the community are the most important reason for environment damages, the substitution of these livelihood activities would not be a goal that can be achieved in short run. In addition, the main livelihood activities have become an integral part of the community and thus cannot be torn away from the community easily. In this case, the substitution of main livelihood activities would be a difficulty to achieve the goal of alternative livelihood.

2.4.3 The Impacts of Cultural Factors on Alternative livelihoods

The development of alternative livelihood is not an independent problem, but an integral and all-comprehensive concept and it is necessary to well handle the problems of cultural adjustment and development at the same time of developing alternative livelihood. If the outcome of community development would finally lead to the loss of cultural identity of this community so that the people, despite their better economic status, begin to wonder who they are, the essential meaning of this alternative livelihood is then disputable.

The former livelihoods assume certain cultural functions since the rural household's livelihood choice is usually made in allusion to specific existential environment and is at the same time the outcome created and effected by the culture (Luo Kanglong, 2004). The livelihood and culture share some changes (Qin Hongzeng, 2006). The argument of these two concepts contains two meanings at least. One is the importance that environment bears upon livelihood and the other is the impacts that community culture exerts o livelihood or we can put it in another way that the livelihood is not only related to the people's living standard, but also assumes certain functions, such as cultural functions, and they are interrelated. The existential environment of an ethnic group, with the effects of livelihoods that are characteristics of the ethnic group, has some social and cultural identity. Whatever an ethnic group is, it cannot utilize external natural conditions to the utmost, but usually selects a certain part of them into use according to the ethnic group's own cultural features. At the same time, the livelihoods shaped by a particular culture have different methods and approaches to coordinate the behaviors of ethnic group's members in the process of creating external environment and utilizing resource and thus produce different results in changing existential environment systematically. It thus can be seen that the external natural condition related to certain ethnic groups is no longer an outer world of absolute objectiveness, but has been imprinted by a touch of the livelihoods characteristics of this ethnic group and the likelihoods have also been attuned to this ethnic group's own cultural systems all the time. This livelihood system is the product of a certain society and also meets the demand of this society, which makes it an organic constituent of this ethnic group's society (Luo Kanglong, 2004). Current livelihood activities however seem to totally ignore culture, an important factor, and income alone has entered into the measurement system.

Therefore, how to grasp the factor of native culture well and blend culture into livelihood are important for the success of alternative livelihood. For the same reason, when judging whetter an alternative livelihood is successful or not, we cannot only make a comparison between the income from new livelihood to that from old one, but should also take native culture and the local people's acceptance into consideration so that the alternative livelihood would gradually become an inseparable part of the community.

3 Technical Options to Alternative Livelihoods

This chapter introduces the background of the project, known as Development of Sustainable Alternative Livelihoods and Community Participation in the Management of Wetland Resources in the Sanjiang Plain, as well as the process and results of the alternative livelihood activities in Raohe County of Heilongjiang Province under the project. This project is funded by the Poverty and Environment Program of Asian Development Bank (ADB) and carried out jointly by Forestry Department of Heilongjiang Province and the Center for Integrated Agricultural Development (CIAD) under China Agricultural University. The project has been designed to achieve the following goal and objectives. The goal is to increase farmer's income and reduce poverty in the Sanjiang Plain through sustainable development approaches that address the poverty and environment nexus in poor villages in Raohe county that are adjacent to the Naolihe nature reserve. The specific objectives of the subproject are to: (i) develop and pilot test sustainable alternative rural livelihood activities in poor villages, (ii) develop and pilot-test participatory-based co-management of wetland reserves with community-based organizations (CBOs) and local government; and (iii) to recommend and introduce policy measures that address the poverty-environment nexus on a sustainable and participatory based manner.

This project, to be implemented over a three-year span from 2005 to 2007, has selected three minority-inhabited villages in Raohe County standing on the rim of the Sanjiang Plain, which are Dongxian Village (Korea-inhabited), Yongfeng Village (Korean-inhabited) and Sipai Village (Hezhe-inhabited). This action research project, with a practice-based study, has made exploration on community-participated alternative livelihood and wetland resource management solutions. This chapter and the following two chapters is the summarization of the said project's research results on alternative livelihoods, community wetland co-management mechanisms and relevant public policies, respectively.

3.1 Project Background

3.1.1 Origin of the Project

The wetlands in the Sanjiang Plain of northeastern China's Heilongjiang Province used to be the largest wetlands in China. Over the past 5 decades, however, the absolute majority of the wetland has been cultivated into tillable fields under the influence of the provincial government's policies, which makes it the largest production base of agricultural commodities. In face of the worsening ecological condition and environmental degradation in recent years, the government began to advocate efforts to reconvert tillable fields into wetland. However, whether this conversion of land use would be a success or not is largely decided by the feasibility of providing the farmers who live chiefly on tillable fields with reliable alternative livelihoods. Although compared with other poverty-stricken provinces, the poverty incidence in rural areas of Heilongjiang Province is relatively low, but there is still a big poor population of 3.73 million and 15,580 poverty-stricken villages, covering a total of 7.8 million hectare land, 35% of which has been cultivated from former wetland or forestry. Among the poor population, 1.53 million persons are in the dire strait of absolute poverty with per capita net income below RMB625. The important reasons behind their tremendously low income are barren land yield, few alternative livelihoods and employment opportunities, insufficient production skills and poor awareness of environmental conservation.

This project, funded by Asian Development Bank (ADB) and carried out jointly by Forestry Department of Heilongjiang Province and Center for Integrated Agricultural Development (CIAD) under China Agricultural University, is purported to help the poverty-stricken rural households, especially those living in the vicinity of nature reserves, to increase their income under the premise of causing no damage to the wetland and develop new integrated optional livelihood solutions for them with the participation of relevant communities. Another objective of this project is to establish a community-based natural resource management mechanism so that the poor can achieve better coexistence with the natural environment surrounding them and make development in a nature-friendly manner. The results of this project can also be used as reference for the provincial government's policy making. Raohe County, one of the poorest counties in Heilongjiang Province, has caught our special concerns that confer on smoothing the relationship between poverty and environment through sustainable development approaches to achieve the total goal of increasing income and alleviating poverty of the farmers in Sanjiang Plain finally.

3.1.2 Organizational Structure of the Project

The participation and endeavors of villages, communities and relevant governments at different levels are preconditions of the project's successful implementation. The organizational structure of the project is as follows:

Provincial-level Project Steering Committee A provincial-level project steering committee has been set up to assume the role as the highest decision maker in the process of project implementation. The members of this said committee are representatives from different institutions and governmental agencies that may be concerned, including Forestry Bureau of Heilongjiang Province, Heilongjiang Poverty Alleviation Office, Ethnic Affairs Committee of Heilongjiang Province, Women's Federation of Heilongjiang Province, Shuangyashan Municipal Government and Center for Integrated Agricultural Development (CIAD). The provincial-level project steering committee has undertaken such tasks as designing project strategies, ensuring fund supports, coordinating different institutions, examining and approving annual plans and evaluating project progress. The most important thing is that this committee is also responsible for reporting the project results to the provincial government so that the latter can make natural resource development policies as well as rendering proposals in the process of making policies as regards natural resource management.

County-level Project Steering Committee A county-level project steering committee, which is under the supervision and management of the provincial-level project steering committee and the technical experts team of Asian Development Bank, has been set up to take charge of coordinating the different institutions at county level or below, approving annual plans and quarter plans and reporting them to the provincial-level project steering committee and supporting the communities' activities such as questionnaires and visits. Another important task of the county-level community is that it should be responsible for establishing community project executing group and community revolving fund, supervising community fund allocation and assisting to carry out independent auditing at the county level. The county-level steering committee also provides supports to the activities the technical experts team of Asian Development Bank has conducted at the village level and helps to arrange Asian Development Bank's activities in the regions included in this project. County magistrate-in-charge usually acts as the director-general of county-level project steering committee and the leaders from

Forestry Bureau of Raohe County and Raohe County Poverty Alleviation Office as deputy directors-general while its members include the representatives from the bureau of agriculture, bureau of animal husbandry, bureau of finance, ethnic affairs committee, women's federation and township governments as well as the representatives from CIAD.

Asian Development Technical Experts Team The experts from the Center for Integrated Agricultural Development (CIAD) provide technical supports to this project. This expert team is responsible for the implementation of the project, which is under the supervision of Asian Development Bank Headquarters and the executives of the provincial-level project steering committee. This team is also responsible for making project work plan, undertaking evaluation on participatory project, providing technical aids on natural resource management and developing alternative livelihoods together with the farmers and supporting their new livelihood activities. Other duties and tasks of this team include the development and implementation of training programs on the project, the utilization of community working fund, the preparation of annual plans, quarter reports, midterm inspection and final evaluation report of the project and the exertion of financial management and final project reports.

County-level Project Management Office Project Management Office (or project office for short) has been set up at the county level to handle offices with the premise and equipment provided by the Bureau of Forestry of Raohe County. The project office, as executing office of the county-level project steering committee, is responsible for administering daily activities and fiscal expenditures, preparing quarter reports, elaborating and designing execution activities, managing reports and accounts and fully publicizing project fund utilization. The director-general of Bureau of Forestry of Raohe County acts as the director of county-level project office in order to secure project ownership while one member of the technical experts team is selected as joint director of the project office.

Village Project Executing Group Village-level management group has been respectively set up in the three villages included in this project, which are Dongxian Village and Yongfeng Village in Xiaojiahe Town and Sipai Village in Sipai Town of Raohe County. The village-level project management group, with the supports of Asian Development Bank technical experts team, county-level project steering committee and the villagers' committee, is also the executing organ of project and keeps in contact with the county-level project office on a daily basis as regards the implementation of project plans, sourcing activities and the utilization of funds. The function of the village-level project management group is to realize decentralized authority and participatory work and that's why Asian Development Bank project has introduced this kind of mechanism to the project communities. There are one group leader, one project financial controller and one project coordinator to compose every village-level project management group. The financial controller should work together with the village accountant, village cashier and borrowing farmers. Other members of village project management group are elected from all farmers in the village who have participated in this project. There should be at least one female in the group and the group leader, financial controller and coordinator should be elected with the supports of Asian Development Bank when the project takes effect formally while the election results should be approved by county-level project steering committee. The group's main tasks include: firstly is to design project activities with the aids of Asian Development Bank technical experts team; secondly is to complete proposes of every sub-project to be executed at the village level; thirdly is to organize and motivate the farmers' participation in project activities; fourthly is to manage community revolving funds; fifthly is to perform project monitoring and evaluation with the coordination of Asian Development Bank technical experts team; sixthly is to steer all training, visit and inspection activities with the aids of project supportive organs and Asian Development Bank technical experts team.

3.1.3 Introduction to the Project Site

Raohe County sits on the Sanjiang Plain featuring vast stretch of fertile land and intricate water system; the ponds and lakes dotted at here are interspersed among forestland and pasture filed to home abundance of animals and plants. Ever since the ancient times, this region has been reputed as a prime natural fishing and hunting ground with rich resources. One hundred years ago, both banks of Wusuli River up to the eastern coast were within the territory of our county. *The Beijing Treaty*, an unfair treaty signed between China and Russia in 1860, however, turned Wusuli River a boundary river between the two countries; Raohe has since become the northeastern frontier of our country. (Office of Raohe History Comilation, 1992.)

Raohe is located at 46°30′44″-47°34′26″ N and 133°7′26″-134°20′16″ E, occupying a northeastern portion of Heilongjiang Province, bordered by Fuyuan County on the northeast with Abujiao River as the boundary, bordered by Tongjiang County on the north separated by Bielahong River, bordered by Fujin County on northwest separated by Naoli River, bordered by Baoqing County on the west separated by Qiliqin River, bordered by Hulin County on the south separated by outer Qilinqin River. The southern section of the county joins with Wanda Mountain Range; the northern section forms a part of the Sanjiang Plain. Raohe shares 128 km's boundary with Russia across Wusuli River. Located in the open heartland of the Sanjiang Plain at the confluence of Heilongjiang, Wusuli River, and Songhua River, Raohe County has higher elevation in the west and lower elevation in the east, and can be roughly divided into three geographic sections: central and southern mountainous section, western hilly section, eastern and northern alluvial plain section. Raohe County covers a total land area of 676,500 hectares, of which woodland covers 351,000 hectares, water surface covers 9,100 hectares, arable land covers 200,000 hectares. Wusuli River and Naoli River are the chief waterways traveling through the county. Within territory of the county, there have magnificent mountains and expansive plain, giving Raohe diversified topographical characters.

Raohe derives its name from Naoli River flowing within the county territory. "Naoli" is a vocal variation of "Nuoluo"; both terms of "Naoli" and "Nuoluo" trace their origins to Manchurian language, meaning "land with abundance of wild animals". Raohe County was first founded in 1913, and had undergone several changes administratively until 1964 when the current territory pattern of the county was fixed. Located in extreme northeast of Heilongjiang Province and on the middle & lower course of Wusuli River, Raohe County administers 4 towns and 5 townships, consisting of 110 natural villages and 79 administrative villages; there have also 5 state-owned farms and 11 forestry centers under the county's administration. In 2004, total population of the county is fixed at 150,000 with 19 ethnic groups identified: Han, Manchurian, Hui, Zhuang, Korean, Mongol, Elunchun, Hezhe, etc. Non-han population accounts for 2.4% of the total. Boasting fertile land and rich resources, Raohe is now a key resource reserve base of Heilongjiang Province. Currently, Raohe maintains 200,000 hectares' arable land; per-capita arable land area for agricultural population is fixed at 1.7 hectares. Green crop cultivation across the county occupies a total area of 300,000 mu, with wheat, bean, corn, and rice as the chief crops. In 2005, Raohe had quick economic development; GDP reached RMB 1.27 billion yuan; fixed-asset investment reached 210 million yuan; the fiscal budget accomplished 20.88 million yuan; a total investment worth of 468 million yuan was injected into Raohe from outside the county, of which 200 million yuan was accomplished through 46 investment projects, the other 260 million yuan came from 45 policy earmarked funds; social commodity retail reached 130 million yuan; per-capita disposable income for urban residents reached 6,379 yuan, the figure for rural residents was 1,142 yuan; population natural growth rate had been controlled below 6.02. (CNKI: http://number.cnki.net.)

There are 351,000 hectares of forestry area, 9,100 hectares of water territory and 200,000 of tillable field hectares inside the county, while forestry and farming companies occupying over two thirds of the county's total area. The county also includes Naoli River National Wetland Nature Reserve, Northeast-China Black Bee National Nature Reserve and Dajiahe Provincial Wetland Nature Reserve. Three villages, which are Dongxian Village (Korean Ethnic Group), Yongfeng Village (Korean Ethnic Group) and Sipai Village (Hezhe Ethnic Group), have been chosen in Raohe County according to the project's requirements on focusing on the poor and ethnic minority groups. Following list a brief introduction to the resource and social conditions of these three villages.

Dongxian Village and Yongfeng Village are subordinate to Xiao Jiahe Town, which is located in the north of Raohe County in the southeast of the Sanjiang Plain, sitting on the confluence of Xiaojia River and Naoli River, lying 58 km away from the county seat. With a total land area of 487.5 sq km, Xiao Jiahe Town governs 14 administrative villages (19 natural villages), consisting of 4,784 households with 32,000 people. Total area of arable land of the town is pegged at 250,000 mu; per-capita arable land area is about 8 mu.

Dongxian Village Dongxian Village in Xiaojiahe Town of Raohe County, one of the two Korean-inhabited villages in Xiaojiahe Town, is located in the east part of Xiaojiahe Town and has a distance of 4.5 kilometers away from the town, sitting on the southern bank of Naoli River and inside the plain belt. Dongxian Village, founded in 1974, covers a territory of 13,077 mu, surrounded by other villages and farmland peripherally, featuring mainland monsoon type climate characteristics of cold temperate zone and fertile soil.

All of the residents in Dongxian Village are of Korean Ethnicity. The households total to 36 with 140 people, which are equally divided between males and females; people within labor age totals 70. In 2003, an unexpected frost precipitation wrecked the rice harvest and made most cultivating households bankrupt, as a result, there had only 16 households staying in the village to do farming in 2005, while other people chose to go to other places to serve as migration workers and seldom return home.

The village also abounds in water resource as Naoli River is 5 kilometers away in the north and the low-lying and easy waterlogged tillable fields span a total area of 4,000 mu, including 2,500 mu irrigated farmland and 1,500 mu non-irrigated farmland, of which the irrigated farmland is used to plant paddy with yield per mu reaching 400 to 450 kg and the non-irrigated farmland is used to plant soybean with yield per mu reaching 75 to 100 kg. The area of arable fields has already increased from 200mu in 1976 to current 4,000 mu or so.

Yongfeng Village Yongfeng Village in Xiaojiahe Town of Raohe County, founded in 1962, is located in the west part of Xiaojiahe Town and the southern bank of Naoli River with a distance of 5 kilometers away from Xiaojiahe Town and 60 kilometers away from Raohe County Town, covering 5,300 mu tillable fields across the plain area.

Residents of Yongfeng Village are mostly of Korean ethnicity, with 91 households and 281 people; people within labor age totals 187, of which 108 are males, 79 females. For the moment, permanent households of this village number 83; in recent several years, however, households living in the village have been dwindling in number, which is caused by the prevailing tide to seek jobs in South Korea. According to statistics, right now, there have only 69 households still staying in the village. The unexpected frost precipitation in 2002 and extremely low rice price in 2003 have made several households bankrupt and deep in debt, which prompted them to leave the village to serve as migration workers. Also, some households find the cost of cultivating too high to bear, and choose to leave village to seek other opportunities.

The total area of arable land of the village is fixed at 5,300 mu. The village has a plain topography.

According to relevant blueprint of forestry bureau, around 1,000 mu non-contracted farmland in Yongfeng Village had been allocated to be reconverted into wetland in 2005 and once alternative livelihoods, employment opportunities and land compensations are well arranged for the farmers, some contracted farmland would also be included in wetland conservation.

Sipai Village Sipai Village is administered by Sipai Hezhe Ethnic Township of Raohe County. Founded in August 1985, Sipai Hezhe Ethnic Township is located in the northeast of Raohe County, lying 22 km away from the county sea. At the begging of its founding, the township had only two villages and one state-owned forestry center under its jurisdiction, consisting of 137 households with 590 people; the township seat is located in Sipai Village. In March 2001, there had another two administrative villages put under the jurisdiction of the township due to a merger case of nearby towns. Therefore, Sipai Township now administers 4 administrative villages, covers a land area of 52 sq km, and has 54 km's national boundary. Currently, the township is inhabited by 6 ethnic groups: Hezhe, Han,

Mongol, Korean, Manchurian, and Tujia, consisting of 509 households and 1,786 people. In 2006, Sipai Village consisted of 184 households with a population of 562 people, of which 66 households are of Hezhe ethnicity, accounting for 31.3% of the total; Hezhe population was fixed at 176, accounting for 31.3%. Covering a total land area of 48,063 mu, Sipai Village has a total arable land area of 15,542 mu, which is obtained through decades' forest clearing and wetland reclamation. For the moment, per-capita arable land area of the village reaches 27.65 mu, 19.75 times as higher as national average level. Moreover, the arable land of the village is quite fertile, and is classified as one of three global black soil spheres. Among the 66 Hezhe households, 23 households cultivate more than 100 mu's land each, 14 households cultivated farmland each with an area between 30 and 100 mu. The majority of the arable land in Sipai is highland instead of paddy land.

3.1.4 Features of the Project

The design features of this project are as follows:

Farmer-based The farmers should be included in such project activities as planning and performing activities on contracted farmland and making decisions at their own discretion as regards alternative livelihoods. The project should train the farmers and impart them necessary technologies on planting, raising and other alternative livelihood activities as well as introduce effective measures to secure that the poverty-stricken rural households can participate in the project and benefit from the project.

Gender-sensitive The participatory approach should take the viewpoints of all society interest groups that may be concerned, especially the viewpoints of women, into consideration. Since the women in the project site are involved in all production and family activities, their viewpoints and ideas should be taken seriously when improving livelihoods. The project should ensure that all women in the project villages take active part in planning and implementing the project and making decisions in connection with the selection of activities and the execution of project. The project should also be designed to make sure that the women would play a leading part in the project and the impacts of gender on poverty should be put under observation. Gender analysis and gender mainstreaming training should be performed on all society interest groups that may be concerned in the project so as to make the project execution gender sensitive.

Sustainable Livelihood The project gives priority to developing sustainable livelihood system whose income source is different from the traditional one with prime focus on how to ensure the sustainability of alternative livelihoods rather than solely increase the income. In order to bring this framework into effect, the methodology of Sustainable Livelihood Framework should be introduced to examine whether the selected livelihood has improved the farmers' assets status or not. All methods adopted in the project should have been established on the ground that they can help to increase the human assets, physical assets, natural assets, social assets and financial assets of the poverty-stricken rural households.

Relations between Poverty and Environment Environment issue has been ignored in most poverty alleviation plans while many environmental conservation and natural resource management projects have not paid enough attention to solve the social and economic problems confronted by the farmers. In many cases in point, it is difficult to integrate these two problems synthetically in the design of intervening measures. However, this project stresses on the development of environment-friendly and sustainable livelihoods activities that are qualified to substitute current ones. The substitution of livelihoods should achieve all-round benefits in the three dimensions of economic, social and ecology.

Farmers' Organization This project supports the villages to set up their own organizations, which can be realized through the establishment of community revolving fund management systems and the implementation of project targets. These organizations should belong to the farmers themselves and be brought into play in the process of actual development. Other project participants should provide necessary supports to these organizations so as to improve their capabilities.

Decentralized Management and Implementation Different from most investor-driven projects in China, this project would adopt decentralized management system that can reinforce the ability to perform (AB) of community-based project management organizations. Under this system, the farmers and villages are allowed to increase their responsibilities and ownership through project operation. Therefore, this project is managed on community basis instead of being managed vertically. The project steering committees are responsible to guarantee capital inputs and supports from the government, the project management offices provide administrative supports and the project executing organizations are responsible for the activities throughout the project period.

3.1.5 Implementation of the Project

In order to achieve the project objectives, an exhaustive participatory baseline survey has been conducted on natural resources and social conditions of these three villages and different livelihood activities have been customized according to local resource characteristics and social & economic conditions The project has paid special attention to cultivating the farmers' human capital and increasing their readiness to participate in alternative livelihood activities, developing training activities in different forms and fully motivating community farmers' participation in the whole process to realize the sustainability of project activities.

This project also asks the advice of experts and diversifies project activities through the introduction of participatory systems and methods. Evaluations on community-based farmers' demand have been performed, information feedback system been established to increase the interaction between community farmers, village-level project management and fund management organizations set up and effective measures adopted to encourage the community members' participation in whole process of the project from decision making, management, execution to monitoring. This project has also aided the farmers in setting up the revolving funds and promoted the accumulation of human capital through participatory training.

3.2 Analysis on the Community's Livelihood Structure before Project

As required by designing project, the professors and students of China Agricultural University conducted baseline survey on the three project villages at the beginning of 2005 with top priority given to collecting data on the five kinds of assets of these three villages and elaborated a detailed analysis on the villagers' requirements on alternative livelihoods and the feasibility of proposed livelihoods

3.2.1 Analysis on the Livelihood Structure of Dongxian Village

3.2.1.1 Analysis on the Community's Five Kinds of Assets

(1) Human Assets

According to the basic statistics of Dongxian Village, among the 52 labors interviewed in our survey, there are 1 illiterate, 11 with primary school education, 33% or 63.5% with junior high school education and only 13% or 13.5% with senior high school education or above. The education breakdown is as in Table 3-1 and Figure 3-1.

Table 3-1 Education Breakdown of Labors of Interviewed Rural Households (2004)

Education	Quantity	Percentage (%)
Illiterate	1	1.90
Primary school education	11	21.20
Junior high school education	33	63.50
Senior high school education or above	7	13.50
Total	52	100.00

As illustrated by the statistics on the education background of the farmers in Dongxian Village (Please refer to Table 3-1 and Figure 3-1), the farmers pay due attention to basic education since 63.5% of the labors have graduated from junior high school, but the lack of higher-caliber talents would increase the difficulty in future alternative livelihood and narrow down the choice of livelihoods.

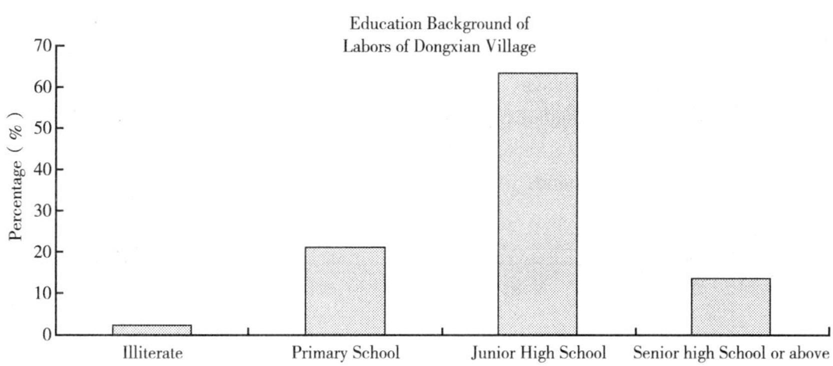

Figure 3-1 Education Breakdown

(2) Social Capital-Social Connections and Peer Support System

We can learn from Table 3-2 that most (62.5%) of rural households, in busy farming seasons, hire labors to help them. Of course, there are also 18.8% and 25.0% rural households seeking help from relatives and friends. This means that current livelihood system with focus on paddy planting activities needs a lot of labor forces and therefore peer support on paid basis prevails.

As for the sources of living information, 43.8% and 25.0% rural households think that they have obtained the most information from friends, television and radio. Of course, there are also 18.8% rural households who have obtained relevant information from relatives and neighbors. This means that the farmers in Dongxian Village have obtained the majority of their information sources from this kind of informal networks.

As for the sources of production information, 37.5% rural households think that they have obtained most information from television and radio. In the next place, 25% rural households have once obtained such information from friends; 12.5% rural households from village cadres and only 6.3% rural households from the government's technical advisors. This means that government's agricultural technology extension agencies have played a weak hand as the source of production information.

Table 3-2 Sources of Helping Labors in Busy Farming Seasons and Sources of Living Information and Production Information

	Source of Helping Hand(Quantity of households*/ Percentage)			Sources of Living Information (Quantity of households*/ Percentage)			Sources of Production Information(Quantity of households*/ Percentage)	
Neighbors	1	6.3%	Not needed	3	18.8%	Relatives	1	6.3%
Not Needed	3	18.8%	Relatives	3	18.8%	Technical Advisor	1	6.3%
Relatives	3	18.8%	Neighbors	3	18.8%	Neighbor	1	6.3%
Friends	4	25.0%	TV & Radio	4	25.0%	Village Cadre	2	12.5%
Hired Labors	10	62.5%	Friends	7	43.8%	Not Needed	3	18.8%
						Friends	4	25.0%
						Television & radio	6	37.5%

Note: Quantity of Households* means the quantity of rural households that have ticked off this option.

(3) Financial Assets

According to our questionnaire on 16 rural households, almost none of them have deposit in the bank and there are only two exceptions. One of them has a scanty deposit of RMB 5,000 yuan that would be spent on agricultural production in next spring and the other is the village account whose deposit amount is RMB 40,000 yuan and prepared to find his son a wife. All other rural households have to borrow money to sustain their living and production. As illustrated by the debts status of these 16 rural households as of March 2005 in below Table 3-3, the debts of these 16 rural households reached RMB 29,300 yuan on average. The arrears of these rural households are different and some even pile as high as RMB 100,000 yuan. According to the villagers, their debts have been caused by the price fluctuation of paddy in the past 3 years and the occurrence of natural disasters in 2 of these 3 years.

Table 3-3 Total Debts of Rural Households in Dongxian Village (Unit: RMB 10,000) (As of March 2005)

Rural Household	1	2	3	4	5	6	7	8	9
Debts	7	0.50	5.00	4.60	0.85	9.30	1.40	1.50	3.50
Rural Household	10	11	12	13	14	15	16	Total	Average
Debts	0.00	0.00	3.70	1.30	2.00	42.00	2.60	85.25	5.33

(4) Physical Assets

As indicated by our questionnaire results, 56.3% rural households live in brick & tile houses and 43.8% live in the house with civil engineering structure. The percentage of brick & tile house is much higher than another Korean-inhabited village-Yongfeng Village (only 11% are brick & tile houses). Every household has a television set and a telephone set on average and nearly two thirds rural households own mobile phones. Every household has one walking tractor on average and over one third rural households own motorcycles. It thus can be seen the physical assets of this village have reached a medium level.

(5) Natural Assets

In this village, the natural assets of farmers are chiefly land resources. Generally speaking, more members a family has, more responsibility land this family can contract, but some later rearrangements arising from economic and social factors have resulted in some unfair cases (Please see details in the second part of Chapter II Analysis on the Utilization of Resources).

3.2.1.2 Analysis on Social, Economic, Technical and Environment Feasibility of Different Livelihoods

There are only 16 rural households in Dongxian Village with particular situation and for this reason, the 6 farmers in focus group discussion, although selected on random basis, are hardly representative still, so it is very difficult to enlighten their minds on alternative livelihoods. As illustrated by Table 3-4 and Table 3-5 below, the number of rural households is quite few and their ideas differ widely and cannot be neatened up while one farmer, after forwarding his (or her idea), finds it difficult to get others' support. In the case of Dongxian Village, the farmers have been seldom engaged in other livelihood activities and therefore all of them know little about other types of livelihoods.

As shown by the results of focus group discussion in Table 3-4 and Table 3-5, we can see that the farmers have considered the following possibilities of alternative livelihoods.

Table 3-4 Results of Focus Group Discussion on the Feasibility of Alternative livelihoods

Type of Livelihoods	Economic Feasibility	Social Feasibility	Technical Feasibility	Environment Feasibility	Total Score	Rank
Cattle raising (machine-fed)	3.50	4.00	2.00	3.50	13.00	1
Cattle raising (free-range)	3.50	4.00	2.00	2.00	11.50	2
Private enterprises (straw products)	1.60	2.20	2.40	3.60	9.80	3

Note: The full score of every single feasibility is 5 (from 0 to 5), which makes a total score of 20, and the highest feasibility can be scored 5.

Table 3-5 Results of SWOT Analysis

Type of livelihood	Strength	Weakness	Opportunity	Threat
Cattle raising	Secured feed supply because of short distance to grassplot	Lack of technology and funds, high cost	Strong sales, huge demand and short supply of beef in mainland	Epidemic (foot-and-mouth disease), long time (usually 3-4 years) to gain profits
Private enterprise (straw products)	Self-supply of raw materials	No sales outlets No market information		The risk of failure and the cost on abandoning agricultural production

1. Cattle Raising- A Choice that is Worth Considering as Opportunity and Threat Both Exist

(1) Feasibility Analysis

Economic Feasibility In terms of economic feasibility, the economic benefits of cattle raising can be handsome provided risks from the lack of feeding or epidemic prevention technology was avoided effectively.

Environmental Feasibility According to the farmers, the cattle can be raised in two different ways, machine-fed and free-range, which have different impacts on environment. If machine-fed type is chosen on a small-scale basis (below 20 stocks), the fodder and feed are principally bought and therefore little impacts would be produced on the environment, but if large-scale raising is carried out, the cattle must be fed free range in summer season so as to achieve economy of scale, which would then cause great damage to surrounding grass resources.

Technical Feasibility In terms of technical feasibility, the farmers hold the same opinion that the lack of technology would be their top consideration and obstacle in selecting cattle-raising as new livelihood. Firstly is the feeding technology and this is especially the case with machine-fed cow-raising where a lot of human labor is needed. Thus, the lack of such technology would have significant bearing on the cattle's growth and the farmers' earning. Epidemic prevention technology is more vital because the farmers, if not commanding epidemic prevention skills, would suffer deadly loss once their cattle fall ill. As a matter of fact, the cattle raising technology of local farmers is extremely poor and so the farmers all agree that this type of livelihood is not very feasible, not feasible technically at least, if they cannot receive any professional training on cattle-raising technology.

Social Feasibility The social feasibility of cattle-raising, in the farmers' eyes, is very high. Since local farmers are not technically adept, some rural households, after earning profits over new livelihoods, would set an excellent example for other rural households to select livelihoods and would help all of them alleviate poverty. Besides, the farmers would be perfectly convinced to change all their efforts from farming to planting forage grass and raising cattle if the extension of cattle-raising technology is possible because after all, cattle-raising produces more economic benefits than grain production, which enables more people to change products.

(2) Results of SWOT Analysis

To local farmers, the top strength of cattle-raising is that there are grazing resources in the vicinity of the village and thus the supply of fodder is not a problem. The grassplot in the wetland natural reserves designated by the government several years ago can still be leased to farmers at a price of 2 yuan per mu every year for the development of breeding industry and this cost is affordable to most rural households. Furthermore, Dongxian Village is the nearest to the said grassplot as compared with other villages, which is also one of its advantages. However, the disadvantages of Dongxian Village are the lack of technology and capital. In addition to the purchase of calf that would cost a lot, the expenses on cattle sheds, feeds and grazing labors must be defrayed as well. When discussing the opportunity of cattle-raising, the farmers think that the beef market is now brisk in Chinese mainland and there is huge demand, or short supply, of beef so that the sales of cattle or beef would be well guaranteed and furthermore, the price of beef remains high all the time, all of which are opportunities for cattle-raising in a certain period of time to come. The risks, however, are also high. On one hand, the unpredictable epidemic is the biggest risk of all and what's worse, once failure and loss occur, the rural households cannot recover from the loss in short run. On the other hand, cattle-raising generates earnings at a slow pace as it usually takes 3 to 4 years to turn hefty inputs into final gains and most rural households would invest most family belongings in cattle-raising and in these 3 to 4 years, the rural households would certainly confront capital strains once any of the many possible natural and people-imposed calamities breaks out, which is another major risk underlying the livelihood of cattle-raising.

2. Establishing Private Enterprise (Straw Products Processing Factory)-A Choice for Young People

This livelihood has been proposed by a young woman in the village. Although most rural households live on planting activities, this kind of income source can only maintain the families at the subsistence level, but can never get them rich, so it is no wonder that some open-minded young men would prefer to more risky livelihoods.

(1) Feasibility Analysis

Economic Feasibility According to some farmers, primary straw products (such as straw curtains), although their manufacturing cost is low, are sold cheaply while straw handicrafts can charge higher prices, but since their sales prospect is uncertain and thus cannot secure economic benefits, definitely this business would not be quite profitable in its infancy period.

Environmental Feasibility As for this matter, all farmers hold the same opinion that straw processing would not cause any damage to the environment and on the contrary, can remove the trash straw piled on the farmlands. Favorable impacts, rather than unfavorable ones, would be produced on the environment and therefore the environment feasibility of this livelihood is very high.

Technical Feasibility To run a business, management knowledge and skills are required while the manufacturing of straw products needs professional technology and expertise and then it is obvious that the establishment of an enterprise would involve some technical difficulties. The farmers agree that this would be a major barrier to the establishment of private enterprise and as a result, many farmers have doubts on this type of livelihood.

Social Feasibility Many farmers, especially the old ones, are not so optimistic towards social feasibility of founding a business and they think that only young people are suited to or are interested in the establishment and running of enterprises and the rigid technical requirements further dampen many farmers' enthusiasm on this type of livelihood.

(2) Results of SWOT Analysis

The advantage of founding straw products factory is the self-sufficiency of raw materials. Almost all rural households in this village plant paddy and the straw left over after the paddy is harvested can be used as raw materials of straw products, so a lot of production cost can be spared. But according to the results of the focus group discussion, the establishment of straw products enterprise means more disadvantages and risks. For example, the sales of finished products are uncertain, the lack of information and technology and inadequate funds to run a factory are all among the adverse factors to establish the enterprise. A big risk of selecting this livelihood is the opportunity cost caused by founding business while ignoring agricultural production. Once this business fails, the farmers would lose the capital as agricultural input, which would be a deadly loss to the farmers.

Anyway, both feasibility analysis and SWOT analysis show that the establishment of straw products factory is not feasible as a alternative livelihood since a narrow scope of people, young people only, can benefits from this choice and at the same time the economic benefits cannot be secured so that many farmers have doubt on this livelihood. The risks of this livelihood are also bigger than other types of livelihoods. The farmers, once meeting with failure in this livelihood, would be reduced to poverty and find it difficult to alleviate poverty, which makes it not very applicable to this village.

3. Working Abroad in South Korea-A Last Choice when there is No Alternative

In addition to above results of focus group discussion, our investigators also explored the feasibility of other livelihood activities with the farmers. To go abroad and work temporarily in South Korea, although highly recommended by the local government of Raohe County and purported to be a lucrative source of income, actually has produced quite different results as shown by our interviews. Following list two cases in this point:

Case 1 Interviewee: Jin Shunji, female, 51 years old

My husband, now 54 years old, is now working temporarily abroad in South Korea and has obtained visa in the name of a faked relative, but he is afflicted by high blood pressure and because of his poor health, he can take only some non-exertive work. The South Korean employers have become cannier and the tax burden is also heavy. However, he has to stay in South Korea because our debts have not been paid yet. There is no other alternative for him once going abroad and can only return back home only after making enough money to repay the debts.

Case 2 Interviewee: Jin Longguo, male, 36 years old, who planned to go abroad to South Korea before, but finally gave up this idea

Owing to the economic recession of South Korea and the impacts of SARS in 2002, the opportunities to work in South Korea have become fewer. Jin Longguo has a relative in Harbin whose company makes arrangements for its interns to work temporarily in South Korea and he has been included in this program through pulling the strings. He had set aside around RMB 60,000 yuan to RMB 70,000 yuan for this trip, which however has not been made because the tie between the agency in China and the party in South Korea is broke off. The Chinese in South Korea are usually engaged in heavy labor work, such as construction and carpentry for men and service (including catering) for women. The visa term is usually 2 to 3 years, which can be extended if the company is very satisfied with his (or her) performance. They are not allowed to go to South Korea again in 3 years after returning back to China. Generally, a deposit between RMB 20,000 yuan and RMB 30,000 yuan is required, which is refundable after they return back to China and the rest would be spent on necessary formalities.

Generally speaking, the persons working in South Korea have the following characteristics:

- There is no other choice since these families have borrowed loans, but cannot repay them.
- These families have some assets, including some social assets, which can help them borrow enough money to defray the lump sum expenses for going abroad.
- The poorest families cannot afford going abroad to South Korea because they cannot borrow enough money, but the richest families would not go either because they possess certain capital resource to enable them make money as much as in China and in South Korea so that they can keep the pot boiling even at home.
- The persons going abroad to work temporarily in South Korea are usually aged below 40.
- Korean ethnic group cherish family greatly and to them, the money earned in South Korea is not enough to compensate the loss on giving up family life and stable family life means more.

The above cases can help us to gather some understanding on the real situations that the Korean-inhabited villages have confronted in the livelihood of working in South Korea. Although they need around two years to recover investments in going abroad and would gain some profits if staying longer, this is still a worst choice for them. Just as the mother (over 50 years old) of Piao Changgen said, her two sons would not go abroad to work in South Korea unless there is no other alternative and they cannot live on farming any longer. They have to go abroad to do heavy labor work in South Korea if there is no other alternative, but this is the last resort because their health would get worse and I could not bear to let them suffer this.

4. Working Temporarily in Domestic Cities-A Choice that is More Likely to Lose Money than Make Money

Case Interviewee: Piao Haozhe, male, 42 years old

There was no grain yield at all in 2002 because of the drought disaster so that Mr. Piao failed to repay the farming loan. He abandoned farming in 2003 and subcontracted all his land. In 2004, his son was caught by atrophic gastritis and needed much money (over RMB 10,000 yuan) to get cured, but there is no other income source than farming. In this case, Piao Haozhe and his wife decided to find a job in cities. Piao Zhehao went to Guangdong Province where he found a job whose monthly pay was RMB 500 to 600 yuan. Because of his old age and technical insufficiency, Mr. Piao had to do labor works such as cargo handling at docks and was poorly paid. Mr. Piao worked in Guangdong Province for around 4 months and was illy fed because of different food traditions in south China region and north China region. What's worse, the winter in south China region is moist and cold while the southerners are not used to sleep on electric blanks so that he suffered from arthritis and spent over RMB 1,000 yuan on the treatment. Together with the traveling expenses to and fro Guangzhou and other expenses on basic necessities of life away from home, Mr. Piao actually lost money in 2004. Mr. Piao's wife worked in Shenzhen and, with the commendation of some people, became a cooker for a factory in Shenzhen whose monthly pay is also only RMB 600 yuan or so.

Almost all people who decide to work temporarily in domestic cities (not in foreign countries) are extremely poor because the pay is very low and they cannot retake farming immediately after returning to their home since their land has already been contracted to others. To work temporarily in other cities, rather than helping the farmers to repay loans, has resulted in heavier interest burden and these farmers cannot regain loans if they hope to come back home for farming, so this vicious circle would go on. This type of livelihood, from the above analysis, does not promise much to the farmers.

5. Planting Soybean -A Choice whose Comparative Benefit is Low

(1) Results of SWOT Analysis

Economic Feasibility The price of soybean has already begun to drop, so planting soybean is even less profitable than planting paddy (the case in last year) after the expenses on contracting land are defrayed. The social benefits of planting soybean are also fewer than those of planting paddy because additional objective conditions are necessary to convert irrigation farmland to nonirrigation farmland.

Environment Feasibility The environment feasibility of planting soybean is almost the same as that of planting paddy because fertilization and pesticide application are required in both cases.

Technical Feasibility The farmers would not be good at planting soybean in the first year, but would achieve a complete grasp in the second year. For example, they can sow seeds and apply pesticides all by themselves.

Risks A draught broke out in 2002 and big loss was caused by planting paddy so that some farmers decided to convert irrigation farmland into nonirrigation land so as to plant soybean instead, which seemed a more profitable business then since the selling price of soybean at that time was higher than the benefits of planting paddy. The land should meet higher requirements if used to plant soybean and the irrigation farmland suitable to be converted into nonirrigation farmland should stand at a higher geographic position. The households are also required to own water drainage equipment, but most of the families cannot afford this anyway. The basic expenses on land contracting are RMB 100 yuan per mu in general circumstances and RMB 120 yuan to RMB 130 yuan per mu for the land in better conditions.

It can be seen from the results of above feasibility analysis and follow-up survey that the above livelihoods are not likely to be widely accepted by the farmers of Dongxian Village. We cannot tell which one is more popular with the farmers although all of them are proposed by some farmers and all have both advantages and disadvantages. Altogether, the farmers are more inclined to continue planting paddy, on which we would elaborate a detailed analysis as below:

6. Planting Paddy-A Choice that can Not be Abandoned

(1) Background of Livelihood Selection

1) There are 16 permanent rural households in Dongxian Village, all of which live on planting activities, especially planting paddy. They began planting paddy

as early as 2004 and the big yields and harvests of paddy resulted in the dramatic growth of agricultural income.

2) The farmers in Dongxian Village have lived on planting paddy for generations and thus boast a solid technical background in this regard. As a contrast, they are in lack of technical advantages for other livelihoods and therefore more risks would be contained therein.

3) The farmers in Dongxian Village are quite conservative and would not, could not either, spend much to undertake the innovation risks. They would usually give up the idea of working temporarily in cities because of the family-loving tradition of this ethnic group.

4) It is decided by the characteristic of local soil that only certain kinds of crops can be planted because Dongxian Village has irrigation farmland rather than nonirrigation farmland.

According to the results of above discussion, the farmers decide to plant paddy by greenhouse nursing so that the paddy output could be increased even without expanding the area of paddy farmland and in this way, the damage caused to environment from wasteland reclamation could be reduced.

(2) Feasibility Analysis of Livelihood

Economic Feasibility According to the farmers' estimation, under the supports of current agricultural policies of China, planting paddy with greenhouse nursing would increase agricultural output by three times if no big natural disaster happens and grain demand does not decrease in 2 to 3 years to come, which means that the farmers' income would grow in three times.

Technical Feasibility The local farmers, who have planted paddy for generations, have an indisputable technical background, but most of them cannot afford introducing such new-tech planting technology as greenhouse nursing and thus have to scatter seeds and plant in an extensive manner still. However, the quality of local paddy yield is very high even under this circumstance because the farmers are well experienced and have borrowed a lot of lessons from their past planting activities. So, there is a good reason to believe that the farmers, if financially supported to plant paddy in the greenhouse, are technically reliable and this livelihood is technically feasible.

Environmental Feasibility Greenhouse nursing, no matter judging from ecological conservation or from resource utilization, would make no harm to the local area. In consideration of adequate farmland utilization, the local farmlands, with low geographic relief, are not qualified for non-irrigation cultivation. The farmlands, if not used to plant paddy, have to be reconverted into wetland. Of course, this seems a good thing for the conservation of wetland resources.

Social Feasibility As for social feasibility, greenhouse paddy planning would be useful to help local rural households alleviate poverty and increase their income. The needs of these farmers' chief livelihood can be satisfied at the same time, which is to the advantage of most rural households to improve their living standard.

(3) SWOT Analysis

The strength of local farmers to plant paddy in greenhouse include their solid technical background in planting paddy and the encouraging grains policies the government has carried out this year while the weakness is that greenhouse nursing and planting need a lot of money while local farmers are generally poor and cannot afford the investment. As for the opportunity and threat regarding the livelihood of paddy planting, the farmers usually think that the opportunity rests with the government's agricultural policies that have given top priority to grain production and granted subsidies to grain farmers over the past few years. The threat arises chiefly from natural climate since the farmers totally live on nature and would surely come to a bad end if any natural disaster occurs. Therefore, the risk of natural calamities would be a fatal threat on this kind of livelihood.

3.2.1.3 Evaluation on the Needs for Alternative Livelihood

According to above discussions with the farmers, they have selected the following livelihoods as the substitution:

As illustrated by Table 3-6, the farmers still prefer to planting paddy even if they could reselect their livelihoods and they hope to obtain supports in building nursing greenhouse whose unit price is RMB 10,000 yuan with the yield of seedling for 80 to 100 mu paddy farmland. There are a total of 2,500 mu irrigation farmlands in Dongxian Village and thus the total budget is estimated to stand somewhere between RMB 250,000 yuan and RMB 300,000 yuan. According to the preliminary data sourced from the Bureau of Forestry of Raohe County, Dongxian Village is designated to contribute only around 200 mu farmlands to be converted back into

Table 3-6 Labors' Selection of Intended Occupations (Unit: Household)

Type of Livelihood	Quantity of Labors	Percentage in All Labors
Planting paddy	27	71.1%
Working temporarily in cities	6	15.8%
Breeding (including 2 households that have not decided to breed which kind of animals)	4	10.5%
Doing business	1	2.6%
Total	38	100.0%

wetland as a part of Dajiaohe Wetland Conservation Area. In view of the above circumstances, we think that the budget of this livelihood is relatively reasonable.

Secondly, the above feasibility analysis on the livelihoods of working temporarily in cities and breeding animals suggests that the farmers would make these two choices only when there is no other alternative or we can put it in another way that more advice and supports are required in these two livelihoods.

3.2.2 Analysis on the Livelihood Structure of Yongfeng Village

3.2.2.1 Analysis on the Community's Five Kinds of Assets

(1) Human Assets

According to the basic statistics of Yongfeng Village, among the 164 labors interviewed in our survey, there are 5 illiterate, 30 with primary school education, 114% (70%) with junior high school education and only 13% (8%) with senior high school education and only 2% or 1% with technical secondary school education. The education breakdown is as Table 3-7 and Figure 3-2.

Table 3-7 Education Breakdown of Interviewees (2004)

Education	Quantity	Percentage(%)
Illiterate	5	3
Primary school education	30	18
Junior high school education	114	70
Senior high school education	13	8
Technical secondary school education	2	1

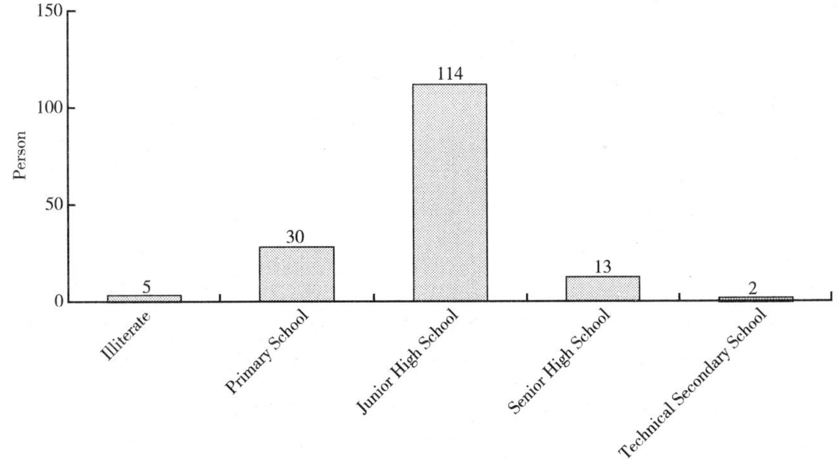

Figure 3-2 Education Breakdown

As illustrated by the statistics on the education background of the farmers in Yongfeng Village (Please refer to Table 3-7 and Figure 3-2), the farmers pay due attention to basic education since 70% of the labors have graduated from junior high school, but only few farmers have received higher education or continuing education since 8% are graduates of senior high school and only 2 are graduates of technical secondary school. The transition in livelihoods has also upgraded former traditional agriculture to modern hi-tech agriculture, which would bring up new challenges on the education background and quality of agricultural labors since planting or breeding activities would put higher requirements on science and technology.

(2) Mutual Conversion between Social Assets and Capital Assets

In our questionnaire, the farmers give the following answers to the question who they would turn to for help in busy farming season and as shown by the statistics in Figure 3-3, 9 rural households (or 35%) have obtained peer supports from relatives and friends, 8 rural households (or 31%) have hired labors and 5 rural households (or 19%) whose human assets (labors) are adequate or tillable area is few have no need for other's help and 15% rural households have obtained help from friends. It thus can be seen that the rural households, with more capitals, can convert their capital assets to human assets, or to put it in another way, can hire labors to help them and on the contrary, the rural households with more social assets can save some capital input while the rural households with superfluous labors have no need for capital input at all. The supports from friends have spread the cooperation to a broader space than blood relation only.

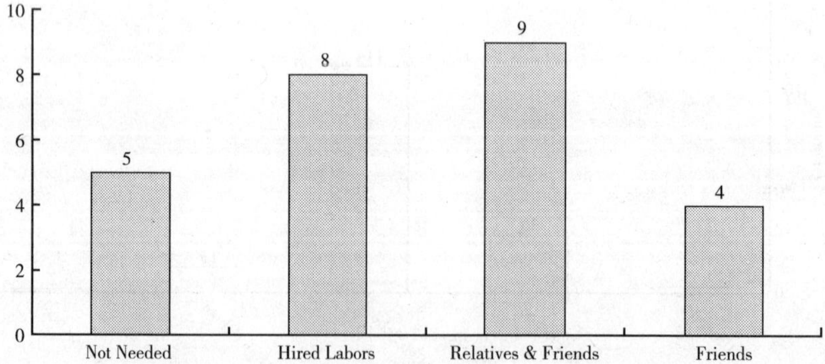

Figure 3-3 Sources of Labors in Busy Farming Season

(3) Capital Assets

According to the statistics from the 26 questionnaires, all rural households have no deposits and borrow money from relatives and friends. The annual income of most rural households is only enough to achieve break even and no surplus can be made. Some rural households have raised loans to make investment in agricultural production.

(4) Physical Assets

As shown by the questionnaire, 23 rural households (or 89%) live in the houses of civil engineering structure while only 3 rural households live in brick & tile houses, but the houses in good repair are not necessarily an indication of strong economic status because some rural households are especially interested in buying electrical appliances and furniture, i.e., the interior fitment and furnishings of the family. Except for some poverty-stricken rural households and some old-aged farmers, almost all families possess some agricultural implements such as four-wheel tractor.

(5) Natural Assets

In this village, the natural assets of farmers are chiefly land resources. Generally speaking, more members a family has, more responsibility land this family can contract, and a four-member family has land of around 60 mu on average.

3.2.2.2 Analysis on Social, Economic, Technical and Environment Feasibility of Different Livelihood

After the farmers' discussion and summarization, the following choices of alternative livelihoods are advisable in the case of Yongfeng Village, such as planting paddy, planting soybean, planting corn, raising pig, cattle & sheep, beekeeping, working temporarily in cities, taxi driving and fishing, all of which have been analyzed in terms of economic, social, environment and technical feasibility. Please see details on Table 3-8.

(1) Analysis on the Feasibility of Planting Paddy

Cost & Benefit Analysis Although the paddy yield is relatively high, the planting of paddy also costs more. For example, the cost is 250 yuan/mu if dam vehicle is available while the expense on seeds is 45 yuan/mu. If no dam vehicle is available, the cost is 300 yuan/mu and the output is 350-375kg/mu while the paddy price was 1.4 yuan/kg in 2004. According to the farmers, the price of diesel oil was raised from 650 yuan per barrel last year to current 900 yuan and the price increases of means of agricultural production are intolerable. Several years ago, most rural households were engaged in planting paddy and lost a lot of money in two years straight because of natural disasters (waterlog and early frost). As a result, many farmers were forced to leave their home and work in other cities.

Table 3-8 Analysis on the Feasibility of Alternative livelihoods

Type of Livelihoods	Economic Feasibility	Environment Feasibility	Technical Feasibility	Social Feasibility
1.Planting paddy	The cost was 250 yuan/mu and the expense on seed was 45 yuan/mu when dam vehicle was available; if not available, the cost was 300 yuan/mu and output was 350-375kg/mu at a price of 1.4 yuan/kg (2004)	The fish living in Naoli River has been reduced because of serious pollution caused by pesticide and fertilizer	Technical feasible Seed was sowing in a scattered manner	There are few people engaged in planting paddy (a big disaster occurred in 2002)
2.Planting soybean	The cost was 110 yuan/mu and the consumption of seed was 4-5kg/mu, which was replaced biyearly; output was around 150kg/mu at a price of 2.3-2.36 yuan/kg (2004)	Environment favorably	Planting technology that is easy-to-grasp	27 rural households are engaged in planting soybean
3.Planting corn	Low cost, a choice for paddy-upland rotation, and low price	Little impacts on environment since few pesticide and fertilize are applied	Primary technology that are easy-to-grasp	Some rural households
4.Raising pigs	Piglet: 200-220 yuan per unit whose feed is principally corn that costs 200 kg/year at the price of 0.9 yuan/kg Pigpen: 3,000 yuan per unit, which can contain 10 pigs and the profit is 200 yuan for one pig if everything goes right (depending on market situation)	No pollution at all if the dung is treated properly	Difficulty in disease prevention	70% rural households can afford raising pigs
5.Raising cattle	Calf (2-year) around 1,500 yuan per unit or around 2,400 yuan for every calf of 3 years old; the feed is self-sufficient since green grass is available in summer and straw in winter while other forage such as clover can be planted; the expense on epidemic prevention is 200 yuan per year	The cattle from other places may not get used to local climate	The cattle from other places should be firstly inseminated artificially and then be injected with required vaccine	The rural households can raise cattle in batches on roll-to-roll basis since the capacity of grassplot is limited and cannot afford all rural households to raise cattle at the same time

Continued Table 3-8

6.Raising sheep	Machine-fed raising costs a lot	Serious damage to ecological environment now allowed by policies either	High incidence of death	There is only one rural household engaged in raising sheep
7.Beekeeping	The cost is 400 yuan/hive; there should be idle labor in the family who has good health and is patient and careful. Cushaw flower is the principal honey source	No impacts on environment	The bee can hardly survive the winter; there is no enough honey source plant whose flowing season is also fleeting and it is difficult to prevent bee disease	20% rural households can afford beekeeping
8.Working in cities	1,000 yuan for one-way ticket or around 100,000 yuan if going to South Korea	No impacts on environment	Lack of necessary skills	Only some rural households can benefit
9.Taxi driving		Only one household who bought the car only one month ago		Several households can afford it
10.Fishing	Prohibitively high cost since the fishing grounds have been bought by some outcomers. The price is 1,000 yuan for every river segment and the fishing tackles cost 2,000-3,000 yuan per year	Damages to local resources	Technically feasible	No rural households in the village have been engaged in this industry

Now the quantity of rural households engaged in paddy planting has been reduced dramatically in Yongfeng Village and according to its accountant's record, there were only 9 rural households engaged in planting paddy with farmland area of 316 mu in total and around 35.1 mu on average.

Environmental Feasibility Analysis The rural households in Yongfeng Village once reclaimed wasteland to plant paddy on a large-scale basis and applied a lot of pesticide and fertilizer to the not-so-fertile farmlands reclaimed in this process, which had caused serious pollution to the environment. In consequence, the quantity and category of fish in Naoli River had been decreasing year after year and the drink water for human and animals also affected negatively so that the physical health of the farmers in the village and the farmers along the reach of Naoli River became worse and this also caused impacts on underground water.

Technical Feasibility Analysis The farmers in Yongfeng Village are very proud of their paddy planting technology because Korea ethnic group has planted paddy for generations and has accumulated rich traditional techniques and skills in this regard while scattered sowing is adopted.

Social Feasibility Analysis Planting paddy not only costs a lot of money, but also needs many labors, so the poverty-stricken rural households would find it impracticable to plant paddy.

(2) Analysis on the Feasibility of Planting Soybean

Cost & Benefit Analysis The cost of planting soybean is RMB 110 yuan/mu and the consumption of seeds is 4-5kg/mu. Generally, the output is around 150kg/mu and the price was RMB 2.30-2.36 yuan/kg (2004). As compared with planting paddy, the capital input is lower and the labor input is also fewer. Secondly, planting soybean does not depend so much on water as planting paddy and therefore is relatively immune to natural disasters (draught in particular).

Environmental Feasibility Analysis The farmers, in pursuit of bigger output, applied a lot of pesticides and fertilizers, which had caused serious environment pollution, In consequence, the quantity and category of fish in Naoli River had been decreasing year after year and the drink water for human and animals also affected negatively so that the physical health of the farmers in the village and the farmers along the reach of Naoli River became worse and this also caused impacts on underground water. But in the minds of the farmers, the affects on water and environment produced by planting soybean are smaller as compared with those produced by planting paddy.

Technical Feasibility Analysis The farmers think that the technology to plant soybean is quite simple and easy to grasp. Furthermore, now there are many sources to acquire necessary information. For example, they could learn some science and technology on how to plant soybean from newspaper on agricultural production and agriculture technology programs on TV. They could also exchange ideas with some experienced soybean planters so that almost all planting technologies are accessible, but it would be better if some technical trainings and relevant technical services are available.

Social Feasibility Analysis Almost all rural households in Yongfeng Village whose land has not been contracted by others are willing to plant soybean. According to the results of our investigation group, 27 rural households in the village (or 39.1% of the total) planted soybean in 2004, so if certain technical trainings and training can be provided, almost all rural households in the village are able to make both ends meet by planting soybean and those poverty-stricken rural households can acquire some techniques and knowledge, no matter how few, to alleviate their poverty somewhat.

(3) Analysis on the Feasibility of Raising Pigs

Cost & Benefit Analysis Piglet costs RMB 200-220 yuan per unit whose feed is principally corn that consumes 200kg/year whose price is RMB 0.9 yuan/kg. The construction of pigpen needs around RMB 3,000 yuan per unit, which can contain 10 pigs and, the expected profit is RMB 200 yuan for one pig if everything goes right (depending on market situation). So if raising 10 pigs in the first year, the farmer can gain RMB 2,000 yuan this year and further exploit economy of scale in the second year when more pigs are raised and the income will be increased considerably accordingly.

Environmental Feasibility Analysis No pollution would be generated if the pig dung is processed properly. Pig dung can be used to fertilize the farmland so as to reduce the consumption of chemical fertilizers and the rural households can take advantage of natural fertilizers to plant green vegetables for their own consumption, which on one hand could utilize the natural fertilizers adequately and on the other hand could keep the physical health of family members.

Technical Feasibility Analysis The farmers think that it is difficult to prevent diseases owing to the lack of technical supports, especially the lack of books, periodicals and newspaper on raising pigs. The farmers also hope to obtain technical trainings and technical services in this regard and in consideration of market status, it would be just as well to find an outside butchering factory to receive their pigs and otherwise, the local market would become saturated with the big amount of pigs raised by them and then the prices would certainly drop, which would in consequence dampen the farmers' enthusiasm in raising pigs.

Social Feasibility Analysis The farmers think that 70% of rural households in the village are able to raise pigs, raising more if they can and raising few if they cannot. Anyway, all rural households can benefit from raising pigs, only at different degrees, as long as technical supports are available so that at least, the basic interests of disadvantaged group can be secured.

(4) Analysis on the Feasibility of Raising Cattle

Cost & Benefit Analysis As released by the farmers in Yongfeng Village, a calf (2-year) costs around RMB 1,500 yuan per unit or around RMB 2,400 yuan for every calf of 3 years old. According to the farmers, the feed is self-sufficient since green grass is available in summer and straw in winter while other forage such as clover can be planted; the expense on epidemic prevention is RMB 200 yuan per year, but raising cattle produces earnings in a slow pace and obvious proceeds would be gained only 3 to 4 years later while economy of scale is also an important factor.

Environmental Feasibility Analysis No pollution would be generated if the cattle dung is processed properly. Cattle dung can be used to fertilize the farmland so as to reduce the consumption of chemical fertilizers.

Technical Feasibility Analysis The farmers think that the cattle from other place cannot get used to local climates and has to be inseminated artificially and be injected with required vaccine. As suggested by them, some technical advisors can be appointed to some major cattle-raising villages to train some farmers in the village, or in other words, to train some local technical advisors.

Social Feasibility Analysis Most farmers think that the cost of raising cattle is relatively high and then this livelihood should be developed in batches on roll-to-roll basis. It is not advisable for the whole village to raise cattle at the same time because the demand of beef market is not huge enough in Raohe so that the farmers are worried about the sales of their cattle and they hope that project sponsor can provide some sales measures and outlets as well.

(5) Analysis on the Feasibility of Beekeeping

Cost & Benefit Analysis As released by the farmers, it costs around RMB 400 yuan to buy a hive of Northeast China black bee and the family should have unoccupied labors who are healthy in body and careful and patient in character because they must move to the place where honey sources are available at any moment in summer and autumn while in summer, the bee can be fed with the honey of Cushaw flower.

Technical Feasibility Analysis The farmers think that the bee can hardly survive the winter since they cannot control the hive temperature at a suitable level artificially. Furthermore, there are not many flowers in winter season and the flowering season is fleeting in Northeast China. The temperature cannot be controlled well while it is also difficult to prevent bee diseases so that technical services and supports are necessary.

Social Feasibility Analysis The farmers think that 20% rural households can undertake beekeeping, but it is impossible for all rural households to keep bees because some rural households are in lack of labors and some have to do farm works in busy seasons. It might be a suitable choice for the rural households whose land has been contracted by others.

(6) Analysis on the Feasibility of Planting Corn

The cost of planting corn is low and the usage of pesticides and chemical fertilizers is also few so that there is little environment pollution. Planting corn is only a choice for paddy-upland rotation, but since the market price of corn is low, many rural households are reluctant to expand the area of corn farmland and set aside narrow area for corn plantation even if they choose to plant corn mainly for the purpose of producing feed needed by the livestock they raise to live through the winter. The labor inputs required by planting corn are also fewer and the technology is easier to be grasped, but most rural households would not plant corn on a large-scale basis still. For this reason, the government should pay due attention to this problem in formulating this year's subsidy policies before the forthcoming sowing season. Secondly, the cost/income comparison between planting soybean and planting corn would be a leading factor to influence the farmers' planting decision. The unduly low market price would certainly change the farmer's planting arrangements for next year. If satisfactory profit has been made by planting a certain kind of agricultural crops, the farmers would naturally increase the area to plant this kind of agricultural crops and otherwise, the farmers would decrease the area.

3.2.2.3 Evaluation on the Demand for Alternative livelihoods

As illustrated by Table 3-9, the farmers in this village almost make the same ranking and scoring on the livelihood choices available and more farmers still select planting. So, to the rural households, planting is still their preferred livelihood under the premise that their responsibility farmland would not be affected by wetland conservation campaign and breeding follows in second place and concurrent planting & breeding in third place. But nobody in this village would choose to work in other cities because they think that this cannot last long and is not a good idea for livelihoods either.

Table 3-9 Statistics on Intended Occupations (Unit: Household)

Type of Livelihoods	Quantity of Labors	Percentage in All Labors
Planting	45	66%
Breeding	8	12%
Planting & breeding	10	15%
Doing business	1	1%
Taxi driving	1	1%
Land leasing	4	5%

3.2.3 Analysis on the Livelihood Structure of Sipai Village

3.2.3.1 Analysis on the Community's Five Kinds of Assets

(1) Natural Assets

The whole village had over 25,000 mu farmland in total in 2004, including 350 mu irrigation farmland, 24,650 mu nonirrigation farmland and around 50 mu forestry (artificial forest) as the wasteland (wetland) had been totally reclaimed. Among the 25,000-mu tillable fields 500 mu were used to plant corn in 2004 with output of 400 to 500kg per mu, 23,900 mu to plant soybean with output of 125 to 150kg per mu, 150mu to plant wheat with output of 125 to 175kg per mu, 350mu to plant paddy with output of around 400kg per mu, 300mu to plant cushaw with white melon seed output of 50 to 60kg per mu and 100 mu to plant red bean with output of 75 to 100kg per mu.

As for animal husbandry and breeding, 10 rural households raised around 50 units of cattle in 2004 and the figures increased only after 2003 when poverty-alleviation cattle was introduced; 2 rural households to raise around 200 cashmere goats; 200 rural households to raise 1 pig each and so the total was over 200 pigs; around 200 rural households to raise 400 chickens, 200 gooses and around 180 ducks in total. There was one approximate 300-mu fish pound that was contracted by one rural household on a 60-year term.

(2) Human Assets

There are 200 rural households in Sipai Village, including 87 Hezhe rural households or 43.5% of the total, 111 Han rural households or 55.5% of the total and 2 Korean rural households or 1% of the total. The population of the village is 680, with a gender ratio of half to half. The labor force is 425, including 13 or 3% of the total labor forces (7 males and 6 females) who work in cities for a long time and 300 or 71% of the total labor forces who work in cities on a seasonal basis.

As for education facilities, there are one kindergarten, one primary school and one middle school in the village, whose ownerships all belong to the township government. It takes only several minutes for the students in this village to reach the school. However, they have to spend around one hour to arrive at the senior high school in the county town on bus. In addition, the villagers committee has 3 male leaders and 1 female leader and the members of the villagers committee include 3 males and 1 female.

(3) Physical Assets

According to the analysis on our questionnaire, 36 Hezhe rural households have already moved to new houses (the small villas invested by the State Ethnic Affairs

Commission) that are located in new developed area while other rural households all stay in the old area and many houses already fall into disrepair. Since most rural households in the village are engaged in planting activities, nearly all families own agricultural machines and household electric appliances and facilities such as television sets, telephone sets, mobile phones and motorcycles.

(4) Social Assets

Hezhe, not only a minor ethnic group but also one of the six small minor ethnic groups in China, has been paid great attention by the state government all the time and many talents have arisen from Hezhe ethnic group as the highest-rank government official from Hezhe Ethnic Group is a Director-General of the State Ethnic Affairs Commission and there are also many municipal-, county- and village-level leaders in Hezhe Ethnic Group. The influential and extensive social connections of these people can be deemed as solid social assets for the development of Sipai Village.

(5) Financial Assets

According to the analysis on our questionnaire filled out by 43 rural households, 27 out of these 43 rural households or 62.79% of the total borrowed bank loans or from other lenders in 2004 and the rest 16 rural households or 37.21% of the total did not borrow loan or money. Among the 27 rural households who borrowed bank loans or from other lenders, 11 rural households or 40.74% of these 27 borrowers had already repaid loans or debts totally, 5 rural households or 18.52% repaid loans or debts partially and 11 rural households or 40.74% did not repay any loans or debts at all. As for the target of their loans or debts, 11 rural households had totally spent the loans or borrowings on farming, 2 rural households on living expenses, 1 on fishing and grain purchase, 1 for wedding, 1 for the establishment of a restaurant, 1 for medical treatment and 1 for farming and car buying.

3.2.3.2 Analysis on Social, Economic, Technical and Environment Feasibility of Different Livelihoods

As indicated by the basic information of 65 rural households surveyed, there are 178 labors in total who are engaged respectively in working temporarily in cities, doing odd jobs, farming & doing odd jobs (concurrently), fishing, fishing & farming (concurrently), farming and fishing & village cadre duties (concurrently), driving tip lorry, running telephone bar, running groceries & fishing (concurrently), minding village tap water facilities, driving bus, selling agricultural machine fittings, working under formal employment contract, retired, farming, beekeeping, raising cattle, medical practice & farming (concurrently), farming & village cadre duties (concurrently), farming & fishing (concurrently), farming & running groceries (concurrently), making handicrafts, and working under formal employment contract & farming (concurrently) and some of them do not take up any occupation at all. It thus can be seen that the main livelihood activities of this village can be divided into working temporarily in cities, fishing, fishing & farming (concurrently), farming, working under formal employment contract (including those already retired), farming & other jobs (excluding fishing, concurrently), fishing & other jobs (excluding farming, concurrently) and there are a lot of people who are not engaged in any occupation. Please see the number of people and percentage of every main category of livelihoods in Table 3-10 as below.

Table 3-10 Main Livelihoods Breakdown

Unit: Labor Force

Type of Livelihoods	Number of Labors	Percentage
Working temporarily in cities	13	7.30
Fishing	13	7.30
Fishing & farming (concurrently)	26	14.60
Farming	64	35.96
Working under formal employment contract (including those who already retired)	11	6.18
Farming & other jobs (excluding fishing, concurrently)	13	7.30
Fishing & other jobs (excluding farming, concurrently)	2	1.12
None	15	8.43

As illustrated by Table 3-11, the main livelihoods proposed can be divided into 11 categories, including planting soybean, planting corn, raising pigs, raising cattle, raising rex rabbit, fish farming, coal plant, fishing, developing folk-custom tourism and making handcrafts, all of which would be considered as livelihoods to be substituted. The economic feasibility, environment feasibility, technical feasibility and social feasibility, as the measurements of the input/output, environment adaptability, impacts on ecological environment, technical difficulty and social equity, would be scored respectively from 0 to 5, 5 for the best and 0 for the worst. As for economic feasibility, the farmers would give higher score for lower input and bigger output and give lower score otherwise. As for environment feasibility, the farmers would give higher score if thinking that the livelihood can be readily adapted to local environment and causes less pollution and damage to the environment and otherwise give lower score. As for technical feasibility, the farmers would give higher score if thanking that the technology required by the livelihood is easier to be grasped and otherwise give a lower score. As for social feasibility, the farmers would give higher score if thanking that the livelihood can benefit more people and otherwise give lower score. Five farmers have given their scores and the average of their scores on economic feasibility, environment feasibility, technical feasibility and social feasibility of every livelihood would make the final score. As illustrated by Table 3-11, raising pig stands in first place by a total score of 13.925; raising rex rabbit follows in second place with a total score of 12.775; fish farming in third place with a total score of 12.525; planting soybean in fourth place with a total score of 12.34; making handicrafts in fifth place with a total score of 12.3; planting corn in sixth place with a total score of 12.025; and working temporarily in cities in final place with a total score of 9.85. In terms of total score, the gap between different livelihoods may not be so wide. But in terms of economic feasibility alone, raising pig achieves the highest score of 4.24 and working in cities the lowest score of 1.5. In terms of environment feasibility, fish farming achieves the highest score of 3.9 and fishing the lowest score of 2. Fishing has the highest score of 3.5 by technical feasibility, which means that the local farmers have already been well experienced in fishing and coal plant the lowest score of 0.63 because there is no molded coal for sales in the village and the farmers are still stranger to this kind of livelihood. There is no enough information to explain why planting corn and coal plant top the list

Table 3-11 Social, Economic, Technical and Environment Feasibility of Different Livelihoods

Type of Livelihoods	Economic Feasibility	Environment Feasibility	Technical Feasibility	Social Feasibility	Total Score	Rank
Planting soybean	2.14	3.30	3.30	3.60	12.34	4
Planting corn	1.90	3.25	3.13	3.75	12.03	6
Raising pigs	4.25	3.75	2.75	3.18	13.93	1
Raising cattle	3.50	3.00	1.75	3.00	11.25	7
Raising rex rabbit	3.90	3.63	1.75	3.50	12.78	2
Fish farming	3.75	3.90	2.13	2.75	12.53	3
Coal plant	3.90	2.75	0.63	3.75	11.03	8
Fishing	2.75	2.00	3.50	2.25	10.50	9
Working in cities	1.50	4.20	1.75	2.40	9.85	11
Folk-custom tourism	2.40	3.20	1.60	3.20	10.40	10
Handicrafts	4.30	4.00	1.70	2.30	12.30	5

of social feasibility and the analysis on the usufruct of fishing shoal along Ussuri River can help us know why the social equity of fishing is the lowest because among these 4 fishing shoals, 3 belong to Hezhe Ethnic Group and 1 to Lao Han Ethnic Group and one cannot fish at the shoals owned by the other while other ethnic groups are not allowed to fish in any of these 4 shoals at all.

As illustrated by Table 3-12, it can be seen from the analysis on strengthen, weakness, opportunity and threat of the top 6 livelihoods that 4 of them are breeding activities, 1 planting activities and 1 folk crafts, which can show the farmers' preference on breeding. The strengths of these 6 livelihoods almost all come from the resource advantages of this village while technical weakness is the worst of all. As for opportunity, the farmers think that these livelihoods all share such market opportunities as strong demand and high price. The threat to breeding activities is diseases while that to planting activities is climate.

Table 3-12 SWOT Analysis of Top 6 Livelihoods

Type of Livelihood	Strength	Weakness	Opportunity	Threat
Raising pigs	Small investment/ easy availability of feed	Few feed supply	High market price	Diseases
Raising rex rabbits	Convenient/refreshing air	Lack of technology	Brisk market within 2-3 years; strong demand for fur	Diseases
Fish farming	Availability of fishponds/ artificial small fishponds	Lack of technology	Less fish in the river and market demand for cultivated fish	Diseases
Planting soybean	Availability of farmland	Misgiving on the cheapness of soybean	Favorable policies promulgated recently/ high grains prices	Natural disasters
Handicrafts	Few	Few persons technically qualified	Inspiration-enabled	Slack sales
Raising cattle	Availability of straw and soybean skin	No grassplot	High price/exported to Russia	Diseases

3.2.3.3 Evaluation on the Demand for Alternative Livelihoods

According to basic information on these 65 rural households, the livelihoods can be categorized as Table 3-13 as 10 rural households would choose planting in the future, 2 rural household would continue fishing, 24 rural households plan to engage farming and other activities at the same time, 6 plant to engage fishing, farming and other activities at the same time, 19 make other choices (such as fish farming and raising cattle) and 4 make no choices of future livelihoods.

Table 3-13 Statistics on Intended Occupations (Unit: Household)

Selected Future Livelihood	Number of Rural Households	Percentage
Farming	10	15.38
Fishing	2	3.08
Farming & others concurrently	24	36.92
Fishing, farming & others concurrently	6	9.23
Other (fish farming, raising pigs, etc.)	19	29.23

The reason behind the farmers' different evaluation on alternative livelihoods and SWOT analysis is that breeding activities and planting activities are both subject to certain market risks. Besides, the frequent occurrence of natural disasters enables the farmers to find that planting largely depends on the nature while natural disaster cannot be overcome. The risk of breeding is contained chiefly in technology while the people can positively learn to grasp necessary technology. For this reason, the rural households prefer to breeding in the long term. But in short run, the rural households would still give priority to farming in consideration of land factor.

3.3 Operation of Community Revolving Funds and the Sustainability Analysis

It is an indisputable fact that credit loans are hardly available in rural areas. In 2005, 71% of farmers' average loans are from private groups, and 29% are resorted to formal channels of credit. The statistics is from Rural Economy Research Centre (RERC) under Ministry of Agriculture. It is really hard for farmers to receive loans through formal channels, the main reasons of which are as follows: First, the limited income leads to farmers' low accumulation rate and inaccessibility of formal credit. Secondly, there is a shortage of formal financial organizations in rural areas, especially in remote mountainous areas. At present, specialized banks serving for farmers are still rare. Thirdly, due to the low repayment creditworthiness of rural residents, some of the present loaning projects carried out in rural areas are flooded with substantive non-performing loans, and many financial organizations are unwilling to run the risk of discarding the wide rural market. Fourthly, the pro-farmer funds appropriated by the government are increased year by year, but the limited financial resources are not adequate to satisfy the production and living needs of 900,000,000 farmers in China. Community revolving funds (also termed as community development funds in some documents) come into being within the double constraints of malfunction of financial service and malfunction of the government (Guo Xiaoming, 2005). Community revolving funds, departing from solving the livelihood problem of community, regarding empowerment and self capability development as the foundation, and taking community-based organizations as the carriers, combines community cooperative medical care, poverty reduction and technology popularization through the agency of small-amount credit loans. This practice will certainly promote the development of community (He Guangwen, 2006). Some other definitions claim that community revolving funds, which are operated by community residents themselves, are actually equal to a self-operating bank of community residents (Li Xiaoyun, 2001). Still, there are other definitions emphasizing the operation mode and capability building of funds management group, etc. Here, the definition of this article is like this: Community revolving funds enter rural community with "project" as the carrier, and the members of funds management group are elected by local residents in a participative way. According to the loan system and loan amount, the funds management group grants the interest-free or low-interest funds to farmers in need, and recovers the loans within the time limit, and then accommodates other farmers with the loans. Therefore, the funds form a cycle of recirculation and revolution. We deem that loan funds granted in this way are community revolving funds.

As early as 1992, Oxfam Hong Kong carried out projects such as poverty reduction, environment conservation and community development in south-western areas through the instrumentality of community revolving funds, which were conducted mainly by providing interest-free or low-interest loans for community residents and helping them with production activities. However, the effects were not satisfactory, which were reflected in the following two aspects: on the one hand, farmers tended to lack repayment awareness, resulting in a low repayment rate; on the other hand, the amount of loans cannot support the development of farmers in a sustainable way. The Yantze river project of HSBC Bank also adopts the mode of community revolving funds. Till the end of April in 2005, the project had cumulatively granted nearly 500,000 yuan, aiding 104 peasant households in the surrounding communities of Zhangdu Lake to develop wetland friendly livelihood, such as producing phyllostachys praecox, harmless fish, planting lotuses in ponds and vegetables, processing organic tea-leaves and developing sericulture. Meanwhile, the farmers gaining profits were active and cooperative to pay back the revolving funds. Predicatively, all the revolving funds except the three-year loan for phyllostachys praecox production will be recovered by the beginning of 2006. The lessons drawn from Oxfam Hong Kong and the achievements made in Yantze project are of great enlightening value. Seen from the implementation of this project, there are two problems concerning community revolving funds: First, the project mode often fails to promote the capability building of farmers. Therefore, it is hard to form an entogenous development, and the supported livelihoods mostly end in failure. Secondly, most of the farmers treat community revolving funds as grants featured by poverty reduction, and lack repayment awareness, which results in a low repayment rate. Such being the case, to operate the revolving funds well, we need to pay attention to two aspects: First, we should help farmers with self-capability building, and gradually form an entogenous development via intervention. Secondly, we should formulate some compulsory administrative policies to keep a rein on farmers who do not repay the funds.

By probing into the operating process of community revolving funds in three villages, this article aims to provide examples of case and valuable experience for the operation of community revolving funds.

3.3.1 Basic Information on the Operation of Community Revolving Funds

Since 2006, the three projects have granted community revolving funds for two times, totaling 1.32 million yuan and involving 231 peasant households. And the proportion of fund-using households to the total community households has reached 72.6%, the project funds have already been operated formally in communities.

3.3.1.1 Basic Information on the Operation of Community Revolving Funds in Dongxian Village

There are 44 households in Dongxian village. At the first round, 21 households applied for using community revolving funds, with each household's loan funds at 8,500 yuan. 10 among them invested the funds in fishing breeding and poultry raising, while the other 11 households invested the funds in building greenhouses. The first-round funds amount to 180,000 yuan. As formulated in Approaches to Project and Fund Management in Dongxian Village, the farmers using the funds should pay off the entire project funds at the end of December each year, the funds should be used in a revolving way in the village, and the project repayment should be remitted into the special account of the village project. Meanwhile, the fund-using households should pay management fees for the project management group, which takes a proportion of 3% in the entire project funds (e.g., if a fund of 10,000 yuan is used, a management fee of 300 yuan should be paid). After the first-round grant of funds, Dongxian village has totally recovered 185,400 yuan, with the repayment rate at 100%. Meanwhile, the management fee of project management group has also been recovered and remitted into the special account of village projects.

In December, 2006, on the basis of 180,000 yuan at the first round of recovering community revolving funds, a supplementary grant of 120,000 yuan was awarded. So a total of 300,000 yuan was granted at the second-round community revolving funds, with the fund-using households reaching 23, 2 more than at the first round. And the fund-using households took a proportion of 50% among the entire households. Among them, only 2 households invested the funds in fishing breeding and poultry raising, and the other households invested the funds in building greenhouses. And those going in for crop farming took an extremely high proportion.

In December, 2007, 300,000 yuan of community revolving funds was recovered in total, along with 9,000 yuan of management fee. Meanwhile, the third round community revolving funds was granted to 17 fund-using households, 6 less than at the second round. And the entire funds were used for building greenhouses.

3.3.1.2 Basic Information on the Operation of Community Revolving Funds in Yongfeng Village

There are 74 households in Yongfeng village. The first-round community revolving funds was granted to 26 peasant households, with the funds totaling 160,000 yuan and the fund-using households taking a proportion of 35.1%. Among them, 76.9%, i.e., 20 households went in for fish breeding and poultry raising, with the funds totaling 114,000 yuan. As formulated in Approaches to Project and Fund Management, the funds used should be paid off within two years, 50% in the first year, and the left in the second year. Still, the funds should be used in a revolving way, and the repayment funds should be remitted into the special account of the village project. Meanwhile, the funds granted by the project management group should withhold the project management fee with the monthly interest at 1.5‰, which was used for the expenditure of project management. The funds recovered at the first round reached 82,880 in total, with the repayment rate as 100%. Meanwhile, the management fee of project management group was completely recovered and remitted into the special account of village projects.

In March, 2007, on the basis of 80,000 yuan of community revolving funds recovered at the first round, a supplementary 260,000 yuan was granted, making the total loan funds granted at the second round reach 340,000 yuan. The fund-using households amounted to 33, 7 more than those at the first round, enabling the proportion of fund-using households to reach 44.6%. Among them, 27 households invested the funds in developing fish breeding and poultry raising, taking a proportion of 81.8%, with the funds used reaching 290,000 yuan. As predicted by the project management group of Yongfeng village, 80,000 yuan would be totally recovered by the end of 2007 at the first round, 120,000 yuan would be recovered at the second round, and 3,600 yuan of project management fee will be recovered. Therefore, the funds recovered would be 203,600 yuan in total, which would be used in a sustainable and revolving way for the third round of community project funds.

In December, 2007, 350,000 yuan of community revolving funds was totally recovered. Apart from 9,000 yuan of the management fee, the left 341,000 will be continually used as community revolving funds at the third round. The fund-using households amounted to 31, 2 less than those at the second round. And the funds were mainly invested in developing fish breeding and poultry raising.

3.3.1.3 Basic Information on the Operation of Community Revolving Funds in Sipai Village

There are 200 households in Sipai village, 87 of whom belong to Hezhe ethnic minority, taking a proportion of 43.5%. The first round community revolving funds, amounting cumulatively to 280,000 yuan, was granted to 60 households, which took a proportion of 33.3% of the entire households. 37 households, taking a proportion of 61.7% in the entire fund-using households, invested the funds in developing breeding industry, such as raising foxes and raccoon dogs, etc. And the funds used reached 195,000 yuan. As formulated in Approaches to Project and Fund Management in Sipai Village, the funds used should be paid off in two years' time, 50% in the first year, and the left in the second year. Meanwhile, in the first two years of carrying out the projects, the relevant management fees should be paid. After the first two years, a certain amount of project management fees should be imposed to be used as man-hour subsidy, etc., and the concrete amount should be discussed and determined by the project management group. Sipai village was supposed to recover 140,000 community revolving funds by the end of 2006. However, only about 1,500 yuan was recovered by the end of our investigation, and only 2 households (farmers: Bi Guangqing and Zhang Debao) paid back the funds according to the prescription, with the repayment rate reaching only 0.5%. There was a deficiency in the special account of projects. According to the stipulation of *Approaches to Projects and Fund Management in Sipai Village,* those who cannot pay back the loan funds following the prescription cannot apply for the projects at the next round (not including the situation caused by unavoidable risks, which refer to the risks such as natural disasters that cannot be avoided by human power, and the risks are defined concretely by the project management group), and will be imposed a 1% monthly interest on the funds used (calculated from the day of fund using). At present, the project management group of Sipai village is urging those debtors.

In April, 2007, a supplementary 60,000 yuan was granted as community revolving funds at the second round in Sipai village, aiming at ensuring the sustainability of the project operation. At the second round, 63 households applied for the use of funds. Among them, 47 households invested the funds in developing fish breeding and poultry raising, taking a proportion of 74.6% to the entire households. As predicted by the project management group of Sipai village, Sipai villagers committee would spare no efforts in recovering community revolving funds in the service of the households in need. But at present, no households have paid off the loan funds willingly, so the community revolving funds are suspended.

Table 3-14 shows basic information on the operation of community revolving funds in Dongxian village, Yongfeng village and Sipai village.

3.3.2 Operation of Village Project Management Group

The project-based alternative livelihood activities were carried out by villager-selected project management group, the three communities of Dongxian village, Yongfeng village and Sipai village were managed by the government of Xiaojiahe town and the government of Sipai village, and the whole implementing process of the projects was supervised by Forestry Bureau of the county and the project management office represented by China Agricultural University. The concrete operation of project management group in each village is as follows:

3.3.2.1 Project Management Group in Dongxian Village

(1) The Establishment of Village Project Management Group

On May 12th of 2005, the expert group of projects held a general assembly of villagers, the participants taking a proportion of 85.7% to the entire households of

Table 3-14 Basic Information on the Operation of Community Revolving Funds

Communities	Years (rounds)	Amount of granted funds (ten thousand yuan)	Households granted totally	Proportion of fund-using households to the entire households (%)	Funds repaid totally (ten thousand yuan)	Households repaying the funds	Proportion of households having repaid the funds to the households supposed to repay the funds (%)
Dongxian Village	The first round	18.00	21	45.50	18.54	20	100.00
	The second round	30.00	23	50.00	30.00	21	100.00
	The third round	30.00	17	42.50	—	—	—
Yongfeng Village	The first round	16.00	26	35.10	8.29	26	100.00
	The second round	34.00	33	44.60	35.00	26	100.00
	The third round	34.10	31	33.60	—	—	—
Sipai Village	The first round	28.00	60	33.30	0.15	2	0.03
	The second round	6.00	67	33.30	—	—	—
	The third round	—	—	—	—	—	—

Note: The repayment deadline of the third round loan funds had not come when the investigation was carried out.

Dongxian village. According to the stipulation of project management on election, the members of project management group should be elected, which include at least three people-group leader, cashier and accountant. The group leader should be elected by members of project management group. The elected members, who are supposed to be Dongxian villagers, should be keen on serving for villagers, have a certain working competence, have a strong sense of responsibility, and can do guiding work to the project application in an honest and fair-and-square way.

The election procedure is like this: one vote for each household, and vote-getters in the front rank should be elected. The project management group members finally elected are: Yin Zhengzhi, Lu Zhenghuan, Piao Zhengji, Yin Zhengzhe, Liu Hulin and Piao Zhengfu. Meanwhile, Yin Zhengzhi was elected as group leader, Piao Zhengji as accountant, Yin Zhengzhe as cashier, and Lu Zhenghuan and Piao Zhengfu are members of the village's financing group. There are no personnel changes during the formal operation period of the village project management group.

(2) Responsibilities of the Village Project Management Group

- Managing the revolving funds
- Accepting and hearing the application of projects
- Collecting the project budgets
- Contacting the project office of the county
- Publicizing the projects and the fund using at regular intervals
- Publicizing the progress of the project at regular intervals
- Monitoring the projects
- Taking charge of the collective procurement if it is needed by the project households

(3) Difficulty and Problems Emerging in the Process of the Operation of Village Project Management Group

Problem 1: The members of village project management group have few chances to contact directly with the project management group in the county. Since most of the village project management group members are ordinary villagers, they mainly contact to the county project management group instituted under Forestry Bureau of the county via Yin Zhengzhi, the village leader and the leader of the village project management group. When Yin Zhengzhi goes to South Korea to visit his relatives, the contact will be mainly via Jin Songhu, a cadre of Xiaojiahe town and also a villager of Dongxian village. If the project management group goes to attend a training meeting on resource co-management, Yin Zhengzhi, the village leader, and Jin Songhu, a cadre of the town, will come to notify members of village project management and villagers of Dongxian village. This practice will partly weaken the function of village project management group.

Problem 2: The repayment of household project is open to the influence of natural disaster. In 2006, the rice planted in Dongxian village was infected with "rice blast" in large acreage, imperiling the income of many project households to a large extent. When the first round community revolving funds were recovered at the end of 2006, there were three project households who had to pay off the project funds via resorting to loaning. Therefore, the village project management group deems that: As for those who cannot pay the funds back in time due to natural disasters, the repayment deadline could be suitably lengthened and the amount of late fees could be lowered, in order to make the village project management group carry out the work better in future.

3.3.2.2 Project Management Group in Yongfeng Village

(1) The Establishment of Yongfeng Village Project Management Group

On May 13th of 2005, the project's expert group held a general assembly of villagers in Yongfeng village, and 44.6% villagers among the total attended the assembly. As stipulated by the project management regulation on election, 10 candidates should be elected by the committee and the villagers. The group was composed of 8 members (including 3 members of the villagers committee), among whom there was one group leader, one cashier and one accountant respectively. The group leader was elected by members of the project management group. The qualifications of being elected are as follows: having a certain working competence and a strong sense of responsibility, being able to guide the work of project application, being conscientious and responsible in work, and being honest and fair-and-square. Moreover, there should be at least one female member. At last, five members of the group were elected by the villagers through the agency of unsigned ballot. Therefore, the composition of the group is shown below: The group leader is Jin Guangzhe, the accountant is Shen Fengxie, and the cashier is Xu Mingzhu. The members are Li Xuelong, Jin Douxu, Shen Hexie, Shen Fengxie, and Zhao Yanzhi (female). Besides, there are no personnel changes during the period of formal operation of the village project management group.

(2) Responsibilities of the Village Management Group

- Taking charge of the project approval
- Managing, granting and recovering the funds
- Supervising the progress of the project
- Publicizing details of the project and the using of funds at regular intervals
- Making external contacts on behalf of villagers (including technical support needed, training and the contact with relevant department)
- Helping villagers to explore new projects suitable for the village or individual household
- Holding a general assembly at regular intervals (half a year or a year) and introducing the project's progress to all the villagers

(3) Difficulty and Problems Emerging in the Operation Process of the Village Project Management Group

Problem 1: To go outside and be migrant workers is an overwhelming trend in the village. Yongfeng village is a village chiefly inhabited by people from Chaoxian ethnic minority. Many of them have relatives in South Korea and often choose to work in South Korea. A statistics made by Shen Fengxie, the accountant shows that 11 households of the total 74 households have their adult family members working outside. Under the influence of such a trend, many households provide their lands for others by subcontract, and prefer to apply for working in South Korea. Among them, many are project households of Asian Bank, including Shen Hexie, a member of the village project management group. Still, there are 6 households working in Raohe County and living there for long, and 4 households are working in Shandong province. At present, there are only 33 households going in for agricultural production in Yongfeng village, posing a big threat to the village project management group.

Problem 2: There are some changes between the content of project application and the content of actual project implementation. According to the survey of project appraisal this time, those households changing projects at the first round take a proportion of 14.3%, and those households changing projects at the second round take a proportion of 42.1%. The main reasons of project changing are reflected in three aspects: 1) The market quotation of breeding has changed, and the investment environment is rife with potential risks. For example, in 2007, the price of a raccoon dog's hide was reduced by nearly 200 yuan compared with that of 2006. 2) Due to the local disaster of sudden epidemics such as blue-ear pig disease, many households applying for raising pigs have changed their project. 3) The market quotation of crop farming is taking a turn for the better, with the grain price increasing slightly. As a result, many households applying for breeding at first choose to invest the funds in developing farm cropping. Therefore, the monitoring work of the village project management group is affected by this situation to some extent.

3.3.2.3 Project Management Group of Sipai Village

(1) Establishment of Village Project Management Group

On May 13th of 2005, the project's expert group held a general assembly of villagers, and 45.0% of the total villagers attended the meeting. According to the stipulation of project management regulation on election, the project management group should be composed by 4 committee members plus a villager representative, who is elected in the general assembly of villagers. There should be at least 3 members, 1 group leader, 1 cashier and 1 accountant respectively. (At least 1 female member is required.) The group leader should be recommended and elected by the project management group. The qualifications of being elected are as follows: being keen on serving for villagers, having a certain working competence and a strong sense of responsibility, being able to guide the project application, being conscientious and responsible, and being honest and fair-and-square. After a democratic election, 5 members of the management group were elected: The group leader is Yu Chunjie, the accountant is Wang Chuanfeng, and the cashier is Guo Lianxiang (female). The members are You Minjie and Yu Jingshu (female). There are no personnel changes during the period of the formal operation of village project management group.

(2) Responsibilities of Village Project Management Group

- Managing the revolving funds
- Accepting and hearing project applications
- Collecting project budgets
- Contacting the project office of the county
- Publicizing the project and the fund using at regular intervals
- Publicizing the progress of the project at regular intervals
- Monitoring the project
- Taking charge of collective procurement if it is needed by project households

(3) Difficulty and Problems Emerging in the Operation Process of the Village Project Management Group

Problem 1: There is a lack of funds in the projects of the first round, but there are a relatively large number of residents in Sipai village. It is hard to coordinate the contradiction. The households having not managed to apply for the project funds had their complaints. As a result, the first-round community revolving funds in Sipai village were not totally recovered. Meanwhile, the second-round community revolving funds had to be evenly distributed. Among the 67 households using community revolving funds, 60 households applied for only 400 yuan, falling short of the normally-operating criterion of alternative livelihood projects.

Problem 2: It is a problem about breeding technology. Many households applying for the first-round community revolving funds to develop breeding often lack technical training, bringing about the failure in alternative livelihood projects. There is a lack of technical training meetings held by the project, which cannot meet the needs of long-term technical support of the households going in for breeding industry. Therefore, the sustainability of developing breeding is affected.

Problem 3: Many households have the deep-seated idea of traditional farming, and are doubtful of the new alternative livelihood projects. There is much land in Sipai village, so the local residents deem that crop farming will bring them stable production effects. Meanwhile, Sipai village abounds in fishery resources. By comparison, many households think that developing breeding is at the risk of market price fluctuation and the spread of epidemics, etc. Put in the words of the local households, developing breeding is not a good way to become rich.

3.3.3 Problems on Sustainable Development of Community Revolving Funds

(1) Natural Disasters and Epidemics

In 2006, communities carrying out the projects suffered from natural disasters differing in degree, and agricultural production is severely affected. For example, at the end of 2006, Dongxian village was stricken by "rice blast", and the crops were destroyed in large acreage. In the summer of 2006, Yongfeng village was visited by a drought. Due to the lack of irrigation water, much dry farmland did not yield anything. In the summer of 2006, Sipai village was visited by a storm. Owing to the fact that the farmland was in the vicinity of Wusuli River, the ponded water in the land was hard to drain, and the white melons planted in the land were all destroyed. Meanwhile, developing breeding is at the risk of being infected with epidemics. For example, in 2007, the "blue-ear pig disease" broke out in Xiaojiahe town, and many pig-raising households were severely affected. In a word, the problem of natural disasters and epidemics is the biggest obstacle of farmers' income increase, and is also the biggest problem of sustainable development of community revolving funds. Although the project group organized experts of farming and breeding to give training courses to the farmers, the times were few and the contents were vague, which cannot meet the needs of agricultural technical support of farmers. Therefore, the normal operation of the future community revolving funds was affected.

Case 1 Piao Jinzhe, male, 51, Chaoxian ethnic minority, a villager in Yongfeng village of Xiaojiahe town, and his educational background is junior high school. His wife, 45, Chaoxian ethnic minority, and her educational background is senior high school. Now Piao Jinzhe has 28 mu of paddy fields, 24 mu of dry farmland, which were all distributed by the village collective in 1994. In 2006, he planted 28 mu of rice in total, with the per mu yield at about 800 jin, and the average input in each mu at 300 yuan. Besides, he planted 24 mu of soy beans, with the per mu yield at about 300 jin, and the average input in each mu at 150 yuan. So in 2006, his net income from crop farming is 13,000 yuan. With regard to breeding, he applied for a project fund of 4,775 yuan to raise fox at the end of 2005. In November of 2005, he bought 2 groups of foxes, but the foxes he raised died from epidemics in July of 2006. During this period, he input the feed cost of 750 yuan, 3 feeding cages of 300 yuan, 2,600 yuan in buying foxes, and 400 yuan to buy epidemic prevention drugs. In total, he input 4,050 yuan. Personally, he attributed his failure in raising foxes to a lack of epidemic-prevention knowledge. He regretted for injecting epidemic-prevention drugs to foxes on his own, rather than asking relevant technical personnel to do this job. He made it clear that he was capable of paying off the project funds following the prescription, and he would never raise foxes again if he was granted the funds the next year.

(2) Changes in Market Quotation

The individual farming is in a mainstream position in rural areas, which is similar to the organization form of nationwide agricultural production. An ordinary individual household possesses 50-100 mu of farmland. The agricultural cultivation is in a state of semi-mechanization. Toiling items such as plowing and sowing are finished by renting farm machines, and the other items are finished by manual labor. Meanwhile, some "large families" of farming go in for agricultural production by subcontracting the farmland of other households and making use of their own modernized agricultural machines. As usual, the farmland area of "large families" of farming will be more than 600 mu. As for the sale of agricultural products, there is a prevalent form in rural areas, i.e., "individual + mediator + market". There are no production organizations between farmers, so they show a weak capability in warding off the risks of market. When there is a big fluctuation in market price, the weakness of individual farmers (including "large families" of farming) becomes transparent. To avoid the risk brought by the fluctuation of market price, many households dare not change their livelihood mode at will. Therefore, the structure of farming is still featured by the dominant crops: corn, soybean and rice. Very few farmers would choose to develop breeding and plant economic crops because of the high input, big risk and unstable market.

Case 2 Cui Shouzhe, male, 35, Chaoxian ethnic minority, and his educational background is junior high school. His wife, 27, Chaoxian ethnic minority, and her educational background is junior high school. Cui Shouzhe is a "large family" of farming in Dongxian village, who possesses 600 mu of paddy fields, 150 mu of which were distributed by the village collective and 450 mu of which were gained from others by contract. The contract fee is 400-450 yuan per mu for each year, and the contract span is three years. He acquired his agricultural knowledge mainly through reading newspapers, and he once went to Northeast Agricultural University at his own expense to learn techniques on planting paddy rice. With the gradual expanding of the farmland area, Cui purchased a combine harvester through the agency of loan, which valued as 15,000 yuan. Now he is skillful in operating and maintaining the machine. In 2005, he cultivated 600 mu of paddy rice farmland, with the per mu yield at about 900 jin and the input per mu at about 550 yuan. Unfortunately, 20 mu suffered from "rice blast" and yielded nothing. Calculated according to the average procurement price of 2005-0.83 yuan per mu, he did not gain any profits if considering the factor of production input. In 2006, he applied for a project fund of 9,000 yuan to build greenhouses, which not only increased the grain yield to about 1,000 jin per mu, but also prevented "rice blast" from breaking out. However, the average procurement price of 2006 is 0.03 yuan lower than that of 2005, and the contract fee of farmland also increased. As a result, his net income in 2006 was less than 150,000 yuan. To prepare for the production investment in the next year, he had to apply for another loan of 300,000-400,000 yuan. In 2007, the price of paddy rice was increased on the whole, so his gross income was evaluated at 750,000 yuan and net income at about 370,000 yuan by the end of the year.

Table 3-15 The Prices of Major Crops in the Project Areas during the Past Three Years

Unit: yuan/jin

Crops	2005	2006	2007(evaluated)
Corn	0.35	0.41	0.40
Soybean	1.17	1.07	1.70
Paddy rice	0.75	0.65	0.80

(3) Risks of Embezzlement of Community Revolving Funds by the Village Committee

The village project management group is mainly composed by village committee members. Although ordinary villagers take a relatively large proportion, they are not entitled with the qualification to participate in administrative affairs. The members of village committee wield a big power in administrating the operation of community revolving funds. Using community revolving funds should comply with the principle of "the funds being at the community's disposal, joint management, rational utilization, non-gratuitous service, and sustainable development". The members of village project management group should encourage more ordinary villagers to participate in, and make the management more democratic and transparent. However, it was found in the survey that ordinary villagers only took a proportion of 66.7% in Dongxian village project management group, 62.5% in Yongfeng village project management group and 60.0% in Sipai village project management group. Although the proportions of ordinary villagers in three village groups were relatively high, the group leaders, accountants and cashiers were basically from the village committee. Meanwhile, 12.5% project households deemed that participating in the project did not make much difference to them, and 6.3% project households did not know whether they should participate in more projects or less. Besides, the degree of trust toward members of village committee was only 66.3% (100% means total trust).

The above analysis shows that ordinary villagers did not participate enough in administrating and managing the operation of village revolving funds, and they were doubtful about the management of the village committee. Although the village committee plays an important part in organizing and governing villagers, there is a potential possibility of the committee's embezzlement of community revolving funds due to its administrative power in the village project management group. Therefore, the sustainability of community revolving funds will be severely affected.

(4) Weak Management Ability of the Members of Village Project Management Group

Limited by objective factors such as low-literacy and the rural community environment, the members of village project management group apparently show their weak ability in managing the operation of community revolving funds, which becomes a constraining obstacle to the sustainable development of community revolving funds. Therefore, strengthening the capability building of village project management group can provide an entogenous momentum for community projects, and can promote the sustainable development of community revolving funds at the same time.

(5) Small Sum of Community Revolving Funds Being Not Attractive to Peasant Households

Firstly, the agricultural production of northeastern areas in China is different from that of other areas. Due to the fact that there is a large farmland area per capita, the input in crop farming is considerable. In Dongxian village, the "large families" of farming, who possess over 600 mu of farmland, will invest about 500 yuan on average in each mu of paddy field, and about 300 yuan in each mu of dry farmland. Ordinary peasant households, who possess 50-100 mu of farmland, will invest about 300 yuan on average in each mu of paddy field, and about 200 yuan in each mu of dry farmland. Secondly, working abroad will receive a relatively high income. In Yongfeng village, those peasant households who work in South Korea will get a yearly income between 20,000 and 30,000 yuan, or even higher. Those working in South Korea have not applied for community revolving funds. Lastly, there is a large community population. In Sipai village, there are 200 households of residents. 60 households managed to apply for the first-round community revolving funds, with the total sum reaching 280,000 yuan, and each household receiving less than 5,000 yuan on average. Meanwhile, many households that failed to apply for the funds were doubtful about the sustainability of community revolving funds.

(6) A Lack of Flexibility in the Repayment Deadline of Community Revolving Funds

According to the stipulation of project funds management in each village, the fund-using households should pay back the community revolving funds before the end of each year. Specifically, in Dongxian village, the funds should be paid off in one year; in Yongfeng village and Sipai village, the funds should be paid off in two years, with a 50% repayment in each year. However, this stipulation is not applicable to those going in for breeding. Since there is a cycle problem in breeding, the profits cannot be acquired in a short time span. If the households pay the project funds in one or two years, it will certainly severely affect breeding development in the next year, and the alternative livelihood activities will be suspended.

Case 3 Piao Jinshan, female, 44, Chaoxian ethnic minority, and her educational background is junior high school. Her husband Zheng Yongzhen, 45, Chaoxian ethnic minority, and his educational background is junior high school. Piao Jinshan, belonging to the rich families in the village, runs a shop with his husband. At the end of 2005, she applied for a project fund of 10,000 yuan to enlarge her business scale. As for breeding, she raised 23 foxes in 2006, and invested about 200 yuan per year for each big fox, and about 100 yuan per year for each small fox. In 2006, 2 foxes of hers died of an agnogenic disease. Thanks to her timely anti-epidemic measures, she did not suffer from too much loss. Her net income from raising foxes in 2006 reached over 2,000 yuan, however, after paying off the community revolving funds, she did not have enough input for breeding development in the next year. At the end of 2006, Piao Jinshan applied for community revolving funds once again, and settled the problem of investing funds in raising foxes. When asked to give advice on improving the projects, she said, "The repayment deadline is too rigid, it is impossible to raise foxes well in less than 3-5 years, I hope the repayment deadline can be lengthened."

3.3.4 Effects of the Repayment Systems of Community Revolving Funds

(1) Land Tenure Mortgage System

Land tenure mortgage system requires fund-using households to mortgage their farmlands for the loans. Each household should use the equivalent land as a mortgage. If the household cannot pay back the funds (not because of unavoidable disasters), he should use the land tenure at that year to offset the project funds. In the project areas, some of Dongxian villagers and Yongfeng villagers adopted this kind of mortgage system. A survey shows that the yearly subcontract prices of farmlands in the project areas are 100-120 yuan per mu for dry farmlands, and 130-160 yuan per mu for paddy fields. The condition of Dongxian village and Yongfeng village shows that the yearly subcontracting price of the farmland held by an ordinary household reached 10,000 to 15,000 yuan in total, surpassing the sum of project funds. Meanwhile, the adoption of land tenure mortgage system enables repayment rate to be 100%. Evidently, land tenure mortgage system can guarantee the repayment of community revolving funds, and can ensure the sustainable development of community revolving funds.

(2) United Warranty System

If land tenure mortgage system is unavailable, the united warranty system should be adopted. The fund-using household can ask 3-5 other households to join in the united warranty system. 1 household can only join one warranty group. And the warranty form is free. If 1 household in the group cannot repay the funds on time, the other households should pay the funds instead of him. Three of the project communities have adopted united warranty system. And all the project households in Sipai village adopt united warranty system. One striking characteristic of rural credit is that the information is asymmetrical, resulting in a lack of formal financial organizations. However, united warranty system is based upon relations with people, places and relatives, and it makes full use of the local information and social capital. Therefore, the problem of asymmetrical information can be well settled, and the possibility of breaching a contract can be reduced to the lowest point. It is found in the survey that the fund-using households in Sipai village had a low repayment rate. So the village project management group is urging them to repay the funds according to the approaches to project and fund management in Sipai village. Here, united warranty system will play an important part.

3.3.5 Reasons for Failing to Repay the Funds on Schedule

A survey shows that among the three project communities, only the project households of Sipai village fail to repay the funds on schedule. Below is an analysis of the reason why households of Sipai village failed to repay the funds.

(1) Community Background

Firstly, Sipai village is a village chiefly inhabited by Hezhe ethnic minority, and is one of the 5 Hezhe organic villages nationwide. There are 200 peasant households in the village, among which 87 are from Hezhe ethnic minority, taking a proportion of 43.5%; 111 are from the Hans, taking a proportion of 55.5%; 2 are from Chaoxian ethnic minority, taking a proportion of 1%. The village has a population of 680, with the ratio of males and females at fifty-fifty. The labor force numbered 425, among which 13 people working outside all year long (including 7 males and 6 females), taking a proportion of 3% in the entire labor force. 300 people are seasonal migrant workers, rating 71% of the entire labor force. The Hans are divided into old Hans and "paddy rice households". Old Hans refer to those who have inhabited with the people of Hezhe minority together and dedicated themselves to the development of Sipai village since the 1970s, and there are 24 households of Old Hans. The rest of Hans are those who were employed in 1986 to develop the "10,000 mu of irrigation area", and were called by the locals as "paddy rice households". Due to the complex population composition of Sipai village, it is difficult for the village committee to coordinate the interests of different sides in their daily work. And when it is time to repay the community revolving funds, the relevant interest groups will choose a wait-and-see attitude, and nobody wants to be the first to repay the funds.

Secondly, as a village inhabited by ethnic minorities, Sipai village receives a lot of support and aid from the central government. The households of this village have got used to the operation of various projects. Therefore, when an alternative livelihood project comes to the village, many households tend to confuse it with the former poverty-reduction projects. When asked the differences between alternative livelihood projects and other projects of the government, 13.6% households considered that they are the same, and 8.5% households said that they were not clear. Table 3-16 shows the government's support on Sipai village projects in recent years:

Table 3-16 The Government's Support on Sipai village Projects in Recent Years

Time	Projects	Project Supporters	Project Contents
2006	Hezhe New Village	State Ethnic Affairs Commission	Building Hezhe New Village, including 36 roofs/72 households, with an 60,000 yuan subsidy for each household, and 19,000 yuan at their own expense
2006 till now	Maintaining of the village road	The county's Bureau of transportation and State Development Planning Commission	Project "Extend Road to Every Village" and maintenance of roads of Hezhe New Village (the sum of supportive capital was not stated)
2002	Deer courts	The State Council Leading Group Office of Poverty Alleviation and Development	Building deer courts and raising 150 deer
1998-2005	Cable TV	State Ethnic Affairs Commission	Enabling communities accessible to cable TV, the investment being 40,000 yuan
1998-2005	Running water	State Ethnic Affairs Commission	Building running water project in the village community (the sum of supportive capital was not stated)
1991-1993	Fish ponds	Township enterprise	The special details were not stated.

Note: This table was drafted after an interview with the Sipai village leader Yu Chunjie. Since Yu Chunjie did not participate in the operation of some projects, it is not detailed enough.

(2) Fund Distribution Criteria

The first-round community revolving funds amounted to 280,000 yuan, and 92 households applied for the first-round projects. After a primary sifting, the project management group decided to entitle 74 households with the qualification of applying for the first-round projects. The 18 households were sifted out due to the following reasons: some of them did not have their registered residence in that village, some had sold out their houses and moved out of the village, some applied for a too large sum of funds, the heads of some households were too old, and some households had family members of office workers. Meanwhile, with preference given to Hezhe households and Old Hans, 60 project households were defined. This kind of distribution made many "paddy rice households" feel dissatisfied. What's more, as for the concrete sum of distribution, many project households deemed that relatives and friends of village committee cadres were privileged to a large extent. Therefore, when it was time to repay the funds, these project households would first find whether the cadre's relatives and friends had repaid the funds, and then decided whether they should pay back the funds.

Since the repayment rate of the first-round community revolving funds was extremely low and the second-round community revolving funds only amounted to 60,000 yuan, the village project management group had to evenly distribute the 60,000 yuan community revolving funds, in order to coordinate the interests of every side. In all, there were 67 households having managed to apply for the second-round community revolving funds. Except 7 households whose loan funds reaching about 6,000 yuan, the other households only got a loan fund of 400 yuan for each, which again roused the dissatisfaction of Sipai villagers. Therefore, the normal operation of community revolving funds was affected. At present, the project management group is urging the first-round fund-users to pay the funds off.

(3) Natural Disasters

In the summer of 2006, Sipai village was visited by flood. Due to the fact that some households' farmlands are in the vicinity of Wusuli River, the ponded water was hard to drain. As a result, the white melons were completely destroyed, bringing about a severe economic loss to the households, including the fund-using households. These project households invested the funds they received in developing crop farming in the next year or in other emergent use. Therefore, the former alternative livelihood activity was changed, and the repayment of community revolving funds was affected, which resulted in a high ratio of breaching contracts of the project households in Sipai village.

3.3.6 Problems to Be Further Discussed

(1) Development Problem of Community Revolving Funds

The community revolving funds for sustainable alternative livelihood projects in the Sanjiang Plain mainly function as follows: providing capital support for alternative livelihood activities adopted by project households, gradually forming an endogenous momentum of self-development and revolving development in project communities, and then cultivating the consciousness of peasant households in protecting the wetland resources of Sanjiang Plain. The actual operation of community revolving funds is based upon the regional and unique social characteristics of acquaintances, and can settle well the problem of high costs brought about by the asymmetrical information. And the community revolving funds lay stress upon self-management, self-operation and self-development of project households. Meanwhile, the project group will organize experts specialized in various technologies to guide the project operation.

The operation of community revolving funds has made a certain progress in Dongxian village and Yongfeng village. However, many potential problems were exposed in Sipai village. For example, the operation of community revolving funds did not take the effects of natural disasters into account and did not provide advice for preventing these disasters; the self-building ability of village project management group was weak, resulting in an unfavorable supervision in the operation process of community revolving funds, etc. Therefore, the village project management group should strengthen self-capability building, and encourage those households connected by relationships of places, bloods, and occupations to prevent natural disasters and shoulder the market risks. Meanwhile, the village project group should hold more exchanging activities between project households to strengthen the cohesiveness of the community.

(2) Warranty Systems of Community Revolving Funds

The focus of sustainable development of community revolving funds lies in whether the internal community can form an endogenous momentum of self-development and revolving development, and measures adopted for repayment are effective guaranteeing means of forming this kind of endogenous momentum. At present, the guaranteeing systems for repaying the community revolving funds chiefly include land manure mortgage system and united warranty system. In practice, land manure mortgage system has been proved to be an effective means, but united warranty system still needs to be further improved.

Firstly, many poor households, especially the poor "paddy rice households" in Sipai village, are short of social capital. It is hard for them to find suitable guarantors, due to a lack of relationships of places, bloods and occupations. Secondly, the rights and obligations inside the united guaranteeing group are difficult to strike a balance. Since the production projects of the group members are different, and the needs of credit capital are different, the benefits and responsibilities are often at variance, and the rights and obligations are hard to be balanced. Those who need small-sum capital are unwilling to vouch for those needing large-sum capitals. Lastly, if members of the village project management group join the group of united warranty system, then benefits of the supervisor and the operator are related, which will produce the risk of breaching contracts and nobody urging the funds. Therefore, improving the warranty system of community revolving funds and strengthening the administrating and supervising capability of the village project management group are of great significance to the sustainable development of community revolving funds.

3.4 Impact Analysis of Alternative Livelihood Activities

3.4.1 Effects of Alternative Livelihood on Income

This part will discuss the changes in income and sources of income of project households in three villages, after the operation of alternative livelihood projects.

3.4.1.1 Changes in Villagers' Major Economic Sources

(1) Changes in Major Economic Sources of Dongxian Villagers

Seen from Table 3-17 and Table 3-18, crop farming and migrant workers' income are the most important economic resources of the village. However, a hailstorm broke out in 2006, affecting Dongxian village most severely. Some households in Dongxian village even had their yields reduced by half. Therefore, there was an income decrease with regard to crop farming in 2006. But since 2007, with the help of Asian Bank projects, Dongxian villagers have all adopted the greenhouse technique, enabling the yields per mu increasing from about 800 jin in the past to 1,000 jin at present. The increase in yields and the stabilization of grain price increase both the income and ratio of crop farming. Besides, those applying for working in South Korea have increased in these three years, and there are no big changes in income from migrant workers between 2006 and 2007. In addition, the income and income ratio of breeding industry have been both increased, reaching 618 yuan and 1.08% respectively in 2007.

Table 3-17 The Major Economic Resources of Average Net Income Per Household in Dongxian Village between 2005 and 2007

Unit: yuan

Years	Crop Farming	Breeding	Forestry	Migrant Workers	Fishing	Others
2005	40,125	200	0	5,500	0	635
2006	32,218	320	0	7,625	0	1,897
2007	44,530	618	0	9,785	0	1,800

Table 3-18 The Major Economic Resources of Average Net Income Per Household in Dongxian Village between 2005 and 2007

Unit: %

Years	Crop Farming	Breeding	Forestry	Migrant Workers	Fishing	Others
2005	86.00	0.43	0	11.83	0	1.30
2006	76.60	0.78	0	18.12	0	4.50
2007	78.49	1.08	0	17.25	0	3.17

(2) Changes of the Major Economic Sources in Yongfeng Village

Seen from Table 3-19 and Table 3-20, the major economic resources of income in Yongfeng village are from crop farming and migrant workers. In 2006, the income from crop farming declined slightly. But in 2007, income from crop farming was considerably increased due to the increase in grain price, the ratio being similar to that of 2005. Because of the big price fluctuation of breeding market in 2006 and 2007, those households who did not carry their breeding on got less than the capital invested. But income and ratio of breeding on the whole were increased. As far as the profit of peasant households, it basically came to a standstill. Just like Dongxian village, there are more and more residents in Yongfeng village choosing to be migrant workers in South Korea. Although income from migrant workers increased considerably, the ratios in 2006 and 2007 were close due to the increase of overall income.

Table 3-19 The Major Economic Resources of Average Net Income Per Household in Yongfeng Village between 2005 and 2007

Unit: yuan

Years	Crop Farming	Breeding	Forestry	Migrant Workers	Fishing	Others
2005	9,254	108	0	3,450	653	1,816
2006	9,958	428	0	5,400	750	1,860
2007	14,801	450	222	7,296	450	1,780

Table 3-20 The Major Economic Resources of Average Net Income Per Household in Yongfeng Village between 2005 and 2007

Unit: %

Years	Crop Farming	Breeding	Forestry	Migrant Workers	Fishing	Others
2005	60.56	0.71	0.00	22.58	4.27	11.88
2006	54.13	2.33	0.00	29.35	4.08	10.11
2007	59.21	3.60	0.89	29.18	0.00	7.12

(3) Changes of the Major Economic Sources in Sipai Village

Seen from Table 3-21 and Table 3-22, crop farming has always been a major economic resource in Sipai village, and this project has always been on the increase during the three years. The ratio of breeding is similar to those in Dongxian village and Yongfeng village, which was increased slightly rather than considerably. The increase of income was not considerable, which was from 250 yuan in 2005 to 972 yuan in 2007. There are more and more young farmers choosing to be migrant workers at abroad, so the income from migrant workers has been increasing. In contrast, due to the shortage of fishery resources, the income from fishing was reduced on a large scale in 2007, which was from 4,690 yuan in 2005 to 1,288 yuan in 2007.

Table 3-21 The Major Economic Resources of Average Net Income Per Household in Sipai Village between 2005 and 2007

Unit: yuan

Years	Crop Farming	Breeding	Forestry	Migrant Workers	Fishing	Others
2005	12,937	250	0	2,994	4,690	2,139
2006	13,212	470	0	2,466	4,650	1,670
2007	18,232	972	1,288	3,296	1,288	1,992

Table 3-22 The Major Economic Resources of Average Net Income Per Household in Sipai Village between 2005 and 2007

Unit: %

Years	Crop Farming	Breeding	Forestry	Migrant Workers	Fishing	Others
2005	56.22	1.09	0	13.01	9.30	20.38
2006	58.80	2.09	0	10.98	20.70	7.43
2007	70.72	3.77	0	12.90	4.99	7.72

3.4.1.2 Changes of Average Net Income per Household in Dongxian Village, Yongfeng Village and Sipai Village between 2005 and 2007

Seen from Table 3-23 and Figure 3-4, the average net incomes per household of the three years in 2007 were considerably increased, compared with that of 2005, with Sipai village having the biggest increase and Dongxian village having the highest income. However, Dongxian village and Sipai village were visited by a severe hailstorm, with crop farming suffering from big losses. So the income increase in Sipai village was slow, and there was even a considerable decrease of income in Dongxian village. As for Yongfeng village, its average income

Table 3-23 Changes of Average Net Income Per Household in Dongxian Village, Yongfeng Village and Sipai Village between 2005 and 2007

Unit: yuan

Villages	2005	2006	2007
Dongxian Village	34,014	30,518	41,766
Yongfeng Village	21,082	21,480	25,406
Sipai Village	17,061	18,601	27,058

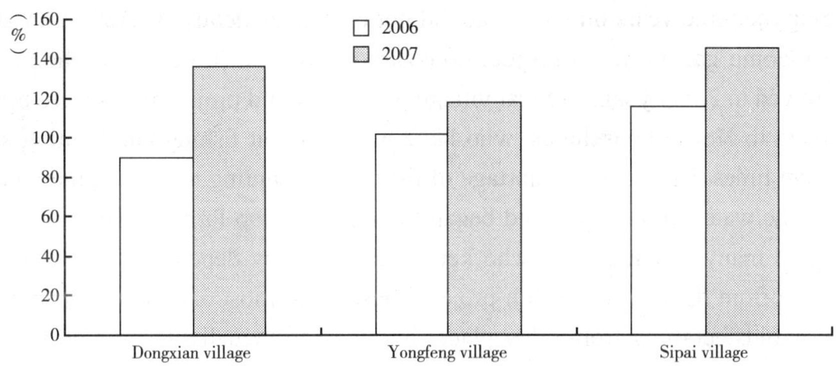

Figure 3-4 The Increasing Extent of Average Net Income Per Household in Dongxian Village, Yongfeng Village and Sipai Village during the Project Period

per household has always been on the increase during the three years of project operation, but the increase extent is mild.

3.4.1.3 Comparison on Average Net Income between Project Households and Non-project Households (2005-2007)

Seen from Table 3-24, most of the project households in Yongfeng village depend on crop farming, the major economic resource. Sponsored by the project funds of Asian Bank (most farmers choose to invest Asian Bank funds in crop farming) and guaranteed by the stable grain price in these two years, the project households are glad to see that their incomes are on the increase. As far as non-project households are concerned, they have their family members working abroad, and their income chiefly come from being migrant workers, so their income

Table 3-24 A Comparison on Average Net Incomes between Project Households and Non-project Households between 2005 and 2007

Unit: yuan

Villages	2005		2006		2007	
	Project Households	Non-project Households	Project Households	Non-project Households	Project Households	Non-project Households
Dongxian Village	34,014	—	30,518	—	41,766	—
Yongfeng Village	17,458	24,707	17,992	23,568	24,047	27,766
Sipai Village	11,055	21,067	16,453	20,749	18,611	30,216

Note: During the period of investigation, there were only 12 households in Dongxian Village, all of which were project households. Therefore, data of non-project households were not available.

during the three years on the whole did not change evidently. Therefore, in 2007, the income gap between project households and non-project households was narrowed to 3,000 yuan. In Sipai village, the first-round project funds were mainly granted to Hezhe households, who have been good at fishing and hunting since ancient times. But with the shortage of fishing and hunting resources, they moved from the water to the bank, and began to go in for crop farming. However, there are still many Hezhe people who keep their living by depending on the meager income from fishing. As for non-project households, most of them are "paddy rice households" coming from other places and making their living by crop farming. Due to the stabilization of grain price, their incomes during these three years are heightened a lot. Owing to the above historical reasons, the economic basis of project households was much weaker than that of non-project households, resulting in the fact that the average income per household in the three years was lower than that of non-project households. However, on the whole, the average income per household of project households was on the increase in these three years.

In general, there are two problems for poor peasant households: Firstly, the lack of capital makes it difficult to start crop farming and other alternative livelihood projects. Secondly, it is difficult to receive credit loans. These two problems lead to the phenomenon of "having farmland, but having no money to invest". Taking this phenomenon into account, Asian Bank targets the projects at poor households, since they need loans most, and may cause the most severe damage to wetland. Seen from the operation process of the projects in these three years, there are some striking characteristics of the livelihood projects.

(1) Horizontally, the livelihood items chosen by project households involve many fields. Since the natural risks and market risks are inherent in crop farming, and cannot be controlled, or are not sustainable on the long term under the simplex farming structure at present, the project households realized a transition from idea to practice. It is mainly reflected in two respects: On the one hand, compared with non-project households, project households are more active to explore some livelihood channels to increase income and accumulate wealth. (The fields explored by Asian Bank project households include breeding, crop farming, doing business, renting agricultural machines and maintaining, etc.) On the other hand, some people have already gained benefits, which are reflected in two aspects: Firstly, their income is increasing year by year; Secondly, the households are more and more skillful in mastering the project techniques, and the technology risks are lowered gradually.

(2) Vertically, the project households began to explore the fields in depth. In

2006, the project households in Dongxian village changed all the projects to building greenhouses. The techniques of raising seedling are different from the traditional way of scattering, which greatly increased the production efficiency and reduced the wastage of water and fertilizers.

There are some other characteristics. For example, some project households actively broaden their vision and enlarge their contact scope, etc.

3.4.1.4 The Changes of Average Net Income Per Household from Crop Farming in Dongxian Village, Yongfeng Village and Sipai Village

Seen from Table 3-25 and Figure 3-5, the livelihood projects of the three villages all depend on crop farming. In 2007, the incomes from crop farming in the three villages were all more than those in 2005. Specifically, the per capita farmland area of Dongxian village is the largest of the three villages. With the help of seed-raising technique by greenhouses, the yields per mu were more than those traditional scattering techniques adopted in the other two villages. In 2006,

Table 3-25 The Changes of Average Net Income Per Household from Crop Farming in Dongxian Village, Yongfeng Village and Sipai Village

Unit: yuan

Villages	2005	2006	2007
Dongxian Village	40,125	32,218	44,530
Yongfeng Village	9,254	9,958	14,801
Sipai Village	12,937	13,212	18,232

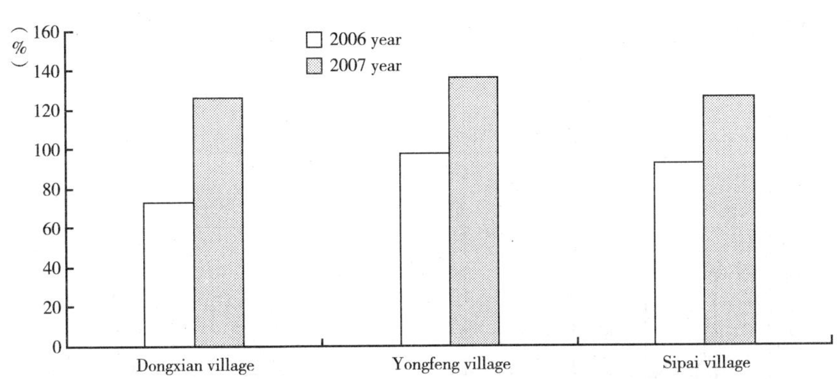

Figure 3-5 The Change Rate of Average Net Income Per Household from Crop Farming in Dongxian Village during the Period of Projects

Note: The rate is calculated by comparing the statistics of the current year with the previous year.

Dongxian village was visited by a hailstorm. Therefore, the yields and income from crop farming in 2006 were severely reduced in Dongxian village, while the income from crop farming in the other two villages were both increased strikingly.

3.4.1.5 Changes of Average Net Income Per Household from Breeding in Dongxian Village, Yongfeng Village and Sipai Village

Breeding is an important part of Asian Bank alternative livelihood projects. Dongxian village has the advantage in planting paddy rice. In 2006, all the project households changed to seedling-raising by greenhouses. (Since seedling-raising by greenhouses only requires a shallow-water management, the consumption of water, pesticide and fertilizer is far less than that of traditional scattering, and the survival rate of seedlings is very high.) The projects applied by the other two villages are mainly featured by breeding. Seen from Table 3-26 and Figure 3-6, the proportions of breeding in the income of these three villages are not large. Except Sipai village, which boasts an income of about 1,000 yuan in 2007, the other two villages both

Table 3-26 Changes of Average Net Income Per Household from Breeding in Dongxian Village, Yongfeng Village and Sipai Village

Unit: yuan

Villages	2005	2006	2007
Dongxian Village	200	320	618
Yongfeng Village	108	428	450
Sipai Village	250	470	972

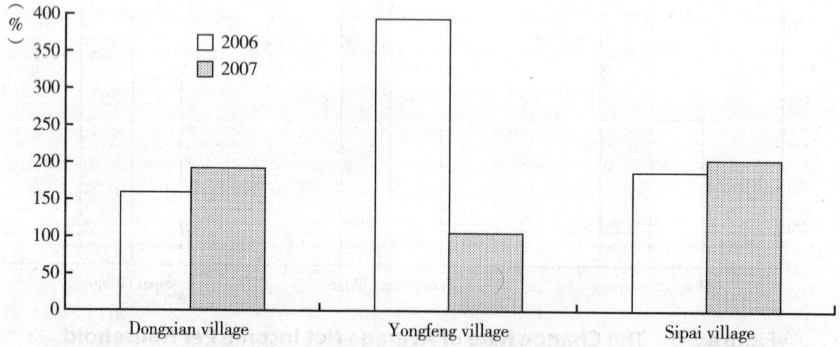

Figure 3-6 The Change Rate of Average Net Income Per Household from Breeding during the Project Period in Dongxian Village

Note: The rate is calculated by comparing the statistics of the current year with the previous year.

have low incomes. It is found in the survey that the reasons why breeding is hard to develop can be summarized as follows: 1) The villages are rich in land resources, so most farmers chiefly live on crop farming, with breeding as an assisting means. 2) The market of breeding is also risky. Farmers often start the project at high costs, but only reap the profits at low prices. 3) There is a lack of breeding techniques. The training course on breeding held by Asian Bank is not adequate to settle the problems encountered by peasant households during the breeding process. 4) There is a shortage of launching capital to be invested in large-scale breeding, and the capital granted by Asian Bank projects is too little, which is without subsequent input.

3.4.1.6 Changes of Average Net Income Per Household from Alternative Livelihood Projects in Dongxian Village, Yongfeng Village and Sipai Village

Seen from Table 3-27 and Figure 3-7, during the project period, the direct yields

Table 3-27 Changes of Average Net Income Per Household from Alternative Livelihood Projects in Dongxian Village, Yongfeng Village and Sipai Village between 2005 and 2007

Unit: yuan

Years	2005	2006	2007
Dongxian Village	980	1,262	2,890
Yongfeng Village	620	1,187	1,859
Sipai Village	500	1,200	1,890

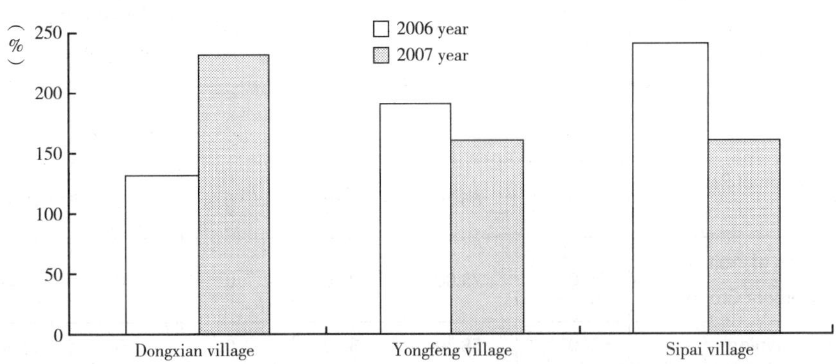

Figure 3-7 Change Rate of Average Net Income Per Household from Alternative Livelihood Projects in Dongxian Village, Yongfeng Village and Sipai Village during the Project Period

Note: The rate is calculated by comparing the statistics of the current year with the previous year.

brought by Asian Bank funds to the three villages are all on the increase. Among them, Dongxian village reaped the most yields because of investing the funds in planting paddy rice. The other two villages also reaped a yield of nearly 2,000 yuan. What's more, many villagers calculated their direct yields brought by Asian Bank projects according to their own loaning criteria.

3.4.1.7 The Evaluation of Satisfaction Degrees on Alternative Livelihood Projects from Different Groups (Poor, Moderately Rich and Rich Groups)

Seen from Table 3-28, with regard to alternative livelihood projects and the relevant effects, only 20% and 30% households chose "Satisfied", 40% and 30% chose "Generally Satisfied". With regard to distribution of revolving funds, operation of project management group and project training, there are 66.7%, 75% and 58.3% households choosing "Satisfied" respectively. We learn from our field survey that the effects of alternative livelihood projects are not striking, and three villages have not developed breeding industry. What's more, the poor households deem that the capital granted by Asian Bank is too little, and there is even a lack of launching capital and subsequent assistance. Still, the training course can hardly settle the problems encountered in the breeding process.

Table 3-28 The Evaluation of Satisfaction Degrees on Alternative Livelihood Projects from Poor Groups (n=30)

Unit: %

Satisfaction Degrees / Contents	Greatly Satisfied	Satisfied	Generally Satisfied	Unsatisfied	Most Unsatisfied	Not Clear
Alternative Livelihood Projects	0	20.00	40.00	10	0	30.00
Distribution of Revolving Funds	0	66.70	8.30	0	0	25.00
Operation of Project Management Group	0	75.00	0.00	0	0	25.00
Project Training	0	58.30	8.30	0	0	36.40
Effects of Alternative Livelihood Projects	0	30.00	30.00	0	10	30.00

Seen from Table 3-29, there is a big difference between moderately rich households and poor households. 31.5% moderately rich households chose "Satisfied", 5.6% chose "Greatly Satisfied", which was more than the statistics concerning poor groups. Still, there are 5.5% moderately rich households chose "Greatly Satisfied" with regard to the effects of alternative livelihood projects. There are also households who chose "Unsatisfied" with regard to every alternative livelihood project, among which 17% chose "Unsatisfied" and 4.8% chose "Most Unsatisfied". With regard to the operation of project management group, there are 12.9% households choosing "Unsatisfied" and 1.6% choosing "Most Unsatisfied". We summarize the reasons why the households made such choices as follows: Most of the moderately rich households were unsatisfied with the distribution of revolving funds and deemed that the way of granting capital is not fair-and-square, which is just transparent in form, but actually those having close relationships with the village committee embezzled the funds.

Table 3-29 The Evaluation of Satisfaction Degrees on Alternative Livelihood Projects from Moderately Rich Groups (n=45)

Unit: %

Satisfaction Degrees / Contents	Greatly Satisfied	Satisfied	Generally Satisfied	Unsatisfied	Most Unsatisfied	Not Clear
Alternative Livelihood Projects	5.60	31.50	13.00	3.70	0.00	46.30
Distribution of Revolving Funds	4.80	25.80	9.70	17.70	4.80	37.10
Operation of Project Management Group	6.50	24.20	6.50	12.90	1.60	48.40
Project Training	5.10	31.60	7.00	3.50	0.00	52.60
Effects of Alternative Livelihood Projects	5.50	23.60	12.70	7.30	0.00	50.90

Seen from Table 3-30, there is a big difference between rich households and moderately rich households, with the satisfaction degrees of the former much higher than the latter. Many households maintained that Asian Bank projects not only brought the capital assistance, but also the idea renovation involving how to make better use of resources and how to reduce the risks of simplex crop farming by developing diversified operations. After three years' activity, the community development has received much support from many experts, and the peasant households have not only enriched their knowledge, but also broadened their vision.

Table 3-30 The Evaluation of Satisfaction Degrees on Alternative Livelihood Projects from Rich Groups (n=25)

Unit: %

Satisfaction Degrees / Contents	Greatly Satisfied	Satisfied	Generally Satisfied	Unsatisfied	Most Unsatisfied	Not Clear
Alternative Livelihood Projects	12.50	18.80	37.50	6.30	0.00	25.00
Distribution of Revolving Funds	29.40	35.30	5.90	11.80	0.00	17.60
Operation of Project Management Group	5.90	35.30	23.50	11.80	5.90	17.60
Project Training	18.80	37.50	18.80	0.00	0.00	25.00
Effects of Alternative Livelihood Projects	18.80	43.80	0.00	6.30	0.00	31.30

3.4.2 Effects of Different Alternative Livelihood Projects on Environment

Community resources conservation lays stress upon the integrity of conservation areas and the conservation of wild animals and their habitats. In a sense, it can provide new income channels for community residents (such as reaping profits by ecotourism). Still, the locals can utilize the natural resources there. However, this conservation mode is usually at the sacrifice of community interests, and the operation cost is also high. The participative resources conservation mainly consists of two types: one is a passively participative method, which puts community resources conservation in the first place; the other is an actively participative method, which puts the needs of community members in the first place. It is an actively participative method to diminish the villagers' dependency on farmland and achieve the goal of protecting environment through the agency of alternative livelihood projects and the community participation. This method is widely accepted by the villagers.

The survey showed that many villagers deemed that environment conservation is contradictory to their daily needs. For example, the straws used in building adobe houses, the firewood used in cooking and the livestock fodder all come from wetland, however, they need to spend money in finding the substitutes of these materials for daily life. Beside, environment conservation also runs counter to the villagers' livelihood. During the two large-scale developments of Sanjiang Plain after the foundation of new China, the government advised the farmers to explore wasteland and plant rice on it. Those opening up wasteland lived in an extremely poor state, since cultivating farmland did not make them become rich. With the gradual increase of grain price, the profits brought by farmland begin to surge. However, it is forbidden to open up wasteland now. In the past, the villagers' labor fruits were deprived by the government's mandatory actions. At present, they became victims once again. The alternative livelihood projects can alleviate this kind of contradiction, and can make the villagers gradually understand that the harmonious development of human beings and nature can bring boundless beneficience.

3.4.2.1 Positive and Negative Effects of Different Alternative Livelihood Projects on Environment

In practice, the alternative livelihood modes play a corresponding positive role for environment, which can be divided into seedling-raising by greenhouses, crop farming and breeding. These three types have their respective advantages and disadvantages with regard to their influences on environment. Seedling-raising by greenhouses can increase the rice yield on a large scale, and can increase the income of farmers and diminish farmers' dependency on farmland. However, using pesticides and fertilizers profusely will do harm to the ecological balance, pollute the local water resources and lead to the water level lowering. Breeding industry can change the simplex local livelihood mode characterized chiefly by crop farming, and help farmers to reduce the risks brought by crop farming. What's more, the degree of destruction and pollution to environment is quite low. However, the odor and dung of the livestock pens or sties will be detrimental to the residential environment of communities. Therefore, the strategy of encouraging farmers to cultivate lands (paddy farmland or dry farmland) and developing the local crop farming is also a double-edged sword, which on the one hand grants farmers capital to cultivate farmland, but on the other hand is not favorable for reducing their dependency on land.

(1) Seedling Raising by Greenhouses

Seedling raising by greenhouses is intended for raising seedlings ahead of time with the heat preservation of greenhouses. The seedlings raised under such a condition have high survival rate, and are always sturdy. Still, the seedlings with branch stems can be raised. Also, the labor can be saved. Without expanding the area of farmlands, seedling raising by greenhouses can greatly increase the yields and household income, and can reduce farmers' dependency on farmland. This practice is mainly carried out in Dongxian village. In this village, there were 12 households applying for the project of seedling raising by greenhouses. A Dongxian villager, Piao, adopted this practice and increased his yields per mu by 400 jin. So 100 mu will increase the gross income by about 30,000 yuan. There are many similar examples in Dongxian village. Many farmers deemed that crop farming is pivoted on weather conditions, and cultivating more land means shouldering more risks and invest more labor. Anyway, adopting the strategy of seedling raising by greenhouses can achieve the goal of increasing household income. Judging from the fact that farmers have reduced their dependency on farmland and Dongxian villagers have not cultivated wetland in the past three years, we can clearly see the contribution of this strategy to wetland conservation.

Case Seedling Raising by Greenhouses

Piao Linhu, male, 28, Chaoxian ethnic minority. His educational background is junior high school, and he married in 2006 and had a baby in 2007.

In 2004, Piao Linhu went to Qingdao, Shandong province and became a migrant worker there. In 2005, he returned home. The two years' experiences as a migrant worker did not bring him considerable income, and did not provide him better chances suitable for his personal development. He only broadened his vision. After returning, he was determined to settle down and go in for crop farming. In 2005, he attended the first-round project of needs assessment held by Asian Bank, and applied for a loan fund of 9,000 yuan. He invested the entire capital in his 75mu paddy fields. With the help of Asian Bank's technology and capital, he set about adopting the method of seedling raising by greenhouses and then rice transplanting. But due to the "rice blast" in 2006, the yields per mu only reached 800-900 jin. Considering that the grain price was then 0.54 yuan per jin, his total income was only 35,000 yuan. Taking the input and output into account, he was in a break-even state in 2006. But the factor of labor input was not included. He applied for an Asian Bank project loan of 15,000 yuan this year, and he is confident and enthusiastic this year since he gained some experience and techniques last year. He increased the greenhouses from 1 last year to 2 this year, and rented 65 mu of paddy fields, making the total area of his paddy fields reach 140 mu. Judging by the present situation, the income this year will be far more than that of last year. Predicatively, the average yields per mu will reach about 1,300 jin. With the stabilization of grain price, the gross income this year will amount to 130,000 yuan in accordance with the standard price of 0.75 yuan per jin. Taking the costs outside and the subsidies inside, the net income will be more than 90,000 yuan. Judging by the two years' experience of crop farming, Asian Bank brings not only the capital, but also the technique of seedling raising by greenhouses. This kind of technique will bring a yield of 400-500 jin more than the traditional scattering way. Evaluated from this year's yields, the income will be about 40,000 yuan. Although crop farming will be a little risky, it will still be profitable if the area of farmland is large. Therefore, given that the capital is sufficient, crop farming will still be the major means of keeping a living.

(2) Crop Farming

Crop farming is the major livelihood resource of peasant households as well as the pillar industry of the three villages. However, many households lack the capital, so they will choose to apply for loan funds. In a sense, farmers going in for crop farming will be good for the conservation of wetland resources. In the past, many villagers treated fishing and hunting as a sideline to replenish family expenditure. It is especially common with regard to Hezhe ethnic minority people who take fish for grain in the summer and make a living by exchanging ermines with other goods in the winter. In recent years, the interest-free loans provided by Asian Bank have enabled many poor people to have capital for crop farming, and have played a role in advocating conservation of wetland resources. There are less than 10 fisherman households, most of whom keep a living by crop farming. This will be conducive to the maintenance of ecological balance and the conservation of fishing and hunting resources. Therefore, with the income increase in crop farming, the practice of increasing sideline income by means of wetland resources can be changed. However, the development of crop farming has also some negative effects. For example, as the grain price has been increasing steadily in recent years, the three villages have carried out a large-scale project of converting dry farmlands to paddy fields. Compared with dry farmlands, paddy fields need more irrigation water. Then all the three villages drilled motor-pumped wells for pumping water to irrigate paddy rice. However, the discharge of water will bring pesticides and fertilizers along with it, flow in to Naoli River, and pollute the river water.

Case　Crop Farming

Wang Zhenlin, 56, the Hans. His educational background is primary school, his wife is from Hezhe ethnic minority, and he has three family members, with his father living together with him. All of them are healthy except his old father. They make a living by crop farming. He has a tile-roofed and brick-walled house with four rooms. He needs 10 cubic meters of firewood for keeping warm and cooking, which will cost him about 1,000 yuan. The basic appliances are TV set, washing machine, tractor and VCD. He has 200 mu of dry farmlands, and can be categorized as a "large family" of crop farming. In 2003 and 2004, all of his dry farmlands were planted with soybeans, with the yields reaching 180 jin per mu. His entire daily family expenditure in the whole year is about 1,000 yuan, the cost in seeing a doctor and getting medicines reaching 2,000-3,000 yuan, and the cost in maintaining social relationships will be about 1,500 yuan. Since the price of paddy rice in 2004 was lower than that of 2003, and the cost in planting paddy rice will be 20,000 yuan, he did not plant paddy rice and chose to buy the rations. And his family needs 5 sacks of rice and 5 sacks of flour, which cost more than 1,000 yuan. He applied for a loan fund of 5,000 yuan from the bank, with the interest being 8.85‰ and the deadline being within 10 months. The entire fund, which was invested in crop farming, has been paid off. He lent 20,000 yuan to his friends, without interest and deadline, and has already been repaid now. He mainly makes contact with his relatives, friends and neighbors, all of whom have similar family conditions. Since he has a lot of farmland, he needs to employ others for help during the busy days. When he needs money, he will apply for a loan from the bank. He deems that the credit credibility between villagers is not bad, and without much change. The information of production mainly comes from technology personnel, while the information of daily life mainly comes from the friends and neighbors. With regard to his present living, he is generally satisfied, but thinks that the prices of pesticides and fertilizers are too high, and the productive input in crop farming is too large. When asked about what his future plan was, he just said that he would continue his crop farming.

(3) Breeding

Breeding does not vie for land with crop farming, and breeding does not need manure. It can diminish the risks of crop farming and can make the livelihood diversified. At present, except the project households raising sheep, those who raise pigs, cattle, chickens and raccoon dogs all adopt a method of fodder feeding and stable breeding, which will not cause negative effects to environment. The sheep-raising households feed the sheep with forage, and graze the sheep on the grassland which was contracted by them. And they promised that they would graze the sheep on the government-designated areas rather than on wetland.

However, breeding has some negative effects, which are reflected mainly in two aspects: On the one hand, it will affect the residential environment. Since there is a large transient population and a convenient transportation, the bred livestock are at the risk of being stolen. Therefore, many households have not carried out breeding on a large scale, and have not opened up centralized breeding areas. Rather, they choose to set up breeding areas around their houses. In the summer, the odor of the livestock is hard to endure and attracts flies and pests easily, which causes negative effects on households and the residential environment nearby. In the operation process of future projects, the residential environment should always be given due consideration. On the other hand, breeding will damage the wetland resources to a certain extent. We interviewed a cattle-raising household in Yongfeng village, who told us that if the forage price increases, there will be some households who go against the regulations and go to collect forage on wetlands. Of course, it is acceptable to make suitable use of wetland resources on the premise of a reasonable utilization of wetland. However, the wetland around the three villages is still in a state of natural restoration, and the livelihood projects of breeding households will sit heavy on wetland and slow the step of restoration.

Case Rabbit Raising

Cai Rihua, female, 39, from Chaoxian ethnic minority. Her long illness deprived her of labor capability. His husband, 46, from Chaoxian ethnic minority. His educational background is junior high school. He goes in for crop farming. His sister is a barefoot doctor in the village and lives with the couple together. So Cai and her husband can save the cost on seeing a doctor and getting medicines. Cai has 52 mu of farmland, which had always been planted with soybeans before 2005. She wanted to continue planting soybeans in 2006, but her husband decided to go to South Korea and be a migrant worker. So they considered contracting their land to others, with the contract price at 130 yuan per mu. The plan failed due to the visa problem. At present they make a living by doing odd jobs.

In March, 2006, the first-round project funds from Asian Bank was granted. Cai Rihua applied for a project of raising rabbits. She used the fund of 3,000 yuan to buy 60 rabbits. And the fodder of rabbits is mainly from corn meal, chaff and potherb, etc. Till December of 2006, the 60 rabbits had consumed 400 jin of corn meal and chaff. Since these fodders are produced by Cai's own family, the cost cannot be accurately calculated. Due to the slack prospect of rabbit sale and a lack of knowledge on preventing and curing various rabbit diseases, Cai Rihua wanted to sell out her rabbits at the end of 2006. But because of the stagnant market, her rabbits could not be sold out smoothly. At last, with the help of her relatives, she sold the rabbits to restaurants. The 50 rabbits, with each one being sold at 25 yuan, brought her an income of 1,250 yuan. The rest rabbits were still being raised. So far, this livelihood project has brought her a net income of about 1,000 yuan, the income from renting land is 6,760 yuan, and the income of Cai's husband from being a migrant worker is 13,000 yuan. Therefore, the income of raising rabbits takes a proportion of 5% in the entire net income of her family.

Cai Rihua deemed that the major risk of raising rabbits is the rabbit disease, which cannot be given due prevention and cure. Once the rabbits are infected with a disease, she will basically suffer from a loss. Another risk of raising rabbits is the channel of sale. She clearly expressed that she would not raise rabbits in the future due to the lack of sale channels and profits. Meanwhile, she deemed that the Asian Bank projects are fairly good, which can provide a large sum of capital. But she attaches greater importance to the information on how to become rich. After all, an income of several thousand can only alleviate a transient poverty, but cannot play a substantial role. Since she lacks both experience and technology in breeding, it is advisable to resort to the guidance of experts, and find the proper livestock that have low risks, good sale prospects and high profits. With regard to the training on breeding, Cai Rihua deemed that the village should hire some experts to expound on how to prevent and cure rabbit diseases and also how to raise rabbits. In a word, Cai hoped to make more money quickly under the guidance of science and technology.

To sum up, the field survey in the three villages shows clearly that farmers have a rational choice on their livelihood projects. They realized that asking the nature for farmland blindly will be highly risky. The project assistance, which changed their present livelihood structure, will be conducive to reducing their dependency on land, both in idea and in practice, and will achieve the goal of protecting the wetland. This point can be testified by the fact that there have been no villagers opening up the wetland during the three years of project operation in the three villages.

3.4.2.2 Effects on Residential Environment of Villagers

Most of the project funds applied by Dongxian village are invested in planting paddy rice. To guarantee the water amount needed by paddy fields, most villagers pumped groundwater for irrigation and caused the severe lowering in water level of groundwater. Besides, fertilizers and pesticides have been used more and more. With the drained water flowing into Naoli River, certain water pollution has been caused. 75% villagers maintained that this will sooner or later pose a threat to their residential environment. Similar to Dongxian village, there are 74% households in Yongfeng village who deemed that the projects will cause negative effects on their residential environment, which is closely related to breeding industry. Since there is a large transient population and a convenient transportation, the bred livestock are at the risk of being stolen. Therefore, many households have not carried out breeding on a large scale, and have not opened up centralized breeding areas. Rather, they choose to set up breeding areas around their houses. In the summer, the odor of the livestock is hard to endure and attracts flies and pests easily, which causes negative effects on households and the residential environment nearby. In Sipai village, there are 60% households who deemed that the projects will cause negative effects on their residential environment, which are mainly reflected by breeding and is similar to Yongfeng village. See Table 3-31.

Table 3-31 The Evaluation of Peasant Households from the Three Villages on the Projects' Effects on Residential Environment

Unit: %

Projects	Dongxian Village	Yongfeng Village	Sipai Village
Good	25	13	22
Bad	75	74	60
No Effects	0	13	18

3.4.2.3 Effects on Conservation of Wetland Resources

Judging from Table 3-32, 75% households of Dongxian village deemed that Asian Bank Alternative Livelihood projects are favorable to the conservation of wetland resources. Some villagers considered that the training courses on natural resources co-management held by members of investigation groups had enhanced the consciousness of villagers, who began to realize that environment conservation is a good deed beneficial for the future generations. In 2007, some villagers found in the conservation area the wild geese that appeared many years before. This discovery should be attributed to the efforts of protecting wetland resources. Yongfeng village is relatively far from the conservation area of wetland, and the water resources there are not as sufficient as in Dongxian village. Therefore, the consciousness on the conservation of wetland resources in Yongfeng village is not as high as in Dongxian village. 70% households deemed that the operation of projects is favorable to the conservation of wetland resources, the proportion being slightly lower than that in Dongxian village. But this can still reflect the consciousness on wetland conservation to some extent. What's more, there is a lack of water resources in Yongfeng village, and it is not suitable to plant paddy rice. Therefore, the number of paddy fields is much smaller than that of Dongxian village, and the water pollution caused by pesticides and fertilizers is also much less than that of Dongxian village. Sipai village has a natural fishing ground, which is the expansive Wusuli River. The Hezhe people keep a living by fishing generation after generation. However, the pollution of river water in recent years has caused negative effects on the propagation and growth of fishes. The project funds from Asian Bank have been mostly granted to Hezhe people, enabling them to have the capital to develop breeding or crop farming. Due to a reduction of dependency on fishery resources, the load of the Ussuri River has been lightened. Therefore, most of the villagers deemed that the projects have played a role in protecting the wetland resources.

Table 3-32 The Evaluation of Peasant Households from the Three Villages on the Projects' Effects on Wetland Resources

Unit: %

Projects	Dongxian Village	Yongfeng Village	Sipai Village
Favorable	75	70	58.7
Unfavorable	0	0	1.6
No Effects	25	30	39.7

To sum up, the survey shows that both the government and the village cadres have began to think over the former practice, and have realized that wetland conservation should be done with united efforts. They are aware of that wetland resources are public wealth rather than individual item. At last, we will end this part with a sentence from the villagers, "the water birds become more, the species become multiplied, and the grassland becomes luxuriant." This lively landscape is a result of the projects.

3.4.3 Effects of Alternative Livelihood Projects on Relationship of Gender

As the saying goes, "women hold up half the sky". Especially, in the rural areas at present, a large number of men go out to be migrant workers, so women actually hold the entire sky. It must be realized that women play a crucial part in rural areas, and the progress of women affects the rural development to a large extent. These projects take the sensitiveness of gender into full account, require women to participate in the capability building of projects, enhance their capability accordingly, and make contributions to the alternative livelihood projects.

(1) Effects of Training on Relationship of Gender

Seen from the statistics of Table 3-33 and Table 3-34, the rural women have few chances of receiving education and training and their literacy levels are very low. This becomes the bottleneck constraining the development of women. Such being the case, Asian Bank project group has invited relevant experts to give training courses, including how to carry out crop farming, breeding and environment conservation, etc. These training courses not only provided the chances of acquiring knowledge, but also aroused their interest on poultry raising, disease prevention and cure. Meanwhile, women can gain the substantial economic benefits. On the long term, these courses will play a positive part in enhancing the overall quality of the next generation, maintaining good health and promoting the comprehensive development.

Table 3-33 The Literacy Levels of Rural Women Investigated

	Illiteracy	Primary school	Junior high school	Senior high school
Numbers	9	20	51	20
Ratios	9%	20%	51%	20%

Table 3-34 The Training Courses of 2005, 2006 and 2007

Years	2005	2006	2007
Training Courses	The interview on assessment of needs in 2005	The application of the second-round livelihood projects in 2006	The training on resources co-management in 2007
	The election assembly of project management group in 2005	The training on resources co-management at the end of 2006	The investigation on the number of households involved in the projects
	The application of the first-round livelihood projects in 2005	The training on breeding and crop farming techniques at the end of 2006	The exposition on the good effects of participating in the projects on the country, the collective and the individual
	The training on project management and natural resources management in 2005	The training on resources management in 2006	The exposition on the advantages of environment conservation

(2) Effects of Alternative Livelihood Projects on the Status of Women

In the three villages of Dongxian, Yongfeng and Sipai, the survey shows that most women deemed that their husbands are the crutch, the decision-makers, the spiritual mainstay and the guarantors of economy. With regard to important affairs such as applying for loan funds, selling grain, it is the husbands who make the decision. But the family chores and account management are in the charge of the wives. Besides, affairs such as the daily family expenditure, investment, education of children and medical care are decided by both the husbands and the wives. But in the operation of Asian Bank projects, women took a dominant proportion in both the respects of training and breeding. Judging from Table 3-35、3-36, we can see the status of women has been enhanced to some extent.

Table 3-35 The Performers of Major Livelihood before and the Alternative Livelihood Projects

Unit: %

Projects	Host	Hostess	Co-performer
The performer of major livelihood before	54	31.00	15.00
The performer of alternative livelihood projects	19	67.50	13.50

Table 3-36 The Changes of the Status of Women after the Three Years of Asian Bank Projects

Projects	Number	Frequency
Having enhanced the status of women	65	67.7%
Having lowered the status of women	0	0
Having caused no effects	19	19.8%
Being not clear	12	12.5%

To sum up, through the agency of Asian Bank alternative livelihood projects, women have gained the access to receiving training and education, and have strengthened their capability in social contact and participating in community affairs. After the three years of project operation, women have their status enhanced.

3.4.4 Analysis on Overall Impacts of Alternative Livelihood Projects

(1) The participatory development method can reflect the households' needs of alternative livelihood projects, but may cause deviation in practice. The needs of peasant households are usually divided into two types: short-term and long-term. A small part of villagers deemed that developing breeding is a future plan and they still rely on crop farming as their major livelihood at present. Most villagers deemed that developing simplex crop farming is too risky, and breeding should be

developed. As a result, some villagers did not set about carry out the alternative livelihood projects after they applied for the loan, but continued to invest the funds in crop farming or other emergent needs within the deadline.

(2) There is a diversified trend of farmers' livelihood projects. From the above statistics and analysis, we can conclude that the diversified trend of livelihood projects in the three villages is reflected in the following three aspects: 1) The assessment of community needs made by Asian Bank projects displays the diversified trend of livelihood of peasant households. The assisted projects include breeding (pigs, foxes, raccoon dogs, cattle and bees, etc.), running shops (business houses, canteens and restaurants, etc.), developing tourism (yachts), setting up maintenance department of agricultural machines and buying agricultural machines and appliances, etc. 2) In practice, many peasant households said that the projects had been carried out well, and should be carried on. 3) The incomes on breeding in the three villages have been increased gradually in the three years.

The diversified livelihood of peasant households has two striking advantages. On the one hand, it can avoid frequently-occurred natural disasters and the livelihood risks brought by the shifty market economy and the insufficiency of local market information. On the other hand, it can reduce the damage to natural disasters brought by the local simplex breeding industry. Therefore, diversified livelihood is a good phenomenon both in theory and in practice. But it is not enough only relying on the international projects; we need a wide participation of the whole society. And the problems to be settled are not limited to investment problems, but also include problems on market, technology and service, etc. Therefore, we need a set of perfect operational mechanism and a multipartite participation in the future, to maintain and strengthen this positive trend.

(3) The capability building of peasant households has been promoted. During the three years, training courses in various forms were held for 13 times, with the main contents covering breeding techniques, environment conservation and the relationship between livelihood and environment, etc. Notably, the theoretical knowledge of breeding techniques can not replace the application of techniques in practice, which should be mastered under the practical guidance of technicians and the repeated quests of villagers.

During the interview, many villagers said that a project fund of several thousand yuan is too little for developing breeding. Worse still, there is a lack of technical guidance and market information. For example, a villager of Sipai village had planned to raise 10 pigs, due to the price increase of the means of production, he only bought two piglets. However, the two piglets died because of his lack of breeding techniques. At present, he does not want to raise pigs any more. So we should continue to explore how to enhance peasant households' capability on managing their livelihood, and enabling them to form an entogenous development and a virtuous circle.

(4) The education on environment conservation has been promoted. One of the goals of alternative livelihood projects is to develop projects that are favorable to wetland. Departing from this perspective, alternative livelihood projects are indisputably successful. At the beginning of projects, there were almost no households who realized the importance of wetland, while at present almost every household knows the importance and begins to be devoted in protecting the wetland consciously. In the three villages, there are placards of protecting wetland everywhere. For example, "wetland is the kidney of the earth", "everybody has his share of responsibility in protecting wetland", etc. These placards, converging with the communities, play a role in educating every villager in protecting the wetland which is closely related to their residential environment.

(5) The status of women has been enhanced. Before the operation of projects, many villagers told us that the main tasks of women were doing housework and taking care of the children, and women were only men's assistants when doing production work. But a survey after the projects showed that the status of women has been enhanced, which is reflected in three points: Firstly, a certain proportion of women participated in the needs assessment of alternative livelihood projects, and voiced the projects they wanted to apply for. In practice, they went in for the projects with zest and made contributions for the economy of their families. Secondly, after the operation of alternative livelihood projects, many women began to participate in the production management of their families, and made decisions on important affairs together with their husbands. Thirdly, when the wives do production work, many husbands begin to do some housework.

3.5 Analysis on Constraining Factors of Alternative Livelihood Projects in the Sanjiang Plain

3.5.1 Impacts of National Food Security Strategies on Alternative Livelihood Projects

The Sanjiang Plain, which has experienced a history of four large-scale developments after the foundation of new China, is a well-known "granary of the world". Given priority to by the government's policy, the Sanjiang Plain shoulders a heavy task in producing the required amount of grain. Therefore, with regard to the alternative livelihood projects in Sanjiang Plain, we should take the national food security strategies into account. (Note: the Sanjiang Plain is one of China's eight major grain-producing areas.)

As the saying goes, "food is the first necessity of the people", so first and foremost, there should be enough land for planting grain. The land resources are undoubtedly the lifeline of China's food security. In *2007 China Land and Resources Communique* issued recently, we can clearly see that the area of arable land nationwide has been reduced from 127.6 million hectares in 2001 to 121.7 million hectares in 2007, close to the "red line" of 120 million hectares. "Red line" was put forward in Report on the Work of the Government on March 5, 2007. Premier Wen Jiabao pointed out that: "On the issue of land, we cannot afford to make a historical mistake that cannot be corrected, one that will seriously harm future generations. We cannot cross the line and reduce the total amount of farmland in China to less than 120 million hectares. We must resolutely adhere to the strictest possible land management system." By the way, the area of arable land in Heilongjiang province is the largest of all the provinces in China, amounting to 11.3 million hectares.

From the agricultural policies implemented by the government, we can clear see that the policies of rescinding agricultural taxes and granting direct subsidies to grain farmers have greatly aroused farmers' enthusiasm on farming. It is 2600 years from Qixuanwang (a feudal prince in ancient Shandong) starting to levy agricultural taxes to the comprehensive rescission of agricultural taxes in 2006. The rescission of agricultural taxes makes the government suffer from a tax loss of 125 billion yuan, but meanwhile, it brings profound influences, economically, socially and politically. From the perspective of farmers, there are three kinds of influences: 1) Farmers can directly gain economical benefits. 2) With the policy encouraging farmers to go in for farming, farmers' economical benefits can be protected. 3) Farmers can get the spiritual freedom. "The rescission of agricultural taxes makes 900 million farmers feel relaxed." A survey also shows that the series of pro-farmer policies, reflecting the government's great attention paid to agriculture, bring a spiritual liberation to farmers.

Another point worth mentioning is the question why farmers are willing to go on with farming in Sanjiang Plain. There are many natural risks of agriculture, such as the determining factor of weather and the objective fact of extensive cultivation but small yield. However, it cannot be neglected that the average land area per household is 20 mu, which is much more than that of other districts.

Moreover, the prices of rice and corn are on the increase in these two years, and the soybean price is greatly increased under the influence of international grain price. The subsidies of these three agricultural products in 2008 may amount to 70 yuan per mu, and the protective price of paddy rice at present is 0.75 yuan per jin. Notwithstanding the fact that the cost of means of production is increasing a lot, farmers can gain a net income of 250 yuan per mu in paddy rice. As for the soybean, the present procurement price is 3 yuan per jin, so farmers can get a net income of 300 yuan per mu, plus the government subsidies. Farmers are always called "the most rational economist", knowing how to maximize their profits under the existing conditions. Therefore, most farmers in Sanjiang Plain choose crop farming as the major livelihood project.

Since the government passes laws to protect farmland and encourage farmers to go in for farming, the farmers will have a rational thinking over the market quotation, and will tend to put emphasis upon crop farming in the total economic structure of planting agricultural products. Therefore, farmers in Sanjiang Plain, whose average possession amount of farmland tops the list in China, will still choose crop farming as the major livelihood resource. It is difficult to persuade them to choose breeding as an alternative livelihood project.

3.5.2 Constraints of Village Politics on Alternative Livelihood Projects

Fei Xiaotong maintains that China's rural society is an "acquaintance society". Wuyi (2005) deems that the "acquaintance society" has two features: "closeness" and "kinship". "Closeness" means that China's rural society is characterized by face-to-face interpersonal communication. "Kinship" means that people in rural society are involved in various relationships of affinity and consanguinity, forming a universalized kinship network. Therefore, people in an "acquaintance society" have to take human relations into consideration, even when engaged in a sheer business-oriented communication (Wu Yi, 2005). Meanwhile, this kinship network will make those at the periphery of the "acquaintance society" feel lonely and helpless. But the alternative livelihood projects should be carried out each household. Although the participative way can reflect farmers' needs theoretically, the community status of farmers has already determined who can gain the support of projects. This kind of "acquaintance society" will disrupt the former rules prescribed by the projects, and cause the gap between presupposition and reality.

The democracy and election may be based upon interests of religion and economy, rather than some abstract concepts of rights. Therefore, when there is not a interest incentive to stimulate a full participation of all the villagers, the so-called village politics will become a common property of the village cadres. The cadres at the township and village levels, who are elected in a top-down way, actually become the "contractors" and "economic men" between the country and the villagers. As a result, the spontaneous mechanism of electing authorities in a bottom-up way is damaged, and the self-management capability of the community is impaired.

In the book *The Clamorous Town*, there is a classical sentence "the stone cast to the sky will drop onto the ground at last, and the problem should be settled where it was caused", which implies that the affairs should be dealt with and carried out by the township government at last (Wu Yi, 2007). In the operation process of our projects, a village cadre said that anything that happened in the village cannot bypass the village committee. Such being the case, we can clearly see the profound influence of village politics. In fact, our projects were really affected by village politics during the operation process. For example, the revolving funds for Sipai village were granted at two rounds. The first-round funds were granted to Hezhe people by preference, but many of those getting the funds are relatives and friends of the village leaders. Due to our intervention and the pressure from the internal conflicts of community, the second-round funds were properly granted, with each household getting 400 yuan on average. Of course, the alternative livelihood projects are in the service of farmers, however, they are difficulty to be successfully carried out if the operational mechanism is interfered by village politics.

3.5.3 Constraints of Social Culture on Alternative Livelihood Projects

We have discussed the relationship of covariation between culture and livelihood, and the three villages we discussed belong to ethnic minorities of Chaoxian and Hezhe. People of Chaoxian minorities have a long history of planting paddy rice, while Hezhe people have just lifted the curtain on planting rice. A part of Hezhe people have already reaped the benefits, but some others have not adapted themselves to this kind of livelihood.

In the middle of the 19th century, people from Chaoxian ethnic minorities began to migrant to northeastern areas. To overcome the difficulties of cold climate, frosty weather and a lack of irrigational facilities, they experimented on opening up some paddy fields, which is the prelude to the paddy fields exploration of northeastern areas in modern times (Yi Baozhong, 2002). After the 1930s, farmers of Chaoxian ethnic minorities gradually increased the number of their paddy fields. In 1944, there was a population of more than 200,000 in Heilongjiang province, with the paddy fields increasing from 1.15 million mu in 1930 to 1.6 million mu. In 1949, the arable farmland area of paddy fields in Heilongjiang province was more than 80 million mu, which were mainly cultivated by people from Chaoxian ethnic minorities. Although there have been no definite records of statistics, planting paddy rice has already become a striking symbol of people from Chaoxian ethnic minorities (Guan Yanbo, 2005). A rice-planting history of more than 200 years in northeastern areas has been converged with the culture of Chaoxian ethnic minorities. Considering the factor of season, people from Chaoxian ethnic minorities have only three laborious months, which is a reflection of their culture and philosophy of emphasizing the present life and seeking happiness (Sun Kui, 2006). They always employ all available means to hold kinds of ceremonies and parties. And they take exception to the frugal way of life of the Hans in hinterlands. Besides, some ways of life such making wine with grain, making New Year cakes with glutinous rice flour, etc. have become integral parts of the life of people from Chaoxian ethnic minorities. Therefore, crop farming has already become an inseparable part of the culture and life of people from Chaoxian ethnic minorities, and it is difficult to make them change the mode of their livelihood.

The Hezhe people have experienced a long history in this expanse of venerable land. At the turn of Ming and Qing dynasties, the Hezhe ancestors were basically bogged down in a phase of taking fishing and hunting as the major methods of production and regarding clans and tribes as the fundamental social formation (Liu Min, 2006a). Since Qing dynasty, the traditional culture and the fishing and hunting methods of production of Hezhe people have changed a lot (Liu Min, 2006b). At the end of Qing dynasty a large number of the Hans flocked into the living areas of Hezhe people. In the 1960s, the exploration of the Great Northern Wilderness in Northern China caused a rapid decline in hunting resources. So the Hezhe people gradually gave up the hunting mode of production, but concentrated on fishing instead. Later, the increase of population caused a rapid increase in fishing boats. As a result, the fishing resources were overexploited and decreased sharply. So the unprecedented crisis faced by the traditional fishing industry severely affected the Hezhe people's life (Shu Jingxiang, 1999). After the foundation of New China, under the support and guidance of the central government, Hezhe people's industrial structure has changed substantially. The economic sectors have been diversified, with many people beginning to go in for crop farming, breeding and other industries. During this process, crop farming has replaced the former livelihood of fishing and hunting, but this replacement took a long time. Moreover, the process of experimenting on crop farming was beset with difficulties. At present, many Hezhe households are still not able to master the skills of crop farming, having no other choice but to keep a living on fishing. There is a widespread story in the local community, which goes like this: A villager happened to taste a peanut in some other place. Impressed by the delicious flavor, he brought some peanut seedlings home and planted them. When the autumn came, he was so angry to see the "fruitless" peanuts that he tore them up from the soil. Then he was suddenly enlightened that peanuts bear their fruits at the root. From the history and the widespread stories, we can understand the process of Hezhe people's livelihood change is full of twists and turns, involving the historical background, especially the cultural factors such as the mode of life in the community, etc.

From the social and cultural backgrounds of people from Chaoxian and Hezhe ethnic minorities, we can clearly see the relationship between culture and their former livelihood, which has already formed an interacting and interpenetrating structure. To implant the social and economic system of villagers into the alternative livelihood projects, we should gear the projects to demands of ethnic cultures, and attach importance to both "destruction" and "construction". Only in this way can the projects win farmers' approval in mind and cooperation in action.

3.6 Conclusions and Suggestions

3.6.1 Conclusions

(1) In the Sanjiang Plain, the arable farmland resources are very bountiful, so crop farming has its inherent comparative advantages in resources and technology. In comparison, the other livelihood projects have neither the advantages nor the economic feasibility, therefore, are difficult to be accepted by farmers.

(2) The preferential policies of the government on agriculture and especially grain production, along with the relatively high market price of grain, will stimulate farmers' initiative on crop farming, meanwhile, will weaken farmers' motive on alternative livelihood projects.

(3) There is a lack of transitional technical storage of carrying out alternative livelihood projects, which puts constraints on the choice of alternative livelihood projects. Besides, farmers have not a skillful mastery of new technology, which

increases the technical risks on developing new alternative livelihood projects.

(4) The fluctuation of market prices and the unfamiliarity to new products market make it difficult for farmers to reap profits from new alternative livelihood projects.

(5) Due to the lack of a self-management organization, the present administrative bodies, such as the village committee, will intervene in the operation of community revolving funds.

(6) Due to the influences from the power structure, the culture and the human relationships in the village, the community revolving funds are difficult to be properly and effectively operated.

(7) The present livelihood is not only the farmers' means of subsistence, but also an integral part of the ethnic culture. Changing their livelihood mode means a separation from the culture, which will incur resistance from the community.

(8) Wetland resources are public wealth. Under the mechanism of market-oriented economy, we cannot achieve the goal of protecting wetland resources only by villagers' spontaneous participation of livelihood projects. Instead, we should have recourse to compensation policy on converting farmland into wetland.

3.6.2 Suggestions

(1) A Compensation Policy should be Implemented on Converting Farmland into Wetland

Environment conservation is related to public service and the overall social benefits, which should be carried out by the government with a strong arm. Whether the environment can be well preserved depends on the management of government (Li Xiaoyun, 2005). There should be a compensation policy toward farmers converting farmland into wetland, in order to achieving social equity as well as environment conservation.

(2) The Government Should Grant Support in Respect of Technical Training

Technical risk is one of the highest risks faced by alternative livelihood projects. Therefore, relevant departments of the government should provide more advanced techniques and technical support for households experiencing livelihood transition, in order to minimize farmers' loss brought by technical risks.

(3) The Channels of Market Information should be Opened Up for selling the Products of Transitional Livelihood

The local government and relevant enterprises should provide market information service for farmers, help them find outlets for selling their products and stipulate the protective procurement price, in order to make farmers reap profits from the products of transitional livelihood and minimize the market risks.

(4) An Autonomous Organization of Farmers, which is Independent of the Village Committee, should be Established

There should be an autonomous organization of farmers, which is independent of the village committee, to coordinate farmers' economic activities in the process of their livelihood transition and manage the community revolving funds more properly and rationally. If the village committee intervenes in the organization of farmers, the committee, with its legal power of administrating community's public affairs, will probably impose its authority on the farmers' organization. Then the organization's openness, transparency and democracy will be severely affected. Since a single household can hardly deal with the market risks and technical service, the government should the local households to establish organizations for agricultural cooperation, and enhance their negotiating capacity in respect of selling agricultural products and purchasing means of production.

(5) The Risks of Repaying Community Revolving Funds should be Minimized

The operation of community revolving funds should borrow ideas from the management of micro- credit loans, which is featured by borrowing in bulk and repaying in batches, in order to minimize the risks. Meanwhile, the capability of community revolving funds management group should be enhanced.

4 Community Participation in Natural Resource Management

As a unique ecological system with great diversity on Earth, wetland has been determined by *World Conservation Strategy* as one of the life supporting systems on Earth, which is of the same importance with farmland, forests, etc. It has many significant ecological functions as well as social and economic functions, playing very important roles in storing floodwater for use against a drought, regulating climate, controlling soil erosion, degrading environmental pollution, and so on, thus is called "the Kidney of the Earth" by people. Wetland is not only an important ecological system category, but also a unique ecological tourism resource, so making protective development and research on it will be of great significance. Although the wetland reserves of different levels established by the country have protected the natural ecological system in wetland to a large degree, the traditional "closed" conservation management concept and conventional conservation management methods are still obeyed by the wetland natural reserves in China due to the limitations of various restraint factors, thus making the conservation management work in the reserves facing up to serious development bottleneck. Community-based Co-management of resources emphasize how to know the value and roles of natural reserves in ecological, social, economic, scientific, cultural and other aspects from a more broader angle, and gradually adapt to the social-economic development and changes. To conserve the nature, we shall not exclude the human beings, but shall combine the conservation of biological diversity with the conservation of cultural diversity and carry out partner-type cooperative management. This chapter reviews and summarizes the existing researches on community-based co-management of natural resource management, and documented the processes and results of the co-management practices in Raohe County under the project.

4.1 Emergence of Community-based Co-management of Resources and Its Development

There are mainly four kinds of management models in natural reserves: 1) Open entry model; 2) Centralized management model; 3) Privatization management model; 4) Community management model. As for the open entry model, there is no any limitation on entry and exit of natural reserves; the centralized management model features one model where the government has the centralized control power; in the privatization management model, the private sector shall be responsible for managing resource use and conservation; as for the community management model, the community and the management authority of the reserves cooperate in natural resources management, i. e., Community-based Co-management of natural resources. Different from manless management in the open entry model and inflexible management in the centralized management model, the Community-based Co-management model is flexible, and draws more and more concerns due to its strong adaptability to new conditions and no exclusion of local community participation.

4.1.1 Origin of Community-based Co-management

Some natural resource has the attribute of public goods, but is not public goods as a whole. It features one kind of goods which is between the public goods and private goods, different from club goods, and hard to exclude others and enjoyed by individuals separately, such as water resources, fishery resources, forest resources, wetland resources, etc. Many studies and practice on the management of this kind of quasi public goods are springing up in the world, with two major modes, i. e., government and market. In case of the government-oriented mode, the control of the state is emphasized, such as natural reserves in various countries; in case of the market-oriented mode, the market mechanism is introduced therein, and the natural resources will be privatized to enterprise or individual for later use and conservation. In the government-oriented model, large transaction expenses occur, and such problems as insufficient government capacity, corruption, low efficiency, etc., cannot be solved. As for the market-oriented mode, it can provide stimulation and solve the problems in relation to efficiency to some degree; however, problems like free ride phenomenon and unfairness, etc. may occur, thus resulting in government failure and market failure. Consequently, the third sector and so-called civil society are added into the resource environment governance model.

The thinking model① of Community-based Co-management is the result of

① Communitarianism is one of the sixth largest political schools in the west in contemporary era, and the other five largest schools are Neoliberalism, New Conservatism, New Marxism, Political Elitism and Democratic Socialism. (Yu Keping, 2003)

the upsurge of Communitarianism1 as advocated by the western political schools in the contemporary era. As one of the most influential political trends of thought in the west, it emerged after the 1980s, and has developed in the course of Neo-liberalism criticism. If the philosophic foundation of Neo-liberalism is the new individualism, the philosophic foundation of Communitarianism is the new Collectivism. Communitarianism opposes that self and individual are the basic variables in understanding and analyzing the political phenomena and systems in the society as maintained by the Neo-liberalism, but holds that individual and self are finally decided by the community where he or she is, and community is the basic variable for political analysis. As for values, Neo-liberalism emphasizes the principle of individual rights first, while Communitarianism stresses the principle of collective rights first. In comparison with the individual rights, Communitarianism especially advocates public interests first. To substitute the politics of public good for politics of rights is the fundamental proposal of Communitarianism, which emphasizes the value of family, community and the state, advocates patriotism and encourages the citizens to actively participate in politic affairs (Yu Keping, 2003).

Communitarianism stresses the importance of community – the third sector besides government and market, holding that one civil society that can transfer the conditions of the lower level to the superior and make the problems existing be solved shall be established independent of the state and the market because either the government or the market may fail in solving public affairs. The core for the Communitarianism to set up a Civil Society is to reset the position of the government and citizens, making the citizens with their immediate or vital interests involved become the first action force and the first responsible party and the state only serves as an assistant acting in accordance with the assistance principle, that is to say, the state can be involved in and provide necessary cooperation when the citizens are unable to solve relevant problems, such as participation in discussion and negotiation of concerning problems, provision of corresponding information, materials, capital and personnel, etc. (Yu Keping, 2000). Communitarianism places the citizens' cooperation, trust, mutual benefit and participation awareness on important position, with methods as below: democracy for the grass roots, by which, the rights are returned to the region, city and community to encourage the development of various citizen organizations and community organizations, for a society with more and more self-examination is bound to one with highly autonomous organizations as symbol. In addition, to properly help the marginal population relieving poverty from the outside and improve citizens' culture, etc., is also included.

In essence, Community-based Co-management falls within one kind of idea and practice in natural resources governance, featuring one ideal status in various circumstances of community-based natural resources management (CBNRM). In CBNRM, Community-based Co-management is one model that is applied well. As one brand-new resource management model in post-development regions, Community-based Co-management is the reflection of the participation model which originated in the 1960s and gradually perfected in Southeast Asia and Africa in the early 1970s to the 1980s. In the 1980s, it was launched by International Center for Living Aquatic Resources (ICLARM) and the Institute of Fisheries Management (IFM) and widely used in routine management of fisheries, seashore resources, forests and national parks, with obvious effects achieved in Southeast Asia, Africa, Mexico, etc. As for Community-based Co-management, one diversified, multi-variant and polycentric public management resource and power distribution model shall be needed. It is not a single government or market model, but an integration of the economic man (market), political man (government) and moral man (civil society), avoiding the dual failure of the government and the market which are usually confronted by us in the dual model and boasting one stable ternary and triangular pattern. In such model, the economic man, political man and moral man compliment, supervise, restrict, talk and negotiate with each other to form an interacting process (which is also the process of joint decision-making), thus realizing the reasonable allocation of resources and powers, and safeguarding the public interest to the maximum eventually.

4.1.2 Definition of Community-based Co-management

To give a definition, cooperative management, in a broad sense, refers to the entire process where the parties participating in one specific project or activity jointly take part in the planning, implementation, monitoring and appraisal under the fixed goal and in a certain form. Community-based Co-management of resources in natural reserves means the whole course where the local communities and reserves make joint management on the natural resources in communities and reserves, including two meanings: firstly, the reserves and local communities jointly formulate the community natural resource management plan, and mutually promote the management of natural resources in communities; secondly, local communities participate in and assist the reserves in conducting management on biological diversity conservation, and making the natural resources management in communities become one important integral part of comprehensive management in the reserves (Zuo Ting and Gou Tianlai, 2005).

Community-based Co-management refers to the process where the stakeholders jointly participate in the decision-making, implementation, monitoring and appraising of the management scheme of the reserves, and the interested parties are those individuals and units that can affect the results of activities (positive or negative). In comparison with the management model adopted by the reserves previously, it especially emphasizes how to bring the important role of communities in co-management and guarantees that no conflicts between the general target in biological diversity in the reserves and Community-based Co-management will occur when the community agrees to use the resources continuously. Its main target is to combine resources conservation with sustainable community development (Zhang Hong, Yang Xinjun and Li Shaogang, 2004). Co-management emphasizes the participation of resources management by parties, the process where participants jointly negotiate to reach a common view, joint sharing of the rights and earnings, as well as joint assuming of relevant responsibilities. Community-based Co-management features the whole course where the community residents are involved in the decision-making, implementation, monitoring and appraisal of natural resources conservation in the reserves, boasting one kind of the natural resources management models jointly conducted with the reserves, with such features as openness, participation, mutual benefit, etc.

4.1.3 Exploration and Practice of Community-based Co-management in China

From the foundation of new China, especially after the reform and opening up to the outside, the natural resources management in China directly entered into the centralized management model from the open entry model. When sucha model was adopted to protect natural resources, overcorrection occurred. Various reserves were established from the country to local areas, even in some counties, villages and towns. Although there are rules on establishment and alteration of these reserves, they have no strict binding force, and some of the reserves were set up by local government for temporary interests. Under the guidance of the prevailing concept that the natural resources belong to the state, the government at different levels wantonly made enclosures in the name of establishing reserves, thus making many natural resources that can be enjoyed by community residents traditionally much further from the community and the residents being kept outside of the reserves quite close to them.

The studies and practice on co-management in the country are carried out with the sponsorship campaigns for the project on Chinese biological diversity conservation, the social and economic development in natural reserves and in surrounding communities, sustainable use of natural resources launched by Global Environment Fund (GEF), World Wide Fund for Nature (WWF), World Bank (WB), etc. Under the specific guidance and management of World Bank and State Forestry Administration, GEF Chinese Natural Reserves Management Project was implemented in 10 natural reserves in five provinces of China in Aug. 1995 and lasted for six years, of which, Community-based Co-management was one important aspect (Wen Yali, etc., 2002). In 1998, the Forest Conservation and Community Development Project (FCCDP) under the cooperation of Chinese and Dutch Parties and sponsored by the Netherlands Government was carried out in Yunnan Province, and covered six natural reserves in four regions, prefectures and cities of the province, of which, Community-based Co-management of resources was one important integral part. From Oct., 2002 to Oct., 2008, GEF implements the Sustainable Forestry Development Project, of which, Community-based Co-management is one sub-project under the Protected Area Management (PAM). 13 natural reserves in 7 provinces are involved in such project. Furthermore, Community-based Co-management is one integral part in the numerous conservation and development projects implemented by WWF in Baima Snow Mountain, Zhongdian and other places of Yunnan, Qinling Region of Shaanxi, wetland in the middle reach of the Yangtze River, Sichuan, Tibet, etc. (Jin Leshan and others, 2006)

4.2 Summary of Studies in Community-based Co-management

Under the support of the abovementioned projects in different categories, the idea of Community-based Co-management of natural reserves has been popularized in China through practice, and some researching thoughts and exploration have emerged in the views on Community-based Co-management's origin, practice, comprehension, exploration, policy and law backgrounds.

As for the Origin of Community-based Co-management Zhang Xiaohong (2000) mainly recounted the problem that traditional management models and methods in the reserves couldn't solve the increasing interest conflicts between the reserves and local masses, while Shao Wen (2000) emphasized the coordination between the management body and the major beneficiaries from the phenomenon that the inconsistency between the resource management body of the reserves and the major use force resulted in the predatory development and utilization of resources by community residents, and pointed out that the villagers' zeal and initiative on protecting and managing resources should be brought into full play so that they could benefit from resource management directly. Jin Leshan, Zuo Ting, etc. (2006) summarized the Community-based Co-management of resources in Chinese natural reserves from the following aspects: introduction of Community-based Co-management of resources, practice on Community-based Co-management of resources; comprehension on Community-based Co-management of resources; exploration on Community-based Co-management of resources; viewpoints on the policy and law backgrounds related to Community-based Co-management of resources.

As for Co-management Practice Si Kaichuan (2002) mainly stressed the organizing and implementing steps of co-management: firstly, sufficient background value survey should be carried out in communities and reserves, so as to know the problems and demands existing in communities as well as threats to the reserves; secondly, the Community-based Co-management demonstration villages should be fixed based on these information, the co-management organization should be elected democratically. The co-management organization would negotiate with the villagers on formulate the resource management plan, choose development projects, and define the conservation system according to specific requirements. After the plan is approved, the co-management organization would organize the villagers to draft contracts to make their respective responsibilities and duties clear; during the implementation course of the project, the principle of impartiality, justice and openness should be obeyed, and each party should supervise project implementation conditions and monitor the operation conditions. Lai Qingkui (2000) mainly expounded the conflicts arising out of the resource management and utilization between the management authority of Daweishan Natural Reserve, Pingbian, Yunnan and surrounding communities as well as the solution means. The conflicts covered land right conflict, management and utilization conflict, conflict between policies and rules and villagers' interests, conflicts between local customs and resource management rules. The means to settle these conflicts included implementation of the methane-generating pit, energy conservation and transformation project, gratuitous supply of nursery stocks to the villagers so as to meet with their personal demands on timber, improvement of the operation management of cash crops and live pig raising methods in communities, taping of new economic sources, establishment of the participation type community forest management organization, formulation of community forest management regulations on the basis of fully respecting local customs, setup of the communication system between communities and reserves and strengthening the capacity building of the management authority of reserves in community work.

Zhang Jinliang, Li Huanfang and Huang Fangguo (2000) elaborated that competent authorities applied the co-management model in the state-level natural reserves in Taibai Mountain, Foping, Zhouzhi, etc. and conducted the pilot projects there, showing that Community-based Co-management was helpful to solve the contradictions between development and conservation, with extensive popularization value. Liu Yuecui and Tang Yongfeng (2005) started from the concept of Community-based Co-management, made investigations and studies on the problems existing in the resources and management of Taibai Mountain State-level Natural Reserves, Shaanxi, background of the pilot communities and existing problems and villagers' demands, conducted investigation and analysis on the introduction of Community-based Co-management model, implementation effect and problems, and put forward several suggestions on Community-based Co-management of natural reserves in China, including continuous input of labor force, capital and technology, well coordinating the relations with local governments, enhancing the self-development capability of communities, establishing supervision, rewarding and penalty organization, safeguarding the right to knowledge and participation right of communities. Through analyzing the attempt on introducing the commercial mechanism into the bee-keeping project in the communities around Foping Reserves, Liang Qihui and He Shaowen (2006) held that introduction of the commercial mechanism into the co-management project was feasible, which could not only coordinate the conflicts between natural conservation and community development, improve community villagers' awareness and capability in natural conservation and sustainable utilization of natural resources, promote the social and economic development in communities, alleviate the poverty in communities as well as the threats and pressures encountered by the reserves in the non-sustainable utilization of resources, but also solve the problems in relation to the project's sustainable development.

Shi Xiaochun and Zhou Hong (2003) made studies on the Community-based Co-management model that inherited the traditions in Deity Mountain Forest in two administrative villages Datianpo and Baihualing around the Gaoli Gongshan State-level Natural Reserves and put forward the experiences that can be drawn in the ecological conservation nowadays, holding that it is a very good mode to use the cultural traditions in Deity Mountain Forest and local rules and conventions to carry out community ecological education for local community residents. Hu Chongde and Liu Mingshi (2006) conducted investigations on the background, meanings, procedures and process of the sustainable development and anti-poach system construction project in Taibai Mountain Natural Reserves, discussed the conflicts encountered by the reserves, analyzed the Community-based Co-management mechanism, management model, effects acquired and influences, pointed out that co-management was one effective means to solve the contradictions between conservation and development and put forward suggestions on Community-based Co-management in future. Luo Ronghuai (2004) introduced the operation form and effect of Community-based Co-management organization in the Mountain Ecological System Biological Diversity Conservation Project in Yunnan, with characters as below: the Community-based Co-management organization was registered with local civil affairs authority in accordance with legal procedures, with independent corporate capacity, and the government should give necessary support; The co-management organization was set up through democratic election and reconciled and settled the contradictions through fair talks; finally, they found that the satisfaction of the villagers on the co-management organization was over 95% through questionnaire survey. After on-the-spot research on Community-based Co-management in Simao Natural Reserves, Zuo Ting, Jin Leshan, Li Xiaoyun and Gao Xiaowei (2006) drew the conclusion that to better safeguard the health and completeness of the ecological system in reserves, the co-management arrangement, with the construction of partnership based on good faith as major features, should be made besides the compensatory development support was given to communities, and further discussed the necessary and effective means to solve the contradictions in resource utilization. They put forward the following suggestions: carrying out environment awareness education activities, so that different use groups could reach common views; the state should formulate some laws and rules for natural reserves; different co-management modes should be adopted subject to the categories of reserves; more suggestions from the farmers should be accepted, so as to realize the co-management in real sense.

As for Co-management Comprehension Discussion on the following problems has been made based on the present co-management projects and studies: appraisal on present co-management practice and studies, different opinions on removing to other place, research on the establishment process of Community-based Co-management organization, analysis on the external social environment of Community-based Co-management, emphasis on the buffer territory around the reserves, digging and utilization of the traditional customs and cultures in communities during the Community-based Co-management of resources, and women's participation in Community-based Co-management of resources. As for the viewpoints on the background of laws and policies in relation to Community-based Co-management of resources, based on the researches that have made, main findings and concerns are as below: loss of the right to use the resources in natural reserves by the community residents, consistency problem arising out of policy or rule implementation, utilization of traditional customs and culture, no formation of the compensation mechanism in case the wild animals damage the crops, and so on (by Jin Leshan, etc. in 2006). By taking Dawan Village, Taibai Mountain as an example, Zhang Hong, Yang Xinjun and Li Shaogang (2005) expounded the concept connotation of Community-based Co-management in natural reserves, implementation steps and inspiration on the development of ecological tourism in China.

Starting from the relation between natural reserves and communities, Huang Wenjuan, Yang Daode and Zhang Guozhen (2004) introduced the concept of Community-based Co-management, research methods (especially introducing the PRA method) as well as basic conditions on the Community-based Co-management activities in China and existing problems, and put forward the countermeasures on harmonious development between natural reserves and surrounding communities based on the existing problems. They summarized the problems as below: 1) The community leaders had misunderstanding, who simply regarded the Community-based Co-management as poverty relief, blindly paid attention to economic development and ignored the responsibility in natural resource conservation, thus deviating from the basic goal of Community-based Co-management; 2) The education on environmental conservation should be enhanced. The local residents' initiative and participation are not fully aroused, making them have no enough zeal; 3) The personnel engaged in conservation lack of necessary professional knowledge and experiences, so that there are many flaws, especially in capital management; 4) There is no guidance from the experts when a community investment project is chosen, with certain blindness. In addition, no frequent information exchange is made among the natural reserves where Community-based Co-management is carried out; 5) The development of Community-based Co-management should be continuous. However, local people often fail to participate in the management of the reserves after the project period, making it become a short-term act and not be included in long-term management plan.

As for Co-management Exploration Zhuge Ren, Chen Tingfang and Terry Delacy (2000) described from how the Wuyi Mountain Natural Reserves settled the relations between natural conservation and community development as well as promoted the community participation in natural reserves management that the community participation was less and it was under a passive condition to some degree. The natural reserves lacked of one kind of incentive mechanism to guide the masses to participate in conservation of their own free will. Based on such conditions, they put forward the idea of establishing a joint-stock tourism company in the reserves and expounded its operation mechanism. After analyzing the quality problems arising out of construction and management of natural reserves in West China, Su Yang (2004) held that implementation of Community-based Co-management in reserves was the first means to improve the management and conservation quality in natural reserves, systematically expounded the principle for communities to participate in the co-management system, technical routes and some model results, and pointed out that there were mainly 3 problems in carrying out the Community-based Co-management course: 1) The adjustment on production structure was greatly affected by the operation ability of the co-management organization and changes on the market; 2) The scale was too small; 3) No enough integration with key ecological construction projects in the state. Zuo Ting and Gou Tianlai (2005) introduced the meaning of co-management, co-management implementation principle, analysis frame, and appraisal indexes. They expounded the co-management model from such aspects as the interaction model between public sector and private sector, difference in collective action categories, participation and management mode of the government and resource users. They also analyzed the roles of the government and communities in the co-management implementation course, pointed out that co-management was still confronted with such challenges as insufficient separation of powers, cultural barriers in cooperation, simple organization categories, inadequate information exchange, lack of community participation capability and cognitive ability, etc.

As for the Viewpoints on the Background of Policies and Laws Starting from the harmony of relations between natural reserves and communities, Xu Jianying, Chen Liding, Lu Yihe and Fu Bojie (2005) pointed out that the followings should be carried out well: One set of mechanism should be set up to ensure that the community residents can benefit from the project and participate in management, and the ownership of resources should be defined; only with regulations on ownership in the law, could the community residents have the power to oppose the external damage and the basis to declare the ownership of resources; Rights should be granted to community residents, so as to improve the conditions that the community residents are at the verge of the political and economic life; granting the rights to communities and defining the ownership of resources can let the community residents equally discuss problems with other interested groups; to improve the technical and management capability of community residents and change their attitude and non-sustainable living mode so that they can effectively cooperate with the state and other interest groups; the communication and negotiation between community residents and other interest groups should be enhanced to know the relations among different interest groups and their demands, expectations and values, thus making their communications establish on the basis of mutual trust, respect and understanding; The relations among different interested groups may change with the changes in natural and social conditions, which may aggravate the former conflicts or result in new conflict. By using the scenario analysis method, the dynamic information of different interest groups can be got, so as to improve the reaction ability on community management and realize the cooperation among different interest groups.

Yan Xun (2006) made an overall summarization on the laws and policies in relation to natural reserves, who pointed out the positive and reasonable aspects as well as shortcomings and deficiencies in laws and rules after citing and commenting the laws and rules on natural reserves promulgated by the central government and local governments. The positive aspects are as follows: guaranteeing the legal status of natural reserves; expounding the role of natural reserves in protecting the natural ecological system and rare animals and plants; defining the basic system and measures on conservation and management in natural reserves; defining the management system in natural reserves, defining the responsibilities and tasks of the management organization in natural reserves clear; fixing the legal responsibilities of natural reserves. The shortcomings and deficiencies are as below: imperfect laws, rules and policies; deficiencies of natural resources laws in the country; policy conflicts; conflicts between the policies on natural reserves formulated by the state and local policies; insufficiency in policies; disharmony among competent administrative authorities. Finally, the writer pointed out the principles that should be noted during the course of perfecting the laws and policies of natural reserves: integration of resources and the environment; biological orientation; focusing on conservation and simultaneous with economic development; bringing the dominating role of the government into play; emphasizing community development and co-management as well as participation in international cooperation and exchange.

Li Xiaoyun, Zuo Ting and Jin Leshan (2006) summarized that the following problems existed between natural reserves and communities: lack of laws and rules on normalizing the relations between reserves and surrounding communities; ownership problems between reserves and surrounding communities; inadequate capability of the management organization of reserves on community work; negative influences of reserves on community livelihoods and development, etc. In addition, they also overviewed the new problems arising out of the continuous expansion trend of reserves at present: During the course of proposing and approving the establishment of natural reserves, there is no sufficient appraisal on social influence, no notification to the communities, no participation of community representatives, no sensitivity on the ownership, no corresponding hearing arrangement; during the course of establishing natural reserves, no reasonable compensation is made for the interest and right losses incurred by the community residents due to resource acquisition, requisition and other restrictive measures; after the natural reserves is built, local government fails to provide support on time, and many management measures (such as bracketing, power determination, setup of management organization) affect the legal authoritativeness of natural reserves. After summarizing the aforesaid problems, they drew the conclusion that cooperative management or co-management was one unavoidable choice in settling the relations between natural reserves and surrounding communities in Chinese reserves management and further pointed out that what should be popularized in the co-management of reserves was the spirits and principles implied in co-management.

As mentioned above, most of the Community-based Co-management projects in the country are still under the stage of exploration and experience summarization and case study is the major methodology. Many valuable experiences and lessons are drawn, which provide us with thoughts and methods for reference through practice. However, all the studies on co-management are based on the co-management itself and conducted from the angle of system changes. When discussing the difficulties in separation of powers between natural reserves and communities, only the difficulties in separation of powers are involved, which failed to discuss from cultural, political, economic relations, etc., without deep explanations on the origin and background of the system as well as soil and environment for the system to transplant. It even failed to expound the problems from the angle of Chinese historical, cultural, social, economic and political difference. As a result, the exploration of numerous projects hasn't been upgraded to the theoretical level.

4.3 Intervention of the Project on Community-based Co-management of the Wetland Resources in the Sanjiang Plain and Its Results

The Project on Development of Sustainable Alternative Livelihoods and Community Participation in Sustainable Wetland Management in the Sanjiang Plain was set up mainly based on conversation of wetland resources in local communities, the major target of which is to discuss the relations between poverty and the environment. It aims at helping the poor farmers around the wetland resources reserves make livelihood and work alterative that can increase their incomes. Meanwhile, the natural resources cooperative management system has been developed in the project area, and the participatory working methods and tools are adopted to carry out a large number of activities.

4.3.1 Present Status of Natural Resources in the Sanjiang Plain and Raohe County

4.3.1.1 Wetland Resources in the Sanjiang Plain

The Sanjiang Plain has smooth topography, boasting vast stretch of fertile land yet sparse population, qualifying itself as an ideal area for agricultural development. In 1949, total area of arable land within this region was fixed at merely 786,000 hm^2, accounting for 7.2% of the total. Since the founding of PRC, the Sanjiang Plain has been taken as a key commodity foodstuff production base, and has undergone four major reclamation campaigns during which a great deal of wetland resources have lost. The third reclamation campaign going on from 1978 to 1985 in particular has greatly damaged the ecological environment; the chief character of this reclamation campaign is lack of clearly-defined plan; during this period, the wetland area had been reduced by a half compared with that in 1956; in the meantime local population had grown to 7 million and was concentrated in a few major cities. The fourth agricultural reclamation campaign lasted from 1985 to 1990; during this period the damage on natural resources of the Sanjiang Plain ascribed to human activities reached a climax; planed agricultural development was the chief character of the fourth campaign; utilization of natural resources was exploitative by nature during this period, resulting in severe loss of local biological diversity; meanwhile, the population had hit 8 million, huge amount of industrial and civilian pollutants further exacerbated the ecological disaster. The original woodland-pasture-swamp ecological environment of the Sanjiang Plain has now been replaced by manmade environment centered on farmlands. The upheaval of ecological environment and enormous loss of natural resources have engendered a series of grave ecological crises and socio-economic problems. Present status and problems of the Sanjiang Plain Wetlands are generalized as below.

(1) Unguided Wetland Reclamation and Transformation

As the wetlands in the Sanjiang Plain are being subject to large-scale reclamation, more and more isolated forest patches have been destroyed. All of wooden materials and burning timbers are obtained from logging the trees, resulting in destructive damage on surrounding forest. Reclamation in the early stage mainly turned wetland into dry field, with wheat and bean as the chief crops. Since the 1990s, a great deal of wetland has been transformed into paddy field for growing of rice, at the same time, a considerable amount of dry field has also been turned into paddy field. During recent years, well-irrigated paddy field in the Sanjiang Plain has been developing rapidly, totaling 600,000 hm^2, and is keeping growing. The expansion of paddy field will certainly give impetus to the construction of irrigation works, which will unavoidable have some influence on the distribution of surface water and underground water.

(2) Decrease of Wetland Water Resources and Water Pollution

Water is the bedrock of wetland; due to the reclamations, underground water resource has been reduced sharply; not only natural freshwater reserve is being lost, the supply of underground water is also badly affected. In recent years, as a result of the discharging of industrial and living wasted water, most of the rivers within this region have suffered pollution to varied extent. Songhua River main stream, Anbang River, Muling River are among the rivers suffering severe pollution; the pollutants are mostly organic pesticides and heavy metals, many of which are classified as carcinogens. The water quality is ranked as Ⅳ and V, failing to reach the safety requirements. With little fish resource, commercial fishing in these waters is now effectively put into an end. Restaurants along the Wusuli River now find it more and more difficult to obtain satisfactory fish from local fish men, with the quantity, type, and size of available fish dropping down, while the price climbing higher and higher, ever higher than RMB 50/kg.

(3) Loss of Biological Diversity

Natural resources in the wetlands of the Sanjiang Plain are now badly damaged; many wild species have either been extinct or on the verge of extinction, while large mammals have totally disappeared; all these are ascribed to human activities in the Sanjiang Plain. The sharp increase of population, agricultural activities, plowing and cultivating manners, the construction of irrigation works, and hunting activities have accelerated the loss of biological diversity within this region. The ubiquitous use of herbicides and pesticides not only lead to death of some plants and insects, but is also responsible for the threat to some other related species, aquatic birds in particular. Triggered by human activities, atmosphere pollution, water pollution, soil pollution, and natural disasters have directly threatened the existence of wild lives.

(4) Soil Weathering and Loss of Fertility

For the moment, soil in the Sanjiang Plain is subject to severe erosion. Natural vegetations like forest patches, meadow, and swamps have been damaged in the process of reclamation; as a result, the farmland loses natural conservation shields, and is now suffering increasingly severe weathering and erosion. Fields obtained from the reclamations are cultivated without maintenance measures, resulting in the gradual loss of soil fertility.

4.3.1.2 Present Status of Natural Resources within Raohe County

Nadanhada mountain range, a branch mountain range of Wanda, stretches northeastwards across the county to reach northern bank of Naoli River, forming an natural forest belt, making Raohe one of the key forestry counties of Heilongjiang Province. In early 20th Century, 75% of the land area of Raohe was covered by woodland; however, the woodland coverage had been shrinking sharply since 1950s when large-scale exploitation campaigns got underway; in early 1980s, the coverage had dropped down to 50%; currently (2005), woodland area across the county is pegged at 351,000 hectares, taking up 51% of the total land area; per-capita woodland area is fixed at 2.5 hectares. Raohe has higher elevation in the west and lower elevation in the east; elevation for mountainous section of the county ranges between 250 and 400 meters, the highest peak stands 824 m high; elevation for plain section of the county falls into the range of 50-70 m. Forestry industry and farming sectors operate more than 2/3 of the total land area of Raohe.

Although a series of preservation zones such as Naoli River National Wetland Preservation Zone, Northeast Black Bee National Preservation Zone, and Da Jiahe Provincial Wetland Preservation Zone have been established within the county territory, there still exist many problems in terms of resource management. Excessive and illegal logging has led to sharp decrease of woodland stock and great loss of honey plant resources; Extra-gradient reclamation and overloaded grazing have led to degradation of pasture land and severe soil erosion; the large-scale wetland reclamations along Wusuli River and Naoli River have been exhausting water supply within the wetland ecological sphere, resulting in serious shrinking of lakes and wetland.

4.3.1.3 Land Resource in the Three Project Villages

Raohe County has large scale of arable land, Dongxian Village and Yongfeng Village also have large area of arable land. Total area of arable land of the village has been increased to 4,000 mu from the original 200 mu in 1976; and the the arable land area per household is over 100 mu. According to statistics, right now, there have only 69 households still staying in Yongfeng village. Total area of arable land of the village is fixed at 5,300 mu. The area of arable land per household is over 70 mu. Covering a total land area of 48,063 mu, Sipai Village has a total arable land area of 15,542 mu, which is obtained through decades' forest clearing and wetland reclamation. For the moment, per-capita arable land area of the village reaches 27.65 mu, 19.75 times as higher as national average level. Moreover, the arable land of the village is quite fertile, and is classified as one of three global black soil spheres. Among the 66 Hezhe households, 23 households cultivate more than 100 mu's land each, 14 households cultivated farmland each with an area between 30 and 100 mu. Based on above-mentioned information, it's can be concluded that Dongxian ranks first in terms of per-capita arable land area, reaching 100 mu; Yongfeng comes to second place with a per-capita area of 60 mu; Sipai ranks third with a per-capita area of 30 mu.

4.3.1.4 Resource Utilization Conflicts between the Villages under the Project and Natural Reserves

(1) The Actions that can Damage the Wild Animal Resources Occur at Times

Because the reserves was just founded, some residents are still living in the experimental area. They are engaged in agricultural and forestry production in the reserves, which may have certain influence on the dwelling of animal resources therein. Because the ownership of reserves is not clear at present, the fishing activities often occur in the rivers and lakes in the reserves. The fishing tools may make some animals extinct. Fishing regardless of the seasons will do great damage to the fish resources and produce great effect on the dwelling and foraging of rare waterfowls. At the same time, hunting of wild birds and pickup of eggs occur now and then. Many residents poached in the reserves in spring each year, which do great harm to the rare animal resources therein. In particular, the steel loop all over the mountains and fields does huge harm to the rabbits, roe deer, deer, etc.

(2) The Conflicts between Residents in the Three Villages under the Project and the Wetland Reserves May Increase

Because of the establishment of Dajiahe Provincial-level Natural Reserves, almost all the villages around the reserves are involved in the problem of wetland returning as stipulated by the Management Bureau of Dajiahe Wetland Reserves. According to the investigation of the project group, the land area where the grain plots are returned to wetland in the three villages in the project site is as follows: 2,000 mu in Dongxian Village, 1,000 mu in Yongfeng Village and 10,000 mu in Sipai Village. Some of the wasteland is reclaimed with license, while some without license. According to prevailing regulations, compensation will be made for the land which is reclaimed by license at a certain rate, while no compensation will be made for the land which is reclaimed without license. Based on relevant plan of the forestry bureau at county level, present responsibility fields will be gradually incorporated into wetland reserves, after doing so, the conflicts between the villagers in the three villages and natural reserves will be enlarged gradually.

(3) The Thinking Model of Centralized Management in the Management Organization is in the Leading Position

The Executive Group Members from the Livelihoods Alternative and Wetland Resources Co-management Project of Asian Development Bank made interviews with the principal leaders in more than ten authorities at county level in Raohe County from Aug. 7 to Aug. 10, 2007. After interviewing with the principal leaders in the Forestry Bureau, the Wetland Office, the Agricultural Bureau, the Bureau of Water Resources, the Environmental Conservation Bureau, the Finance Bureau, the Nationalities Affairs Committee, the Agricultural Committee, the Development and Reform Committee, the Poverty Relief Office, the State Land and Resources Bureau, etc., we drew a conclusion that almost all the management model of the leaders in the organization was still under the centralized management stage. When discussing the management on wetland, leaders from other authorities still blindly emphasized the traditional model where the community residents should be excluded except that the leaders from the Forestry Bureau and person in charge of the Wetland Office had been paying attention to the progress of the project from the very beginning and relatively familiar with the decentralized management.

(4) The Management Organization Assumes a Prudent Attitude at the Natural Resource Utilization by Community Residents

A large area of villages and farmland are included in the range of Dajiahe Wetland Reserves and a population of more than 40,000 are producing and living there. Although there is no important industry in Raohe County where the agriculture dominates, the population of over 40,000 consists of continuous pressure to the reserves. If the thinking model of traditional centralized management is used as before, the management of natural reserves will become difficult due to high cost. Therefore, decentralized management, after all, is one method to reduce the cost. How to find an exact balance between resource conservation and utilization and reduce the transaction charge is the quintessence of Community-based Co-management of natural resources. However, the management organization still assumes a very prudent attitude at the natural resource utilization by community residents, who dares not agree them to reasonably use the resources in the reserves. This kind of prudent attitude derived from the lack of laws, policies and system in the state, which makes the organizations at each level have no a criterion for reference. For safety, they have to assume a prudent attitude. On the other hand, they do so just because they want to safeguard the interests of their own departments.

4.3.2 Implementation Conditions of the Project on Community-based Co-management of Resources

In order to realize the target as fixed in the project and based on sufficient participatory background value survey on the natural resources, social and economic conditions, etc. in the three villages as well as the characteristics of local environment resources and social and economic information, such two activities as Alternative Livelihoods and Resource Co-management were respectively carried out in the three villages under the project. In such two activities, cultivation of the human capital of local farmers and their participation awareness was especially highlighted, various training activities were carried out, and the community farmers were fully aroused to participate in the project in the whole course, so as to realize the sustainability of the activities under the project.

4.3.2.1 Capacity-building and Alternative Livelihoods in Community-based Co-management

(1) Training Concerning Alternative Livelihoods Project Management as well as

Community Development Revolving Capital Management (For details on training content and appraisals, please refer to Appendix 1)

On Nov. 8, 2005, the executive agency of the project held one-day training on Alterative Livelihoods Project Management as well as Community Development Revolving Capital Management for 19 members (including 3 women) of the project executive groups (project management group) from such 3 villages as Sipai Village, Dongxian Village and Yongfeng Village in Raohe County by adopting the participatory development tools and methods. Experts' instructions and extensive exchange and communications made the members in the executive groups enhance their awareness on project and capital management, enrich their knowledge on project and capital management and improve their capability in project and management, with distinct effect.

(2) Training Concerning Community Natural Resources Management and Application of Traditional Knowledge (For details on training content and appraisals, please refer to Appendix 2)

On Nov. 9, 2005, the one-day training on Community Natural Resources Management and Application of Traditional Knowledge was held for 23 persons consisting of villagers' committee member representatives, villagers' representatives (including the old, middle-aged and young representatives) and women's representatives (including 8 women) from such 3 villages as Sipai Village, Dongxian Village and Yongfeng Village in Raohe County. In the training, the community management model of natural resources were concerned, the role of local knowledge during the implementation of the project was emphasized, with excellent training effect.

(3) Training on Plantation and Cultivation Technology (For details on training content and appraisals, please refer to Appendix 3)

From Dec. 6 to Dec. 31, 2006, the project group made appraisal for the first round of the project and sifting for the second round of livelihoods projects in the project site. On Dec. 15, experts made training on rice dry breeding and scattered plantation technology, Wusuli raccoon dog breeding technology and co-management of wetland resources by the reserves and communities for villagers in Yongfeng Village; on Dec. 22, experts made training on raccoon dog and fox breeding technology, animal disease prevention and cure technology, crop pest control technology and resources co-management by the reserves and communities for villagers in Sipai Village. The two trainings both witnessed excellent effect and the interaction between villagers and training experts was fairly ardent.

(4) Resources Co-management Conference & Training (For details on training content and appraisals, please refer to Appendix 4)

From July 29 to Aug. 13, 2007, the project executive group made the promotion campaigns for resources co-management respectively in the three villages falling within the project site. Firstly, they gathered the villagers in Dongxian Village and Yongfeng Village together to conduct one-day training on co-management knowledge and idea for them. And then, they separately made one-day training in Sipai Village. During the training, two booklets entitled Guidance to Co-management in Natural Reserves (Basic Knowledge) and Guidance to Co-management in Natural Reserves (Practice) were distributed. The participatory principle and methods also used in the training. In the training course, villagers put forward many pertinent suggestions on the content and form of co-management. Later, villagers enthusiastically gave advice and suggestions on participatory community resources investigation and resources inspection and conservation, showing some villagers' strong participation awareness and requirements.

Under the financial support of Asian Development Bank, the Alternative Livelihoods Activities under the Project on Development of Sustainable Alternative Livelihoods and Community Participation in Sustainable Wetland Management in the Sanjiang Plain was officially launched at the end of 2005. Such activities were divided into the revolving capital for the first-phase project and that for the second-phase project, which were transferred to the three villages under the project, i. e., Dongxian Village, Yongfeng Village and Sipai Village. The details of the first-phase project were as below: 21 households were involved in the Dongxian Project, with content including silver fox and raccoon dog breeding, sprout cultivation green house construction, cattle rearing, etc., 29 households were involved in the Yongfeng Project, with content including raccoon dog, fox, cattle and sheep breeding, sprout cultivation green house construction, bee-keeping, rex rabbit raising, expansion of canteens, fish farming, pickles sales in urban area, KTV running, etc., 44 households were involved in the Sipai Project, with content including canteen setup, tourism, purchase of wagon, fox and raccoon dog breeding, fish farming, etc. The details of the second-phase project were as below: the number of households using the community revolving capital in Dongxian Village was 23 in the second round, 2 more than that in the first round, making the households using the capital account for 50% of the total households. Of them, except that two households used the applied capital in animal husbandry, other households all used the fund in sprout cultivation green house construction, with high ratio in farm production. The number of households using the community revolving capital in Yongfeng Village was 35 in the second round, 6 more than that in the first round, making the households using the capital account for 44.6% of the total households. Of them, 27 households used the applied capital in developing animal husbandry, accounting for 81.8% of the total households using such fund, and the total amount used was up to RMB 290,000.00. 63 households applied for the capital in Sipai Village in the second round, of whom, 47 households used the applied capital in animal husbandry, accounting for 74.6% of the total households using such fund.

4.3.2.2 Resources Co-management

Typical Community-based Co-management methods, steps and measures are abided by in the project. For details of the work flow, please refer to Figure 4-1.

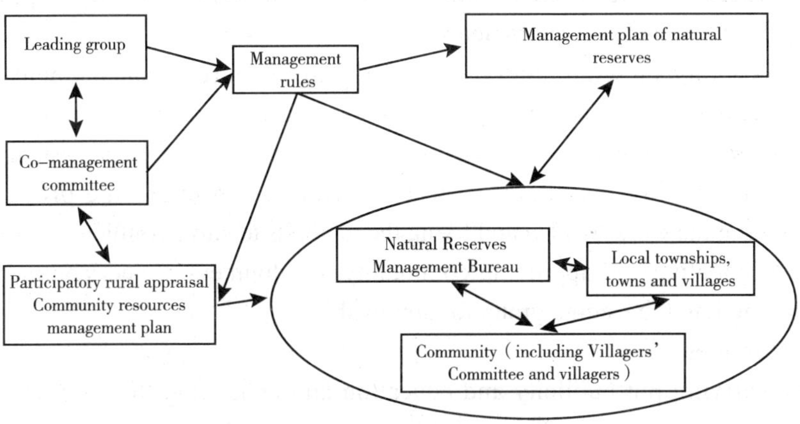

Figure 4-1 Co-management System of Natural Reserves

1. Methods

(1) Conducting investigations and visits and collecting second-hand materials;

(2) Rapid rural appraisal;

(3) Social and economic background value survey;

(4) Informal interviews.

2. Steps

(1) Preparation Stage

1) Introducing the co-management work to the officials in local government;

2) Establishing the co-management leading group. The management of the reserves and leaders from local government should participate in and be responsible for the organization, coordination and supervision throughout the co-management course;

3) The leading group should fix the working target, action plan, and working

procedure, and formulating the standards for pilot communities. It should recommend coordinators to conduct information exchange between the reserves and communities.

(2) Implementation Stage

1) The co-management committee should be established to serve as the grass-root organization in Community-based Co-management, the members of which should be elected by the villagers;

2) Rapidly appraising, and collecting data and materials; sorting out and analyzing the data and material, such as describing the community, preparing community map, sorting out the materials, so as to make preparations for the community to formulate a plan;

3) Sequencing the problems and requirements in the community in priority; fixing the methods to solve problems;

4) Assisting the community in formulating resources management plan, preparing social and economic investigation report, choosing the development projects in the community, and establishing community conservation system;

5) Establishing the supervision and information exchange procedure, formulating the working plan and fixing the methods to solve conflicts;

6) Negotiating and approving community development project contract, and submitting it to the leading group for approval.

3. Measures

(1) Carrying out publicity and education and enhancing the environmental conservation awareness. To extensively publicize relevant laws and rules by holding the lectures with themes like biological diversity conservation, etc.; to publicize the momentous significance and role of Community-based Co-management and enlighten the villagers to take active part in co-management by printing and distributing publicity booklets, erecting billboards and notice boards, household interviews, etc.

(2) Making investigations so as to know the requirements of community on resources utilization and provide scientific basis for Community-based Co-management. The project group should make overall investigations on the community's economic status, residents' living and production conditions, natural resources utilization information, organizational structure of the community, traditional cultural customs, etc., conduct further statistics and analysis, work out the organizational structure chart and relation chart of the community, formulate natural resources utilization and use charge form as well as the analysis form on main conflicts in natural resources utilization and conservation, and size up the

relation between the economic development level of residents in the community and social and economic development.

(3) Establishing a co-management organization and formulating the co-management plan. In accordance with relevant experiences at home and abroad as well as the uniform requirements of the project, the co-management leading group and co-management committee were respectively set up in the three villages under the project. The members of the leading group include the leaders from the reserves and the local government where the reserves is located. As a major organ responsible for supervising the whole co-management process, it takes charge of coordinating the relations among the local governments at different levels so as to make the co-management course reasonable and lawful. The wetland resources co-management committee should be established to assist the community in establishing and perfecting various rules and systems, make the resources conservation responsibilities of community clear, define the target, tasks and responsibilities of the wetland resources co-management committee. The community is liable for labor force, public security, resources management, education, publicity, etc., in the reserves. A natural resources co-management contract should be concluded between the reserves and the community, so as to get rid of any adverse factors that may damage the resources and environment.

The co-management committee consists of the villagers' representatives elected by the villagers and village cadres, whose main responsibilities are as follows: gathering and sorting out the community data and materials, analyzing the conflicts and demands of the community, formulating the community resources management plan, selecting and implementing the community development project, widely soliciting and listening to villagers' opinions, mobilizing the villagers and individuals in different groups to participate in co-management. During the implementation course, the project group formulated the Community-based Co-management implementation plan, and determined the existing problems, solutions, implementation time and person in charge. At the same time, the reserves and co-management committee signed the contract on community investment fund project implementation and natural resources conservation. Furthermore, the supervision and information exchange procedure under the guidance of the leading group was set up. The monitoring plan and measures to be taken when the agreement is violated was formulated according to the contract, and the monitoring appraisal plan was prepared to appraise the co-management effect.

(4) Popularizing cultivation technology and advanced agricultural technology. In the three co-management communities of Dajiahe Reserves, the project group

invited agricultural technicians to pass on advanced agricultural technology, held various trainings for four times, and spread the rice dry breeding and scattered plantation technology with local characteristics as well as Wusuli raccoon dog and fox raising technology, thus improving the scientific level in plantation and cultivation.

(5) Choosing community development projects. The project group assisted the community in formulating the Community Resources Management Plant based on deep investigations. The community development projects were chosen based on different status in communities. The project group made a total investment of RMB 1,060,000 (RMB 970,000 in fact) in the three co-management communities to financially aid them to develop cultivation, plantation, commerce, etc.

(6) Coordinating local relations and enlarging the community participation degree. The reserves invited coordinators (inspectors) to coordinate the relations with communities. When formulating the community resources management plan and choosing community investment projects, the residents in communities were extensively involved in and enthusiastically presented their opinions. The villagers participated in the community resources checking and resources management of the reserves. During such course, they communicated with the villagers, thus making the relations with communities close and arousing the villagers' initiative in these activities.

4. Activities

From the launching of the project to its implementation period, major principals at township and town levels were involved in. They had relatively clear understanding on the progress of the whole project. Among the three villages, Dongxian Village and Yongfeng Village are very close to the Naoli River National-level Natural Reserves, while Sipai Village is along the Wusuli River. The area along the banks of Wusuli River falls within wetland. Since the Project on Alternative Livelihoods and Wetland Resources Management in the Sanjiang Plain was launched by Asian Development Bank in Jan., 2005, the demands appraisal and investigations were firstly carried out in the three villages, and then the first round of alternative livelihoods activities for farmers began. While such activities were undergoing, the training on small-amount credit operation as well as the community-based natural resources management training were conducted for villagers' committees and residents in the communities through the instructions made by he experts invited by the project operator as well as the explanations of the project group. After investigations and appraisals, the officials of Asian Development Bank were very satisfied with the effect achieved in the first round of livelihoods activities. Consequently, relevant suggestions on the operation in the second-round project were given at the appraisal meeting of the first-round project where two deputy county chiefs were present. And then, the second round of alternative livelihoods project began at the beginning of 2007. In the second round of alternative livelihoods and resources management, the project operation group enhanced the development and promotion of resources co-management.

In Mar., 2007, the project executive group carried out the resources co-management activities in the three villages under the project. Firstly, the villagers in Dongxian Village and Yongfeng Village were gathered together to receive training on co-management, and subsequently, the training was also made in Sipai Village. During the training course, two booklets entitled Guidance to Co-management in Natural Reserves (Basic Knowledge) and Guidance to Co-management in Natural Reserves (Practice) were distributed. Wang Liansheng, Deputy Director of Raohe County Forestry Bureau, Chai Wenzhi and Ning Baojie, respectively Director and Deputy Director of County Forestry Bureau Wetland Office, attended the training and made speeches. Director Chai Wenzhi read out two reports made by the Chairman of International Wetland Conservation Association at the meeting, in which, the importance of community-based participatory management in wetland resources conservation was highlighted. And then, the co-management committee was founded, in which, Director of the Wetland Bureau Wang Shitong served as Director, Director and Deputy Director of Raohe County Forestry Bureau Shao Peijun and Wang Liansheng served as Deputy Director, Forestry Bureau Wetland Office Director Chai Wenzhi, Dongxian Village Heads Yin Zhengzhi and Jin Songhu, Yongfeng Village Head Jin Guangzhe and Sipai Village Head Yu Chunjie served as members. Co-management leading group were respectively established in each village, in which, the head of each village acted as group head, and the members of capital management group acted as members thereof. And then, the co-management inspectors were set up through election of the project operation group, Forestry Bureau, Wetland Office, co-management leading groups in the three villages, of whom, two respectively in Sipai Village and Yongfeng Village, and one in Dongxian Village because of its small area. Four boards showing the Name List of the Wetland Resource Co-management Committee of the Sanjiang Plain in Raohe County, Responsibilities of the Alternative Livelihoods & Wetland Resources Co-management Committee, the Wetland Conservation Convention for the Co-management Committee and Residents in the Area under its Jurisdiction, the Responsibilities of the Co-management Inspector were respectively hung on the wall of the villagers' committees in the three village (for details, please refer to Appendix 5, 6, 7 and 8). From July 29 to Aug. 13, the project executive group further promoted the resources co-management activities.

We can see that to development wetland resources co-management activities in Raohe County Territory has certain foundation both from the development plan of the government at county level and under the promotion of the project launched by Asian Development Bank. Firstly, government support is the first factor to ensure the success of all the rural development projects, and such guarantee has been equipped as for this project. Secondly, both the competent authorities at provincial and county levels and the operation authorities at township and village levels have corresponding rational perceptual knowledge on wetland resources co-management activities, and made active cooperation from acts. In addition, community residents, who are the most important interested party in co-management, can really benefit from the project, so they can take active part in resources co-management. This kind of initiative can be seen from the scene that the villagers enthusiastically gave advices and suggestions on wetland resources co-management and tried to be involved in inspectors' work.

As for the three villages involved in the project, the villagers in Dongxian Village and Yongfeng Village are all of Chaoxian Nationality, with relatively high homogeny, and the residents there have high quality. Except the households of the Hezhen Nationality, the villagers in Sipai Village are divided into households of the Han nationality who live there for a long time, households engaged in rice plantation and households who are jobless migrants, with relatively low homogeny, and the quality of residents there varies. As for the capacity of the villagers' committees in the three villages, that of Dongxian Village and Yongfeng Village is the strongest, and that of Sipai Village is stronger. However, the heterogeneity of community residents in Sipai Village is relatively high and their solidarity degree is low, thus indirectly affecting the operation capacity of the villagers' committee. Despite of these conditions, each village has many successful experiences in project development, and the villagers are supporting and favorably receiving the project launched by Asian Development Bank.

The wetland resources co-management committee was respectively established in the three villages under the project. Under the leadership of competent authorities of local government, the committee should be responsible for organizing and implementing the natural resources management and conservation centering on wetland resources management. What should be especially noted is that local government pays special attention to the management and conservation of wetland resources. Dajiahe Wetland Reserves, playing an assisting role of divisions or equivalent, is now under construction in Raohe County, which is especially responsible for wetland resources management and conservation as well as sustainable development and utilization. Meanwhile, the Management Regulations on Dajiahe Provincial-level Wetland Reserves is under preparation. The expert group for the project of Asian Development Bank has communicated with local authorities, and the ideas and practice rules in relation to Community-based Co-management will be included into the frame of concerning management regulations, so as to make wetland resources co-management become an essential trend. The institutional framework of the wetland resources co-management committee, its main responsibilities and specific activities are respectively as below:

Institutional Framework Each wetland resources co-management committee at village level should consist of personnel at three levels, including one leader from competent authority at county level (who is now a member of the Forestry Bureau, and later will be one member of the Wetland Management Bureau) and one leader responsible for relevant businesses in villages and towns, who are mainly in charge of the organization and coordination of natural resources co-management; The major forces are the members in the project management group, who are responsible for the organization and implementation of natural resources co-management in their villages. In addition, each co-management committee at village level will chose two or three villagers who have strong sense of responsibility and can set an example for others as assistant inspectors to be in charge of field monitoring and inspection, so that the problems can be found and reported in time.

Main Responsibilities The responsibilities of the wetland resources co-management committee mainly include the following three aspects: the first is to publicize, spreading the knowledge on wetland, wetland management regulations, sustainable utilization of wetland resources, etc., to villagers; in Sipai Village, to publicize to the foreigners who are touring and visiting is also included. The second is to assist management, with main details as below: punctually providing information to competent authorities (such as the wetland management bureau to be established). For example, if there is any act that may damage the wetland like wetland reclamation, grazing and hunting against rules, etc., report should be made to competent authorities punctually and assistance should be given to the checking on the original reclamation conditions of the wetland core area, so as to make preparations for normalized wetland management. The third is to monitor, with details as below: assisting in checking the resources in the wetland reserves, punctually taking photos and notes, and reported to the superior authority in case the animals and plants under the conservation of the state (birds, beasts, plants, etc.) are found.

Specific Activities At present, Dajiahe Wetland Reserves Management Bureau is under preparation. According to introductions, after the bureau is established, the most important work is to check wetland resources, including checking the utilization mode of wetland and defining the range of wetland reserves. Based on it, the wetland management and conservation work will be carried out deeply and strictly, including returning the grain plots to wetland, etc. Under such background, the main work of the wetland resources co-management committees in the three villages under the project will focus on the central work of the bureau and provide necessary assistance. If it is necessary to inspect the wetland resources, the co-management committees have established relatively smooth network, and motorcycles, cameras, and other equipments are armed for the co-management committees by Asian Development Bank project, which further provide equipment guarantee for wetland resources management and conservation.

4.3.3 Evaluation on Community-based Co-management of Resources

4.3.3.1 Effects

Under the support of local government and through practice of the Community-based Co-management organizations, we have won initial success on Community-based Co-management.

(1) In comparison with the traditional practice where the project is mainly carried out by local government, the project has adopted the participatory method, launched activities catering to the farmers' livelihoods demands and in view of the characteristics of community resources, paid attention to improve the farmers' own ability, organized the targeted groups under the project to fully participate in the planning, implementation, monitoring and appraisal of the project by granting the rights to community residents, power reallocation and acting from the inferior to the superior, which has certain positive influence on the local government to deal with similar projects in future.

(2) The project highlights alternative livelihoods and sustainable resources

management, so whether the policies on improving the resources environment can be successfully carried out and the land utilization mode can be smoothly transferred depends on whether the conversion of livelihood mode can succeed to a large degree, that is to say, to provide the farmers whose main income source is from farming with alternative livelihoods should be the most fundamental starting point to carry out similar resources management policies and project. In the agricultural supporting project that will help the rural development in the area in future, the working foundation laid by this project can be fully used, the experience accumulated in the project can be drawn for reference, and multiple livelihoods means can be adopted, so as to grasp the historic opportunities in socialist new rural construction and promote the sustainable development in rural communities of this region.

(3) By participatory agricultural technology training and popularization, the self-development capability of farmers is enhanced and the traditional agricultural economy model is affected little by little. In addition, a large amount of capital is injected from community development projects, which makes more or less contributions to the economic development of communities.

(4) Communities' attitude to the reserves and conservation work is changing. Villagers have got some economic incentive from Community-based Co-management and their antagonism against the management organization of the reserves and natural reserves is alleviated gradually, their knowledge on natural ecological environment conservation and biological diversity are increasing, their attitude are changing and their initiative goes up day by day.

(5) The pilot work in Community-based Co-management has played a good demonstration role. Because the publicity and education on Community-based Co-management are reinforced in the management organization of the reserves, villagers and village cadres, making local leaders and villagers improve their natural conservation awareness. Since the co-management was carried out, the input in technical training and capital has been enhanced in the community; contacts with the villagers increase, and their relations become harmonious, thus the resources damage conditions are effectively restrained and the masses who can actively report conditions to the management organization of the reserves become more and more.

(6) The project not only provides capital support for the alternative livelihoods of community residents, but also offers some financial support on resources management in each village. As designed in the project, computers, cameras and so on were purchased for the monitoring unit - Forestry Bureau, and computers,

motorcycles, cameras, etc. were purchased for each village. If the co-management committee at village level can well use these equipment and devices, it will be of great help to the continuous implementation of co-management.

(7) The most important gain is the information to community masses. This kind of information not only reflects the knowledge of the communities on the natural environment far away, but also shows the recognition of the communities on the natural environment around them. What is the most important is that it enlightens the community residents to introspect their relations with the environment, which will be a single spark for the communities to truly solve problems existing in resources and the environment in future.

4.3.3.2 Areas for Improvement

Based on the idea of interventionism and in the light of the less developed conditions in many rural communities, a series of domestic and external development projects have been successively carried out, so as to realize the rapid development of rural communities. However, lots of the development intervention practice shows that there is a great deal of difference between the results and the tentative plan of the project. Just like other projects, while certain success is won in the project, more deficiencies are found in the operation conditions of the project for more than two years. Several important points were chosen and summarized as below:

(1) The project needs the energetic cooperation and vigorous assistance of competent authorities in local government. Without the power guarantee and capital supporting of local government, the regulations and rules on co-management, etc. cannot produce corresponding authoritativeness if depending on the operation of enforcement personnel only, with weak binding force. In addition, if local government fails to provide financial support as scheduled, the operation progress of the project in the late period will be influenced directly.

(2) The participatory development intervention adopted in the project highlights such ideas as power granting, acting from the inferior to the superior, corresponding operation methods and procedures, which is different from the typical operation modes like centralization of power, acting from the superior to the inferior that are dominated by the government. The three provinces in Northeast China where the project is carried out belong to a region with abundant resources. Because there is little opportunity for the leaders and masses to accept this kind of new intervention idea and methods, they don't adapt to the operation methods under the guidance of such idea. The additional ideology that the leaders should make final decision is still prevailing, and decentralization of authority is

even more difficult.

(3) The resources and environment characteristics of the communities involved in the project decide that the typical livelihood mode with farm production as the leading factor is deeply rooted and hard to change. Few alternative livelihood opportunities lead to the result that it is difficult to carry out the alternative livelihoods with animal husbandry as leading factor as advocated in the project firstly. In addition, farmers used most of the livelihood capital in the second phase of the project in typical rice plantation, and the items operated by the farmers who used the project capital in other livelihoods have witnessed little success, thus making the attempt in alternative livelihoods fail eventually.

(4) The three villages involved in the project abound with land resources. At the same time, such features as plantation scalization, mechanization, commercialization of production materials and agricultural products, labor force employment, credit orientation of the capital input in agricultural production, etc. are very distinct. The capital flow of input of production cost and product earnings belongs to large input and huge output. The capital in the project is limited (there is only 1,060,000 yuan for the three villages and the supporting capital of 90,000 yuan which should be invested into Sipai Village by local government wasn't been in place, so all the capital invested finally was only 970,000 yuan), and the principle as stipulated in the project is to let all the farmers benefit, thus the capital distributed to each household is too little (in comparison to the annual income of the community residents in local area), the farmers lack of the initiative to use this project capital and the intervention on project capital has no influence.

(5) Although the resources in the wetland reserves are rich, almost all of them are monopolized by each department under the government. More resources belong to the governmental departments, and the resources that can be used by the communities directly are limited. The conflicts on resource utilization between community farmers and local reserves exist obviously, resulting in the conditions that although the community residents are involved in the Community-based Co-management project, they are not confident that they can share the resources use right with each department. They are not very clear about basic problems like what will be under their co-management, who they will carry out the co-management with, how to carry out co-management, etc. Though the project operators have patiently made explanations, the effects are indistinct. Consequently, the co-management effect is not marked.

(6) After the ideas and methods of interventionism are combined with the reality, they are usually distorted or remolded by the formal or informal system,

authority, network, etc. in the communities, making the ideal of interventionism and reality of the communities deviate greatly, so does the project. From the capital operation and use development changes in the project, we can see that the domination right of the villagers' committee is the largest, and the capital management group elected according to relevant requirements exists in the name only. The ideal of decentralization of power and power granting came across barrier in villagers' committee, and was accepted with a large discount.

(7) Economic interests become the direct impetus for the project guidance organizations at different levels and community residents. Both the project guidance organizations at different levels and the farmers involved in the project act by interests in general, making some basic operation fail to meet with ideal requirements even in procedures. For example, although the capital used to purchase motorcycles, computers, cameras and other equipment for each village has been in place, many problems exist in the management, maintenance and application of them. In general, the village heads moved the computers, motorcycles, cameras, etc. to their own houses, with the reason that there was no a proper place to put such equipment. Although the conditions are so in some places, these equipment should be jointly used by the village co-management committees and co-management inspectors (coordinators) as designed in the project. Although each village head promised to the masses the use right of these instruments under the intervention of the technical expert group of Asian Development Bank, how to maintain and manage them becomes a problem. Because there is no a special office site for the villagers' committee in each village, to ensure the safety of the equipment, the most reliable method is to put them in the village head's house. Consequently, the emergence of these problems derives from the technical flaws. However, the most fundamental problem is that all are based on interests.

4.4 Problems Arising out of Community-based Co-management of Resources and Analysis

4.4.1 Problems

4.4.1.1 Problems Existing in Revolving Capital and Alternative Livelihoods in Resources Co-management

As designed in the project, all the residents in Sipai Village should be involved in, so as to really reflect the spirit of Community-based Co-management. However, after discussion at the villagers' meeting in Sipai Village, only the residents of Hezhen Nationality and those of Han nationality who have lived in the village for a long time can get the capital in the first round of the project, the other three categories of resident groups in the village failed to obtain such capital. The residents of Hezhen Nationality won't accept the households engaged in rice plantation, although they have made registration with local police station, let alone the households engaged in rice plantation without household registration and the jobless migrants without household registration and land. When distributing the capital in the second round of the project, the project executive group of the village divided the capital equally, about 67 households including the households engaged in rice plantation got the capital except the households who had enjoyed the financial support in the first round and the households who are jobless migrants. However, the capital in the second round was too little, so the equal division in such a large scale has even no effect.

Because Dongxian Village has a small population and there are only 23 households, the capital in the two rounds were both divided equally. The population is small and no complicated problems exist among villagers, so the operations in capital use and return are the best. As for the 69 households living in Yongfeng Village, 29 households got the financial support in the first round and 35 in the second round. And there are still some households who failed to get the financial support in the two rounds. The conditions in Yongfeng Village are more complicated than those in Dongxian Village. Because the capital distribution opinion made by the project executive group of the village should be listened to, some of the households couldn't get the financial support.

As for the use conditions of revolving fund in the three villages, the revolving capital in Dongxian Village was best used. Under the management of village capital management group and energetic cooperation of villagers, favorable effects have been achieved in use and return of the revolving capital in the two rounds. The operation can still go on there. However, the effect in Yongfeng Village is unfavorable. From the use conditions in two rounds, we can see that some of the households failed to return the payment as scheduled in the first round. Some farmers run across failure because the Wusuli raccoon dogs raised by them all died. Furthermore, only more than ten households didn't get the revolving capital in the two rounds and part of the households were parted from use of the revolving capital. The conditions in Sipai Village were the worst. In the first round, the capital was almost granted to the households of Hezhen Nationality besides only several households of Han nationality who have lived in the village for a long time. After the capital was distributed, only two households returned the capital upon maturity, making the revolving capital fail to continuously function in the second round. Because the support capital of the county wasn't in place, the capital in the second round was only RMB 60,000 yuan granted by Asian Development Bank. For fairness, such amount was equally distributed the 67 households who didn't get the financial support in the first round, thus the money divided to each household was too little, and the households couldn't carry out any alternative livelihoods.

Based on the implementation experience in Community-based Co-management at home and abroad, one or several successful sustainable alternative livelihood measures is the prerequisite (apparent but not sufficient condition) for the success of resources co-management. However, each livelihood model in different communities is closely linked with the natural environment conditions as well as social and economic circumstances in the surroundings. Some traditional livelihoods have to change. For example, the fishing livelihood for the people of Hezhen Nationality cannot exist due to the exhaustion of fishing resources; but rice plantation is still one most safe and insurable livelihood model for the people of Chaoxian Nationality who take rice plantation as traditional livelihood for generations. However, other alternative livelihood models are not as safe as the rice plantation model which has been tested by long-term practice. In addition, the project site belongs to typical northeast plain area, where the resources environment is single; there is no climate and biological diversity. Thus there are too few alternative livelihood opportunities whether the farm production or animal husbandry is engaged in.

4.4.1.2 Problems Existing in Community-based Co-management

(1) The Sustainability of Revolving Capital Directly Influences the Success or Failure of Community-based Co-management

After obtaining the revolving capital for alternative livelihoods granted by Asian Development Bank, the three villages under the project, namely, Dongxian Village, Yongfeng Village and Sipai Village, have shown certain initiative in participating in the wetland resources co-management of the reserves, which closely relates to the revolving capital use conditions in the villages. If the capital cannot revolve continuously, the villagers' enthusiasm in resources co-management is bound to decrease. If no continuous capital input is made to community residents as the compensation for the development opportunities they may lose, their enthusiasm in participating in resources management won't be improved. From the additional investigations in the later stage after the project came to an end, we knew that the operation of revolving capital was the most successful in Dongxian Village among the three villages. After the project management group withdrew from Dongxian Village, the capital input there could still revolve successfully. The operation of revolving capital was fairly good in Yongfeng Village in the first and second round. However, after the project management group left, the village capital management group slightly distorted the use of revolving capital, making the dissatisfaction of some villagers increase. In Sipai Village, the revolving capital failed to be operated normally from the first round, so did the second round. The revolving capital practice there failed from the very beginning.

(2) Revolving Capital is Not Available for Some Groups, Reducing the Community Residents' Enthusiasm in Participating in Co-management

After the resources co-management activities are involved, the general distribution principle wasn't been obeyed during the revolving capital distribution course due to the principle regulations of the project and influences of existing power and interest mechanism in the villages. As mentioned above, the revolving capital was distributed generally in Dongxian Village only, and Yongfeng Village and Sipai Village failed to make it (there are many reasons. The objective reasons were that the large area of village and more residents made it impossible to generally distribute. In addition, some of the households are excluded due to the requirements of the project itself. There are also many subjective reasons, and we will make specific analysis later.), many residents in the communities are excluded from the activities under the project. If these residents, who are also the groups that may bring pressure to the resources use in the reserves, fail to enjoy the preferential treatment given in the project, they may have great resentment[①]. Such emotion will bring some negative influences when we carry out co-management activities.

(3) The Success or Failure of Alterative Livelihoods Depends on whether the Resources Co-management Succeeds

From the studies and practice on co-management between natural reserves and communities at home and abroad, we can see that resources co-management accompanies alternative livelihoods, and the success or failure of alternative livelihoods directly affects and restrains the success or failure of co-management. From the operation of two-round alternative livelihoods activities in the three

① When we made questionnaire survey or interviews in each village, it was most difficult for us to get the cooperation from the households who were excluded from the project and we were refused time and again.

villages under the project, we notice that in Dongxian Village, Yongfeng Village and even Sipai Village, the traditional livelihood activities dominate. Because few villagers were engaged in animal husbandry before the project was carried out in communities, some villagers began to deal with animal husbandry through publicity of the project. However, animal husbandry is greatly affected by technology and market quotations in current year. Some of the animals died, making the villagers lose money and fail to operate continuously.

(4) Present Framework Restrains the Community-based Co-management System

After several investigations and studies, we know that the wetland in Raohe County Territory and the resources therein are under the jurisdiction of each governmental department. Though a few communities can grasp resources, they are under the control of a few persons in the power and interest network. Consequently, the existing formal and informal systems fully control natural resources. As one system intervening from outside, the Community-based Co-management system lacks of corresponding formal and informal authority to support, with great restraint from existing system frame.

In addition, the tenet of resources co-management is to jointly manage and use resources. However, the use right of community residents on the wetland resources is restricted, and the principle of common use cannot be reflected. Previously, the community residents around the wetland could cut wormwood, willow twigs, etc. as firewood, or graze, fish and saunter therein. After it is divided into the wetland reserves, the residents cannot continuously cut firewood, graze, fish, or saunter therein. The wetland has been fully closed to the community residents, and the simplest rest function is limited. Then how can they use the resources? If only a small amount of compensation is made to the communities as alternative livelihood capital and some of the resources in the wetland are not jointly maintained and used, the spirit of co-management won't be reflected.

Case

The natural preservation zone has nothing to do with us; we can get no benefit from it. Previously in Yongfeng Village and Jiahe Town, people could reclaim farmland within the preservation zone; they gave money to Raohe Land Administration to get the certificate, then they could reclaim land as they want. Now, those farmland within the preservation zone is shielded by the certificates issued by the administration, and can in no way be taken back; moreover, those farmland even enjoys subsidies. Now the wetland is administered by Forestry Administration, and hence wetland reclamation is prohibited. In the past, this land was reputed as a land of abundance, in the 1970s, people went out and could easily hunt some wild animals; in the 1980s, people found it harder to get something from the wild, but somehow they could still made it; in the 1990s, however, people could get nothing from outdoor. The preservation zone makes little sense, there has nothing to protect; wild ducks are becoming rare, wild geese and roes disappeared, little fish can be found, even the crows and sparrows are not common. If the preservation zone could be established 10 years earlier, it shall be better. However, it's still better to do some preservation than do nothing.

——Abstraction from the interview with Piao, a villager of Yongfeng Village

(5) The Political Authoritativeness in Rural Area Affects the Community-based Co-management Practice.

After the Community-based Co-management project entered into the villages, it was greatly influenced by political authoritativeness in the rural area. Some ideal plan and measures of the project was more or less distorted and remolded after it was carried out in the communities. The project executive group carried out the project by the power or authority granted by provincial forestry department or county forestry bureau, the bank itself has no privilege in specific communities. The forestry department or county forestry bureau can only affect the implementation of the project to some degree, and the project operation right has been fully transferred to the existing power structure in communities in the later period. Finally, the co-management practice was entirely dominated at the community level. However, the right holders at community level don't care about resources co-management, what they really concern is the control and distribution right on the revolving capital of the project. As a result, fewer effects have achieved in resources co-management activities.

(6) There are Conflicts between the Cultural Idea and Chinese Traditional Cultural Idea in Community-based Co-management.

We have made brief overview on the emergence and development of Community-based Co-management in the preceding paragraphs. We can see from it that the cultural idea contained in Community-based Co-management features one kind of cultural and political idea of communitarianism which stemmed from the west, advocates decentralization of power and has favorable effects in democratic and decentralized countries. However, China is one country with centralized system lasting for several thousand years, and its cultural traditions are deeply rooted. The traditional cultural quintessence is reflected both from the formal system of the country and from the informal system of the community, which is greatly different from the social culture, politics and system in the west. Accordingly, the difference in cultural idea is bound to have great effect on the decentralization of power in the operation practice as required in the project. This kind of effect and confrontation comes from both various leaders at different levels (from the provincial department level to villagers' committee) who are involved in the operation of the project and the community residents whether they are involved in the project or not. Simply speaking, both the leaders and the parties being led resist decentralization of power from their hearts. The community residents who are dissatisfied with the revolving capital distribution under the project are not discontented with the centralization of power in the villagers' committee, which only show that this kind of power should be grasped by themselves, or the interest distribution made subject to the power should be partial to themselves.

The influence of cultural idea difference on the project is unconscious and lasting. Although it is not easy to be directly observed, but its influence is the largest, which may cover any corner surrounding the community resources co-management activities.

4.4.2 Analysis

Erin and Sherry (2003) summarized nine important indexes to be used in analyzing and appraising Community-based Co-management, i. e., system arrangement, decision-making process, co-management capability, representatives, communication, community participation, partnership, knowledge structure, planning process, etc. In addition, each index is appraised with related secondary indexes. The secondary quantitative indexes as summarized by them included the follows: 1) power distribution conditions among partners; 2) actors' range and the interests they represent; 3) system arrangement and characteristics of the operation process. The analysis here used the public affairs governance rule and Polycentric governance model as respectively proposed by the couple E. Ostrom and V. Ostrom as well as Michael Mcginnis as reference, and the system analysis framework for natural resources management studies as provided in the model is as follows: the attribute of community natural resources, the attribute of community, the attribute of the system centering on community natural resources management. In this article, the writer made some extension in the system analysis framework of the model, and it was expanded to such four view angles as economy (market), politics, culture and system (for details on the analysis framework, please refer to Figure 4-3). We'd like to make analysis respectively from the four aspects, with details as below.

4.4.2.1 Economic Analysis

Once there is Community-based Co-management, the community livelihood support project will accompany. The success of livelihood project is one of the necessary conditions for the Community-based Co-management of resources to succeed. In all the three villages under the project, we made various alternative livelihood activities. Comparative analysis on several livelihood models in the communities under the project is made by the cost-benefit analysis method, with details as below:

(1) Economic Analysis on the Production Conditions of the Planters

After detailed investigations on the households engaged in plantation, fishing and animal husbandry in the three villages under the project and comparing the cost and benefit arising out of the plantation of various grain crops, we can get the plantation choice of the planters. The followings are the cost-benefit analysis form for three major crops including corn, soybean and rice.

Table 4-1 Cost-benefit Analysis for Corn, Soybean and Rice Plantation (The cost shall be the average in three years)

Variety	Corn				Soybean				Rice			
Output per mu(Jin)	850				250				1000			
Year	2005	2006	2007	Average	2005	2006	2007	Average	2005	2006	2007	Average
Price (RMB yuan/jin)	0.35	0.41	0.41	0.39	1.17	1.07	1.70	1.31	0.75	0.65	0.70	0.70
Gross income (RMB yuan)	297.50	348.50	348.50	323.00	292.50	267.50	425.00	328.30	750.00	650.00	700.00	700.00
Cost (RMB yuan/mu)	110.00	110.00	110.00	110.00	200.00	200.00	200.00	200.00	300.00	300.00	300.00	300.00
Subsidy (RMB yuan/mu)	22.00	22.00	28.50	24.10	22.00	22.00	28.50	24.10	30.00	36.00	50.00	38.70
Net income (RMB yuan/mu)	237.10				152.40				438.70			

From the output per mu, price, cost, and subsidy conditions of the three crops including corn, rice and rice in 2005, 2006 and 2007 as listed in Table 4-1, we can get the results that the annual average income for corn plantation was 237.10 yuan per mu, that for soybean was 152.40 yuan per mu and that for rice plantation was 438.70 yuan per mu. Because the comparative benefit for rice plantation increases, the farmers have turned the upland field into paddy field to plant rice one after another.

In addition, the land contracting fee is nearly 200.00 yuan per mu per year recently. If only soybean is planted, the farmers will lose money. If corn is planted, the farmers can only make the cost and income even. However, if rice is planted, the farmers will make a profit even the land is under contracting.

The land transactions in the villages under the project are brisk. Almost every household has the experience of land transaction and subcontracting. Land has become one commodity there. Table 4-2 reflects the land subcontracting price change data[①] of Dongxian Village in 8 years from 2000 to 2008. From Table 4-2, we can see that during the eight years from 2000 to 2008, the subcontracting prices of paddy field and dry land takes on an increase trend. The land price decreased a little in 2002 and 2003 due to flood. The land price was still low in 2004 because of the influences of the previous two years. The paddy field price increased sharply from 2005 and reached to the peak in 2005 and 2006, which reduced slightly later. The dry land price kept a stable status from 2000 to 2003, which began to increase a little from 2004, zoomed from 2007 to 2008 and reached to the peak in 2008. The dry land price has kept a stable increase trend since 2000, without fall.

Table 4-2 Annual Trend of the Land Subcontracting Prices in Dongxian Village

Unit: RMB yuan/mu

Type \ Year	2000	2001	2002	2003	2004	2005	2006	2007	2008
Paddy field	50-60	50-60	30	30	30	160-180	160-180	130	130-150
Dry land	60-70	60-70	60-70	60-70	80-90	100	100-110	140	170-250

Note: The prices in the form were provided by Yin XX, a villager in Dongxian Village.

Table 4-3 Annual Trend of the Rice Sales Price in Dongxian Village

Unit: RMB yuan/jin

Price \ Year	2000	2001	2002	2003	2004	2005	2006	2007
Maximum price	0.65	0.60	0.40	0.75	0.86	0.86	0.75	0.72
Minimum price	0.48	0.50	0.30	0.56	0.76	0.79	0.50	0.68
Average	0.56	0.55	0.35	0.65	0.81	0.82	0.62	0.70

Note: The prices in the form were provided by Yin XX, a villager in Dongxian Village.

① In local area, land sale refers to buyout of the land use right for 30 years. Land subcontracting refers to sale of the land use right in each year. Unless otherwise specified, the land price in the article refers to the subcontracting price other than sale price.

The reasons why the subcontracting prices of paddy field and dry land change are as follows: firstly, it is influenced by the rice, corn and soybean price changes; the rice rises in price, so does the paddy field; the corn and soybean rice in price, so does the dry land; secondly, the price of paddy field is greatly affected by flood. For example, the flood in two consecutive years of 2002 and 2003 made the paddy field price fall to the lowest over the years, while the flood has less influence on the price of dry land by comparison. By comparing the rice price trend in Table 4-3, we can see that the price change of paddy field is one-year cycle behind that of rice. Although the rice price was high in 2004, the price of paddy field was very low that year, which was mainly because the farmers subcontracted their land before the plantation in early spring, and the price was determined based on the land price in previous years and the crop price in the next year. Why the price of dry land rises sharply in 2007 and 2008 is just because the soybean price increased greatly in 2007, which increased from 1.6 yuan per jin to 2.4 yuan per jin at last in 2007 and was once 3.00 yuan per jin at the peak. From our interviews with the villagers from April to May, 2008, we got that villagers held that if the soybean was sold at 1.50 yuan per jin this year, they would lose money, because the cost for contracting the land to plant soybean was over 400.00 yuan and the price of 1.50 yuan per jin was the base line[①] to keep the cost and income even. We had visited many planters, and they generally held that if the rice price couldn't rise by a big margin, the price of paddy field would be about 200.00 yuan per mu at the peak; if the rice price fell later, the land price wouldn't decrease too much. In local area, there are protective prices for rice and corn plantation, but no protective price for soybean plantation. It is expected that the abnormal rise of dry land price in 2008 won't last too long. If the soybean price falls in the next year, the dry land price will reduce too.

When rice is planted in Dongxian Village and Yongfeng Village, river water is available for irrigation, and when the river water is insufficient, the underground water can be drawn for irrigation. However, the irrigation in Sipai Village is almost depending on underground water drawing in full. In average, 3 barrels of diesel, with 360 jin contained in each barrel, will be needed per 100 mu. We can see from Table 4-4 that the diesel price has been up to over 3.00

① During our interviews with the households, one farmer You XX said that land cultivation was just like gamble.

yuan per jin from 1.50 yuan per jin several years ago. Furthermore, the diesel consumption also increases, which may relate to the decline of underground water table. At present, high-voltage wire is erected in Yongfeng Village to make preparations for using the electric power to draw water instead of diesel, for by doing so, two thirds of the cost will be saved. About 700,000 yuan is needed in the transformation of the whole power grid, of which, 300,000 yuan was invested by the county power administration, 200,000 yuan financed by the village itself and 200,000 yuan to be applied from the county nationalities affairs bureau.

Table 4-4 Diesel Price Trend

Unit: RMB yuan/barrel

Year	2002	2005	2006	2007	2008
Price	500-600	900	980	1050	1100

(2) Economic Analysis on the Production Conditions of the Households Engaged in Fishing

After investigations on the households engaged in fishing in Sipai Village, we knew that one household could only have a gross income of over 3,000 yuan each year, which was mainly because that the fishing cost was too high, there were increasingly fewer fishes in Wusuli River and they were hard to catch. The fishing cost is as Table 4-5 shows:

Table 4-5 Necessary Cost for the Households Engaged in Fishing in Sipai Village

Unit: RMB yuan/year

Item	Amount	Authority
Fishing license	801	Bureau of aquatic products at county level
Vessel inspection fee	160	Police station at township level
Vessel license	75	Foreign affairs bureau at county level
Fishing net	1500	Based on that the net is changed twice each year and the cost is RMB 750.00 once.
Overhauling & on-hook	400	Necessary expenses each year
Diesel	400	Based on one vessel (the lowest consumption)
Total	3336	

Note: The information in the form was provided by He XX, a fisherman in Sipai Village.

In Sipai Village along the Wusuli River, the fishing conditions and amount of fishermen of Hezhen Nationality are divided into the following four stages:

First stage: From 1968 to 1983, there were many varieties of fishes in large quantities. The whole production brigade had 8 small wooden boats, and the fishing amount of each boat was over 100 jin each day.

Second stage: From 1983 to 1991, there were about 20 boats in the whole village, and over half of them were motor-driven boats. The fishing amount of each boat was 30 jin each day.

Third stage: From 1991 to 2000, there were about 35 boats in the whole village, and most of them were motor-driven boats. The fishing amount of each boat was 10 jin each day.

Fourth stage: From 2000 to 2007, there were over 30 boats in the whole village, and all of them were motor-driven boats. The fishing amount of each boat was only 2 to 10 jin each day.

From the division of the abovementioned four stages, we can see that the fishing amount sharply decreased since 1968. And how about the fish prices? The following Table 4-6, Table 4-7 and Table 4-8 show the information collected by the writer after personally visiting three old fishermen in Sipai Village. Although there may be price differences, we can see from such three forms the great changes in fish varieties and prices since 1968.

Table 4-6 Fish Price Trend in 1968, 1990 and 2008

Unit: RMB yuan/jin

Year \ Variety	Soft-shelled turtle	Carp	Mandarin fish	Chongchong fish	Gayazi fish	Trout	Blanquillo	Esox reicherti
1968	0.40	0.26	0.30	0.12	0.08	—	—	—
1990	—	8-9	—	—	—	5-6	—	—
2008	Disappeared	50.00	20.00	25.00	12.00	35.00	20	15

Note: The prices in the form were provided by Fu XX, an old fisherman in Sipai Village.

Table 4-6 has shown the prices of various fishes in 1968, 1990 and 2008. Form the fish price trend in the aforesaid Form 4, we can see that the fish prices have increased by several tens to over 100 times in less than 40 years.

Table 4-7 Fish Market Prices and Quotations in 1990 and 2008

Unit: RMB yuan/jin

Year \ Variety	Soft-shelled turtle	Carp	Mandarin fish	Chong chong fish	Gayazi fish	Trout	Blanquillo	Esox reicherti	Burbot	Flathead	Angler	Erythroculter ilishaeformis
1990	—	—	—	—	Female fish RMB 8.00 to 9.00	—	—	—	—	—	—	—
	8-9	Male fish RMB 5.00 to 6.00	—	—	—	—	—	—	—	—	—	—
2008	Disappeared	He didn't catch it this year, and only 5 to 6 persons in Sipai Village caught it	One fish with a weight of 2 to 3 jin could sell at RMB 50.00 per jin. In case of festivals or holidays, it can be sold at RMB 70.00 to RMB 80.00 per jin	The highest price is RMB 40.00	The highest price is RMB 25.00	Female fish: RMB 30.00 to 50.00	RMB 20.00	RMB 15.00	The highest price is RMB 25.00	Without fishing for several years	Without fishing for several years	—
	—	—	The fish with a weight of 0.5 jin can be sole at RMB 15.00	At least RMB4.00 to 5.00	At least RMB 6.00 to 7.00	Male fish: RMB 15.00 to 30.00	—	—	RMB 6.00 to 7.00	At least 10.00	—	—

Note: The prices in the form were provided by He XX, an old fisherman in Sipai Village.

Table 4-8 Fish Market Prices and Quotations in 2008

Unit: RMB yuan/jin

Variety / Year	Carp	Mandarin fish	Chong chongfish	Gayazi fish	Trout
The highest price	50	80	40	—	40
the lowest price	25	30	10	10	18
Variety / Year	**Blanquillo**	**Esoxreicherti**	**Flathead**	**Erythroculter ilishaeformis**	**Erythroculter mongolicus**
The highest price	—	15	—	30	15
the lowest price	—	8	15	15	10
Variety / Year	**Saurogobio dabryi**	**Xenocypris davidi Bleeker**	**Erythroculter ilishaeformis**	**Huluzi fish**	**River loach**
The highest price	—	—	—	—	—
the lowest price	5	2	1.5	1	5
Variety / Year	**Black grouper**	**Qilifuzi fish**	**Huso dauricus**	**Eight famous freshwater fishes in Heilongjiang**	**Soft-shelled turtle**
The highest price / the lowest price	Disappeared	Disappeared	Disappeared	Almost disappeared	Disappeared

Note: The prices in the form were provided by Ren XX, an old fisherman in Sipai Village.

From the fish prices and quotations listed in Table 4-7 and Table 4-8, we know that many fishes have disappeared or almost disappeared in Wusuli River, such as large Huso dauricus, which is a special product in Wusuli River. 20 years ago, the Huso dauricus, with a weight of 300 jin, could be caught in the river, and has almost disappeared nowadays. The soft-shelled turtle that the fishermen of Hezhen Nationality wouldn't eat at all in the past has disappeared at present. However, with the sharp decrease of fish varieties and quantities, the prices rise greatly. Among the nearly 20 varieties of fishes still in the river, carp, mandarin fish, trout, gayazi fish, etc. have witnessed the highest prices. The price of mandarin fish is even 80 yuan per jin. And the sorted fishes, which are low in price, are used to feed foxes and raccoon dogs.

After interviewing with most fishermen, we know that the average annual income for each household engaged in fishing is about 3,000 yuan and such income is hard to meet with the normal needs in daily life. Of course, some fishermen have higher income due to fishing in other places and fishing during the fishing prohibition period. In Sipai Village, 6 households of Hezhen Nationality and 3 households of Han Nationality fully live by fishing; and the households engaged in fishing and land cultivation include 7 households of Hezhen Nationality and 3 households of Han Nationality. In total, there are about 19 households engaged in fishing on Wusuli River. At present, there are 184 households in the village, and most of the households have lived by farm production except about 20 households living on fishing.

(3) Economic Analysis on the Production Conditions of the Households Engaged in Animal Husbandry

Economic benefit analysis for the households engaged in sheep husbandry is indicated in Table 4-9.

Table 4-9 Gross Income and Cost for the Households Engaged in Sheep Husbandry in Yongfeng Village

Gross Income			Cost			Net income: RMB yuan/year
Ram's price(RMB yuan/ram)	Ewe's price (RMB yuan/ ewe)	Cashmere's price (RMB yuan/jin)	Prevention and cure expenses (RMB yuan/ sheep)	Forage (RMB yuan/sheep)	Shepherd's salary, meal and lodging expenses	Sheep and cashmere sales
500	350-400	160-180	10	20	7,500	>30,000

Note: The data in the form derived from the interview with Wang XX, a sheep raiser in Yongfeng Village.

Case of a Sheep Breeding Household

(Husband)Wang××, retired worker of Hongwei Farm, aged 50

(Wife)Wang××, retired worker of Hongwei Farm, aged 50

The couple came to Yongfeng Village in the end of 2005, and has since been raising sheep in partnership with the village head Jin .... The couple raises 200 pashm goats in total, and spends 5,000 yuan per year to hire a 50-year old worker to do the job of grazing. The 200 goats can bring a yearly net income of 3,000 yuan; on average, one goat can be sold at 300 yuan. Every year, around 60-70 young goats can be bred, and will be put into the market after they reach adulthood in 1-2 years. The selling price for male goat is around 500 yuan, the price for female ranges between

350-400 yuan. The selling price of pashm used to be 180 yuan/500 g, now the price has come down to 160 yuan/500 g. One goat can produce only 500 g's pashm every year; the period for pashm producing is between April 15 and May 15.

Sheep breeding doesn't cost very much; there are mainly three expenditures: disease prevention & cure, fodder, and worker hiring. The sheep is susceptible to many diseases such as diarrhea, pneumonia, hoof-and-mouth disease, .etc; every year, the couple has to spend 2,000 yuan on disease prevention and cure, which is equivalent to 10 yuan for per goat. According to the couple, in other places, the medicine for hoof-and-mouth disease is handed out to the breeders for free; but in their village, they are charged 0.30 yuan per goat in this regard; fodder: 3-3.5 kg/year/per goat × 0.4 yuan/500g =3 yuan/year/per goat →600 yuan/year for 200 goats. The shepherd can feed on corn. Spending on hiring the grazing worker is around 7,500 yuan/year, including the expenditure of board and lodge

In 2002, Wang purchased 150 goats, spending 15,000 yuan, and took in 3,000 yuan through selling the pashm. In 2003, he purchased another 150 goats, spending 26,000 yuan. In 2005, he took in 18,000 yuan selling the pashm. The figures for pashm selling income in 2005 and 2006 are both 35,000 yuan; and the income in this regard has been stabilized at 35,000 yuan from then on; every year, about 50-60 adult goats are replaced by lambs, and the couple can take in 15,000-18,000 yuan through selling the adult goats; total yearly income: 35,000+15,000-18,000=RMB 50,000-53,000 yuan.

Wang holds the opinion that if the land lying to the north of the village can be restored, the village can provide a grazing capacity for 20,000 sheep. The greater the grazing scale, the better off the farmers make profits. With high-quality air and clean water supply, Yongfeng Village is well suited for breeding industry. Wang comments on sheep breeding, saying "You invest once for all, and you can take advantage of the nature to make money". His advice is that: the funds should not be given to the villagers directly, otherwise they may misspend the funds. Instead, they should be given cattle and sheep, in this way they can get land transfer fees and can also take in money from breeding cattle and sheep.

—— Abstraction from the interview with Wang×× on August 3, 2007

From the income and cost conditions of the household engaged in sheep husbandry as well as the case analysis of Wang XX, a sheep raiser in Yongfeng Village, we can see that sheep husbandry features one livelihood with low cost but high earnings. However, why there is only three households engaged in sheep husbandry in Yongfeng Village? After analysis, we think that there are the following two reasons: firstly, sheep husbandry has high technical requirement, especially the sheep disease prevention and cure technology which is difficult to grasp. Without rich knowledge and experiences, the breeding of sheep will fail; secondly, a broad site is necessary to graze the sheep. The grazing space in Yongfeng Village has saturated and cannot hold more sheep. Figure 4-2 as follow is the grazing location diagram in Yongfeng Village as drawn by Wang XX, we can see that the grazing is all made within a small plot of wetland in the farmland of Yongfeng Village, thus the grazing space is limited.

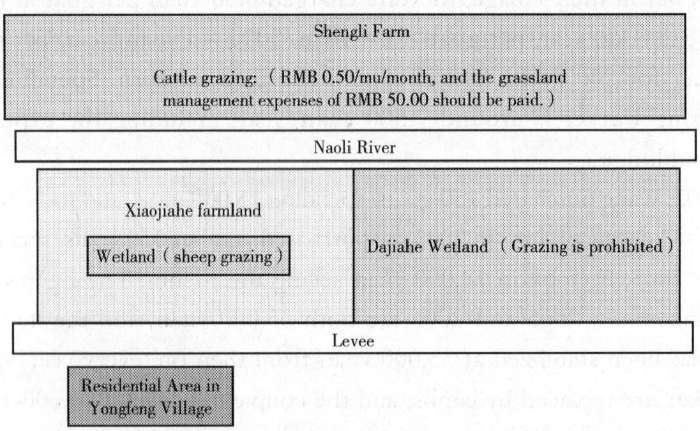

Figure 4-2 Grazing Location Diagram in Yongfeng Village

Economic benefit analysis for the households engaged in cattle rearing is indicated in Table 4-10.

Table 4-10 Gross Income and Cost for the Households Engaged in Cattle Rearing in Yongfeng Village

Unit: RMB yuan / year

Gross income	Cost					Total cost		Net income
Several cattle to be sold in each year	Salt	Drug	Shed	Employees' salary, meal andlodging expenses	Grassland grazing right and management certificate	Grazing by oneself	Grazing by others	
30,000	500-600	1,000	1,000	5,000-6,000	250	2,750-2,850	8,250-8,350	21,650-21,750

Case of a Cattle Breeding Household

(Husband) Zhu××, retired worker of Hongwei Farm, aged 46

(Wife) Yang××, retired worker of Hongwei Farm, aged 45

The couple raises 60 cattle, with 10 newly born calves surviving this year (in other years, more than 20 calves may survive). The cattle grow very fast, and can be put into the market within one year. The couple had raised 10 cattle while at home; and they had spent 5 years raising the cattle after they moved to Jiahe Town. They moved to Yongfeng in 2004, and had sold several cattle in the last year to pay back the loan. They apply for loan every year, and thus have to pay back the loan every year. Interest rate for the loan is 8 %. Every year, the couple gets RMB 30,000 yuan from selling the cattle.

Cost: salt: RMB 50-60 yuan per parcel, 10 parcels per year; 1,000 yuan/year; fodder: 2,000-3,000 yuan/year; rubber shed(for use in winter), < 1,000 yuan/year; worker employment: spending 3,500 yuan in last year; taking together the expenditures of clothing, board and lodge, the total spending was fixed at 6,000 yuan; no worker is hired in this year, the husband takes the work all by himself.

Location for grazing the cattle and sheep: to the north of Yongfeng Village there flows Naoli River, across the river there lies Shengli Farm, which is the site for grazing cattle. Grazing fee charged by the farm is pegged at 0.50 yuan/mu/month. The couple spent 415 yuan on grazing fee in last year. In this year, they have spent 200 yuan in this regard, and have spent additional 50 yuan getting a pasture management certificate.

There have three households breeding cattle in the village: Zhu ×× has 60 heads of cattle; Jin ×× has 2, Lao Fang has 2 (Lao Fang has recently sold the two cattle and has shifted to hog breeding.)

—— Abstraction from the interview with Yang, on August 3, 2007

From the income and cost analysis of the household engaged in cattle rearing provided in Table 4-10 as above as well as the case analysis later, we can see that although the comparative effect of cattle rearing is less than that of sheep husbandry, it is considerable. Once the cattle quantity is up to a certain scale, the generation replacing speed will become fast, which may close to the conditions of natural renewal. Then they will be put on market quickly and economic benefit may produce. Although we cannot know how many cattle can make this result achieve, we know from the case of the Couple Zhu XX who are engaged in cattle rearing that the scale is large. As a common planter, it is difficult for the cattle rearing to reach their plantation scale. In Table 4-10 above, the cost for cattle purchase was not listed. However, the amount is not a small one. It is not easy for general farmers to possess such amount. Because rearing of several cattle cannot get the market effect, it is not suitable for operation.

Cost-benefit analysis for the households engaged in fox and raccoon dog raising is indicated in Table 4-11.

Table 4-11 Economic Benefit Analysis for Silver Fox Raising in Dongxian Village (Theoretical Expectation)

Cost	Silver foxes/group ≈ RMB 2,100.00 yuan (to be purchased in Aug. each year)
	The raising expenses of male silver fox/year ≈RMB 100.00 yuan (From Aug. each year to May next year)
	The raising expenses of female silver fox/year ≈RMB 200.00 yuan
	The raising expenses for young silver fox/year ≈RMB 150.00 yuan (From May to Dec. the next year)
Benefit	Silver fox fur/piece ≥RMB 400.00 yuan
Net earnings	About RMB 3,280.00 yuan /group (One group can give birth to 10 young silver foxes.)

Note: The form was made when the demand appraisal and analysis was carried out in Dongxian Village during background value survey, which only showed the expectations, without any evidence.

Table 4-12 Economic Benefit Analysis for Wusuli Raccoon Dog Raising in Sipai Village (Theoretical Expectation)

Cost	Raccoon dogs/group ≈RMB 1,400.00 yuan (one group consists of one male and two females)
	Raising expenses of male raccoon dog/year ≈RMB 100.00 yuan
	Raising expenses of female raccoon dog/year ≈RMB 200.00 yuan
	Raising expenses of young raccoon dog/year ≈RMB 150.00 yuan
	Wire netting used in raising cage/roll ≈RMB 320.00 yuan
Benefit	Per raccoon dog ≥RMB 300.00 yuan
Net income	About RMB 3,000.00 yuan/group (One group can give birth to about 18 young raccoon dogs)

Note: The form was made when the demand appraisal and analysis was carried out in Sipai Village during background value survey, which only showed the expectations.

Table 4-11 and Table 4-12 as mentioned above show us the expectations in the cost and benefit of fox and raccoon dog raising. The two forms are made when demand appraisal and analysis was carried out in Dongxian Village and Sipai Village before the alternative livelihood and Community-based Co-management project of Asian Development Bank was implemented. Based on the two forms as well as theoretical analysis, fox and Wusuli raccoon dog raising should fall within a project with higher earnings. However, the fact was not the case.

Table 4-13 Economic Benefit Analysis for the Households Engaged in Raccoon Dog Raising in Sipai Village

unit: RMB yuan

Gross income	Cost			Earnings
7 raccoon dogs are sold310×7	Purchasing one group of breeding raccoon dogs (one male and two females)	Forage	Cage320×2	Net income
2170	1400	4000	640	-3860

Note: The form is based on the interview with Du XX, a farmer engaged in animal husbandry in Sipai Village, from Oct. to Nov. 2006.

Case on the Household Engaged in Raccoon Dog Raising

(Wife) Du XX, engaged in raccoon dog raising

(Husband) He XX, former civil affairs assistance in the township government, who has sick rest at home due to stroke, with a pension of 1,000.00 yuan per month

Du XX looked for her relatives and grandpa with her parents in 1971 and she hasn't found her grandpa yet. Later, she settled in the place and married He XX in 1985. Her parents successively died after her marriage. Her daughter is now 21 years old and studying in Northeast Agricultural University. Her son is now 17 years old and studying in the Machine Tool Technical School of Daqing City.

The raccoon dogs were purchased on credit in Raohe County at the end of 2004. Later, the credit was paid off with the fund of Asian Development Bank. One group including one male and two females was bought at the price of 1,400.00 yuan per group. In 2005, the group gave birth to only one young raccoon dog and was fed without gains for one year. Later, I summarized why the breeding raccoon dog couldn't give birth was that they were too fat. And the leftovers at home couldn't be used to feed them, but the small fishes in the river can serve as forage. In 2006, I bought small river fishes, maize flour and mill-feed to raise them (to feed them well, the forage manufactured in accordance with science and technology is indispensable.) In that year, 18 young raccoon dogs were born, of which, two died due to exposure to the rain. In addition to the one born in 2005, there were 17 young raccoon dogs in total. At the end of Oct. this year (2006), 7 of them were sold at the rate of 310.00 yuan and I got 2,170.00 yuan in all. In the middle of Oct. one was died (I didn't know the reasons) and its fur was peeled. Someone wanted to buy the fur at the rate of 30.00 yuan several days ago and I refused. Now, there are 3 old ones and 9 young ones. The latter are not as big as the former. The left 9 raccoon dogs will be used as breeding ones, which will be bought after bearing. Because the forage was of high quality, the young raccoon dogs became fat instead of grew up, so I sold them. The price should be 500.00 yuan per raccoon dog in normal conditions in 2006. The price in 2004 and 2005 was a little lower, which was respectively 400.00 yuan in 2005 and 460.00 yuan in 2004. And the price in 2002 and 2003 was only 300.00 to 350.00 yuan. They were bought by a person from Harbin with cash. I heard that there was a raccoon dog base in Fuyuan (I knew that from TV).

Cost: Forage: the total forage expenses was 4,000.00 yuan, except the cost of firewood used to boil the forage; Cage: the cage was made of wire netting bought by me and there are totally 7 cages (one roll of net). One roll of wire netting costs 320.00 yuan, and I have bought another roll, planning to make some cages after my son comes back. Two raccoon dogs live in one cage. If there are more in a cage, the raccoon dogs won't grow evenly. I intend to make another 8 cages and total 15 cages are okay.

Raccoon dog raising technology: I learnt the technology in one of my friends in Raohe (mainly the breeding technology). When I was in Raohe, one friend advised me raising raccoon dogs and I began to do so one month later. Before eating forage, the young raccoon dogs are fed with milk. Sometimes, the female raccoon dog fed the young herself and sometimes human's help is needed. The bearing period of raccoon dog is in May and June each year. After the young raccoon dog can eat milk, I would feed it by myself. I got the indigenous methods in the feeding formula 20 odd years ago and someone has used them before. Feeding method: once each day in winter; after bearing: third to fourth times each day for the first month; third times each day in the next month; and then once to twice each day. I have never learnt any raccoon dog raising technology from others later.

There are another 6 households engaged in raccoon dog raising in Sipai Village: Teng XX, who came to the village in 1990 or 1991 and raised the most; Huang X (Han Nationality) raised 20 raccoon dogs or so; Zhang X (Han Nationality) raised 16 raccoon dogs; Fu X (Hezhen Nationality) raised 40 foxes and 8 to 15 raccoon dogs; Chen X (Han Nationality) raised two groups (6 raccoon dogs), which haven't given birth yet; Old X (Han Nationality) raised five groups and 19 young raccoon dogs were borne, all of which have been sold out. All the households are engaged in raccoon dogs raising in the old village area, because the new regulations of the town stipulate that no raccoon dog should be raised in the new area of the village for its heavy smell.

——Extract from the interview with Du XX (a farmer engaged in animal husbandry in Sipai Village) from Oct. to Nov. 2006

Table 4-14 Price Conditions of Wusuli Raccoon Dogs in Raohe County

Unit: RMB yuan per raccoon dog

Year	2002	2003	2004	2005	2006	2007	2008
Price	300-350	300-350	460	400	500	80-90	160-170

Table 4-13 and Table 4-14 as well as the case show us the conditions of raccoon dog raiser Du XX and the price changes of Wusuli raccoon dogs in Raohe County in six years. From them we can see that there are large risks in raccoon dog raising. The risk in market price is especially uncontrollable. The price of each raccoon dog increased from RMB 300.00 to 350.00 yuan in 2002 to RMB 500.00 yuan in 2006, and sharply fell down in 2007, with the lowest price at RMB 80.00 to 90.00 yuan each. In 2008, it is only RMB 160.00 to 170.00 yuan. From the theoretical expectations as provided in Table 4-12, we know that the raisers can make a profit only when the sales price is over RMB 300.00 yuan per raccoon dog. At present, the base line cannot be kept, and all the raccoon dog raisers lose money in 2007 and 2008. Although we have no specific materials on fox husbandry, we knew through the return visit to the three villages in April and May 2008 that the outcome of fox rearing was exactly the same as that of raccoon dog raising. The prices of raccoon dog fur and fox fur are faced up with sharp decrease and cannot go up in a short term.

Case

One raccoon dog raiser in Yongfeng Village said, "To develop the animal husbandry, the government failed to take its responsibility and gave insufficient support, without specific personnel engaged in it; now the fur price is low and I don't know how to do farm work. I will go on for several years. If the fur price is not ideal by then, I will give up."

Another farmer said, "I have raised raccoon dogs before. When I bought the breeding raccoon dogs, the price was high. When I wanted to sell out, no one needed it and the fur was worthless."

——Extract from the interview with Zheng XX and Piao XX (farmers in Yongfeng Village) in April and May 2008

Economic benefit analysis for the households engaged in pig raising is indicated in Table 4-15.

Table 4-15 Economic Benefit Analysis for the Households Engaged in Pig Raising in Yongfeng Village

Cost	Porkling ≈RMB 210.00 yuan/ porkling
	Forage ≈RMB 180.00 yuan/year
	Sty ≈RMB 300.00 yuan/pig
Benefit	Live pig ≈RMB 4.50 yuan/jin
	Pork ≈RMB 7.00 yuan/jin
Net earnings	About 200.00 yuan/pig

Note: The form was made when the demand appraisal and analysis was carried out in Sipai Village during background value survey, which only showed the expectations, without any evidence.

From the demand appraisal and analysis in Table 4-15, we can see that when the price of pork is above RMB 7.00 yuan per jin, the farmers will benefit from pig raising. However, the pig raising in Dongxian Village, Yongfeng Village and Sipai Village fails to reach a certain scale. We knew from our interview with the farmers in Yongfeng Village in Aug. 2007 that only 3 to 4 pigs were raised in the whole Dongxian Village and the average number of pigs raised by each household in Sipai Village was one, where there was no scalized specialized household engaged in pig raising. One third of the households raised pigs in Yongfeng Village, but each household only raised one or two, without certain scale effect. There was only one specialized household engaged in pig raising (Old Fang), who raised over 10 pigs. Through our return visit in April, 2008, we knew that those pigs were all sold out by him and he made a profit from pig raising.

(4) Comparison of different livelihood models

The economic analysis conditions on the production of planters, fishing households and animal husbandry households are shown in the preceding paragraphs, from which, we see that in such three villages as Dongxian Village, Yongfeng Village and Sipai Village, most of the residents mainly live on farm production. The followings show the simple comparison of the livelihood model structures in the three villages.

Dongxian Village More farmland in the village are subcontracted or sold in the village. In recent years, a few planters have planted a farmland of over 500 mu. In the past several years, the rice price increased, and the state reformed the agricultural policies, cancelled the agricultural tax, implemented grain plantation subsidy, allowance for improved variety and comprehensive and direct subsidy for agricultural materials, which greatly stimulated the development of farm production in local area. Some households who work outside intend to return to the village to resume their farming. In the project advocated by Asian Development Bank, the items applied by the farmers were mostly rice plantation. Recently, the rice price is higher and the output per mu is high, so rice plantation may be further expanded in Dongxian Village. Almost all the residents in the village are planters, with fewer dealing with animal husbandry. There are two households engaged in raccoon dog raising (both of them are foreigners, one from Sichuan and one is a retired employee of Raohe County Grain Bureau, without permanent resident status in Dongxian Village), and failed at last[①]。

Yongfeng Village In 2005, a farmland of about 1,000 mu, which didn't belong to the responsibility field, was divided into the land to return as wetland. Once the farmers' alternative livelihood, working opportunities and land compensation problems are solved, some responsibility field will be gradually divided into the wetland reserves according to relevant plan of the county forestry bureau. There are 3 households engaged in sheep husbandry in the village, of whom, one is a retired employee of Hongwei Farm, one is from Xiaojiahe Town, and one is the head of the village; there are two households engaged in cattle rearing, of whom, one comes from the outside and raise a lot of cattle (who is also a retired employee of Hongwei Farm, and raise 60 cattle), and the other only raises two cattle, with no scale; there is one household engaged in raccoon dog raising, with no scale. There was once a household engaged in pig raising. Now he had sold all the pigs and stopped pig raising. In Yongfeng Village, the household cannot live only by fox, raccoon and rabbit raising, the income of which can only meet with daily living requirements. At present, almost all the households engaged in cattle and sheep husbandry graze the animals in Shengli Farm nearby, who should pay Shengli Farm the grassland management expenses at the rate of 50.00 yuan per year and grazing fee at the rate of 0.50 yuan per mu each month per animal.

Sipai Village When Sipai Township was established in 1986, Sipai Village had a farmland of over 3,000 mu. When the project to reclaim ten thousand mu of farmland was carried out from 1987 to 1989, more than 6,000 mu of wasteland (wetland) was reclaimed. In 1996, the irrigation canals in the irrigation area of ten

① We made additional investigation in the three villages under the project from April 23 to May 1, 2008, and find that the retired employee engaged in raccoon dog raising in Dongxian Village and the worker employed by him from Sichuan had moved back to Raohe County. Because the price of raccoon dog fur reduced a lot, many raccoon dog and fox raising households had lost money and failed.

thousand mu didn't work, the villagers began to reclaim new land; in 1997, they reclaimed 4,700 mu of wasteland (wetland); in 1998, over 3,000 mu of forests was destroyed; in 1999, more than 2,000 mu of marshy grassland (wetland) was reclaimed; after 2001, more than 6,000 mu of forest was destroyed in total; during such period, the secretary of provincial Party committee carried out inspections in Sipai in 1997 and 1999, pointing out that the forest shouldn't be destroyed, and the damage was controlled slightly but still went on; finally, the land area in the village was up to 25,000 mu in 2005, but almost all the wasteland was reclaimed. Though the fishing area had no change in such period, over-fishing made the fish resources decrease sharply. The net income from fishing (for the households only engaged in fishing) decreased from about RMB 10,000 yuan in average in the middle of the 1980s to RMB 3,000 yuan in average in 2005, which has stimulated the farmers' demands on land to some degree. There are only 7 households engaged in fox and Wusuli raccoon dog raising, only accounting for a very small part among 184 households in the village, less than one twentieth.

After summarizing the economic analysis on the production conditions of the three major livelihood model in the communities under the project, we can draw the conclusion that:

1) The Animal Husbandry is Exposed to More Risks than Farm Production

From the alternative livelihood attempts supported by Asian Development Bank and its effect, we can see that the households engaged in animal husbandry made no profit in the main in 2006. Many farmers without land have thought over alternative livelihoods earlier. The project fund features one kind of capital source for the loans with low interest. Even though some alternative livelihoods are chosen, there is no subsequent financial support.

Animal husbandry may be exposed to the following risks: market quotations and diseases. Almost no residents in the communities under the project were engaged in animal husbandry before. After publicity by the project, some farmers want to deal with animal husbandry. However, animal husbandry is greatly affected by technology and market quotations. Although the farmers could carry out animal husbandry with the fund under the project, the animal died and the farmers lost money due to the influences as mentioned above, and it could not go on. No scale was formed in animal husbandry. In addition, it is likely to be affected by the limitations in the cycle from generation to generation and market fluctuations. Consequently, no alternative results achieved. Farm production may be exposed to the following risks: market quotations and natural disasters. The actual conditions in the three villages are as below: farm production is still the major livelihood means and under the stage of creating income by output instead of area. If we start purely from the view of increasing the output of unit area and reducing the reliance on land, it can be deemed as one achievement in alternative livelihoods.

From the relatively overall analysis on the households engaged in plantation, fishing and animal husbandry mentioned above, we have made the following judgment: Among farm production, rice and corn plantation is reliable, mainly because the government has set up protective prices and the market is fairly stable. However, soybean plantation is exposed to higher risks, because there is no protective price. Because the soybean oil sharply rose in price last year, the price of soybean increased correspondingly. Some farmers have planted many soybeans in 2008, but most of the planters still comply with the traditional plantation ratio. The fishing households in Sipai Village are nearly on their bones, because the fish resources almost exhaust. Fishing is just to meet with the old fishermen's living habit and the young fishermen have engaged in other livelihoods. Among the households engaged in the four kinds of animal husbandry, cashmere goat and cattle rearing has witnessed high income, but there are a few households engaged in such livelihoods; A few households engaged pig raising made a profit in last year because the pork rose in price, but they could not represent the masses for no scale has been formed; all the households engaged in fox and raccoon dog raising were at a loss in 2007 and 2008.

2) Different Livelihood Models can Produce Negative Influence on Resource Environment

Because the space and pasture are limited in each village, each village can hold only a small amount of the households engaged in animal husbandry, especially those engaged in cattle and sheep rearing, which can not develop in a large amount. If the cattle and sheep are being bred in open air, the environment may be polluted (their feces can pollute the roads in the village), and the grassland may be destroyed (when the cashmere goats eat grass, they will pull up the grass by the roots, and cattle may be a little better in such aspect). Wusuli raccoon dogs and foxes are raised in Sipai Village. Although such raising has no direct influence on the grassland and wetland, the residents in the village hate the odd smell from raccoon dogs and foxes. There are many flies in summer, and smell greatly affects people's living environment. In addition, raccoon dogs and foxes like to eat various small fishes, which may endanger the small fishes in Wusuli River or benchland. However, most of the households engaged in animal husbandry purchase the forage in bags. In farm production, wasteland reclamation itself does harm to the wetland resources. A large amount of underground water will be drawn upon rice plantation, being another kind of damage to the water resources and wetland resources.

3) More Concerns on Economic Incentive than Environmental Awareness

The farmers have perceptual knowledge on environmental conservation and wetland conservation, and competent authorities have formulated some systems to restrain the acts that may do harm to the environment. Up to now, there are not many distinct damage acts. For example, the wagon is arrested when the willow twigs are cut, and the people who have cut grasses will be punished. Farmers are aware of that the government has taken strict measures. The evidence that can most directly show the improvement of the environment is that farmers general hold that there are more water birds. As for the available wetland resources, there are no wetland resources to be developed at present. Among the three villages, the effect in Dongxian Village is more obvious, which is mainly reflected in the improvement of awareness. Almost all the farmers know the importance of environmental conservation, and can show some of their own opinions. However, there are few actual deeds. The other two villages have seen inferior effect. The farmers have paid fewer attentions on it. Currently, the rice rises in price and land price increases greatly. The farmers' demands on land makes the absolute and relative prices of the land rise, which induces the demands in turn. When there are contradictions between farmers' livelihood pressure and resource environment conservation, economic incentive is disadvantageous for wetland conservation.

The following sections will describe the impacts of system, culture, and politics on wetlard conservation, as indicated in Figure 4-3.

4.4.2.2 System Analysis

4.4.2.2.1 Present System Framework on Local Natural Resources Management

(1) Conflicts among Formal Systems

Establishment of natural reserves is still a major model in wetland resources management.

As for wetland resources management, Heilongjiang Province has formulated the rules and regulations like Natural Reserves Management Regulations, etc. In 1996, the Natural Reserves Management Regulations in Heilongjiang Province began to put into force. In 2003, the Reserves Management Provisions in Heilongjiang Province and Wetland Conservation Regulations in Heilongjiang Province were promulgated. Since 2002, Heilongjiang Provincial Government has newly built or upgraded 24 natural reserves of different types. Up to Oct. 2006, 171 natural reserves had been built in Heilongjiang Province, with a total area of 5,300,000 hectares, accounting for 11.5% of the homeland area in the

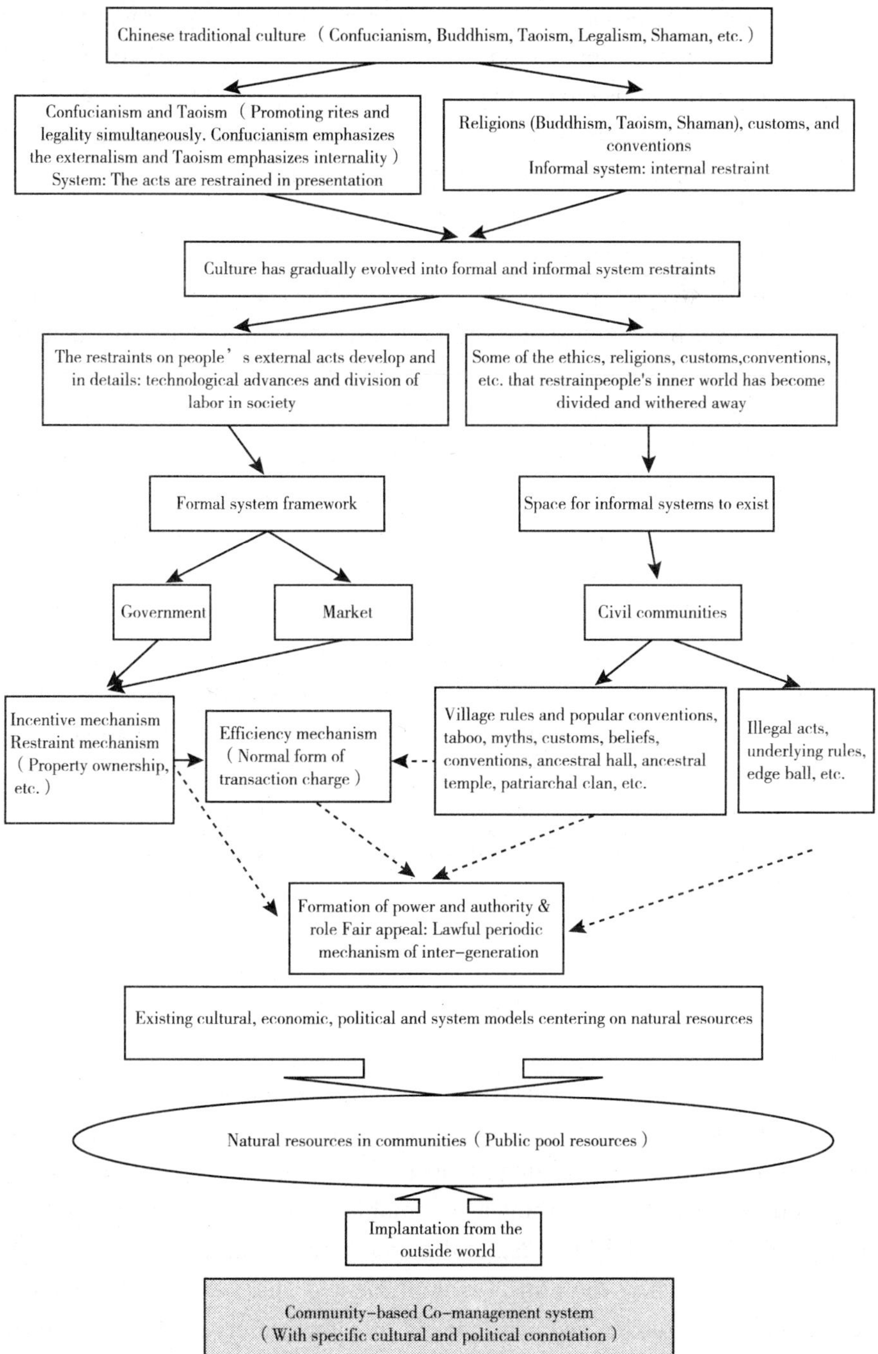

Figure 4-3 Cultural and System Analysis Framework in Community Natural Resources Management

province, of which, 14 at state level, 45 at provincial or department level and 112 at city or county level. 12 more reserves are planned to be built along the Songhuajiang River in Heilongjiang Province. It is expected that 6 reserves will be established along the Heilongjiang in 5 years. It is planned that the total area of natural reserves will be up to 6400,000 hectares, accounting for 14.4% of the total area in the province. It is intended that the watershed of Songhuajiang and Heilongjiang can be effectively and fully protected and more than 90% of the animals and plants under priority conservation of the state in the province can be effective protected by establishment of these reserves (Net of State Environmental Conservation Administration).

In 2001, 35 reserves were established in the Sanjiang Plain area in total, accounting for 10% of the plot area (Net of State Environmental Conservation Administration). Among these reserves, three are located in Raohe County Territory under the project, of which, one is the national level natural reserves of northeast black bee and wild animals that is under the jurisdiction of the Black Bee Bureau of Raohe County (playing an assisting role of divisions or equivalent) and focuses on protecting bee varieties and nectariferous plants; another is the Naoli River Inland Wetland National-level Natural Reserves that is under the jurisdiction of the Farm subordinate to Heilongjiang Land Reclamation Bureau and focuses on protecting inland wetland and water ecologic system, established in 1999 and approved as national-level natural reserves in July 2002; the third is Dajiahe Inland Wetland Provincial-level Natural Reserves as approved by the provincial government after the appraisal of competent authorities in the province and experts group in 2004 and under the jurisdiction of Raohe County Wetland Bureau (playing an assisting role of divisions or equivalent).

(2) Major Problems and Conflicts Existing in the Natural Reserves in County Territory

The competent resources management authorities in wetland natural reserves of the Sanjiang Plain include the departments in forestry, agriculture, environmental conservation, water conservancy, land reclamation, urban construction and light industry and local government. In combination with the actual conditions in Naoli River National-level Natural Reserves and Dajiahe Provincial-level Natural Reserves where the project is implemented, there are some problems in the planning, construction and management of natural reserves, which are mainly reflected in the following aspects:

(3) Conflict between the Oversize of Wetland Reserves and Actual Interests

Raohe County is a county with agricultural as leading factor, and a large area of farmland and villages are included in Dajiahe Wetland Reserves, with a population of over 40,000. Village removal and land returning to wetland make farmers suffer from huge losses. In addition, with the increase of grain price, the land rises in price sharply, making the land resources more valuable. The conflicts between large-scale construction and Dajiahe wetland are mainly reflected in the following two aspects: firstly, the county has no powerful financial strength and there is no subsidy from the state, so a small amount of economic compensation cannot substitute for farmers' long-term interests arising out of land; secondly, the wetland range is too large, with no highlight. A large area of farmland and villages are divided into the natural reserves, which restricts the progress of some normal production activities and project construction, affects and restrains the production activities and normal development of the areas around the reserves. Based on interviews in the organizations at county level and on-the-spot investigation, we know that there is a large area of limpo wetland around Raohe County. In accordance with the plan of Dajiahe Wetland Reserves, the areas around Raohe County will be involved in the wetland reserves, so some economic development projects therein cannot put into operation, and even some which are under construction has been stopped.

Case

"The Environment Conservation Administration has uneasy existence, if we do what we are supposed to do, it will then have some negative effect on economic development. Currently, some construction projects in the preservation zone have already aborted; no one is willing to inject investment. For the moment, there are still many villages and hamlets located within the boundary of buffer zone and experimental zone of Da Jiahe wetland preservation zone; shall we move all these villages and hamlets out? It simply doesn't make sense; we don't have that many funds. And there is also a question that whether they should be categorized as ecological migrants or ecological refugees? Is it necessary for them to be relocated? ... It's also not easy to apply for a project; the backward villages and hamlets are in urgent need of economical development, but according to the requirements of wetland conservation policies, they have to make sacrifice, so what should we make the decision?.... Da Jiahe preservation zone has an unscientific blueprint in which even the county seat is brought within the coverage of preservation zone; if this is to be the case, how shall we get to development the economy ?.... the shape of the preservation zone is also not in favor of preservation." said a vice director of Raohe Environment Conservation Administration.

Talking on the issue of the relationship with the Wetland Administration, … said: " I have complicated feelings. In the past, Wetland Administration was subordinate to Environment Conservation Administration; later it had quick growth in importance and has been shifted to be subordinate to Forestry Administration. Currently, Da Jiahe wetland is administered by Forestry Administration. But the Environment Conservation Administration still oversees Northeast Black Bee Preservation Zone".

——Abstraction from the interview with a vice director of Raohe Environment Conservation Administration, on August 8, 2007

"The wetland layout should have been more reasonable, currently the layout is subject to many problems; many places have been brought into the coverage of buffer zone, this definitely will have negative effect on the project development, and will also impedes the development of county economy" said a director of Raohe Water Administration

——Abstraction from the interview with a director of Raohe Water Administration, on August 8, 2007

Raohe is endowed with rich natural resources. Transportation cost can be quite low for fur processing factories in Raohe, and the profits can be quite high; some merchants proposed to invest in fur processing industry, promising an early stage investment of RMB 10 million yuan. However, this proposal does not come off as a result of the concern for environmental pollution

——Abstraction from the interview with the Poverty Relief Office on August 7, 2007

The basic requirement for co-management in the project advocated by Asian Development Bank is decentralization of power. However, in fact, the idea to decentralize the power to the community residents in or around the reserves as planned is hard to put into practice because the need of departmental interests. The acts for local government at different levels to compete in establishing reserves concealed economic incentive, reflecting the fact that the government, as a provider of public goods and spokesman of public interests, can also do something to pursue for private interests as described in the national theory of Douglass C. North.

(4) The Management Mechanisms in the Reserves are Mixed, and the Resources are under the Cross Management of Various Departments.

There are three natural reserves in Raohe County, of which, Naoli River National-level Natural Reserves is under the jurisdiction of the Farm subordinate to Heilongjiang Province Land Reclamation Bureau; Dajiahe Provincial-level Natural Reserves is under the jurisdiction of Raohe County Wetland Bureau (playing an assisting role of divisions or equivalent) and Northeast Black Bee National-level Natural Reserves is under the jurisdiction of the Black Bee Bureau of Raohe County (playing an assisting role of divisions or equivalent). The Northeast Black Bee National-level Natural Reserves fully covers Naoli River Natural Reserves and Dajiahe Natural Reserves. When interviewing with the management of the Northeast Black Bee Natural Reserves, they said the establishment of the Black Bee Natural Reserves mainly aimed at protecting bee varieties and nectariferous plants, with distinct space attribute. There are no conflicts between bee reserves and human activities and the former cannot do without human, because it is difficult for many bees raised by the households to survive after they leave human. Although the reserves completely covers the other two natural reserves in range, it has no ownership dispute with Dajiahe Reserves and Naoli River Natural Reserves. However, the management mechanisms in the Black Bee Reserves mingle such three types as local government, forestry enterprise and land reclamation enterprise.

Northeast Black Bee National Preservation Zone is located within Raohe County, Heilongjiang Province, and was first founded in 1980 ratified by Heilongjiang Provincial Government. In 1997, the preservation zone got promoted to become a national preservation zone. With northeast black bee and honey plants as the chief conservation objects, the preservation zone is currently the largest one of its type across the country. The preservation zone consisted of three parts: nuclear zone, buffer zone, and segregation zone; Both the nuclear zone and buffer zone are located within the territory of Raohe County, To extend the boundary of the nuclear zone outwards by 20 km, the area in between forms the segregation strip, To retract the nuclear zone boundary inwards by 5 km, the section in between forms the area of buffer zone. The establishing of segregation strip and buffer zone is out of the consideration that the bees have to travel 10 km while collecting the honey.

Naoli River National Preservation Zone is established by incorporating and enlarging three provincial preservation zones: Changlin Island, Yanwo Island, and Naoli River, and Qiliqin Countyl-level preservation zone, covering a total area of 160,595.4 hectares. The preservation zone is classified as "Inland Wetland and Water Area Ecological Sphere", a sub class of "Natural Ecological Sphere". With aquatic and land-dwelling species and the wetland & water area ecological sphere as the chief conservation objects, the preservation zone is centered on the river beaches along middle & lower course of Naoli River, and is currently the largest wetland area in the Sanjiang Plain. The preservation zone boasts rich biological diversity, great number of rare and endangered species, and high community density. Wetland inside the preservation zone is well developed, showing great complexity. Ponds and swamps are scattered everywhere in the preservation zone, homing a great deal of rare and endangered species. Currently, the preservation zone is one of a few relatively intact primordial wetlands in the Sanjiang Plain.

. Da Jiahe Natural Preservation Zone is located within the territory of Raohe County, covering a total area of 72,604 hectares, of which the nuclear zone covers 30,749 hectares, the buffer zone takes 12,022 hectares. Da Jiahe Natural Preservation Zone has a similar type with Naoli River Natural Preservation Zone, providing abundant ecological diversity, making itself a miniature of primordial scenery of the Sanjiang Plain. Reputed by the experts as "species base and gene store for wild lives in the Sanjiang Plain", Da Jiahe Natural Preservation Zone homes a total of 661 plant species and 381 wild animal species, including 12 national rare & endangered plant species and 51 national first-grade protected wild animal species. The establishment of Da Jiahe Provincial Preservation Zone is of great importance to the research of relief and topography of the Sanjiang Plain, evolution of wetland and forest ecological systems, and the sources of wild lives.

The cross management made by various departments in the reserves increases the obstruction in managing the reserves. For example, the state-owned land as approved by the Land Administration for development in the reserves is 106,704 mu, of which, the land to be developed with license is 63,178 mu and the land that will be developed without license but corresponding charges have been collected by the Land Administration is 43,526 mu[①]. Dajiahe wetland was determined as county-level natural reserves on Feb. 1, 2000 after approval by the county government. However, the land license was given to some land within the past three years, or land use contract was concluded in 2005. At present, some wasteland is still under reclamation by license, for the area reclaimed hasn't up to the standard to collect charges as stipulated on the license. Based on such conditions, each department has its own reasons, thus it is difficult for competent authorities to make decisions and the work on returning the grain plots to the wetland is hard to go on.

① *Dajiahe Natural Reserves Management Regulations* (for discussion) [M].

Cases of overlapped management over the resource and the conflicts between different parties

① Forestry Administration / Land Administration: According to the stipulations on its jurisdiction, Raohe Land Administration administers all of the land within the county territory; its jurisdiction includes drawing overall layout for land utilization, protecting legitimate interests of the land owners, overseeing land utilization, taking charge of primary farmland preservation, giving instruction on the exploitation of undeveloped land, supervising of land leveling, land reclamation, and arable land exploitation; taking charge of land ownership acknowledgement and certification; taking charge of agricultural land transfer and requisition. etc. Land Administration had rarified many cases of wetland reclamation before the preservation zone was established, and had collected arable land reclamation fee which was around RMB 0.5-3.00 / sq m, and had also collected new land utilization fee which was RMB 8.00 / sq m. Many wetland patches were reclaimed after being ratified by Land Administration and hold certificates. Now, the Wetland Administration takes charge of the job of wetland restoration, and encounters great difficulties when demanding the reclaimed wetland be taken back; operators of the reclaimed wetland refuse to relinquish the land, justifying their claims by showing the certificates issued by the Land Administration, which has seriously impeded the work of wetland restoration, and has led to the conflict between the two organs, which has by now become apparent.

② Forestry Administration / Pasturage Administration: In interview with the leaders of Pasturage Administration, we are told that: "the pastures are being reduced rapidly, and have now been shifted to be administered by wetland authority; leasing price for the pasture land used to be around RMB 0.3/mu/month, and has now gone up to RMB 0.5/mu/month. The decrease of pasture resource has touch on some ones' interests, but not to a great extent, there doesn't exist much conflict" Although his remarks indicate that there does not exist much conflict, they nevertheless is discontented by the loss of interest.

③ Forestry Administration / Irrigation Administration: The Irrigation Administration planed to construct a draining ditch, but was stopped by the Forestry Administration in the name of wetland conservation. This conflict has been resolved by provincial Forestry Administration

④ Forestry Administration / Farmers: Conflicts between Forestry Administration and the farmers arise in the process of wetland restoration. The farmers get no aid from the administration, and there exists no reconciliation between the two parties. Implementation of the policies is carried out forcibly, which has led to the result that some wetland-reclaiming farmers throng to appeal to the county government, which has become a headache for the administration.

⑤ Aquatic Administration / Business Administration: As stipulated by Aquatic Administration, fishing in Wusuli River shall be suspended for two periods in spring and autumn (Spring period: June 10 - July 15, lasting for 35 days, breeding season for most fishes. Autumn period: October 1 - October 20, breeding season for Salmon), however, the Business Administration still gives certificates to illegally aquatic products fished in the forbidden periods.

⑥ Irrigation Administration / Aquatic Administration: The conflict centers on the management and utilization of river resources. Irrigation Administration takes charge of water and gravel of the rivers; while Aquatic Administration manages the fishes.

⑦ Water Authority / Environment Conservation Administration: Water Authority oversees enterprise construction along the rivers; while Environment Conservation Administration handles the pollution issues after the enterprises have been set up

⑧ Water Authority / Urban Construction Administration: The management over water resource such as ratification of well digging is within the jurisdiction of Water Authority; while Urban Construction Administration takes charge of urban water utilization plan.

⑨ Black Bee Administration / Forestry Industry Administration: Black Bee Administration has taken some measures to preserve bass tree resource according to relevant regulations, but there are still some forestry enterprises logging bass trees

——Abstraction from the interviews with Raohe Governmental Organs on August 2007 and April 2008

In Community-based Co-management, it requires the interest groups of the three parties including natural reserves (representative of the competent authority in general), community and local government to jointly participate in management, assume the management power and take the conservation liabilities. However, due to the barriers between higher and lower levels in the past, each department enjoys certain right in natural resources management. The ownership of the natural reserves under the project is unclear and various departments carry out cross management on the resources in the reserves. In order to protect its own interests, no department wants to give up its right of its own accord. The conflicts arising out of rights in different departments make the farmers feel at a loss as to what to do for there are so many systems formulated by each department, which is very adverse to resources and environment conservation. Consequently, co-management in natural reserves, where the ownership is not clear, results in unfavorable results.

(5) Functional Departments' Difficulty in Wetland Conservation

Although the Wetland Management Bureau of Raohe County has officially established, its personnel arrangement is not so complete. As a result, the Forestry Bureau takes the management responsibilities concurrently. As planned, 40 personnel are needed preliminarily, but the county government only approves the setup of 15 personnel, which should be finally determined by the municipal organization office. Even though the county has approved the arrangement of 15 personnel, the municipal organization hasn't approved yet. The conservation work mainly comes across the difficulties from two aspects: firstly, there are no sufficient personnel, and the arrangement of 15 personnel as approved by the county government lacks of financial support; secondly, there is no insufficient financial source. The government hasn't appropriated special fund and no necessary transportation means are available. Thus, the competent wetland authority wants to function but without capability. Because some of the wetland contains mineral resources, mining had been made before the reserves was established. The damage to the wetland is still going on due to economic benefits. The wetland bureau has formulated Dajiahe Natural Reserves Management Regulations (for discussion), and submitted to the county government and the standing committee of county congress for check and approval, with no ratification being received yet.

Case

According to wetland conservation stipulations promulgated by Raohe Forestry Administration Wetland Office: anyone who damages the wetland shall be fined RMB 5-10 yuan psm, with per-mu fine no lower than RMB 3,300 yuan; however such policies can hardly be implemented, since the wetland subject to reclamation previously is protected by certificates issued by the Land Administration. Furthermore, according to a villager of Yongfeng Village, "farmland cultivated within the preservation zone is run by the officials". "if the wetland is to be restored, all of the farmland within the preservation zone should be taken back regardless of whether the land holds certificate or not, otherwise, those land cultivators without certificate will manage to obtain one anyway; even though their lands are reclaimed lately, the date of the certificate will be forged as the date when the reclamation is encouraged by the government, if this is the case, the wetland restoration campaign can make no progress" said the villager.

"There should exist some coordination mechanisms between the executive organs; currently, those organs often come into conflict with each other, for instance, the Aquatic Administration and Business Administration are not always working in harmony; to give other examples, Raohe Farm planed to dig a large ditch to drain the water which will do harm to wetland conservation; regardless of this, the farm has now managed to complete the work; Although the 3rd frontier defense regiment has strict terms on fishing prohibition, some people still can carry out illegal fishing after giving bribe to the officers; Raohe Aquatic Administration has been preparing to put up a gravel field in Sipai, currently, they have been digging gravels from the riverbed of Wusuli River, and transport the gravel with small ships; these activities have harmed the watercourse of Wusuli River and the river beach" said He××, a villager of Sipai Village

——Abstraction from the interviews with Yongfeng and Sipai Villagers

"Currently, Da Jiahe Natural Preservation Zone is administered by the Wetland Administration definitely. However, the managing power over the resources within the preservation zone is still subject to some controversy; there are mainly four organs involved: Pasturage Administration, Land Administration, Irrigation Administration, and Aquatic Administration. The fees collected by all these organs within their respective jurisdiction are taken by state treasury; and that the Land Administration collect largest sum of fees. At present, we have two opinions regarding this problem, the first is to unify the management in the name of Wetland Administration, which will be authorized to collect the fees for wetland resource utilization; the charging standards shall include the land resource management fees collected by the Land Administration in the past; the second is to let Land Administration and Wetland Administration collect their own fees separately"

"I have held talk with other related organs regarding the issue of the already reclaimed wetland within Raohe County; the preliminary decision is as below: the Wetland Administration will acknowledge the certificates issued by Land Administration at the time when the preservation zone has not been founded; whereas the Land Administration certificates issued after founding of the preservation zone will be deemed as invalidated.

We have now already done some surveying job on the land within the preservation zone in cooperation with other related organs; we have not yet done the job of clearing; I think we can figure out the whole thing very well after *Measures for Administration of Da Jiahe Wetland Natural Preservation Zone* is promulgated. It's likely that the job of clearing can get underway in 2008.

——Abstraction form the interview with Wang Shitong, director of Raohe Wetland Administration and also party sectary of Raohe Forestry Administration in the afternoon of April 29, 2008

After summarizing the present formal systems on natural resources management in the wetland under the project and existing conflicts as mentioned above, we find that there are problems in both the construction of the laws and rules on natural reserves promulgated by the state and establishment of the governing authority in local area. There are flaws and conflicts in laws and rules, which each department makes full use of for their own interests. In addition, the community residents around the reserves also seek for private interest by the interest network of power[①]. As a result, the existing formal system cannot play a role of normalization and restriction, and what really functions is the informal system that is localized or dissimilated through localization.

4.4.2.2.2 Present System Framework on Local Natural Resources Management Informal System & Its Evolution

Among the three villages under the project, the residents in Dongxian Village and Yongfeng Village are mostly of Chaoxian Nationality, and those in Sipai Village are of Hezhen Nationality. According to studies, Chaoxian Nationality and Hezhen Nationality both had some individual ecological ethics and informal systems in natural resources management in history, which were reflected in natural resources management in such aspects as religious beliefs, customs, taboos, clan organization, ethics, national language, etc. and played a favorable governing role on local natural resources management in the area where the traditional sovereignty could not reach.

(1) Evolution of Traditional Ecological Ethics and Informal Resources Management Systems of Hezhen Nationality

During the long history that the ancestors of Hezhen Nationality and natural environment were interdependent, the ecological ethics that all things on earth have gods came into being, which was fully reflected in the material life of Hezhen Nationality like language, culture and life as well as their spiritual life like religions, customs and taboos. Such ethics show the harmonious relations between the ancestors of Hezhen nationality and their living environment. The ecological ethics of Hezhen Nationality in ideological level was determined by the natural environment they depended on at the material level, which in turn produced a reaction of adaptability and conservation on the latter. However, this reaction was

① In comparison with the cultural net of power as proposed by Du Zanqi, He Xuefeng holds that the fundamental factor in the power of the village at present is neither the cultural network in traditional society, nor the organization net of power in the people's commune period, but the interest net of power.

beneficial, which is a wise choice made by the ancestors of Hezhen Nationality after they analyzed the nature and accorded with the nature.

After synthesizing the descriptions of scholars in the traditional religious beliefs, customs, taboos, clan organization, ethics, etc. of Hezhen Nationality from the view of ethnology and anthropology, we can see that from the angle of world outlook, the ancestors of Hezhen Nationality worshipped natural gods and believed the Shaman which advocates that all things on earth have gods. Just the same as Buddhism and Taoism, Shaman also advocates the idea of being close to the nature and environmental conservation. The nationalities under the influence of the religious doctrine in natural ecological ethics in Shaman always held reverence and gratefulness towards natural environment and resources that they depended on. They lived together with the nature with great care and showed great respect to it, thus the nature had generously offered very rich clothing and food resources to them, and making the nationality multiply till now.

Of them, the religious beliefs, customs and taboos showed more about the nationality's cognition and assurance to the unknown world outside their clan society, while the clan organization and ethics showed more about the act norms among the members in the clan society as well as principles in dealing with affairs. From these principles, we can see that the ancestors of Hezhen Nationality had complied with the ethics that everyone is equal, everyone has his or her share, all work together and consume jointly in natural resources distribution and division of the fishes and animals hunted and the spirit of justices and peace. And this world outlook, ethics and spirit were what they believed in and abided by. In comparison with the formal system under the traditional sovereignty, what they believed in could only be deemed as informal system.

All kinds of informal systems of the ancestors of Hezhen Nationality penetrated into every field of their clan life, which emphasized that the groups in the clan should be normalized and restrained from their inner world, which was presented in the form of national ecological ethics when the relations between human being and natural environment should be embodied. For example, the worship of nature, animal, totem, gods, idol, etc. as reflected in the doctrine of Shaman showed the primitive and simple ecological ethics and ideology that human beings and the nature should get on harmoniously. The ancestors of Hezhen who were under the guidance of such ideology were one integral part of the nature. There was no resources exhaustion or environment damage, so the nationality purely living by fishing can multiply until now. However, under the influence of the culture of Manchu and Han Nationality, intervention of national policies, invasion of commodity economy, the ecological ethics and informal systems of Hezhen Nationality were gradually melt, collapsed and crashed from both the material level including language, culture and life and the spirit level including religions, customs and taboos. For example, the beliefs and taboos of Shaman were corrected until faded away; the clan organization without class difference was replaced by the hierarchy with class difference; the Hezhen language that had carried the national culture disappeared; the ethics which could be used to normalize the inner world of the members in the nationality gradually perished.

At the end of the Ming Dynasty and the beginning of the Qing Dynasty, the people of Hezhen Nationality were deemed as those in the outer fringe of civilization, whose exchanges with other nationalities in economy and culture were less. From the beginning of the Qing Dynasty, the Qing Government made 17 punitive expeditions to the dwelling region of Hezhen Nationality (Cheng Liyun, 2007) and included it into the ruling system of the Qing Dynasty. The household and banner establishment system was adopted in the region where Hezhen nationality lived to restrain them. In addition, the system of paying marten as tribute and awarding wages in kind was adopted in the Qing Dynasty so as to control them through conciliation. Ever since then, Hezhen Nationality began to enter the range of aristocrats. The reclamation opening policy was adopted at the end of the Qing Dynasty, so a lot of Han Nationality people inside Shanhaiguan Pass crowded into the region where the people of Hezhen Nationality lived in compact communities to reclaim wasteland and cultivate land. At the beginning of new China's foundation, one hundred thousand officials and soldiers in the liberation army went to the Sanjiang Plain, and numerous state-owned farms were established, thus turning the nationally known Great Northern Wilderness into Great Northern Granary. With the overall development of the primeval forest, a large plot of forest and pasture disappeared and the rich wild animal resources exhausted, the traditional and old hunting industry of Hezhen Nationality couldn't go on. During the people's commune period, the people of Hezhen Nationality also underwent the process of primary commune, intermediate commune and senior commune. "In spite of one of the four smallest nationalities, we, Hezhen Nationality, never lag behind in the activities that are carried out in response to national policies and calls."① Especially in the period of Great Leap Forward in 1958, in order to pursue for the target of more outcome, higher speed, better quality and less cost and under the slogan of fighting with the uncanny mountains

① Cited from the talks with You XX, the old secretary of Sipai Hezhen Nationality Village.

and getting grains from the magical mountains, a vigorous revolution was launched throughout the country. For the purpose of making more steel, opening the canteen in a large scale and going in for large-scale construction, disasters were brought to the forests. We failed to keep pace with the advanced countries, and more natural resources were damaged. In the campaign of Breaking with Four Outmoded Customs and Establishing Four New Ones in 1962, all the minority nationalities were blindly marked with feudal and superstition under the control of the left thought, so that many national customs beneficial to the improvement of ecological environment were forced to abolish. By doing so, some good habits were eliminated, and many people of minority nationalities become thoroughly suspicious of their original ecological and cultural ideas; during the Great Cultural Revolution (ten chaotic years), under the slogan of Eliminating All Feudal and Superstition as well as Forces of Evil People, all the country fell into a mad non-military and anarchic status. In such period, trees were fallen down indiscriminately due to lack of effective management.

The project to build an irrigation area of ten thousand mu was advocated and launched by the government in 1996, which made the Sipai Hezhen Nationality Village which was covered with dense forest and crisscross marshes only witnessed some forest on the flood banks of Wusuli River, etc.; at the same time, the original marshy grassland was almost reclaimed, only left the flood area along the line of defense on bank. As provided by the villagers, the so-called irrigation area of ten thousand mu was just said in slogan, in fact, the farmland available for irrigation was not up to 10,000 mu, and the project failed in the second year after its construction."[①] After 1992, there are more population and more fishing boats along the Sanjiang water, making the fishing production carry out continuously and over the stipulated volume. Thus the fish resources seriously reduced, the fishing amount decreased year by year and the living standard of fishermen of Hezhen Nationality reduced in general. After the Program to Develop Border Areas and Improve the Lives of the People There was advocated and launched by State Nationalities Affairs Commission in 2000, roads, dykes and residential quarters have been built for the people of Hezhen Nationality. Under the call and act of Leaving the Bank and Living on the Bank, most of the people of Hezhen Nationality have parted from the era of living by fishing[②]. Nowadays, the people

① The words from one villager in Sipai Village.

② According to our investigation, among the 66 households of Hezhen Nationality in Sipai Village, only 6 of them fully live on fishing and less than 20 depend on fishing and plantation.

of Hezhen Nationality have separated themselves from the times of living only by fishing and hunting, and is now marching forward to an era where many agricultural productions means are highlighted, with diversified economy as minor and fishing as side occupation and habit only①.

From the beginning of the Qing Dynasty, the people of Hezhen Nationality, who carried out fishing and hunting economy in early times, underwent two large transformation due to rapid exhaustion of the resources, i. e., the transformation from fishing and hunting economy to purely fishery economy for the first time and the transformation from fishery economy to agricultural economy for the second time. And national policies and campaigns were the major reasons for the transformations. When the fishing and hunting resources at the material life level of the people of Hezhen Nationality were damaged until exhausted, their religious beliefs, customs, taboos, ethics, culture, ecological ethics, etc. at the spirit life level also changed tremendously under the control of the state. The campaigns in the 50 years after the country's foundation were extremely frequent. When various erroneous campaigns and policies did great harm to the resources, it also thoroughly purged national culture and their ecological ethics. Under the guidance of the abovementioned erroneous policies and the merciless impact on the saintliness of traditional culture, people were full of the spirit that man can conquer nature, and lost not only their awe and reverence to the nature but also their most valuable cultural traditions.

Rich fishing and hunting resources as well as the social environment in a scarcely populated area makes the people of Hezhen Nationality live along the rivers and by the mountains for thousands of years and create unique fishing and hunting culture. The economy of fishing and hunting run through different historical development stages in the ancient society of Hezhen Nationality. The exhaustion of natural resources forced the people of Hezhen Nationality to change their production mode, from fishing and hunting to farm production, animal husbandry and other industries. A lot of Han Nationality people inside Shanhaiguan Pass crowded into the region where the people of Hezhen Nationality lived in compact communities to reclaim wasteland and cultivate land, which produced more influence on the agricultural economy development there. The advanced production mode and living model brought

① As an old fishermen Fu×× told the writer in the interview, they were willing to fish around the year even though they couldn't make a profit, they deemed it as their living habit rather than a profit making means.

by the people of Han Nationality rapidly changed the appearance of the region where the people of Hezhen Nationality lived. Some of them began to deal with agricultural production and gradually grasped the farming technology and knew how to cultivate vegetables and fields under the influence of the people of Han Nationality.

In the middle of the 19th century, the commodity idea and awareness increased in the brain of the people of Hezhen Nationality. "In recent years, they put profit-making first, because the antler didn't worth more but the deer fur could sell at a favorable price in the Dragon Boat Festival. Ancient customs didn't exist." As a result, the antler becomes rare and marten almost dies out (Ling Chunsheng, 1934). Since Chinese reform and opening up to the outside, the mainstream culture with market economy formation as representative has penetrated everywhere. However, market economy fails in ecological problems. Under the effect of value rule, people generally pursue for the largest economic benefit and ignore the environment value and ecological benefit. Under the impact of commodity economy, the commodity idea and awareness of the people of Hezhen Nationality increased which greatly damaged their traditional idea that the fishing and hunting resources shouldn't be wasted and quickened the exhaustion pace of fishing and hunting resources. What we should be more anxious recently is that some people even caught small fry for their own interests. In early 1980s, the raccoon dog and fox raising trade rose in Raohe County and a lot of fish forages were in need. Because the small fishes were cheap, they were very popular among the specialized households engaged in animal husbandry. In order to clean up, fishermen used various prohibited nets and tools to fish wantonly, and a large quantity of fry was damaged, which greatly affect the breeding and growth of fishes. The economic reason resulting from the expansion of commodity economy awareness finally conquered the ecological ethics of according with the nature, thus the natural fishing ground inevitably became public domain.

(2) Informal System in the Social Life of Chaoxian Nationality and Its Influence on Resource Environment

In China, the Chaoxian Nationality moved from the Korean Peninsula to Northeast China in large groups around 1860, with a history of more than 150 years. At the beginning of the Qing Dynasty entering into the Shanhuaiguan Pass, it carried out the policy of reclamation invitation in Liaodong, encouraging the people of Han Nationality to reclaim wasteland there. However, the Qing Dynasty implemented the policy of enclosing and prohibition shortly after that, for the purpose of safeguarding the base area of Manchu ruling, exclusively occupying the special resources in the northeast and realizing national isolation and partition, etc. (Yi Baozhong and Fang Guofeng, 2005). In order to consolidate its ruling in the northeast borderland, the Qing Dynasty began to carry out the policy of immigration to the border from the 1850s after the enclosing and prohibition policy became loose. At that time, lots of famine refugees of Korea came to the place one after another, raising the curtain on rice plantation in the three provinces of Northeast China in modern times. The follows show the informal system that had influences on the social life of Chaoxian Nationality from social organization.

Because this immigration group was always in vulnerable stratum, with inferior living standard. Qi, one ancient mutual aid team organized spontaneously among the people, still existed in the society consisting of Korean immigrants in modern times. By the mutual help of Qi, they tried their efforts to seek livings. Although the immigration of Korean people into the Northeast at the very beginning broke the idea that one hated to leave a place where one had lived long, it crippled the immigrants' force in former clan groups. Everyone should make concerted efforts to reclaim wasteland. There are some mutual aid Qi, like Huangdu (one labor organizational form in the arid area where people made joint efforts to cultivate the farmland running to weeds), Dulie (one organizational form in the paddy fields when single farmer could not complete one project), Ping'axi (one labor organizational form in busy season where the people helped each other to farm), etc. After 1920s, as the farmers of Chaoxian Nationality increasingly became tenants, structural changes took place in Qi accordingly, which changed from singleness to diversification, from simplicity to complex. On the basis that cattle Qi, agricultural goods Qi, and other organization forms were reserved, carpenter Qi, stonemason Qi. etc., were formed on the basis of trades; the household Qi was set up by blood lineage; and the cave Qi was established by locations. In order to facilitate management, marriage Qi, funeral Qi, study Qi, etc. that related to talents cultivation and schooling, weddings and funerals and poverty relief were established. With the further penetration of commodity money, the management methods and operation forms of Qi changed accordingly. The former unpaid mutual aid labor in Qi was replaced by money compensation. As for the difference in the households with cattle or without cattle, more labor force or less labor force, etc., compensation or offset was made in the form of cash. In addition, certain fee should be paid by the members in some mutual aid forms, and the deposits in the mutual aid organization would be lent to the members, with some interests collected and used in public cause, which was beneficial to capital flow, alleviation of production and living capital shortage. With the further development of commodity economy, Qi established multiple contacts in politics, economy, culture, etc. among the immigrants, a relatively stable social order was set up and the social groups consisting of the immigrants of Chaoxian Nationality was reinforced (Zhao Yinglan, 2004).

They also exchanged labor to help each other in daily life, such as firewood gathering, house building, cloth weaving, etc. In case any households had wedding or funeral, or suffered from any accident or disaster, his or her neighbors, and even all the villagers in the village would be mobilized to provide selfless aid in human force, materials and finance. The traditional customs of civil organizations that were formed in history were impacted a little with the development of commodity economy and collapse of small-scale peasant economy. However, the fine traditions that have come into being for a long time have become the common mental characteristics and ethics that are cherished by the people of Chaoxian Nationality, and play roles in every field of social life. When one household is in difficulty, help comes from the whole village, which has become the self-conscious acts of the people of Chaoxian Nationality. Such spirit is also absolutely necessary in modernized production. At present, this kind of mutual aid organization can be reflected from the participants of someone's birth banquets. In general, the participants are also the relatives and friends who get well along and can help each other in normal times①.

4.4.2.2.3 Implantation of the Community-based Co-management System in Current System Framework and its Effect

From the view of new system economics and based on various definitions and division made by system economists in systems, we know that Community-based Co-management should be regarded as formal system for there is support from government. From our review and description of the formal and informal system frameworks focusing on local natural resources management in preceding paragraphs, we know that that Community-based Co-management never emerges in the history of either Hezhen Nationality or Chaoxian Nationality.

Before the Qing Dynasty's punitive expedition, the people of Hezhen Nationality enjoyed the use right, benefit right and even ownership to the natural resources in local area as usual practice. After they were conquered by the Qing Dynasty, the ownership lost, but they still enjoyed the use right and benefit right. With the implementation of the policy of immigration to the border by the Qing

① When we worked in Dongxian Village and Yongfeng Village for investigation, we often met unexpectedly the birth banquets. The writer himself once took part in such banquet twice.

Dynasty, a lot of people of Han Nationality moved therein, which had influence on the use of natural resources by original inhabitants of Hezhen Nationality. After liberation, one hundred thousand officials and soldiers went to the Sanjiang Plain to develop the Great Northern Wildness. Emergence of numerous large-scale state-owned farms made the living space of Hezhen Nationality further narrow. Under the concerns of the government, the people of Hezhen Nationality gradually parted from fishing and began to live on land, and their livelihood model has gradually transformed to the agricultural model with farm production as center. In the region as designated by the government, the people of Hezhen Nationality had the right to fish on Wusuli River and could farm on the land of their village. After some far-sighted personages were aware of the importance of wetland, the government began to enclose the land to delimit reserves. Because the reserves were founded under the condition that the wetland was almost reclaimed over, the conflicts were inevitable. When the reserves was founded, some wetland or wasteland, where the surrounding communities could graze, cut firewood, fish, scoop sand, wander traditionally, was forbidden, and the residents were completed isolated from the natural reserves, becoming outsiders. The people of Chaoxian Nationality are also faced up with similar conditions. What is different is that the people of Chaoxian Nationality boasted the rice experts in the northeast in the earliest time and mainly lived by rice plantation. By comparison, the use of other natural resources is less. From the views of their social life including social organization, culture, religious belief, etc., we can also see that the informal systems like Huangdu, Dulie, Ping' axi, etc. emerged from the labor division and cooperation in farm production. Until now, in natural resources management, the sphere of influence in local area can be summarized as below: farm or corps-government and various agencies-villagers.

From the entrustment-agency theory, the centralized management at governmental level dominates in the natural resources management in the project site, while natural reserves, and their supervision authority-forestry bureau or wetland office, etc. only serve as agent of the government in natural resources management to be responsible for the principal- the government. The government is only the agent of the masses originally, but it becomes a secondary principal in resources management. From the entrustment-agency theory, we know that the multiple entrustment –agency relations may lead to the result that great deviation occurs between the target of the principal and the final results achieved by the agent.

New Economic sociologist Mark Granovetter holds that the economic acts can be deemed as implanted in social network, and economic system is also social structure (Richard Swedberg, 2003). By quoting the statement of "implantation" of Mark Granovetter, we think that Community-based Co-management system is also implanted in many formal systems of the state as well as informal systems of the community, but it seems unharmonious due to lack of the advantageous in integrating with local background and culture. Hayek holds that system is developed and the evolution should adapt to local environment and social conditions, and he disagreed with Douglas C. North who advocates that the system is designed by man. Similarly, we also think that system should comply with its evolution route. As for man-made system or implanted system, we should firstly see whether it can fit in with the humanistic and natural environment conditions in local area. Otherwise, even though the rules, systems and regulations are formulated, they exist in name only.

4.4.2.3 Cultural Analysis

According to the opinions of Norman Uphoff and Wei Sen, from the view of extensive culture, system (whether it is formal or informal) is one kind of culture in essence. Through study on the informal system in the traditional fishing and hunting life of Hezhen Nationality and its changes, we find that the reasons for the hunting and fishing resources of Hezhen Nationality to become exhausted include not only the increase of population, emergence of modern fishing tools and rapid development of commodity economy (to produce not only for local area but for a broader market), but also the depression of traditional informal system.

From the view of ecological anthropology, the growth and decline relation exists between natural resources and national ecological ethics. After research on the traditional ecological ethics of Hezhen Nationality and its annihilation, we find that during the course when the Hezhen Nationality transited from pure fishing and hunting livelihood in tradition to the livelihood with agriculture as leading factor nowadays, fishery only existed in the sideline production transition and contained the process of national culture and ecological ethics from ablation to collapse.

Two villages of Chaoxian Nationality and one village of Hezhen Nationality are involved in the project, which are all minority nationalities. They have not only common culture of Han Nationality, but also their unique national characteristics. After making study on the ecological ethics of the two nationalities, we find that even though they had the religious beliefs, customs and taboos, etc. which advocated cherishing the nature and respecting the nature and gods in history, their national culture and ecological ethics faded away under the dual pressure of state and market and the survival philosophy of utilitarianism has become the main force to guide their life. Such changes also took place in other nationalities besides them. Under the impact of globalization nowadays, all nationalities will make adjustment or integration on their own cultural customs or survival philosophy soon or later, otherwise they will be sifted out by current social life.

Culture Korea was once under the agricultural society stage in history for a long time, when the self-sufficient small-scale peasant economy still dominated and commodity economy was less advanced. The long-term agricultural society stage made the people of Chaoxian Nationality represent themselves diligent and simple in one side and reconciled to the situation, fettered with old conventions and conservative on the other hand. Korean culture belongs to Confucian culture in the world culture system, and the Confucian culture has produced great influence on the formation and development of Korean traditional culture. Although the Korean Confucianism combined with local culture during its own formation and development period and absorbed other foreign cultures at the same time, it belongs to the culture led by Confucianism in the main (Li Xiudong, 1997).

The people of Chaoxian Nationality have two dual statuses: both Chinese citizen and member of Chaoxian Nationality. Such statuses decide the dual nature of Chaoxian Nationality culture: on one hand, after Chaoxian Nationality moved to the northeast of China, the people involved Chinese traditional culture into its own national culture in the new territory in China and their new living mode, a new national community that is different from the nationality in Korean Peninsula-Chaoxian Nationality was gradually formed and Chaoxian Nationality culture with Chinese characteristics came into being as well; on the other hand, North Korea and South Korea consist of the single nationality-Korean Nationality in Korean Peninsula. Because their similarity in language, culture, national awareness, etc. which was formed in history, Chaoxian Nationality in China and Korean Nationality in Korean Peninsula have a thousand and one links in politics, economics, culture, etc.

With the further deepening of reform and opening up to the outside, farmers' production and living awareness gradually change. In addition to the unique geographic and linguistic advantages of Chaoxian Nationality, to work or do business abroad or in coastal regions of China has become an upsurge. The flowing degree for the people of Chaoxian Nationality can be ranked among the top ones among all the nationalities at home. At present, among the labor force of Chaoxian Nationality in rural area, over one third of them leave their homes to work or do business in large- or middle-sized cities of China or in other countries (Zheng Xinzhe and Li Chunhu, 1998). In some rural area, even more than one half of the labor forces are far away from home to find another way of living, and the labor forces engaged in farming account for less than one half. Furthermore, most of the people who have once worked in another place or country are not willing to farm after their returning; instead they invest their income to urban area. As a result, the ratio for the labor forces in rural area to transfer to urban area increases obviously. There are many people who live in other place with household registration in rural area, making the whole village empty, decrease in scale, or even become uninhabited①. Generally speaking, the cultural features of Chaoxian Nationality are that they are fond of moving. They may sell their house in a sudden though they live in the house in perfectly good conditions, and then move to another place, even like to change their dwelling site throughout the village. As for consumption culture, they abide by the life outlook of paying more attention to this life and pursuing for happy life (Sun Kui, 2006). The statement of living by what has earned in the year is the most popular among the people of Chaoxian Nationality. They always try every effort to hold various celebrations and banquets. The banquet each time lasts from the morning to the night, and they object to the living mode of conservation as complied by Han Nationality in the interior of China.

Religions The people of Chaoxian Nationality living in the northeast of China have always kept the religious belief in Korean Peninsula. As the original religion of Korean Nationality, Shaman had played a non-ignorable role in the history of Chaoxian Nationality people in Northeast China. There were 278 gods in the belief of Shaman, which could be divided into natural gods and human gods (Wang Ruoqian, 2002). After the Great Cultural Revolution, the original Shaman (offering a sacrifice to the gods for peace and sorcerer's dance in a trance for curing diseases and getting rid of disasters) almost disappeared among the people of Chaoxian Nationality in Northeast China (Zhu Rui, 1995). At present, the Shaman altar has disappeared in Chaoxian Nationality, but its influence still exists among the aged. The folk beliefs of the people of Chaoxian Nationality in Northeast China show obvious trend of paying attention to this life and utility. Various folk

① There are 69 households who have registered permanent residence in Yongfeng Village. In fact, 11 households work in South Korea, 4 work in Shandong and 6 have moved to Raohe County to live therein, and there are only 53 households in the village. Similarly, there are 36 households who have registered permanent residence in Dongxian Village, but only 21 live in the village permanently.

beliefs control the people of Chaoxian Nationality to make choice in mentality and acts and dominate their daily life. They had beliefs in ghosts, wizard, divine, etc. Since the 1980s, Christianity, a foreign religion, marched into the northeast region where the people of Chaoxian Nationality live in compact communities, and has made important influence on the spiritual belief in civil society (Jiang Fan, 2007). Currently, the beliefs of Chaoxian Nationality are diversified, the beliefs on gods and ghosts have weakened, people will act according to circumstances as for the beliefs on wizards and witches, they are accustomed to divine, and they have try their best to localize the foreign religions, explaining and making adaptations with local characteristics.

Based on the description of social organization, culture and religious beliefs of the Chaoxian Nationality in the northeast as mentioned above, we can see that the people of Chaoxian Nationality represent themselves hardworking, diligent and free and unfettered in life, which derived from the Confucianism education in culture. In fact, they believe in the philosophy of utilitarianism, emphasizing this life and pursuing for happy life, liking to move and act, thinking highly of friendship, etc.

From technical means, we review the four kinds of natural resources management models as put forward at the beginning of the article, i.e., 1) Open entry model; 2) Centralized management model; 3) Privatization management model; 4) Community management model. As for Raohe County, the wetland resources management model in local area is not open or accessible, and lacks of the role to normalize market mechanism. In addition, the polycentric governance co-management model isn't formed there. Most of the part is still under the centralized management of the state. This kind of natural and scientific management model still reflects the conservation based on isolation, which is still in the leading position in China until now. That is to say, the community residents and reserves are isolated for the purpose of pure conservation. With the advance of the times, conservation and development have become the themes in current resources management. The scientific management model which includes the community residents' livelihood and development into the protective range should become the main trend gradually.

From thinking model, the whole country and nationality are led under the statement of development doctrine. All the people are making efforts to pursue for wealth. To discuss resources and environmental conservation under the hegemony of such statement seems a little high-minded to be popular. From technical level, Community-based Co-management should be one good idea and tentative plan.

However, the communities in China differ from each other in a thousand ways, not each community can successfully reach the requirement and condition of co-management. Even though some of the communities can successfully realize co-management, technical means can only provide temporary solutions by comparison. In order to solve the problems from principal and secondary aspects, the education and transformation on national ideology should be carried out. We should change our values and moral outlook, making us transfer from tool ration to value ration. The ideology of environment doctrine as pursued and followed by all the people in the society should be established to replace the prevailing hegemony of development doctrine.

4.4.2.4 Political Analysis

Wen Tiejun summarized the traditional governance form in Chinese rural area as "the central power of the state failed to reach the county, and the clan dominated in the county. The clan depended on self ruling, while self ruling was based on ethics and ethics trained country gentlemen (Qin Hui, 2003)." In early 1920s, Max Weber put forward his opinions on Chinese limited bureaucratic system in tradition, "in fact, the official imperial power only governed the metropolises and secondary metropolises. ...Outside the wall, the effectiveness of governance authority would be greatly cut down, till disappeared." Weber held that after the unity of the empire was solidified (around the beginning of the Christian era), no fully independent thinker appeared, where the believers of Confucianism, Taoism and Buddhism continually fought. Inside the Confucian theory that was recognized or accepted, the dispute between philosophy and governance policies continually existed, until the Confucianism was officially determined as justice religion by the Qing Dynasty." He further held that the Confucian theory let people intelligently stay in the personal relations naturally formed or arising out of the social relations between the senior and inferior. Confucianism only laid stresses on the social ethical liabilities arising out of interpersonal relations, such as relations between the monarch and ministers, superior officials and inferior officials, father and son, elder brother and young brother, teacher and students, friends...In China, the role of ethics is very important, which may result in the follows: the shackle of clans was safeguarded, the nature of political and economic organizations fully depended on the relations with individual, and these organizations (in comparison) distinctively lacked of rational objectiveness. In China, all the common acts are fully surrounded and restrained by personal relations, especially genetic relations. In addition, all the common acts are surrounded and restrained by the trade association. In China, what really functions in principle is extremely powerful tradition, local customs and specific official's personal favor."① Fei Xiaotong has described for us the traditional rural society in China as a society with hierarchies in Native China, "...it just likes circles of waves which was pushed out by stone that was thrown into the water. Each person is in the center of the circle formed by his social influence. Those who are touched by the wave of the circle will be related. The circle employed by each person in the same place on the same time may not be the same. "

Both Weber and Fei Xiaotong summarized traditional Chinese society as a society governed by ethics and clans. Just opposite to them, after textually studying the bamboo slips materials in Wujian, Zoumalou, Changsha in Wei and Jin Dynasty that was unearthed at the end of the 20th century and successively published from 1999 to 2000, Qin Hui find that the activities and controls made by the state power under the county level were very distinctive as reflected on Wujian (Qin Hui, 2003). After studying on historical materials, Qin Hui holds that in most of the period in Chinese history, the genetic communities couldn't provide effective autonomous resources in rural area, and how could they contend with the imperial power by these resources②(Qin Hui, 2003). If the fact that traditional Chinese society was just a society where the imperial power existed everywhere as held by Qin Hui was true, there would be no the historical and real soil for villagers' to realize self-governance in China from ancient times. Both Qin Hui and Fei Xiaotong have some difference in the knowledge of traditional Chinese society. Mr. Fei Xiaotong, who admitted that the patriarch system focusing on rite and legalism restrained people's acts in traditional Chinese society, also holds that the traditional Chinese has no the idea that each person is an equal member in the group in comparison with the people in western society. Thirdly, the Confucian culture called the people to cultivate moral character, behave ethically, put family affairs in order, manage state affairs and make the whole world peaceful. In Chinese idea, the first was himself, and then family, country and the world. That is to say, others except himself and the family fell within the outsider. There were no laws, property right, contracts, deeds, etc. similar with those in the western society, which can make the people form one kind of social relations with certain

① Max Weber, Confucianism & Taoism, translated by Hong Tianfu. Publisher: Jiangsu People's Press, Nanjing, 2003. The aforesaid content was cited from Page 125 and 192 of the book.

② Qin Hui, Ten Discussions on Tradition –Social System, Culture & Changes in Local Area (M). Publisher: Fudan University Press, Shanghai, Oct. 2003. The aforesaid content was cited from Page 3, 23 and 44 of the book.

distance and contacts. As a result, no a community with high homogeny as described by western sociologist F. Tonnis exists in China. In China, community is only one kind of territory range, not a concept identified by affections.

The study upsurge on rural governance, that is very popular in the sociological circle nowadays, is involved in the discussion on the relations between traditional Chinese communities and the residents therein as abovementioned. Community-based Co-management itself falls within the Communitarianism in the political schools of western countries, which advocates the establishment of the third sector-civil society that is independent of traditional country and market and different from the centralization of country and selfishness of market. The traditional binary opposition method consisting of market and country is replaced by civil society, so as to solve problems existing in natural resources management. Civil society has the dual advantages of country and market, and gets rid of the dual shortcomings of country and market, thus realizing the ideal resources management conditions. However, do the ideal conditions exist in the communities under the project in fact?

Although we cannot clearly know how the people including village head, secretary, common villagers respectively carry out activities around the interest net of power in the three villages under the project, the project executives have been involved in the operation in a participatory form from the beginning to the end of the project. The project executing organ determined how to carry out the project, etc., at the very beginning. As the project went on, the intangible and tangible forces in each village began to influence or change the original intention of the project, until the operation of the project took on a different condition.

Dongxian Village   Because there are fewer households and less population in Dongxian Village, the villagers maintain good relations, with high homogeny and strong cohesion. The operation conditions of the whole project were relatively simple and smooth. The village head has a land of over 800 mu, and he himself is one economic elite, with high prestige. The project capital management group was democratically elected by the villagers. In accordance with the requirements of the project, the head of the capital management group shall not be acted by the village head concurrently, so one person who is not the member of the villagers' committee was elected as the capital management team head at the very beginning. As the project went on, the village head found that the capital management group heads elected in Yongfeng Village and Sipai Village later were all village heads (maybe it was a question of reputation). After discussion with the village head of Yongfeng Village, the Yongfeng Village head put forward to the project guidance committee at county level that Dongxian Village head wanted to act as the capital management group head concurrently. In order to make the project go smoothly, the project guidance committee at county level agreed with the proposal of Yongfeng Village head. Thus, the capital management group head was served by the village head at the same time. Although the capital distribution and management right was fully handed over from the capital management group to the villagers' committee, the village head himself didn't act on his own authority. When the project revolving capital management and distribution meeting at village level was held, the entire capital management group jointly made speeches and jointly distributed the capital. Among the three villages, Dongxian Village basically falls within the democratic community. The model adopted in the project can be summarized as the decentralized model led by decentralization of power.

Yongfeng Village In comparison with Dongxian Village, Yongfeng Village is more complicated, where there are more households and a larger population. The political power in the village is mainly divided into two parts. Before the project of Asian Development Bank entered into the village, two forces fought for the leadership of the village, and it came to an end after the present village head won. When the capital management group head was elected at the very beginning, the form that village head acted as the post concurrently had come into being. Because there were two competitive forces in the village, the villagers who maintained good relations with the village head or the villagers' committee could get the capital when the revolving capital under the project was distributed. After two-round capital distribution, we found that there were always some villagers who failed to get the fund. Due to intrepidness and sagacity[①], the village head himself decided everything by his say in ruling the village. In addition, he also reinforced his authority by the project of Asian Development Bank. He successfully depressed some opponents by controlling the distribution of the capital under the project. The project became a political weight in the current villagers' committee. Yongfeng Village falls within the category of typical political elite ruling or strongman ruling, where the power is centralized. The model used in the operation course of the project can be summarized as the decentralized model led

① He has acted as village head and secretary for many years. By some of his personal social relations, he strived for many projects for the village. For example, the high-voltage grid transformation project for underground water irrigation, which is under progress with an investment of over RMB 700,000, was acquired mainly by his personal social relations.

by centralization of power.

Sipai Village Because there are lots of households in the village, there is a large population and the categories of residents are diversified①. Among the three villages, it is the most complicated. The complexity of its power structure closely relates with its population composition. At present, the political forces in the village are roughly divided into three groups. The present village head is only in one of the three groups, who won the election by a slight advantage under the support of the households of Hezhen Nationality and some households of Han Nationality who have lived in the village for a long term, without overwhelming force in the village. The village head himself is fairly honest and tolerant, not the same as the village head in Yongfeng Village who is intrepid. In addition, because the people of one of the four smallest nationalities-Hezhen Nationality live in the village, it has certain particularity and complexity. From liberation till now, preferential policies and projects of the state have favored the village for many times, which features a community with excessive intervention②. The project of Asian Development Bank widened the contradictions between villagers and the villagers' committee. In order to politically draw the other part of the households of Han Nationality who have lived in the village for a long term, the households engaged in rice plantation with registered permanent residence and the households engaged in rice plantation without registered permanent residence③, over to his side, the equal distribution method was adopted in the second round of revolving capital distribution. Because such capital was too little, which amounted to only RMB 60,000④, many households only got an amount of RMB 400 as capital of the project, resulting in the conflicts between some households and the villagers' committee. For the village head of Sipai Village, the project of

① As mentioned above, there are six categories of villagers in Sipai Village: the households of pure Hezhen Nationality, the households consists of both members of Hezhen Nationality and members of other nationalities, the households of Han Nationality who have lived in the village for a long time, the households engaged in rice plantation with registered permanent residence, the households engaged in rice plantation without registered permanent residence and households who are jobless migrants.

② Words of Professor Jin Leshan.

③ As stipulated in Sipai Village, the households engaged in rice plantation without registered permanent residence and the households who are jobless migrants have no right to elect the leading group of the village. However, the present village head drew the households engaged in rice plantation without registered permanent residents over to his side to vote for him in the next election by promising that he would help them solve the household registration problems.

④ The supporting capital of RMB 140,000 as promised by the county government in the second round wasn't fulfilled at last.

Asian Development Bank became a very hot sweet potato. There is no absolute strongman in politics in Sipai Village. The political forces therein are diversified and the villagers just like a plate of loose sand. The model used in the operation course of the project can be summarized as the model where both centralization and decentralization of power failed.

Generally speaking, under the present context that the villagers exercise self-ruing, the Community-based Co-management project of Asian Development Bank provided villagers with more opportunities to participate in or contact the public affairs of the village from the form at least. During the operation course of the project, we can see that the villagers' awareness in participation in public affairs was improved. In combination with the political practice in community governance and under the intervention of Community-based Co-management project which advocates the philosophy of democracy, power granting, and participation from the inferior to the superior, the villagers' zeal in participating in public affairs increased to some degree. From the analysis on the conditions of the villages as mentioned above, we can see that there is still a long way to go if the democracy is truly realized. From the power fight centering on the revolving capital of the project in the three villages, we can see that such two principal lines exist: the first is the influence on the existing power structure made by the impact of economic interests-case in Sipai Village; the second is the influence of existing power structure on economic interests-case in Yongfeng Village. From the unity of opposites in the two principal lines, we can draw the conclusion that the interest network of power has always been in the dominating position.

Just as what Fei Xiaotong has said in his article-Hierarchy, "people fight for power in western countries, and we seek connections in high places and care about friendship." In the three villages, the Community-based Co-management project has become a probe to sound out the politics in the village, from which, we can spy on the governance model of the community from the microscopic level. However, such model is neither the clan governance model where the rites and legalism are developed simultaneously as said by Wen Tiejun, nor that fully similar to the model of Confucianism externally and Legalism internally as held by Qin Hui, which is more similar to the elite governing model as put forward by He Xuefeng. From a larger range, it doesn't isolate from the ethical form of hierarchy advocated by Fei Xiaotong. It seems that the civil society which can independently take charge of natural resources management as required by Community-based Co-management is still under the preparation.

4.4.2.5 Comparative Analysis

The Community-based Co-management practice was mainly carried out in Inner Mongolia, Qinghai, Shaanxi, Yunnan, Guizhou and Hunan of China. For the three provinces in the northeast, the Project on Development of Sustainable Alternative Livelihoods and Community Participation in Sustainable Wetland Management in the Sanjiang Plain was the first co-management practice. In combination with the experiences accumulated in the co-management projects in the southwestern provinces and the northeast, a brief comparative analysis is made as follows:

Southwest The provinces in the southwest have relatively narrow area and the natural resources there are fairly rare, so the community paid more attention to the opportunity to participate in the project. In addition, it is hard to form a uniform and large market in the provinces in the southwest, and the markets are scattered. In comparison, the diversity is very obvious among different communities. There are mixtures between natural economy and market economy in some communities, especially in the poor and backward mountain area, where natural resources provide more guarantee for life. The heterogeneity among communities is distinct, and they have different informal systems to manage natural resources, where the refection of traditions exists everywhere; the culture network of power came into being under the immixture among government, clans and national groups, which has great influence. The government and small communities in rural area (maintained by the old customs, patriarch system and ethics in rural area) dominate people's acts. The role of market is very insignificant, and farmers participate in the activities as social man in most of the time. There are some natural resources management systems maintained by traditional customs, etc. in communities originally. After Community-based Co-management system is introduced from outside, it can be operated successfully if it can be smoothly integrated with the mixture of local system and informal system.

Northeast The three provinces in the northeast have a larger area, the population is relatively sparse, but the natural resources are very rich. In comparison with the farmers' income conditions, communities pay few attentions on the project with smaller investment; the communities are close to the market, where grain, land, etc. are commodities and can be transacted freely (the grain transaction is formal and the land transaction is informal). Land is not only has the function of inland social security, but also has the function of commodity. As commodity, resources witness more significance; the power of government and market greatly dominates people's acts, and the power of market plays a leading role between them. The homogeny among communities is strong, and formal system and market exist everywhere, thus the space for traditional informal systems is cut down. Under the guidance of the interest network of power, there are conflicts among existing systems, making these systems dissimilate under the environment and new informal system emerge; information and market orientation have great influence on farmers, and they participate in social activities as an economic man in the market in most conditions. The traditional informal system in communities was damaged by the expanded "state" in history long ago, and the natural resources management system in communities mainly consists of formal system of the state and informal system which was formed after the formal system collided with the communities and led by the interest network of power and resources. It is not easy for the Community-based Co-management system to work if it cannot integrate with the variant of those systems playing a leading role in local area.

4.5 Conclusions and Suggestions

4.5.1 Conclusions

1) The effects of various Community-based Co-management activities under the project are only limited to the improvement of awareness at present.

2) To establish mutual trust with local communities by financially aiding the alternative livelihoods and improving the livelihood level in local communities is one common practice in resources co-management at home and abroad. The success or failure of alternative livelihoods will directly affect the success or failure of resources co-management.

3) As an external system, whether the Community-based Co-management system can smoothly integrate with local system is subject to the influence and restraint of both formal and informal systems in local area.

4.5.2 Suggestions

1) The wetland management authority shall be equipped with the power to uniformly manage various natural resources in the wetland reserves. Based on this, it shall cooperate with local communities to jointly manage the wetland and natural resources in surrounding communities. The resources management power that is decentralized in such resources management departments as state-owned land, water conservancy, agriculture, animal husbandry, environmental conservation, forestry, etc., and exercised on various resources in wetland reserves should be centralized in the wetland management authority, thus realizing

effective Community-based Co-management.

2) The community relation department should be set up in the wetland management authority to be established, especially responsible for coordinating the relations with local communities, defining and operating the affairs in relation to Community-based Co-management of resources.

3) For the alternative livelihoods in communities, the support in capital, technology, information, etc., should be offered subsequently.

5 Impacts of Public Policies upon Wetland Conservation

Wetland is the transitional zone between land and waters on the earth. Its ecosystem features special structure and functions, listed as one of three major ecosystems together with forest and ocean in *World Conservation Strategy* (1980); hence it gets another name as "Kidney of the Earth". Sanjiang Plain Wetland is one of the largest fresh marsh wetlands in China, its ecosystem boasts a diversity of functions, not only providing tremendous social and economic benefits, but also high ecological benefits, playing an important role in maintaining the ecological balance, protecting the biological diversity and species of wild animals as well as haboring water resources, storing flood water against drought and preventing pollution degradation.

With the surging of China's population, grain production could hardly meet the demand. Therefore, after the founding of the People's Republic of China, the Government set about the organized development campaign in the Sanjiang Plain. This region hence made great contribution to the guarantee of national grain security. While at the same time, the wetland source was savagely destroyed. Since 2000, a package of preferential policies reignited the enthusiasm of farmers to plant grain, while put the wetland resource in the great danger of being re-destroyed. To protect the limited wetland resources, the General Office of the State Council issued *Notice on Strengthening the Management of Wetland conservation* in 2004. Heilongjiang Province also issued *Helongjiang Wetland conservation Regulations* in 2003. It is obvious that in different periods, the pubic policies exert different influence upon the wetland conservation, and during the same period, there are some conflicts between different public policies with respect to the wetland conservation. Analyzing the relationship between public policies and wetland conservation is beneficial for the future wetland resource conservation and its sustained development. The pubic policies involve a lot of respects, including society and economy, etc. This chapter only focuses on population policies, poverty alleviation policies, environment policies and some agricultural policies relevant to wetland conservation.

5.1 Change of Wetland Area in the Sanjiang Plain

The current wetland area in China is 38,480,000 hm^2 and the natural wetland area is 36,200,000 hm^2, accounting for 94% of the total wetland, of which,the marsh wetland in Northeast Sanjiang Plain is 5,360,000 hm^2, the biggest one in the world. After the founding of People's Republic of China, the wetland reclamation in the Sanjiang Plain experienced four peaks:

The first peak of wasteland reclamation is during 1949-1954, with the total reclaimed area of 200,000 hm^2

The second peak arrived in 1956 and 1958, with 100,000 demobilized officers and non-commissioned officers settling in the Sanjiang Plain, reclaiming land area up to 230,600 hm^2 in 1958 alone.

The third peak is during 1969-1973, with 450,000 urban youth flocking into the production and construction corps in rural areas, reclaiming land area up to 680,000 hm^2 each year.

The fourth peak came at the end of the 1970s of the 20th century. With the draught in counties and farms coming in a row, the reclaimed area was more than 1m hm^2.

Through more than 50 years development and construction, the wetland in the Sanjiang Plain has shrunk 4,320,000 hm^2, with the annual reduction area of 80,000 hm^2 (see Table 5-1 for details). The wetland area has decreased nearly 80%.

Table 5-1 Constract between Farmland Increase and Wetland Decrease in the Sanjiang Plain(10,000 hm^2)

Year	Farmland	Increase of farmland(In comparison with 1949)	Wetland	Decrease of wetland(In comparison with 1949)	The ratio of farmland increase and wetland decrease(%)
1949	81.10	0.00	536	0	—
1975	242.20	161.10	244	292	55.20
1985	314.30	233.20	150	386	60.40
1990	315.40	234.30	113	423	55.30
2000	350.90	269.80	104	432	62.50

Data resource: Wang Shaohua, etc., "Study on the Wetland conservation Measurements in the Sanjiang Plain", *Journal of Irrigation and Drainage,* the 6th issue of 2004.

In 1999, the Chinese government ceased the further reclamation of the Sanjiang Plain and carried out comprehensive treatment upon the wetland in an earnest effort to restore its previous ecological functions. In 2004, the General Office of the State Council issued *Notice on Strengthening the Management of Wetland conservation.* Meanwhile, a batch of national level and provincial level nature reserves were set up. Sanjiang Plain entered into the conservation period

5.2 Influence of Public Policies upon Environment and Wetland

The year 1949 marked the end of war turmoil for one century. The population of China began to see a rebounce. During the 1950s-1960s, the cold war period, China adopted a series of encouraging policies to stimulate or unleash the population growth in order to prepare itself for the possible outbreak of world war. Till the end of the cold war, China had had a large population base with unconvertible growth trend, which brought enormous pressure onto agriculture and food supply. So during this period, the government policies began to put "grain as the center" to solve the basic need of people. While due to the economic system, the grain output was rather law. The government had to expand land resources (reclaiming wetland) to improve the grain output.

In 1978, the family contract responsibility system was put into use, announcing the abolishment of old system which used to restrict the agricultural development. During 1978-1984, the government issued a set of policies to promote food production. Till 1984, the subsistence problem had been solved. In 1998, the grain output reached 512,295 m tons. After the grain security problem has been alleviated, the environmental conservation issue was officially put high on the agenda.

During 1998-1999, China launched "Natural Forest Conservation Project" and "Returning Farmland to Forest project." In 2003, another two projects were initiated, namely, "Returning Pasture to Grassland Project" and "Returning Farmland to Wetland Project". The agriculture began to make way for ecological conservation. While during 1999-2003, the grain output in China saw a continuous drop for 5 years successively, with 2003 hitting the gutter with 430,695m tons. The grain security became a matter of concern again. In 2004, the government issued No.1 document to underline the importance of agricultural development and at the same time, promulgated favorable policies for farmers such as "Direct Subsides for Grain Producers", etc. In 2006, the agricultural tax was cancelled national wide. In the mean time, the target scale of "Returning

Farmland to Forest" in 2004 was reduced by 80%. In 2007, new projects were halted, announcing the wrapping up of the project 4 years ahead of the schedule. During this period, the government policies were directed to grain production again.

During 2004-2007, the grain output in China witnessed a constant increase for 4 years, with the maximum of 501.50 m tons in 2007. But where the national policies will go next and how to coordinate the grain security and ecological security? These are pressing issues to be tackled by government. This paper will analyze the influence of public polices upon environmental conservation, especially wetland resource conservation from respects of population policies, poverty alleviation polies, agricultural policies and environment policies.

5.2.1 Population Policy

The population policy evolvement can be divided into 3 phases and 9 periods, namely:

- Encouge birth bearing period;
- Policy change cultivation period (unstable period);
- Birth control period.

The 9 periods belong to relevant phases. See Table 5-2. The population policies mainly include population proliferation policies, domestic population migration policies, population distribution policies and international migration policies.

Table 5-2 Evolvement of China's Population Policy

Phase	Period
1. Encouge birth bearing period	1. 1949-1953, birth bearing encouraging policies
2. Policy change cultivation period	2. 1954-1957, cultivation for policy change
	3. 1958-1959, thought conflicting of top leaders
3. Birth control period	4. 1960-1966, determined to establish birth control policies and carry out work
	5. 1966-1970, policy execution environment was deprived
	6. 1970-1980Autumn, impletemented birth control policy in an all around way, that is "delaying the birth of first baby, having babies with long intervals and having less babies"
	7. 1980 Autumn-1984Spring, adjusted the above policy to "delaying the birth of first baby and having one baby only"
	8. 1984 Autumn -1991, completed the birth bearing poicy and formed local family planning regulations
	9. 1991-today, stabilize the current family planning policy

Date resource: Feng Litian, "The Past, Current and Future Population Policies in China", *Population Research*, the 4th issue of 2000.

5.2.1.1 Population Proliferation Policies

From 1949, when the People's Republic of China was founded to the year 1953, China in fact encouraged birth bearing in terms of theory and policy. Theoretically, she copied the proposal of former Soviet Union that the constant population growth is the requirement of socialist population law, and the exhibition of superiority of socialist system. In terms of policy, she adopted a series of measures to enourage birth bearing, such as distributing houses in cities and lands for famers for self-use purpose in countryside according to family members, subsidizing poor families with many children in name of collective and government, and strictly restricting artificial abortion and sterilization, etc. At the same time, China, as a country during the cold war period was also preparing itself for possible war. China encountered the first baby boom.

During 1954-1970, our government began to promote birth control and established birth control policies. However, during the following 3 years, namely 1958-1961, the natural disasters and Cultural Revolution deprived these policies of social environment. China population saw a spontaneous development and entered into the second baby boom period

In 1965, the birth rate was as high as 37.88‰, the death rate was 9.5‰ and the natural growth rate was 28.38‰. During 1949-1983, the rural population in China increased from 484 m to 784 m. In the 1950s and 1960s of last century, the population policies lead to an increase of 300 m. With the dramatic surging, the demand for grain is far greater than the supply. The pressure brought by population pushed the government to carry out organized and large- scale development campaign in the Sanjiang Plain in the 1950s of the 20th century. A great amount of wetland was reclaimed to farmland. The wetland source was seriously destroyed.

5.2.1.2 Population migration policies

From 1949 to the beginning of the 1980s, the population migration boasted evident planned economic features. As the northeast region of China is endowed with rich resources and better infrastructure, it was selected as national key development area during the national economy restoration period and the "First Five-year Plan" period,

During 1949-1957, the government began to enforce free population migration policies, allowing people to migrate freely between cities and countryside or between different towns or cities. In 1951 and 1953, the government issued *Provisional Regulations on Permanent Urban Residence Certificate Management and Habitual Residence Registeration System*, which allowed citizens to move in and out a placewith necessary proceducres and without any restriction. During this period, the spontaneous population migration and planned population migration in Norheast region were very active. The planned migration was mainly for industrial construction in cities, while the spontaneous migration followed the traditional route to the northeast. People in Shandong and Hebei mainly moved to areas with better agricultural resources in the north of the northeast, especially the scarcely- populated Helongjiang Province. During 1955-1957, the spontaneous migrated famers settled in the northeast were about 248,900 (Yuxiao, 2006).

In 1958, the Agricultural Reclamation Department transferred about 100,000 offices or non-commissioned officers to Heilongjiang Province to develop the "Vast Wildness in the Northeast". In 1959, more than 50,000 youth in Shandong were added to develop Sanjiang Plain. During the ten-year long Cultural Revolution period, the educated urban youth went to and settled down in rural China, including 450,000 joining in the production and construction corps in the Sanjiang Plain. See Table 5-3 for details.

Table 5-3 Population Migration in Heilongjiang during 1954-1980

	Cumulative net migration (10,000)	Annual net migration rate (‰)
1954-1957(First five-year)	146.51	10.74
1958-1962(Second five-year)	235.08	13.60
1963-1965(Three years of adjustment)	43.67	2.13
1966-1965(Third five-year)	82.16	3.48
1971-1975(Fourth five-year)	123.83	4.43
1976-1980(Fifth five-year)	69.22	2.22

Data resource: Yuxiao, "Population Migration in the Northeast since the Founding of New China and Regional Economic Development Analysis", *Population Journal*, the 3rd issue of 2006.

5.2.1.3 Influence of Population Polices upon Environment

During 1949-1953, the government policies actually encouraged population proliferation. Because during the cold war period, the policy makers would take war as their first consideration, lacking enough knowledge about population development rules, which resulted in China's huge population and hard-to-be controlled growth momenturm. The explosive growth leaded to the dramatic falling of per capita natural resources and aggravated the population pressure upon resources.

By far, the per capita land area in China is only 0.8 hektare, less than 1/3 of the world average; the per capita farmland is 0.08 hektare, 1/4 of the world average; the forest coverage rate is 13.8%; and the per capita forest is 0.1 hektare (the world average is 0.9 hektare), 11.76% of the world average. In recent 10 years, the natural forest reduced by 23.1% in area, resulting in the decrease of biological diversity. The grassland degradation, desertification and Salinization are getting more and more serious. The degraded area accounted for more than 1/3 of the usable grassland. The desertified area sprawls at the speed of 2000km^2 anually in latest 10 years. The forest resources are on decrease. The degradation of grassland aslo bring along serious water-caused soil loss. It is estimated that the soil loss area national wide is 4920 hektare, the annual volume is about 50,00 m tons, with the loss of N.P.K being 40 m tons. The per capita water source in China is 2637m^3, 1/4 of the world average. The water consumption volume accounts 1/5 of the total and 1/2 of the usable water resource national wide. The development degree is at the fore front of the world. There are about 4 m hectare farmland and 1/3 grassland are being threatened by draught, about 50 m farmers and 40 m livestocks are encountered with water troubles (Zhangya, etc., 1999).

With the surging of population, there is an increased demand for grain. During the early days of New China, the traditional cultivation technique and methods could hardly be counted to realize grain increase. Under the planned economic framework, farmers had no or rare sources to get extra income, so they had to reclaim wasteland (wetland) and enclose lakes for cultivation, etc, namely to improve the grain output through expanded reproduction. While the population migration policies were meant to guarantee this production manner. During 1949-1984, the population was on constant increase and the farmland kept expanding (see Table 5-4).

Table 5-4 Contrast between China's Population and Farmland during 1949-1990(%)

	1949-1952	1953-1957	1958-1965	1966-1978	1979-1984	1984-1990
Total annual growth rate of population	2.0	2.4	1.5	2.2	1.2	1.3
Annual growth rate of farmland	+3.3	+0.7	+1.0	+0.9	+0.3	-0.5

Date resource: Qu Geping, etc., *China Population and Environment*, China Environmental Sciences Press, page 51, 1992.

5.2.1.4 Influence of Population Policies upon Wetland

The wetland has been long regarded as "wasteland", the backup farmland. As long as wasteland reclamation comes to people's mind, the first place hitting people is fertile wetland. However Sanjiang Plain used to be considered as the "Great Northern

Wilderness". Since the 1960s of the 20th century, China has been striving for turning the wilderness into vast grain storehouse, namely, turning wetland into farmland

In the Sanjiang Plain, the newly reclaimed wetland since the founding of New China is 4.32 m hectare, a decrease of 80,000 hektare annually. The reclaiming rate in some meadow black soil areas is more than 85%. The over- reclaiming resulted in the damage of vegetation and serious oil degradation and secondary salinization. Lots of reclaimed land has to be returned to wetland. According to statistics, about 133,000 hektare reclaimed land in the state-run Sanjiang farm has to be returned to wetland because of drought and salinization.

With the proceeding of wetland reclamation in a big scale, the whole function of the wetland is degrading, featured by seriously damaged ecological environment, reduced biological diversity, wrecked primitive plantation and simplified ecological structure. The habitats and foraging scope of wild animals are shrinking significantly. The species of some rare wild animals and plants are endangered. Climate is deteriorating, coupled with frequent droughts and floods. Water- caused soil loss and land degradation is beoming more serious. To date, the water-caused oil loss in the Sanjiang Plain is about 2.2 m hectare, with the loss of surface oil being 5-6mm annualy. The runoff volume of middle and small rivers originated from this region is obviously reduced, even become dry in low water period (Sun Guohui, etc, 2006)

5.2.2 Poverty Alleviation Policies

Till the 1970s, China was still the most undeveloped country in the world, boasting largest poor population. In 1978, there were about 250 m people in absolute poverty, leaving basic sustenance unsolved. Therefore, the Chinese government first worked out the development-oriented poverty alleviation strategy, i.e., helping poor people get rid of poverty through boosting the regional economic development.

In September 1984, the Chinese government set about the organized, designed and large- scale poverty alleviation campaign with tremendous human and materials resources invested and issued *Circular on Help the Poor in Poverty Stricken Area* (ZF【1984】14), listing poverty alleviation into the seventh "five-year development plan". During1984-1995, about RMB 74.5 b yuan funds and preferential loans of a variety of types were provided by Central government to poor areas, including RMB 394 b yuan in the eighth "five-year plan" period. In 1995 and 1996, the annual investment was nearly RMB 10 b yuan.

In 1994, the State Council formulated the *Seven-Year (1994-2000) National*

Poverty Alleviation Plan, which served as the guiding principle for all poverty alleviation activities. According to data released by officials, the poor population in China's rural area had reduced from 250 m in 1978 to 30 m in 2001.

In May, 2001, the Chinese government formulated new *Development Orientated Poverty Alleviation Program in Rural China*(2001-2010), in which the general objective of the future 10 years was put forward, that is to solve the basic sustenance problem of a few poverty-stricken people, to further improve the basic living and production conditions in poor areas and consolidate achievements, to improve ecological environment and grandually change the backward social, economic and cultural conditions, paving the way to an overall well- off society. Till the end of 2006, the population in absolute poverty in rural China had reduced to 21.48 m. The total number of poverty-striken people and people with low income was 57 m, accounting for 6% of the total rural population. See Figure 5-1 for details.

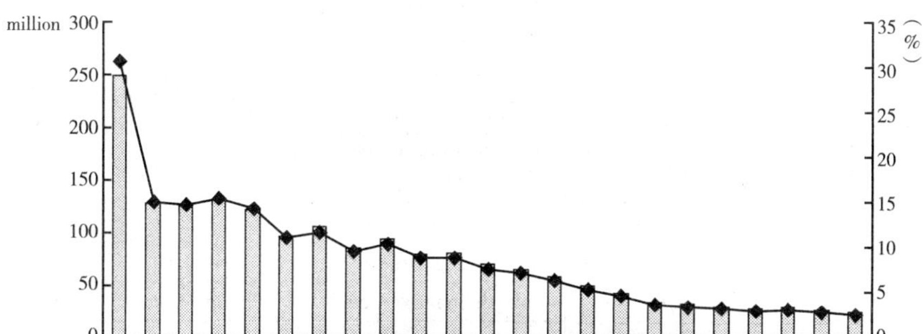

	1978 year	1984 year	1985 year	1986 year	1987 year	1988 year	1989 year	1990 year	1991 year	1992 year	1993 year	1994 year	1995 year	1996 year	1997 year	1998 year	1999 year	2000 year	2001 year	2002 year	2003 year	2004 year	2005 year
Poor population	250	128	125	131	122	96	106	85	94	80	80.7	70	65	58	50	42	34	32	29.3	28.2	29	26.1	23.7
Poverty rate	30.7	15.1	14.8	15.5	14.3	11.1	11.6	9.5	10.4	8.8	8.8	7.6	7.1	6.3	5.4	4.6	3.7	3.4	3.2	3	3.1	2.8	2.5

Figure 5-1 Scale of Poor Population and Poverty Rate in Rural China During 1978-2005

Data resource: Data of statistics come from National Institute of Statistics and Censuses; the population data from China Rural Statistical Yearbook.

5.2.2.1 Distribution of China's Poor Population

The poor populations in China are mainly concentrated in western regions, remote mountainous areas and minority regions. There are 592 counties in 27 provinces, autonomous regions, municipalities and cities directly under the central government listed in the *Seven-Year (1994-2000) National Poverty Alleviation Plan*, making up 80% of poor population. In a bigger picture, these poverty stricken counties are mainly in 18 tracts in the east, middle and west of China (Table 5-5).

Table 5-5 Distribution of 18 Poor Tracts in the East, Middle and West of China

Economic Zone	Number of Poor Tracts	Name	Involved Provinces and Autonomous Regions	Involved Counties
East	2	Yimeng Mountain Area	Shandong	9
		Southwest and Northeast of Fujian	Fujian, Guangdong	23
Middle	7	Nuluer Tiger Mountain Area	Liaoning,Inner Mongolia,Hebei	18
		Taihang Mountain Area	Shanxi,Hebei	23
		Lvliang Mountain Area	Hebei	21
		Qinling Daban Mountain Area	Sichuan,Shaanxi、Hubei,Henan	68
		Wuling Mountain Area	Sichuan,Hunan, Hubei,Guizhou	40
		Dabie Mountain Area	Jiangxi,Hunan	2
		Jinggang Mountain and South of Jiangxi Area		34
West	9	Dingxi Dry Area	Gansu	27
		Xihaigu Area	Ningxia	8
		North Shaanxi Area	Shaanxi,Gansu	27
		Tibet	Tibet	
		Southeast of Yunnan	Yunnan	19
		Hengduan Mountain Area	Yunnan	13
		Jiuwan Mountain Area	Guangxi,Guizhou	17
		Wumeng Mountain Area	Sichuan,Yunnan, Guizhou	32
		Northwest of Guangxi	Guangxi	29

Data resource: Impoverished Area Economic Development Leading Group of the State Council, *Outlines of Economic Development in China' Poor Areas*, China Agriculture Press, 1989.

Main features of these poor areas: 1) They are either located in plateau, or mountains, or hills, or desert or places with karst landform, etc, featuring harsh ecological environment and serious soil loss. 2) The per capita agricultural resources is small and of poor quality. (In mountainous and Karst areas in the southwest, the per capita farmland is small and lean. However, in the northwest, the water resources are seriously inadequate.) 3) Their locations are remote and the infrastructures are outdated. Most of them are far from political and economic centers, hard to be approached, unfavorable for the economic and social development. 4) There is a lack of basic education and medical care and service, etc, and thus affecting the basic quality and competence of poor population. 5) These above factors work together dragging down the agricultural production rate, marketization, and development of non- agricultural industries.

5.2.2.2 Major Measures for Development-oriented Poverty Alleviation

The concrete poverty-alleviation measures are: welfare- to-work, poverty alleviation through science and technology, workforce export, cross-boundary migration and international cooperation, etc.

(1) Welfare-to-Work

The welfare-to-work in China is a sort of relief, while is different from pure relief in common sense. It is the unification of relief and construction. The relief receivers have to attend social public project construction to gain relief materials or funds. This cross-year plan is organized and carried out by National Development and Reform Commission (Table 5-6). One feature of the early welfare-to-work plan is to pay the project cost in form of concrete matrials. The basic management mode is: the Development and Reform Commission distributes the practical bonds which can be converted into food, cloth and daily commodities to relevant project construction units (such as Bureau of Transportation, Bureau of Water Resource, etc). The materials are allocated by state- run commercial departments, such as Food Bureau and Bureau of Economic and Business Affairs, etc. In some circumstances, the food bonds can be converted to cash in banks.

Table 5-6 Welfare-to-work Plan during 1984-1997

Period	Invested materials	Value (RMB 100m)	Main projects
1984-1987	Grain, cotton, cloth	27	Road and drinkingwater facilities
1989-1991	Middle and low-end commodities	6	Road and drinking water facilities
1990-1992	Industrial products	15	Road, drinking water facilities and farmland reconstruction
1991-1995	Food	50	Terrace and small water conservancy project
1991-1995	Food and Industrial products	100	Treatment of major rivers
1993-1997	Grain, clothes, cooking oil, middle and low-end ommodities	100	Infrastructure construction, including medical facilities

Data resource: Wang Sangui, Liwen, *Study on China's Rural Problems*, Page 87, annex 14, Economic Science Press, China, 2005.

During the "eighth five-year plan" period, the investment in welfare- to- work was RMB 24.7 b yuan. In 1996, the central government invested poverty allevation funds and materials worthy of RMB 9.85 b yuan, including RMB 4 b yuan for welfare- to- work, accounting for 40% of the total investment. After 1998, the welfare- to- work funds include RMB 4 b yuan from Ministry of Finance and RMB 2 b yuan worthy treasury bonds from Development and Reform Commission (in 1998, RMB 1 b yuan).

(2) Poverty Alleviation through Science and Technology

Poverty alleviation through science and technology is the major tactic in poverty alleviation proposed by Ministry of Science and Technology in 1986. By taking advantage of mature science and technology as well as modern management science, it aims to enhance people's development capability in poor areas and significantly improve the resource development level and production rate so as to gain best economic, social and ecological benefits, to promote the commodity economy and help people get rid of poverty at a quicker pace. Since 1986, the Ministry of Science and Technology carried out poverty allevation programs through science and technology in 55 counties in Dabieshan, Jinggangsha, and Shanbei districts as well as some minority poor areas.

The Ministry of Science and Technology dispatched poverty alleviation teams to cooperate with local governments in carrying out poverty alleviation programs; promoting the application of advanced science and technology in a large scale based on actual needs of local people; developing regional pillar industries based on scientific development; and establishing sound socialized science and technique service system, etc. What is noteworthy is that the poverty alleviation plan pays equal importance to resource development and conservation in order to prevent ecological environment from further deterioration and progressively guide it to a good ecological cycle. A great number of agricultural technique demonstration projects with coordinated economic, social and ecological benefits were arranged. To solve the weak ecological foundation, serious soil loss and sandilizaiton in poor areas, engineering, biological and ecological technology and regional comprehensive treatment technology were adopted, which changed the deteriorated biology to a great extent in poor areas and guaranteed the sustained economic development.

(3) Labor Force Transfer

To help the labor force in poor areas get jobs and increase income, the government encouraged and organized labor force transfer in qualified poor areas. The labors can get higher income and learn new technology, new life style and new working methods outside their hometowns, and at the same time enhance their self-development capability. According to the surveillance upon 592 poverty-stricken counties national wide by National Statististics Bureau in 1999, the transferred labor force reached 10,960,000, accounting for 11% of the total labor force (see Table 5-7).

Table 5-7 Labor Force Transfer in Impoverished Counties during 1994-1999

	Transferred labor force(10000)	Labor force(10000)	Ratio of transferred labor force(%)
1994	1372.10	9294.60	14.76
1995	1468.70	9401.10	15.58
1997	1040.00	9554.00	10.89
1998	1065.00	9708.00	10.97
1999	1096.00	10000.00	10.96

Data Resource: Data of 1994 and 1995 from State Council Office of Poverty Alleviation, *Statistics of key-aid Impoverished Counties National Wide.*

In terms of regional distribution, generally, the labor force is flowing from the middle and western regions into eastern regions. In 2000, the middle and western regions generated 90% of the total cross-province export but only absorbed 18% labor force from other provinces. The labor force flowing from poor counties to provinces in middle China has been accounting for more than half of the total export number. In terms of sectors, industry, construction, sevice, trade and catering are five dominating sectors in the past few years with respect to labor force export. The industry has been absorbing more than 37% migrated labor force, serving as the main sector for rural labor force transfer.

(4) Cross-border Migration

To those areas with poor natural conditions, barren natural resources or without basic production and living conitions, the government organized migration based on willingness. This kind of organized migration began in 1983 in Sanxi region. In the middle of the 1990s, the poor people without solving the basic sustanence problem were mainly concentrated in big and deep mountains and deserted regions with harsh natural environment. In 1994, the central government issued *Seven-Year (1994-2000) National Poverty Alleviation Plan,* putting forward the proposal to carry out development-oritented migration towards a few villages and households with tough surviving and development conditions. Till the end of 1999, the migration was carried out in 17 cities for povery alleviation purpose successively, with totally transferred and allocated poor migrants reaching 569,200 In 2001, *the Development Orientated Poverty Alleviation Program in Rural China(2001-2010)* clearly defined the main content and approach of the poverty alleviation program in the new century is to stabilize and promote migration by willingness.

(5) International Co-operation

The implemention of *Seven-Year (1994-2000) National Poverty Alleviation Plan* allowed the international organizations to expand their scale, scope and coverage of their provery allevation programs in China. Their activities can be dated back to the early years of reform and opening up. Table 5-8 listed main international organizations engaged in poverty alleviation in China. Their projects were of various kinds, involving multiple deparments, including small sum of credit loan, small infrastructure construction, community development, environment conservation, technique aid and capability construction as well as village comprehensive development.

Table 5-8 List of International Organizations Involved in China's Poverty Alleviation Program

International development supporting organizations	UNDP, FAO, WFP, UNICEF, UNIDO, ILO, UNFPA
International financial institutions	WB,ADB, IFAD
Foreign government bilateral institutions	AusAID, CIDA, DFID,GTZ, Holand, Finland,Sweden, JICA
International non-governmental organizations	Ford Foundation, World Wild Fund for Nature, Oxfam Hong Kong, KFW, The Amity Foundation, World Vision, Save the Children, Plan International, International Crane Foundation, Progressive Organization, etc.

Data resource: Wang Sangui, Liwen, *Study on China's Rural Problems,* table 6, page 127, Economic Science Press, China

The international organizations plunged huge amount of capital in poor areas in China, as a main means to sloving capital problem. According to Poverty *Monitoring report of Rural China*, during 1997-2000, the foreign capital in 592 poverty counties reached RMB 7,130 m yuan, with the average of RMB 3 m yuan each annually.

5.2.2.3 Poverty Alleviation Policies upon Environment

The development-oriented poverty alleviation program aims to promote the regional economic development so as to help people get rid of poverty. Because the poor people are mainly concentrated in environmentally harsh regions, projects of this kind are closely related to environment. Some projects improved the regional ecological environment as they fulfilled their targets.

When summing up the methods and experience in poverty allivation-oritented migration, Bai Nansheng, etc., (2000) concluded that in terms of labor source areas, the percentage of migrants among the total population is the main factor influencing the ecological effect. In villagers with bigger migration ratio, the tense of farmland is alleviated. The farmland is re-planted in some villages with some returned to forest. The move to return farmland to grassland prelimentarily improved the ecological environment in labor force source areas. But in villages with less labor force migrating out, the effect is not obvious.

However, at present, the poverty alleviation policies in China have not been combined with the objective of ecological environment. Majority poverty allevation plans lack the environmental impact analysis, which leads to the negative influence of some poverty alleviation projects upon ecological environment

Li Xiaoyun, etc., (2005) carried out further analysis upon the relationship between environment and poverty alleviation, and pointed out that according to Environmental Impact Assessment Law, every construction project has to conduct environmental impact assessement. However, most village-level infrastructure construction projects (such as road, electricity, and water diversion projects) failed to do so, which might lead to the potential adverse impact upon environment in a long run.

According to the assessment of Caikui, etc, upon the relationship between village- level poverty allevation comprehensive plan and environment in Yunnan, Huize County introduced high- yield and high- economic return crops, while most of which needed much more pesticide and fertilizer, hence polluted the environment. Animal husbandry is the most important component of economic development projects in poor arrears. In Lancang County, with the dramatic increase of livestoks, the pollution of underground water is more serious by their wastes. Also in this country, the eucalypt trees are widely planted for providing materials for a big -scale paper making plant. Even though the income level is improved, the ecological diversity in the plantation area is reduced.

5.2.2.4 Influence of Poverty Alleviation Policies upon Wetland

Among 593 national-level poverty stricken counties, some counties, (towns, or villages) are located in or near to the wetland resource conservation zones. Therefore, the poverty alleviation projects carried out in these regions might exert impact upon wetland resources.

The provincial-level Dajiahe Wetland Nature Reserve in Heilongjiang is located in Raohe County, which falls in the scope of our study. Its natural wetland area is 2,033 hectare. At present, the poverty alleviation funds are mainly applied to five major projects, such as planting and breeding industries, water conservancy construction, infrastructure construction (roads, electricity, telecommunication, broadcast, tv, etc.), public welfare establishments (drinkable water, housing, education, public health, etc.) and ecological construction (comprehensive treatment of small drainage areas).

This research discovered that even though most of poverty alleviation projects are neutral or favourable for environment in a long run, to support the change of dry fields to rice fields will lead to increased demand for water resource. Many farmers have bought pumps to irrigate their fields, threatening the water resource in the wetland nature reserve. At the same time, with the discharging of water, the pesticide and fertilizer will flow into the wetland and pollute the ecological environment.

To support the infrastructure construction is the main content of the poverty alleviation projects. As to this respect, Xiao Xiaoni (2006) holds that the permanent occupation of roads would change the pattern of wetland utilization, affect the activities of animals and eventually result in the decrease of animals and plants in wetland. Due to the permanent obstruction of roads, the direction of surface water and underground water will be changed, thus impacting adverse influence upon the ecological system and biological diversity along the route. Once the roads are put into operation, the noise of vehicles will also affect the activities of animals nearby.

5.2.3 Agricultural Policies

Agriculture and wetland are two ways of land utilization. The agricultural polices have direct impact upon how the land is used, consequently, the condition of wetland.

5.2.3.1 Main Agricultural Policies

(1) Wasteland Reclaiming Policies

During 1949-1957, the increase of China' grain production mainly depended on the expansion of farmland. During 1949-1952, the Government initiated national wide land reform program and formulated policies to entitle the reclaimer to land ownship in bid to stimulate the enthusiasm of farmers in agricultural production. A great deal of discarded farmland during war turmoils was re-employed. In December 1949, the central government issued instructions admitting Chinese army to be involved in production. Re-employed and newly reclaimed land expanded dramatically. During 1953-1957, the government established a great many of state-run farms and army reclaimation farms while encouraging the educated youth to be engaged in the wasteland reclamation and reclamation in other places and farmers to reclaim wasteland in their hometowns.

During this period, China's farmland increased from 97,881.3 khm^2 in 1949 to 111,830.0 khm^2 in 1957, boasting the cumulative net growth of 13,949.33 khm^2, the growth rate of 14.25% and annual growth rate of 1.68% (Zhang Shigong, etc., 2006). During 1949-1957, the grain output in China increased from 100 m tons to 200 m tons.

(2) Agricultural Structure Adjustment Policies

In 1981, the government set up policies, "never slackening grain production and actively developing a diversified economy" to carry out big adjustment since the founding of New China for the first time. Till the end of the 1980s and early 1990s, the planting industry has decreased from 79.3% in 1978 to 64.7% in 1990; the animal husbandry climbed up from 15.5% in 1978 to 25.8% in 1990; the forestry surged from 3.6% to 4.3%; and the fishery was from 1.6% to 5.4%.

In 1992, China passed the resolution on developing high-yield, high quality and high-efficient agriculture.

In 1998, the government carried out another round of strategic adjustment from respective of coordinated development between cities and villages, between workers and farmers, between different regions, and between economy and environment, and pointed out seven development directions, such as optimizing the regional distribution of agricultural products, developing secondary and tertiary industries, promoting urbanization construction and ecological environment construction, advancing the project of returning farmland to forest, pasture to grassland and farmland to lakes.

Through more than 20 years of adjusgement of agricultural structure, the percentage of planting industry decreased from 80% to 50%, the animal husbandary increased from 15% to 32.2%. In 2003, the Chinese government further put forward 5 objectives: high yield, high quality, high efficient, ecology and security. See Table 5-9 for details.

(3) Agricultural Land Policies

In 1980, the CPC Central Committee issued Decision of the State Council ConcerningSeveral Issues on Further Strengthening Product Quality Work. During

Table 5-9 Agricultural Structure Change (Component of Total Value of Agriculture, Forestry and Fishery during 1978-2006)

(total value=100)

Year	Planting	Forestry	Animal husbandry	Fishery
1978	80.00	3.40	15.00	1.60
1980	75.60	4.20	18.40	1.70
1985	69.20	5.20	22.10	3.50
1986	69.10	5.00	21.80	4.10
1987	67.60	4.70	22.80	4.80
1988	62.50	4.70	27.30	5.50
1989	62.80	4.40	27.60	5.30
1990	64.70	4.30	25.70	5.40
1991	63.10	4.50	26.50	5.90
1992	61.50	4.70	27.10	6.80
1993	60.10	4.50	27.40	8.00
1994	58.20	3.90	29.70	8.20
1995	58.40	3.50	29.70	8.40
1996	57.80	3.30	30.30	8.60
1997	56.00	3.40	31.50	9.10
1998	58.10	3.50	28.60	9.90
1999	57.50	3.60	28.50	10.30
2000	55.70	3.80	29.70	10.90
2001	55.20	3.60	30.40	10.80
2002	54.50	3.80	30.90	10.80
2003	50.10	4.20	32.10	10.60
2004	50.10	3.70	33.60	9.90
2005	49.70	3.60	33.70	10.20
2006	50.80	3.80	32.20	10.40

Data resource: National Breau of Statistics, *Report on China's Development in 1998*, Beijing, China Statistics Press, 1998; *Statistical Yearbook of China 2007*, Beijing, China Statistics Press, 2007.

1982-1986, the CPC Central Committee issued five "No. 1 documents" on succession, marking the establishment of family contract responsibility system in China.

In 1984, the CPC Central Committee No.1 document clearly defined that the contract period of farmland shall not be less than 15 years. For development-oritend agriculture, such as development of waste mountains, hills, wetland and ditches, etc, the contract period can be even longer.

In 1993, the CPC Central Committee and State Council issued No.11 document, Policies concerning Current Agriculture and Economic Development in Rural

China, proposing that the first round of contracts may be extended to 30 years unchanged upon the expiration 15 years later. For development-oriented agriculture, the contract period may be even longer.

(4) Supporting Policies for the Agriclutral Product Price

In 2008, the government continues to implement lowest purchase price policy in major rice and wheat growing areas and enhance the bottom price of rice and wheat of the year appropriately. Among that, the price of per 50 kg Early Indica Rice (third grade, same as below) increased from RMB 70 to 75 yuan; Medium and Late Japonica Rice rose from RMB 72 to 76 yuan; Japonica Rice rose from RMB 75-79 yuan; White wheat from RMB 72-75 yuan; Red wheat from RMB 69-70 yuan and mixed wheat from RMB 69-70 yuan. Table 5-10 indicates the purchase and sale price of main grains during 1985-1990.

Table 5-10 The Unified Purchase and Sale Prices of Main Grains During 1985-1990

Unit: RMB/50kg

Year	Average of 6 grains	Wheat	Corn	Rice		
				Average	Indica Rice	Japonica rice
1985	18.64	22.07	14.66	—	15.66	19.90
1986	18.78	22.10	15.22	—	15.70	20.24
1987	19.35	22.14	16.01	—	17.32	21.19
1988	20.01	23.83	16.10	18.31	17.34	22.13
1989	20.01	25.34	17.12	23.53	22.61	27.82
1990	20.01	25.34	17.12	23.53	27.61	22.82

(5) Tax and Subsidy Policies

1) Tax Policies in Rural China

In 2004, to stimulate the enthusiasm of farmers in major grain growing areas, Jilin and Heilongjiang these two provinces initially launched agricultural tax exemption reform. Hebei, Inner Mongolia, Liaoning, Jiangsu, Anhui, Jiangxi, Shandong, Henan, Hubei, Hunan, Sichuan, these 11 major grain growing provinces (Autonomic Regions) reduced the agricultural tax by 3% to encourage grain production; other provinces, autonomic regions, cities directly under central government reduced the tax rate by 1% on average. Shanghai, Beijing, Tianjin, Zhejiang, Fujiang and Tibet, these six provinces and 274 counties (cities) in other provinces also exempted or basically exempted grain producers from the agricultural tax. The extra tax was reduced at pace with agricultural tax. The coastal regions and other qualified regions carried out agricultural tax exemption reform based on local financial strength.

The agricultural tax reform includes 4 aspects, namely, concealing the administration fee collected from rural people for rural eduction and governmental funds, capital as wel as slaughter tax; concealing the regulated labor accumulative system and volunteer work system (In event of big natural disasters, farmers can be used with the approval of county-level government).

In 2005, to further expand the agricultural tax exemption scope and strengthen the work, the government chose 592 counties to experiment with free agricultural tax program, and further reduce the tax level in other regions. In 2005, the program was carried out in pasturing regions. The state-owned agricultural reclamation enterprises enjoyed the same tax policy with local people. Since 2006, China began to totally abolish agricutral tax and its related "3 retentions" and "5 charges".

2) Direct Grain Subsidy

In 2003, to provide direct grain subsidy to grain producers is the main content of the new round grain circulation system reform. About 29 provinces carried out direct grain subsidy program national wide, with total funds of 11.6 b yuan and about 600 m beneficiaries. In 2004, the direct grain subsidy program was unfolded national wide, mainly targeting major grain producing counties and households. The major grain producing provinces and automatic regions shall provide direct subsidy to grain producers within the province (including workers in major state-run farms). The subsidy is distributed to farmers in cash or in form of savings account or card.

3) Improved Variety Subsidy

The improved variety subsidy is set by the government to improve the quality of agricultural products and their competitivess, establish dominant industries and to encourage farmers to plant good quality variety. The scope includes soybeans, wheat, corn, and rice. In 2003, the subsidy for soybeans and wheat reached RMB 300 m yuan, covering Inner Mongolia, Liaoning, Jilin, Helongjiang, Hebei, Henan, Shandong, Jiangsu and Anhui these nine provinces. In 2004, the subsidy for rice, wheat, corn, and soybeans reached more than 1 billion yuan, covering Inner Mongolia, Liaoning, Jilin, Helongjiang, Hebei, Henan, Shandong, Jiangsu, Anhui, Hunan, Hubei, Jiangxi and Sichuan, totaling 13 provinces.

In 2005, the government mainly promoted improved variety subsidy projects in 13 major grain producing provinces, together with major grain producing regions in other provinces. In this year, the high quality special purpose wheat was 100 m mus, with subsidy of 10 yuan per mu; the special purpose corn was 10 millionmu, with subsidy of 10 yuan per mu; the high-oil soybean was 10 million mu with subsidy of 10 yuan per mu. The wheat subsidy mainly went to high quality strong gulten and weak gulten varieties as well as high quality medium to high gluten and medium gulter varieties. The corn subsidy mainly went to silage corn. As for soybean, the subsidy was still directed to high oil variety. The governemt made continued effort to provice subsidy to Heilongjiang, Liaoning, Jilin, Jiangxi, Anhu, Hubei and Hunan based on the actual taxable rice area, i.e., providing subsidy of 10 yuan per mu for early-season rice, 15 yuan per mu for middle-season rice (Northest Japonic Rice) and 7 yuan per mu for late-season price.

4) Agricultural Machinery Subsidy

Agricultral machinery purchase subsidy (in short, agricultural machinery subsidy) is a special fund set by Ministry of Finance to enourage and support the application of advanced agricultural meachinery among farmers, to promote the development of agricultural machinery and to imrove the comprehensive production capability of agriculture. The targets of the subsidy mainly are famers meeting relevant requirements, (farm workers), agricultural machinery service organizations directly envolved in agricultural production and agriclutral machinery specialized households. The subsidy amount shall be no more than 30% of the machinery price. The concrete subsidy plan shall be designed based on actual conditions.

5) General Direct Subsidy for Agricultural Means of Production

General direct subsidy for agricultural means of production refers to general direct subsidy provided to grain producers to cover the price increase of diesel, fertilizer, pesticide and other production means base on current direct grain subsidy system. The subsidy amount is based on the general assessement of the influence of price change upon the benefits of grain producers, also the consideration of the diesel price surge. The subsidy is allocated by Ministry of Finance to major grain producing areas and counties in one time and will not be adjusted according to the actual price change later in the year. In 2006, the overall subsidy from Central government was 12.5 b yuan.

6) Fertile Sow Subsidy

In 2007, the State Council issued *Opions of State Council Concerning Promoting the Production and Development of Live Pig and Stabilizing the Market Supply*, in which, it pointed out that to protect thte fertility of sows, the government would provide 50 yuan for each sow to sow breeders or sow breeding farms. The fund will be born by government, of which, the Ministry of Finance will bear 60%, namely, 30 yuan and the local finance department will bear 40%, namely 20 yuan. Among the 40%, the provincial cities will assume 30%, namely 6 yuan and the counties will assume 70%, namely 14 yuan.

7) Fine Breed Cow Subsidy

To stimulate the enthusiasm of farmers in using frozen semen of fine breed cows and to speed up cow breed improvement, improve the cow quality and enhance income of cow breeders, in 2005, the agricultural deparment launched Fine breed cow subsidy program (pilot project) in Hebei, Inner Mongolia, Heilongjiang and Shanxi, these four provinces (districts) listed into the *National Diary Development Plan in Dominant Regions*. Some counties were chosen as pilot places for carrying out fine breed cow subsidy (frozen semen) program. The criterion is 10 yuan for one dose of fine breed cow frozen semen priced at 15 to 60 yuan. About 600,000 to 650,000 cows are planned to be improved in 2005.

8) Oil Crops Subsidy

Thanks to the reduction of oil crops domestically, the price of cooking oil keeps climbing up. In January 2008, the Ministry of Agriculture mapped up oil crop revitalization plan, aiming to restore the oil crop production level in 2008 to that in 2006, namely, amouting to 346 m mus, with average ouput per mu reaching 135 kg, and total output reaching 47 m tons. Till 2010, the area of oil crops shall expand 20.8 m tons over 2006, with an increase of 10 kilogram per mu and 14% of total output. The plan includes 7 aspects, such as providing subsidy to improved variety of rape and soy beans; organizing major oil crop production projects and working out the regional distribution plan for oil crops, etc.

5.2.3.2 Influence of Agricultural Policies upon Environment

Among agriculral policies, some grain output increase-oriented policies exert negative influence upon ecological environment, including wasteland reclamation policies, agriculatural land policies, agricultural product price policies and agricultural means of production subsidy policies, etc.

The wasteland reclamation policies directly lead to the over-reclaiming of agricultural natural resources. Some land unsuitable for farming was reclaimed, such as the grassland-agriculture-pasture interweaving belts, which may lead to the land degradation. Any improper monitoring over "four wastes" bidding policies may result in the damage of marginal land with fragile ecology. The price supporting policies for agricultural products fanned up the enthusiasm of farmers in producing grains. The agricultural means of production subsidy policies overtly encourage the use of pesticide and fertilizer, while the overuse of them may destroy the agricultural ecological environment. The research shows that at present, the utilization rate of fertilizer in the applied season in China is only between 30%-40%; the utilization rate of phosphate fertilizer is between 10%-25%; that of nitrogenous fertilizer is 30%-40%; the potash fertilizer is 40%-60%; and the efficient part of pesticide is only 10%-15%. The majority residual of pesticide and fertilizer will disperse with air, soil and water, posing serious impact upon ecological environment.

5.2.3.3 Influence of Agricultural Policies upon Wetland

Some grain and income increase-oriented agricultural policies exerted negative influence upon wetland resources, such as wasteland reclamation policies, agriculatural land policies, agricultural product price policies and agricultural means of production subsidy policies, etc.

Take the Sanjiang Plain as an example, during the early days of the founding of New China, under the nation's guidingline of "taking grain as the center", the wetland resources were massively reclaimed. Through more than 50 years of development and construction, the wetland area in the Sanjiang Plain dropped 4.32 m hectare, with the annual decrease rate of 80,000 hektare averagely and wetland area shrinking by nearly 80%. Since 1992, the wetland along Naoli River which falls into the scope of our study has been returned to farmland. More than 1 m hectare farmland with majority of rice land has their irrigation water contained with residual of fertilizer and pesticide. The water is discharged to rivers before treatment, leading to aggravated water eutrophication and crazily enhanced biochemical oxygen demand, exerting negative influence upon the survival and multiplication of aquatic creatures.

Recently, the government put forward a series of preferential policies, which reignited the enthusiasm of grain producers, especially those in the Sanjiang Plain, a region with per capita farmland above 15 mus. The enthusiasm of grain producers is unprecedentedly high. Whereas, under the imperfect wetland conservation mechanism, there is a possibility for farmers to destroy wetland resources in order to improve the grain output and family income.

To promote the shift of rural labor force is favourable for wetland conservation. The rural labor force working in cities may not only reduce the pressure of rural population but at the same time reduce the pressure of land resources, beneficial for the construction of wetland conservation projects. During 1995-2000, the in-migration rate in Heilongjiang was 1.95‰; the out-migration rate was 5.70‰ and the net migration rate was -3.76‰. Heilongjiang Province thus turned itself from a net in-migration area to a net out- migration area (Yuxiao, 2006).

5.2.4 Environmental Policies

Enviornmental policies serve as one means to cooridating the development and resource environment, at the same time, the major controlling means to sustainable development strategy and the fulfilling of its objective. The environmental policies in China mainly experienced three periods.

The first period (from 1979 to the end of the 1980s). The promulgation of Environmental Conservation Law in 1979 marked the entry of China's industrial environmental conservation into the legal track. During this period, the general principle of environmental policy system construction is holding the environment polluter responsible for cleaning up. The environmental policies mainly include: establishing environmental standard rules; strengthening environemental test and statistics; "three simultaneous" policies; charge for pollutant discharge; environmental influence assessement; environmental conservation objective responsibility system; enterprise environmental conservation test, quantative test over overall treatment of urban environment; pollutant discharge certificate system, pollution centralized control; and pollution source treatment within the speficied term, etc..

The second period (from the end of the 1980s to the beginning of the 1990s). This period is marked by the promulgation of China's Agenda 21. During the process of establishing socialist market economy, bring the economic measures to full play to promote the resource and environment conservation and realize the sustained utilization of resources. During this period, China's environmental policies mainly include: carrying out sustained develonment strategy; adopting efficient measures to prevent industrial pollution; deepening the environment overall treatment to deal with "four harms" in cities seriously; improving the utilization rate of energy resources and their structures; promoting ecological agriculture by persisting in tree replantation and strengthening the conservation of biological diversity; advancing science and technology through reinforcing enviornmental scientific research and developing environmental friendly industries; protecting environment through economic means; strengthening environmental education to improve the awareness of people on environmental conservation national wide; perfecting environmental legal system and strengthening environmental management; working out China's action plan in the spirit of United Nations Conference on Environment and Development (UNCED).

The third period (from the 21st century to today). With the proposal of

"Scientific Outlook" in 2003, the goernment put forward the plan to achieve hormonious development between cities and villages, between different regions, between economy and society, between human and nature and between domestic development and opening up. During this period, China's environmental policies mainly include: cooridating the development of human and nature; paying high attention to resources and ecological environment; dealing with the relationship between economic construction, human growth, resource utilization and ecological environmental conservation appropriately to enhance the capability for sustained development and lead the whole society into an civilized development course with better living standard and favourable biological environment.

5.2.4.1 Wetland Conservation Policies

In 1979, China issued *Environmental Conservation Law of the People's Republic of China* (Trial Implementation), which marked the entry of China's environmental conservation into the legal track. In 1992, China officially joined the *Convention on Wetlands* and listed Zhalong (Heilongjiang) and other six natural conservation regions into *List of Wetlands of International Importance.*

To date, China has not established special wetland conservation laws but promulaged a series of relevant natural resources and ecological environment conservation laws, including Forest Law, *Wild Animnal Conservation Law, Water and Soil Conservation Law, Environmental Conservation Law* and *Marine Environment Conservation Law*, etc. These Laws and regulations are closely related to wetland conservation. A package of administration regulations were also formulated, such as *Regulations on Natural Resource Conservation Areas, Regulations on Land Wild Animal Conservation*, and *Regulations on the Conservation of Basic Farmland*, etc. Governments at all levels established corresponding implementation measures and local regulations according to relevant laws and in light of local conditions, such as *Heilongjiang Wetland Conservation Regulation, Gansu Wetland Conservation Regulation*, etc. Also formulated are *China's Agenda 21, China Biological Diversity Conservation Action Plan, Ecological Environment Construction Plan, China National Wetland Conservation Action Plan, Nationwide Wetland Conservation Program Plan*(2002-2) and other important ones. In May 5, 2004, the General Office of the State Council issued *Notice on Strenghtening the Management of Wetland Conservation*, showing the nation begins to attach high importance to the wetland resources and ecological diversity and thus pushing the wetland conservation and management to a new level.

In 2004, Heilongjiang Government defined Dajiahe Natural Resource Conservation Zone as a key zone at provincial-level. This zone boasts a total area of 72,604 hektare, including 2,033 hektare natural wetland. Meanwhile, the county established Dajiahe Provincial- level Natural Resource Conservation Management Bureau and mapped up *Dajiahe Wetland Management in Provincial-level Natural Resource Conservation Areas (trial) based* on the *Environmental Conservation Law, Regulations on Natural Resource Conservation Areas* and *Heilongjiang Wetland Conservation Regulaiton*, etc, to provide concrete policy suppot for Dajiahe Wetland conservation. According to these management measures, the farmland on the north bank of Naoli River in the core area without legal procedures shall be totally returned to wetland in 2007 and for other regions, the practice shall be carried out pursuant to national policies on wetland restoration.

5.2.4.2 Projects Concerning Environmental Conservation

Multiple major ecological environment conservation projects were carried out by forestry, environemtnal conservation, agricultural and water conservancy departments.

(1) Natural Forest Resource Conservation Project

Experimented in 1998, the natural forest resource conservation project was officially launched in October 2000 under the charge of State Forestry Administration with the deadline in 2010. The main policies were made for forest resource conservation, i.e., providing annual subsidy of RMB 10,000 yuan to one person looking after 700 mu of forest. The project covers the upper reaches of the Changjiang River, upper and middle reaches of the Yellow River, the northeast and Inner Mongolia and other key state-owned forestry zones in 734 counties of 17 provinces and 163 forestry bureaus. The Changjiang River drainage basin refers to 6 provinces on the upper reaches didvided by Three Gorges, including Yunnan, Sichuan, Guizhou, Chongqing, Hubei and Tibet. The Yellow River drainage basin refers to 7 provinces divided by Xiaolangdi, including Shanxi, Gansu, Qinghai, Ningxia, Inner Mongolia, Shaanxi and Henan. The key forestry areas in the northeast and Inner Mongolia include 5 provinces, namely, Inner Mongolia, Jilin, Heilongjiang (including Daxinganling), Hainan and Xinjiang. Tianbao Project Zone boasts forest land of 1,023 m mus, including 846 m mus natural forest, accounting for 53% of the total area national wide.

The project objectives during 2000-2010 are: Firstly, to protect the existing forest of 918 m mus on the upper reaches of the Changjiang River and upper and middle reaches of the Yellow River, to cut the forest resource consumption by

61.08 mm^3, and to reduce the output of commodity timber by 12.39 million m^3. Till 2010, the newly added forest and grassland will reach 220 b mus, including newly added forest area of 130 m mus. The forest coverage rate in the project area is expected to increase by 3.72%. Secondly, reduce the limber output in major state-owned forestry areas in the northest and Inner Mongolia by 7.517 m^3, putting 49,500 m forest under effective conservation. 48,400 redundant workers will be properly distributed and allocated, realizing the strategic shift and reasonable structural adjustment of forest-industrial enterprises, and thus paving the way for sustained operation.

(2) Returning Farmland to Forest Project

Returning farmland to forest project was initially lauched in 1999 under the charge of State Forestry Administration in three provinces, namely Shannxi, Gansu and Sichuan. In 2000, the project was expanded to the upper reaches of the Changjiang River in the west, including Yunnan, Sichuan, Guizhou, Chongqing and the middle and upper reaches of Yellow River, like Shanxi, Gansu, Qinghai, Ningxia, Inner Mongolia, Shaanxi, Henan, and Xinjiang, totaling 13 provinces and 174 counties. In 2002, China launched returning farmland to forest project on full scale, expanding from 20 provinces (districts) in the west to 1,897 counties and 25 provinces (districts, cities) national wide. Till the end of 2003, the project covered more than 20,000 towns, 100,000 villages and 6,000 households. In 2004, the grain supply and demand relationship witnessed a significant change. As the grain price went up dramatically, the govenrnent carried out local adjustment on the project policies, namely reducing the farmland newly reclaimed to forest. The subsidy provision pattern is also changed. In 2004, the susbisdy form is changed from grain to cash.

In terms of concrete methods in carrying out returning farmland to forest project, it is stipulated in *Regulations on Restoring Farmland to Forest* that the nation will provide grain, seedling and living subsidy to contractors of the right to land contractual management based on verified returned area. In 2002, the subsidy standard is regulated in *Opinions of the State Council on Further Improving the Policies and Measures of Restoring Farmland to Forests* that government will provide unconditional grain and cash subsidy to households returning farmland in Changjiang and southern areas based on 150 kg of grain (crude) each mu annually; in the Yellow River and northern areas, based on 100 kg of grain (crude) each mu annually and cash of RMB 20 yuan. For the project of rcturning farmland to grassland, the subsidy term is 2 years; to economic forest, the term is 5 years; to ecologic forest, 8 years. The price of subsidy grain (crude) is based on RMB 1.4 yuan per kg. The grain and cash subsidy are assumed by Minsitry of Finance.

In addition, the policy also stipulates that farmers returning farmland to forestry enjoy the ownship of the forest (grass) on the land. The contract term of the returned forestry can be extened to 70 years. Upon the expiration of contract, the contractor of the right to land contractual management can renew the contract accoding to relevant laws and regulations. The right to land contractual management upon returned forestry or waste mountains or wasteland can be inherited and transferred.

Table 5-11 indicates the achievements of returning farmland to forest project during 1999-2004.

Table 5-11 Achievements of Returning Farmland to Forest Project during 1999-2004

Year	Total/10,000hm^2			Returned forest/10,000hm^2			Afforestation in waste mountains and land/10,000hm^2		
	Planned	Completed	%	Planned	Completed	%	Planned	Completed	%
1999	44.70	44.70	100.00	38.10	38.10	100.00	6.60	6.60	100.00
2000	84.50	83.10	98.40	37.70	38.20	101.40	46.80	44.90	96.00
2001	98.30	88.50	90.00	42.00	39.90	95.00	56.30	48.60	86.30
2002	574.90	413.20	71.90	264.70	197.50	74.60	308.20	215.70	70.00
2003	713.33	667.87	93.63	336.70	320.62	95.23	376.70	347.25	92.19
2004	400.14	373.73	93.40	66.66	65.93	98.90	333.48	307.80	92.40
Total	1915.87	1671.10	87.22	785.86	700.25	89.11	1128.08	970.85	86.06

Data source: State Foresty Administration, before December 24, 2004.

(3) Returning Pasture to Grassland Project

The policy implementation background of returning pasture to grassland is the same with that of returning farmland to forest and its objective is also to protect the ecological environment of grassland and to achieve the sustainable utilization of grassland and continued livelihood of herders. The project of returning pasture to grassland is the basic grassland project to restore the vegetation of grassland, improve its ecology and productivity, and to promote the coordinated development of grassland ecology and livestock industry through fense construction, sowing seed improvement and measures to prohibit or suspend grazing or alternate grazing areas, etc.

This project was carried out in 2003 under the charge of Ministry of Agriculture and planned to be unfolded in 11 provinces in the west within 5 years, with the key areas being desert grassland in the west of Mongolia, Gansu and Ninxia; the degraded grassland in the east of Inner Mongolia; the degraded grassland in the north of Xinjiang; and grassland in the Source Region of the Yangtze and Yellow Rivers, west of Qingzang Plateu. The treated grassland in the initial period was

1,000 m mus, accounting for 40% of the seriously degraded grassland in the west. In 2003 and 2004, pilot projects were conducted in Gansu, Inner Mongolia, Xinjiang, Qinghai and Ningxia, etc.

(4) Compensation System for Forest Ecological Benefits

In 2001, the Ministry of Finance began to set "Compensation Fund for Forest Ecological Benefits". The pilot projects were carried out in Hebei, Liaoning, Heilongjiang, Shandong, Zhejiang, Anhui, Jiangxi, Fujian, Hunan, Guangxi and Xingjiang, totaling 11 provinces, 658 counties and 24 naitonal-level nature reserves. On October 12, 2004, the central compensation fund mechanism was officially implemented in the whole country. Since 2004, China allocates about RMB 2 b yuan each year as compensation fund to 400 million mu key non-commercial forests national wide, which indicates China has entered into a fee-based utilization of forest ecological benefits period.

The compensation fund for forest ecological benefits is the special fund delivered to rangers of key non-commercial forests to cover their expense in tree plantation, cultivation, conservation and management. The coverage of the fund is: key non-commercial forests publized by State Foresty Administration, desertified and sparsely- forested land, shrubbery land and brushy land. The average compensation criterion is as follows: RMB 5 yuan per mu each year, including RMB 4.4 yuan for compensative expense, RMB 0.5 yuan for forest fire prevention and other inspections and management. The compensive expense is mainly to pay the labor fee of professional rangers or the compensation fee of forest workers as well as the replanted seedling fee, land leveling fee and forest cultivation fee in the area. The pubic management and conservation expendure is mainly for forest fire prevention and control, pet prevention and treatment, regular forest resource inspections in the Source Region of the Yangtze and Yellow Rivers, nature reserves, wetland and reservoir areas, etc.

(5) Establishing Ecological Countryside and Improving People's Living Standard Plan

The concept of establishing ecological countryside was firstly put forward by Ministry of Agriculture in 1999 with the theme of ecological conservation, aiming to improve the income level of people and to combine the production with people's life. The program was experimented in 2000 in 7 provinces and autonomous regions in the northwest, such as Shaanxi, Gansu and Ningxia, etc. Based on households, the program systematically integrated renewable energy source technology and high-efficient ecological agriculture with the improvement of toilet, livestock enclosture and courtyard to guide farmers to change the backward living and production styles and to make the best use of land, solar energy and ecological resources in order to form the benign cycle of production and living and make the home clean and cozy, the countyard economic-efficient and the agricultural production unharmful. In this pattern, this program can improve the ecological environment and people's income and help farmers shrug off poverty. During the initial period, the program was mainly to construct a diversity of energy source ecological projects with the center of Methane Gas and at the same time, develop solar energy utilization projects and firewood & coal-efficient projects as well small power projects to meet people's actural demand. The perspective of the program is: people's living standard gets obvious improvement; the production is on a benign cycle; the energy unilization rate in daily life is above 30%, among which, the prime energy resource shall account for 50%; the income can reach more than 1,000 yuan each based on previous level. Since 2000, the government has invested 3.4 b yuan in carrying out the program, with involved counties of 2,594, villages of 26,383 and benefited households of 3.75 m.

(6) National Ecological Province Construction

In 1995, the State Environmental Conservation Administration firstly put forward the plan to establish ecological demonstration zones, and approved the first batch of pilot regions in 1996. In 1999, the State Environmental Conservation Administration proposed to carry out ecological province (city, county) construction, expanding the scope to province and neighboring cities and counties, and further enhanced the standard to be accordance with the long-term goal of economic and social development. In 2003, the Administration issued the concrete index system as the guideline for the construction of ecological provinces (cities, counties) and at the same time, included beautiful towns and ecological villages into the management list, and thus forming the multiple-tier construction pattern, consisting of ecological provinces, ecological cities, ecological counties, beautiful counties and ecological villages in sequence. The project can be divided into two periods according to different index requirements upon different constructions. Till the end of 2004, there were 7 ecological provinces approved by the State Environmental Conservation Administration, namely, Hainan, Jilin, Heilongjiang, Fujian, Zhejiang, Shandong and Anhui. The county-level ecological demonstration zones reached 484, of which 82 had passed the examination of the State Environmental Conservation Administration and defined as national-level ecological demonstration zones.

According to the system structure of ecological provinces, the general objective of ecological province construction can be divided into 6 sub-objectives, namely, overall level of economic development; level of resources guarateee and sustainable development; level of ecological construction; level of renewable resource utilization; level of social development; and level of living environment quality, among which, the levels of ecological construction, renewable resource utilization and environmental conservation are shown in Table 5-12.

Table 5-12 Detail Measuring Standards of Some Indexes in Ecological Provinces

Index type	Index name	Unit	Measuring standard
Ecological construction and sustainable utilization of resources	Forest coverage rate	%	30
	Percentage of nature reserve area among total region	%	15
	Percentage of returned forest and grassland among total land area	%	1
	Per capita water consumption (underground water)	m^3/person	55
Environmental conservation level	Overall unilization rate of industrial solid wastes	%	90
	Up-to-standard rate of industrial waste water discharge	%	100
	Elimination rate of major industrial pollutant (SO_2)	%	80
	Level of fertilizer	Kg/hektare	250
	Level of pesticide	Kg/hektare	12.4
	Ratio between environmental conservation investment and GDP	%	3.5

Data resource: State Environmental Conservation Administration of China, *Construction Index of Ecological County, Municipality and Province (Trial Implementation) 2003.*

5.2.4.3 Environmental Impact Assessemt System

Environmental impact assessment refers to investigation, pre-estimation and assessment upon possible impact of project's location, design, construction as well as preventive measures and their inevitable influence upon surrounding environment prior to project development and utilizatiton. It also includes establishment of environmental harm prevention and minimization plan. In 1979, the environmental impact assessment report system was prescribed in *China's Environmental Conservation Law*. In 1981, the concrete specifications upon the scope, content and producures of the assessment was specified in *The Measures for the Administration of Environmental Conservation of Captical Construction Projects*. In 1998, the State Council issued *Regulations on the Administration of*

Environmental Conservation of Construction Projects, thus the assessment scope was further expanded, marking the establishment of a sound environmental impact assessment system in China. In addition, relevant regulations were formulated in *Marine Environmental Conservation Law, Atmospheric Pollution Prevention Law* and *Water Pollution Prevention and Control Law*, etc. *The PRC Environmental Impact Assessment Law* was promulgated in 2002 and put into practice on September 1, 2003.

The main content of environmental impact assessment includes basic information of the construction project (including the site, planned scale, product scheme, main process, main materials, fuel, water consumption volume and source, discharged amount of all wastes and manner, the waste recycling and disposable scheme, land area and utilization, development plan, etc.); environmental impact analysis and forecast; suggestions upon the environmental inspection system; economic gain and loss analysis; environmental quality assessment; construction scale, nature, location assessment and whether it meets the environmental conservation demand;whether the preventive measures are reasonable economically and practical technologically; whether further assessments are needed.

5.2.4.4 Influence of Environmental Policies

The projects of natural forest conservation, returning farmland to forest as well as providing compensation fund for forest ecological benenifts are major factors driving up the forest coverage in China, precisely, from 16.5% in 1998 to 18.2% in 2006.

At the same time, the project of returning farmland is the main reason for the reduction of farmland. During 1997-2004, the loss of farmland national wide was 157.95 m mus, mainly caused by construction projects, disasters, returning project and agricultural structure adjustment. The ecological returning project reduced farmland of 97.05 m mus in total, accounting for 61% of the total loss.

Li Xiaoyun (2004) holds that since 2004, the worries over inadequate grain supply once again influenced the implementation of the strategic plan. The determination to return farmland to forest and return pasture to grassland began to shake. This fluctuation shows the central government has not found a long-term strategic solution to get the grain security and ecological security well balanced.

5.2.4.5 Influence of Environmental Policies upon Wetland

At present, the main approach for China to protect wetland is to establish wetland nature reserves. This is the international practice and also the most efficient way to strengthen the conservation and management over wetland. China has established

353 wetland nature reserves, with the area approaching 40 m hm^2, including 46 national-level ones, with area of 4.02 m hm^2, and 121 provincial-level ones. 16 m hm^2 natural wetland and 33 national key waterfowls are well protected. 21 world-important wetlands are established, such as Zhalong in Heilongjiang, Xianghai in Jilin, Yancheng in Jiangsu, Dongting Lake in Hunan and Boyang Lake, with area reaching 3.03 m hm^2. Therefore, the wetland nature reserve policies exert positive impact upon the wetland resource conservation.

However, there are some problems during the implementation of wetland conservation policies: First. The unsmooth wetland management system: the wetland conservation, management and development in China involve more than 10 governmental departments, such as National Development and Reform Commission, State Environmental Conservation Administration, Ministry of Agriculture, State Oceanic Administration, Ministry of Water Resources, Ministry of Land and Resources and State Forestry Administration, etc. Because their responsibilities, rights and obiligations are vague, they tend to act on their own for their own beneifits, which leads to a lot of conflicts between them, seriously affecting the scientific conservation and reasonable utilization of the wetland (Huang Chengcai, 2004). Take Raohe County as an example, there are about 106,740 mus national-owned land in the preserve approved by Bureau of Land Management for development purpose, including 63,176 mus with wasteland reclamation certificate. The land without certificate while charged by Bureau of Land Management is 43,526 mus. On February 1, 2000, Dajiahe wetland was defined as a county-level nature reserve by local government, while the contract of this reserve has not expired. Some certificate holders contitnute to relaim land as their current land has not reached the certain level to be charged, which seriously destoryed the wetland conservation in the region.

Secondly, the wetland management rules are not complete. At present, No special laws for wetland conservation are avaiable in China. The wetland conservation and management have to be based on relevant laws and administrative regulations. The current laws and regulations have not provided a precise legal denifition for wetland and its adjustment scope is not clear. It can be misinterpretered sometimes that some laws in fact agree or encourage the development and utilization of wetland or land of this type, making excuses for legal development of land which is supposed to be protected. For example, the Land Administration Law of the Peoples Republic of China listed the marsh and Tide land to the type of un-utilized land, same as wasteland, putting the wetland conservation in dilemma (Zhu Jianguo, 2004).

Third, the wetland conservation will influence the livelihood of farmers. To establish wetland reserve is the efficient means to wetland conservation, while some wetland reseves are extraordinary big, including tremedous farmland and villages, which will influence and restrict the normal production in surrounding areas. Meanwhile, the fund for wetland projection is inadequate. The subsidy gained for returning farmland to wetland is lower than production profit, generating a big loss for farmers. The Dajiahe nature reserve involves 9 towns, 30 villages, totaling 1,800 households and 40,000 people, with arable dry land of 150,000 mus and rice land of 50,000 mus. The establishment of wetland reserve will inevitably exert negative influence upon the livelihood of farmers, especiall for those poor households, the influence is even bigger and livelihood is even more fragile.

Heilongjiang Province is one out of 7 ecological provinces national wide. It put forward the proposal to establish policy guarantee system and listed the species diversity, rare and endangered wild animal conservation rate and the like as the indexes for ecological environment conservation and construction, favourable for the wetland conservation in the province.

However, because there are some understandings of local authorities in carrying out the project, some environmental conservation-related projects also exert negative influence upon the wetland resource. This may be seen in the project of returning farmland to forest. Some authorities regard the forest coverage rate as the assessement and inspection standard mistakenly and thus blindly pursue the replantation area and neglect the structure of local ecolgocial system. Caikui (2003) pointed out that to plant trees in the wetland reserve in Huize County, Yunnan, influnced the habitants of birds. In the mean time, Xieyan (2003) holds that the project of returning farmland to forest lacks the consideration upon the local endangered antimals. For instance, the survival of red crowned cranes and other animals needs the restoration of vegetation in the wetland instead of blind replantation.

5.3 Analysis upon Public Policies in Raohe County

This research is carried out through interviewing with organizations in Raohe County with respect to public policies, based on which, analysis and assessment are provided. At present, administrative institutions directly related to wetland resource management in Raohe County are: Forestry Administration, Ministry of Land and Resources, Ministry of Water Resources, Animal Husbandry Bureau and

State Environmental Conservation Administration. Organs which are indirectly involved in wetland resource management are Agriculture Committee andPoverty Alleviation Office.

5.3.1 Administrative Institutions Directly Involved in Wetland Resource Management and Policy Analysis

5.3.1.1 Forestry Administration

(1) Structure and Function

1) Office

2) County level-greening office: responsible for voluntary replantation and afforestation

3) Afforestation Station: (Office for farmland returning project, office of "three norths", afforestation office of Asian Development Bank)

4) Forest resource office (forest administration division, wildlife conservation office): enforce *Law for Wildlife Conservation* and relevant national- level or provincial-level laws and regulations; organize investigation and inspection upon wildlife resources.

5) Office of production (seedling station, office of compensation for forest ecological benefits)

6) County-level forest fire prevention office

7) Forest pet provention and quarantine station

8) Forest police sub-station

9) Village-level (town)forest station

10) Wood inspection station

(2) Relevant Policies and Regulations

1) Forestry Laws

No.	Law	Effective date	By
1	Forestry Law of the People's Republic of China(Revised in 1998)	1985.01.01	Standing Committee of the National People's Congress
2	Law of the People's Republic of China on the Conservation of Wild Animals	1989.03.01	Standing Committee of the National People's Congress
3	The Seed Law of the People's Republic of China	2000.12.01	Standing Committee of the National People's Congress
4	Law of the People's Republic of China on Prevention and Control of Desertification	2002.01.01	Standing Committee of the National People's Congress

2) Administrative Regulations

No.	Regulations	Effective date	By
1	Regulations for the Implementation of Forestry Law of the People's Republic of China	2000.01.29	State Council
2	Regulations for the Implementation of the People's Republic of China on the Conservation of Terrestrial Wild Animals	1992.03.01	State Council
3	Forest Fire Prevention Regulations	1988.03.15	State Council
4	Regulations on Plant Quarantine	1983.01.01	State Council
5	Regulations of the People's Republic of China on Wild Plants Conservation	1997.01.01	State Council
6	Regulations on Conservation of New Plant Varieties	1997.10.01	State Council
7	Regulations on Restoring Farmland to Forest	2003.01.20	State Council
8	Regulations on Nature Reserves	1994.12.01	State Council
9	Regulations on Forest Pest Control	1989.12.18	State Council
10	Measures for Carrying out National Voluntary Tree-Planting Campaign	1982.02.27	State Council
11	Measures for Management of Forest and Wild Animals in Nature Reserves	1985.07.06	State Council
12	Measures of the People's Republic of China for the Control of Hunting Rifles and Ammunition	1994.03.01	State Council
13	Charging Measures for Terrestrial Wild Animals Conservation and Management	1993.01.01	State Council

3) Rules and Measures of Forestry Administration

No.	Rules and Regulations	Effective date	By
1	Resolution Measures on Resolving the Ownership Disputes of Forest and Forestland	1996.10.14	Forestry Administration
2	Administrative Measures for Registration of Ownership of Forest and Forest land	2000.11.02	State Forestry Administration
3	Regulations Governing Examination and Approval of Occupation and Requisition of Forest Land	2000.11.02	State Forestry Administration

Continued Table

No.	Rules and Regulations	Effective date	By
4	Management Specification Governing Approval of Occupation and Requisition of Forest Land	2003.08.14	State Forestry Administration
5	Interim Measures for the Management of Forest Land	1993.08.30	Forestry Administration
6	Regulations for the Management of Forest Cut and Regeneration	1987.09.10	Forestry Administration
7	Rules for Implementation of Plant Quarantine (Forest)	1994.07.26	Forestry Administration
8	Regulations on Afforestation Quality Accidents Accountability Mechanism	2001.09.24	State Forestry Administration
9	Interim Measures for the Afforestation Quality Control	2002.02.17	State Forestry Administration
10	Methods for the Inspection and Surveillance of Timber Transportation	1990.11.01	State Forestry Administration
11	Rules of Administrative Sanctions on Forestry	1996.10.01	State Forestry Administration

4) Local Rules

No.	Rules	Effective date	By
1	Rules for Forest and Seed Management in Heilongjiang	1997.10.01	Standing Committee of Heilongjiang Province People's Congress
2	Rules for Forest Management in Heilongjiang	1995.10.01	Standing Committee of Heilongjiang Province People's Congress
3	Rules for Wild Animals Conservation in Heilongjiang	1996.10.01	Standing Committee of Heilongjiang Province People's Congress
4	Rules for Wetland conservation in Heilongjiang	2003.08.01	Standing Committee of Heilongjiang Province People's Congress

5) Local Regulations

No.	Regulations	Effective date	By
1	Measures for Nature Rerserve Management in Heilongjiang	1996.02.08	Heilongjiang Government
2	Measures for Implementation of Forest Plant Quarantine in Heilongjiang	1996.11.22	Heilongjiang Government
3	Provisions on Implemetation of Returning Farmland to Forest in Heilongjiang	2003.06.01	Heilongjiang Government
4	Measures for Implementation of Forest Pet Prevention and Control in Heilongjiang	1997.12.01	Heilongjiang Government
5	Administrive Measures for Forest Cut in Heilongjiang	2002.05.27	Heilongjiang Government
6	Measures for Implementation of Forest Fire Prevention Regulations in Heilongjiang	1989.03.09	Heilongjiang Government

(3) Analysis upon Relevant Policies

1) Compensation System for Forest Ecological Benefits

Raohe Forestry Administration began to provide compensation fund for forest ecological benefits in 2002. There was about 12,066.7 hektare key non-commerical forests included, with the investment of RMB 1 m yuan for afforestation, forest fire prevention, pet prevention and control and security inspection as well as other infrastructure constructions and payment of forest workers. The construction period is 10 years.

2) Returning Farmland to Forest Project

In 2002, the Provincial government listed Raoye into regions for carrying out the project of returning farmland to forest. In 2003, the returned forest was 6.670 hektare, with the subsidy of RMB 160 yuan per mu. The fund was directly earmarked by Ministry of Finance. In 2004, the returned forest and afforestation area was about 334 hektare. In 2005, the returned forest reached 200 hektare. To date, the afffestation area of this project is about 13,000 mus, with the surviving rate above 90% and the preservation rate over 85%. Figure 5-2 indicates the Replantation in Raohe county during 2000-2005.

3) Wildlife Conservation

The wetland and wildlife conservation falls into the responsibility of forestry administration. The Raohe forestry administration set up wildlife conservation office in 2003, delicatedly dealing with the conservation and inspection of wildlife

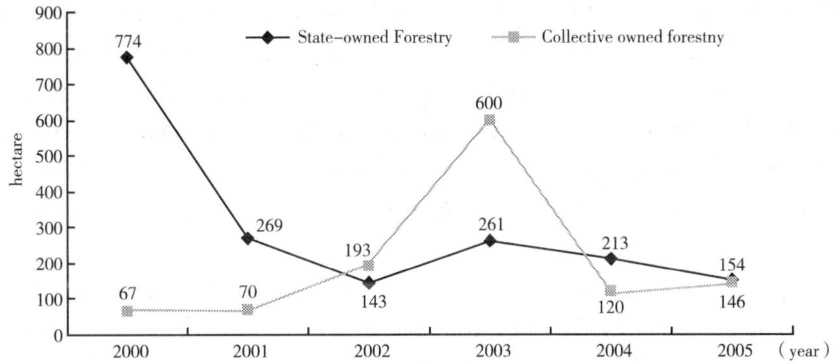

Figure 5-2 Replantation in Raohe County during 2000-2005

Data source: Raohe County Government Raohe County Annals (resumed).

as well as conducting administrative penalty based on relevant regulations. According to preliminary statistics, the makeup of economic plants in the reserve can be divided into 114 categories, including 440 types of medicinal plants, accouting for 65.09 % of the total types; 114 types of edible plants, accounting for 16.84 %, 164 types of pollen plants, and 210 types of greening and environmental friendly plants. Meanwhile, the recorded vertebrates are 381 types, with abundant arboreal animals and wetland animals. The reserve harbors vertebrates of 6 classes, 37 items, 87 families, 235 categories and 381 types, including 2 kinds of cyclostomes and fish of 7 items, 16 families, 49 categories and 56 types, accounting for 57.28 % of the total type in Heilongjiang. The amphibians are of 2 items, 4 families and 8 types. The reptiles are of 3 items, 4 families and 9 types. The birds are of 253 types, accouting for 67.8 of the total. The vast wetland attracts hundreds of thousands of waterfowls every year. The administration of wild animal conservation police under Yaohe Foresty Administration will effectively protect the wetland resources and biological diversity in this reserve.

4) Wetland Reserve and Returning Farmland to Wetland

In 2004, the Heilongjiang Provincial-level Dajiahe Nature Reserve was set up, with total area of 72,604 hm^2,including 5,633 hm^2 waters, 34,521 hm^2 marsh, 9,534 hm^2 meadow grassland, 13,340 hm^2 farmland and 9576 hm^2 forest, accounting for 7.76%, 47.55%, 13.13%, 18.37% and 13,19%. There are more than 50 rivers, all belonging to the Ussuri River drainage basin in the north of Heilongjiang. The two main rivers are the Ussuri River and Raoli River. There are about 100 lakes, with the bigger ones being South Lake and Lianhuapao, etc. The rest are farmland, villages and roads.

The nature reserve is divided into wetland and mountainous area. The wetland stretches to Zuizi in Xifeng Town in the east; to Luyuan village in Xifeng in the west, bordering the 16th team of Hongqiling Farm; to Raoxi Road in the south; and to Raoli River in the north, with total area of 38,081 hm^2, including core area of 19,275 hm^2, transitional area of 9,357 hm^2 and experimental area of 9,449 hm^2. The mountainous area extends to Ussuri River in the east; to Tonghe Forest Farm in the west, bordering Dongfanghong Forest Administration and road from Raohe to Sanrenban; to Qiliqin in the south, bordering Hulin; and to Sanrenban Village in the north, bordering Raohe Farm, with total area of 9,357 hm^2, including core area of 11,471 hm^2, transitional area of 3,665 hm^2 and experimental area of 19,387 hm^2. The reserve involves 9 towns, 30 villages, totaling 1,800 households and 40,000 people. The farmland is 150,000 mus and the rice land is 50,000 mus.

According to regulations in *Measures for Wetland Management in Dajiahe Provincial level Nature Reserve (provisional)* that all farmland without legal procedures to the north bank (exterior) of Raoli River in the core area of the nature reserve shall be returned to wetland in 2007. Other areas shall be returned gradually according to the national policies. To date, there has been about 200 hektare farmland returned to wetland.

However, the project of returning farmland to forest does have some influence upon the livelihood of farmers. Raohe County is an agricultural county and the Dajiahe Wetland Nature Reserve includes big area of villages and farmland, as well as more than 40,000 people. The shift of villages and the project of returning farmland to wetland brought farmers tremendous economic loss. Additionally, the price of grain keeps increasing in recent years and the land price is going all the way up, thus making the land resource more previous. Meanwhile, the government has no subsidy for households who have returned farmland to wetland and the inadequate fund in Raoyan County could hardly cover the long-term benefits brought by land farming. The inclusion of big area of farmland and villages restricted the normal production and construction in surrounding areas. These are pressing issues to be solved by the wetland bureau in Raohe County.

5.3.1.2 Ministry of Land and Resources

(1) Structure and Function

1) Office

2) Finance and Accounting Division

3) Human Resource Division

4) Planning Section

Planning: responsible for the formulation of policies with respect to the overall development plan of national land, editing and implementing the national land plan, overall plan of land utilization and land planning

5) Bureau of Land and Resource

Farm land conservation: responsible for the basic farmland conservation, transfer, acquisition, development, management and rehabilitation; responsible for the review, report and implementation of the above work; responsible for review, inspection and acceptance of compensative measures for the occupation of farmland of various construction projects.

Land development, utilization and management: responsible for the transfer and concession of land use right; responsible for alternative management of collective non-agricultural land in rural areas.

6) Land Registration Deparment

Responsible for land investigation, statistics, right confirmation, registration, certificate issue; responsible for land delimitation and ownership management, settling conflicts concerning land ownship; handling the land registration certificate

7) Department of Minerals

8) Bureau of Law Enforcement and Supervision

(2) Policies and Laws with Respect to National Land Resource

No.	Rules	Effective Date	By
1	Real Right Law of the People's Republic of China	2007.10.01	National People's Congress
2	Measures for Nature Reserve Land Management	1995.07.24	State Environmental Conservation Administration
3	Surveying and Mapping Law of the People's Republic of China.	2002.12.01	Standing Committee of the National People's Congress
4	Regulations for Agreed Transfer of State-owned Land Use Right	2003.08.01	Ministry of Land and Resources
5	Measures for the Administration of Foreign-invested Land Development Project	1990.05.19	State Council
6	Land Registration Rules	1996.02.01	State Land Administration
7	Measures for the Reduction and Exemption of Tax on the Use of Farmland and Deed Tax	2004.08.03	State Administration for Taxation

Continued Table

No.	Rules	Effective Date	By
8	Rules for Geological Hazard and Control	2004.03.01	State Council
9	Regulations on Urban Real Estate Development and Management Control	1998.07.20	State Council
10	Measures on Disposition of Illegal Land Use Cases	1996.03.01	State Land Administration
11	Implementation Regulations for PRC Law of Land Administration	1999.01.01	State Council
12	The Law of Land Administration of the People's Republic of China.	1999.01.01	Standing Committee of the National People's Congress
13	Mineral Resources Law of the People's Republic of China	1997.01.01	Standing Committee of the National People's Congress
14	Regulations on the Conservation of Basic Farmland	1999.01.01	State Council
15	Practices for Review and Approval of Land for Construction	1999.03.02	Ministry of Land and Resources
16	Provisional Rules on Administration of Allocated Land Use Right	1992.03.08	State Land Administration
17	Measures for the Settlement of Land Use Right Disputes in Heilongjiang	2002.06.01	Heilongjiang Government
18	Land Registration Measures in Heilongjiang	2004.10.15	Heilongjiang Government
19	PRC Regulations on Leasing and Transferring of the Right to Use State-owned Urban and Rural Land	1993.01.01	Heilongjiang Government
20	Regulations for Mineral Resource Management in Heilongjiang	1998.11.01	Standing Committee of Heilongjiang Province People's Congress
21	The Rules for Geological Environment Management in Heilongjiang	1999.09.02	Heilongjiang Government
22	Rules for Land Management in Heilongjiang	2000.01.01	Standing Committee of Heilongjiang Province People's Congress

(3) Analysis upon Relevant Policies and Administrative Measures for Review and Approval of Land for Construction

Dajiahe provincial- level nature reserve shall be under the charge of Raohe County wetland Bureau, while the resouces within the nature reserve are managed by multiple departments. The Ministry of Land and Resources in Raohe County charged heavily on the farmland within the area. According to relevant reguations of the Ministry of Land and Resources, the payable fees include, land management fee, land rehabilitation fee, mineral resource fee, assessment fee, land registration fee and annual inspection fee. The criterion is: RMB 0.30 yuan management fee psq for pasture or farmland; RMB 0.80 yuan psm for non-pasture or farmland.

The research discovered that the national land approved by county-level Ministry of Land and Resources for development purpose in this reserve is 106,740 mus, including 63,176 mus with certificate and 43,526 mus charged by the Ministry while without certificate. On February 1, 2000, the Dajiahe Wetland was approved as a county-level nature reserve by the local government. However, some land owners just gained the land use right certificate in the latest three years, and even have the land use right contract assigned in 2005. At present, some certificate holders continue to reclaim wasteland for not reaching the approved land area free of charge. These obstruct the wetland conservation work in this reserve.

The Administrative Measures for Wetland Management in Dajiahe Provincial-level Nature Reserve (provisional) stipulates that when the local Forest Administration collects all kinds of fees in the reserve, the former departments shall suspend all fee collection activities. The local Forest Administration shall use the unified receipt issued by the financial department to collect the wetland management fee and deposit it in the financial account for wetland management, restoration and conservation to realize special fund for special purpose. The farmland owners with effective land contract or land certificate with former departments shall pay RMB 50 yuan per mu annually to the Foresty Administration as wetland conservation fee. Farmland to the north bank of Raoli River in the core area without certificate shall be unconditionally returned to wetland in 2006. Farmland to the south bank of the river without certificate shall be charged based on RMB 70 yuan per mu for land management. In the future, the farmland shall be returned to wetland gradually with the national policy. The land with assigned contract with former departments shall be charged based on RMB 50 yuan per mu annually as wetland management fee. The farmland to the south bank of Raoli River without certificate shall be charged by the wetland bureau based on RMB 70 yuan per mu for wetland restoration. Hereafter, the project shall be carried out according to national policies.

However, the management measures are still under discussion. No agreements have been reached between different deparments. Currently, the wetland land bureau and relevant departments have finished the measuring work in the nature reserve, and will carry out work upon the official formulation of wetland conservation measures,

5.3.1.3 Water Affairs Bureau

(1) Structure and Function

1) Office

2) Finance and Accounting Division

3) Farmland Division

Responsible for the compiling of long-term plan of water conservancy construction in the county as well as annual planning and implementation; responsible for suggestion on key water conservancy construction projects, report on feasibility research, review and declaration.

4) Chief Engineering Office

5) Water Conservancy Station

Reponsible for irrigation and drainage in the whole area, as well as work in electromechanical well and electromechanical drainage and irrigation station, etc.

6) Water Resources Inspection Team

7) Water Administration & Water Resources Office

Responsible for implementation of water abstraction license system and the collection of water resources fee; drawing up long-term supplying plan of water resources and water distribution plan in the county as well as their implementation.

8) Supervisory Team of Water Administration

9) "Two Fees and One Fund" Office

Responsible for the collection of flood prevetion fee over industrial and mineral enterprises, governmental instituions (including units directly under the central government or province, or Raohe-based units, three types of foreign-funded enterprises,private enteprises and individual business operators).

10) Soil and Water Conservation Office (Soil and Water Conservation Supervision Station)

11) Flood Prevention Office

12) Dike Mamagement Station

Responsible for the collection of dike maintenance fee.

13) River Channel Management Station

Reponisble for the management, cleaning up of river channels in the county to ensure safe flood discharge and management; reviewing and approving the sand field in the management area and collecting management fee.

(2) Relevant Rules and Policies with Respect to Water Affairs

No.	Rules	Effective Date	By
1	Regulations on Management of Water Abstraction Licenses and Water Resources Charges	2006.04.15	State Council
2	Flood Control of The People's Republic of China	1998.01.01	Standing Committee of the National People's Congress
3	Regulations on Flood Control of The People's Republic of China	1991.07.02	State Council
4	Water Law of the People's Republic of China	2002.10.01	Standing Committee of the National People's Congress
5	Law of The People's Republic of China on Water and Soil Conservation	1993.08.01	tate Council
6	Administrative License Law of the People's Republic of China	2004.07.01	Standing Committee of the National People's Congress
7	Regulations on Water and Soil Conservation Charges and Management in Heilongjiang	1994.06.14	Heilongjiang Finance Department, Bureau of Commodity Price, Water Conservancy Deparment
8	Measures for Management of Sand Mining in River Channel in Heilongjiang	2004.08.11	Heijingjiang Water Conservancy Department
9	Regulations on River Channel Management in Heilongjiang	1998.01.01	Standing Committee of Heilongjiang Province People's Congress
10	Regulations on Water Resource Charges and Management in Heilongjiang	1995.01.01	Heilongjiang Finance Department, Bureau of Commodity Price, Planning Commission Water Conservancy Deparment
11	Regulations on the Management of Water Conservancy Project in Heilongjiang	1991.10.01	Standing Committee of Heilongjiang Province People's Congress
12	Measures for Collection of Flood Prevention Charges and Management in Heilongjiang	1999.01.01	Heilongjiang Government

(3) Analysis upon Relevant Policies

The conflicts between the Water Affairs Deparment and weland resource conservation can be seen in following two aspects: first, the construction of irrigation and drainage projects changed the hydrological pattern of wetland. Take the Bielahong River in Raohe County as an example, the Bielahong River is a branch of Ussuri River, with the whole length of 267 kilomters and drainage area reaching 4,340 sq. km. During the early days after the founding of New China, the marsh area ratio within the drainage area was up to 95.93%. After 1983, a great number of drainage projects are constructed, including the construction of new Bielahong River and water drainage project in Bielahong drainage area. As a result, the hydrological pattern there is changed. One big drainage area is changed into three small ones and the wetland area is greatly reduced.

In addition, the Water Affairs Bureau has the administrative permission right over the sand mining projects in the river channel within the reserve, and has contracted out a lot of water surface, river sections and paozi, which acted as an obstruction to the wetland resource management in the reserve. According to the *Administrative Measures for Wetland Management in Dajiahe Provincial-level Nature Reserve* (provisional), the contracts which were assigned with former Department of Aquatic Products can not be renewed upon expiration and shall be under the unified management of the Nature Reserve Administration. However, there are no relevant measures for water resources which have been contracted out.

5.3.1.4 Animal Husbandry Bureau

(1) Structure and Function

Rohe Animal Husbandry Bureau includes: General Affairs Division, Office, Quarantine Service, Supervision Service, Grassland Station, Animal Husbandry Station, Epidemic Prevention Station, Veterinary Station; responsible for grass resources and Animal husbandry management in the county.

(2) Policies and Rules with Respect to Animal Husbandry

No.	Rules	Effective Date	By
1	Emergency Measures for Handling Major Animal Epidemics	2005.11.16	State Council
2	Regulations on Management of Breeding Livestock and Poultry	1994.07.01	State Council
3	Regulation on Veterinary Drug Administration	2004.11.01	State Council
4	Regulations on Grassland Fire Prevention	1993.10.05	State Council

Continued Table

No.	Rules	Effective Date	By
5	Animal Epidemic Prevention Law of the People's Republic of China	2008.01.01	Standing Committee of the National People's Congress
6	Animal Husbandry Law of the People's Republic of China	2006.07.01	Standing Committee of the National People's Congress
7	Grassland Law of the People's Republic of China	2003.03.01	Standing Committee of the National People's Congress
8	Administration Regulations for Feed and Feed Additives	2001.11.29	State Council
9	Regulations on Administration of Veterinary Drugs	1998.01.05	Ministry of Agriculture
10	Animal Immunization Identification Management	2000.07.01	Ministry of Agriculture
11	Regulations on Management of Breeding Livestock and Poultry in Heilongjiang	1989.12.01	Standing Committee of Heilongjiang Province People's Congress
12	Grassland Regulations on Grassand in Heilongjiang	2006.01.01	Standing Committee of Heilongjiang Province People's Congress
13	Provisonal Measures for Feed Management in Heilongjiang	1992.06.01	Heilongjiang Government
14	Regulations on Management of Green Food in Heilongjiang	2001.07.01	Standing Committee of Heilongjiang Province People's Congress
15	Measures for the Management of Slaughter of Livestock and Poultry in Heilongjiang	2004.10.22	Heilongjiang Government
16	Regulations on Dairy Industry in Heilongjiang	2004.12.01	Standing Committee of Heilongjiang Province People's Congress
17	Regulations on Implementation of Grassland Law of the People's Republic of China in Heilongjiang	1994.03.01	Standing Committee of Heilongjiang Province People's Congress
18	Regulations on Management of Overall Service upon Town and Village-level Animal Husbandry	1996.01.01	Standing Committee of Heilongjiang Province People's Congress
19	Regulations on Management of Breeding Stock and Poultry in Heilongjiang(Revised)	1997.04.25	Standing Committee of Heilongjiang Province People's Congress
20	Regulations on Animal Epidemic Prevention in Heilongjiang	2001.03.01	Standing Committee of Heilongjiang Province People's Congress

(3) Analysis upon Relevant Policies

Raohe County Animal Husandry Bureau did not carried out environmental impact assessement when introducing breeding projects, which exerted negative influence upon the local natural environment. In 2000, the Animal Husbandry Bureau and Poverty-alleviation Office iointed introduced Cashmere Goat Enclosure Project. Till 2003, the sheep amount in the county reached 73,514, including 54,979 cashmere goast. Because the cashmere goats seriously destroyed the local trees, meadow and vegetation, the county government timely suspended the project.

The Animal Busbandry Bureau carried out grassland contract system, combining grassland with pasture and livestocks. One big size livestock can bring 5-mu contracted grassland; one sheep, 2 mus; one goat, 1 mu. Till 2005, the grassland contractors in the county reached 91 households, with contracted area being 833.3 hektare, and improved grassland being 320 hektare. The grass resources in Dajiahe Nature Rerserve are very abundant. After the setting of this reserve, the Wetland Bureau and Animal Husbandry Bureau both have administrative power upon the wetland resources. The Animal Husbandry Bureau has issued (Grazing) Grassland Certificate. Before the expiration of the certificate, the Wetland Bureau can only protect the grassland resources through collecting wetland conservation fee among livestock breeders in the reserve.

5.3.1.5 Environmental Conservation Bureau

(1) Structure and Function

1) Office

2) Ecological Management Division

3) Ecological Agriculture Office

Responsible for supervision and implementation of laws and regulations with respect to nature reserve ecological environment conservation; responsible for supervison and management of environment conservation in Northeast Heifeng Nature Reserve and Dajiahe Nature Rerve; reponisble for the organization, supervision and instruction of ecological demonstration zone and ecological county construction.

4) Supervisory team of Environment

5) Environment Supervision Station

(2) Rules and Regulations Concerning Environment Conservation

(3) Relevant Policy Analysis

The establishment of Ecological Demonstration Zone and Nature Reserve which

No.	Rules	Effective Date	By
1	Environmental Conservation Law of the People's Republic of China	1989.12.26	Standing Committee of the National People's Congress
2	Law of the People's Republic of China on the Prevention and Control of Atmospheric Pollution	2000.09.01	Standing Committee of the National People's Congress
3	Law of the People's Republic of China on Prevention and Control of Water Pollution	1984.11.01	Standing Committee of the National People's Congress
4	Law of the People's Republic of China on Prevention and Control of Pollution From Environmental Noise	1997.03.01	Standing Committee of the National People's Congress
5	Law on the Prevention and Control of Environmental Pollution by Solid Wastes of the People's Republic of China	1996.04.01	Standing Committee of the National People's Congress
6	Law of the People's Republic of China on Prevention and Control of Radioactive Pollution	2003.10.01	Standing Committee of the National People's Congress
7	PRC Environmental Impact Assessment Law	2003.09.01	Standing Committee of the National People's Congress
8	Regulations on the Administration of Construction Project Environmental Conservation	1998.11.29	State Council
9	Management Measure of the People's Republic of China on Collecting and Using of Pollutant Discharge Fee	2003.07.01	State Council
10	Regulations for Safety and Conservation Against Radioisotopes and Radiation-Emitting Apparatus	2005.12.01	State Council
11	Rules for Implementation of the Law of the People's Republic of China on the Prevention and Control of Water Pollution	2000.03.20	State Council
12	Management measures on collecting and Using of Pollutant Discharge Fee	2003.07.01	State Council
13	Regulations of the People's Republic of China on Nature ReserveS	1994.12.01	State Council
14	Several Opinions of the State Council on Promoting Development of the Circulation Industry	2005.07.02	State Council

Continued Table

No.	Rules	Effective Date	By
15	Decision on Implementing the Scientific Concept of Development and Stepping up Environmental Conservation by the State Council	2005.12.03	State Council
16	Decision of the State Council on Several Issues Concerning Environmental Conservation	1996.08.03	State Council
17	Regulations on Environmental Conservation in Heilongjiang	1995.04.01	Standing Committee of Heilongjiang Province People's Congress
18	Regulations on Prevention of Industrial Pollution in Heilongjiang	1997.01.01	Standing Committee of Heilongjiang Province People's Congress
19	Measures for Management of Nature Reserves in Heilongjiang	1996.02.08	Heilongjiang Government
20	Measures for Conservation the Living Environment of Dwellers in Heilongjiang	2000.02.01	Heilongjiang Government
21	Measures for Environmental Supervision in Heilongjiang	1998.01.01	Heilongjiang Government
22	Management Measures for Collecting and Using of Pollutant Discharge Fee In Heilongjiang	2004.06.01	Heilongjiang Government
23	Regulations on Conservation of Wetland in Heilongjiang	2003.08.01	Standing Committee of Heilongjiang Province People's Congress

are under charge of Raohe County Environmental Conservation Bureau is favourable for the conservation of wetland resources. On October 15, 1998, Raohe County was selected as the pilot place of the second batch for the construction of National Ecological Domenstration Zone by State Environmental Conservation Administration (current Environmental Conservation Department). In March 8, 2002, it was officially approved as a National-Level Ecological Demonstration Zone and at the same time, it formulated *Overall Plan on the Construction of Raohe Ecological Demonstration Zone*, which promoted the conservation of biological diversity and natural forest resources in the Sanjiang Plain.

At present, the Environmental Conservation Bureau in Raohe County still reserves the administration and inspection right to the Dajiahe nature reserve conservation according to *Regulations on Conservation of Wetland in Heilongjiang, PRC Environmental Impact Assessment Law, Regulations on the Administration of Construction Project Environmental Conservation*, and *Measures for Management of Nature Reserves in Heilongjiang*, etc. This is beneficial for the wetland resource conservation in the nature reserve. However, the Environmental Conservation Bureau is inferior to Wetland Bureau in terms of administration and law enforcement. So, the Environmental Conservation Bureau always finds itself in the edge of administration in the wetland resource management. Its inspection right to the wetland resource shall be also strengthened.

5.3.2 Administrative Institutions Indirectly Involved in Wetland Resource Management and Policy Analysis

5.3.2.1 Agricultural Committee

The structure of Agricultural Committee in Raohe County: Office; Science and Technology Division; Production Division; Legal System Division; Greening Production Office; Policy, Survey and Petition Handling Office, Planting Management Station; Rural Energy Resource Division. At present, the work of Agricultural Committee pays a positive role in the conservation of wetland resources: to promote the structural adjustment and develop high quality grain; to boost the agricultural technology progress; to transfer rural surplus labor force.

The main approaches for Agricultural Committee in Raohe County to transfer rural labor force are: 1. within-the-county transfer: through the adjustment of agricultural structure, to develop labor intensive industries and to attract more farmers to join in; 2. through speeding up the town construction to encourage farmers to develop catering industry, circulation industry and service industry, accelerating the transfer from farmers to citizens. 3. cross-border transfer: with the aid of able people, to find more job opportunities for farmers to work outside, at the same time, make full use of all relationships to promote the shift. In 2007, the transferred rural workforce in Raohe County is 15,000, with improved income of RMB 85 m. The transfer of rural labor force eased the pressure of land resources, favourable for wet land resource conservation.

5.3.2.2 Poverty Alleviation Office

Raohe County is one of national level improverished counties, with the total poor population of 87,074 and poor households of 24,869, of which, 82,347 people and 23,569 households are covered by the poverty alleviation program. Currently, the Poverty Alleviation Office in Raohe County includes: Project Division and General Division. In 2002, the strategy of "carrying out the overall plan in two years and checking out the result village by village to realize gradual progress" was implemented in the county. At a speed of 15 key impoverished villages biennially, the program was carried out through the integration of poverty alleviation fund. The fund mainly comes from two resources: poverty alleviation fund and integrated fund, in turn, the integrated fund mainly comes from Welfare-to-Work, Ministry of Communication, Ethnic and Religion Department, Wate Affairs Bureau, Radio & Television Bureau and Bureau of Education, etc. The following aspects of poverty alleviation program are associated with wetland resource management.

(1) Farmland Water Conservancy Infrastructure Construction

The farmland water conservancy construction mainly include: pavement of macadams and construction of drainage ditches in farmland. The planned investment of this program is totally RMB 75,440,100 yuan, including requested fund of RMB 68,891,100 yuan, and self-raised fund of RMB 6,549,000 yuan. The improvement of farmland water conservancy facilities is benefitial for the enhancement of grain production, saving of agricultural water and preventing the agricultural waste water from polluting nearby wetland, playing a positive role in the conservation of wetland resources nearby.

(2) Develop Breeding Industry

In terms of breeding industry, in 2005, the Povery Alleviation Office in Raohe County established 15 village-level animal husbandry stations. During 2006-2007, efforts were made in Chaoyang Village in Raohe Town and Yongsheng Village in Dajiahe Town to support the fox and marten breeding. There were totally 60 households involved. As Chaoyang and Yongsheng Village are both located in Dajiahe Provincial-level Nature Reserve, the fox and marten breeding posed a threat to the fish resources in the reserve. A rural household survey found, in 2006, with the price rise of fur, (for example, the price of marten fur is about RMB 400 yuan per piece), the price of rough fish also went up and its amount within the reserve began to drop. In 2007, due to the influence of warm winter, the fur price started to decline dramatically (the price of marten fur dropped to RMB 80-90 yuan per piece). Many breeders began to quit. Therefore, the amount of rough fish in the reserve began to rebound. We can see that the fox and marten breeding will threat the fish resources in the reserve and the price change of marten fur will directly impact the fish number.

(3) Village Road Construction

The village road construction is the major content of powerty alleviation program in Raohe County. The planned roads (bridges, culverts) is 538.70 km long, with the investment of RMB 48,355,000 yuan, including requested fund of RMB 44,640,900 yuan and self-raised fund of RMB 3,714,100 yuan. The survey found during the road construction, some people tend to get soil and rocks nearby, which will destroy the surrounding environment and resources. At the same time, the construction of roads around the wetland resources alone will disturb and destory the lives of wild animals in the wetland.

5.4 Evaluation on Public Policies from the Perspective of Farmers

The formulation, implementation and evaluation process of public policies involves the interest of multiple parties, including governments at all levels, specialists, village managers and farmers, etc. As the final beneficiary, operators and participants of public policies, how do they value the effect of public policies and what suggestions do they have upon the conservation of wetland resources? To make these issues clear is of significant reference value for the perfection of China's public policies and the improvement of wetland conservation measures.

This research carried out a questionaire survey by drawing 50 project-involved households and 50 non-project involved households in 3 ADB Project villages (Dongxian Village, Yongfeng Village in small Jiahe Town and Sipai Village in Sipai Township) randomly to gain their opinions on public policies. The effective questionniares are 100 copies, with the main content being: 1) Basic information of farmers, including economic condition of the household, income source, planting area, etc; 2) Their remarks on the agricultural policies, including the understanding of and satisfaction upon existing agricultural policies, opinions on developing agricultural production and ways enhancing income, main factors in deciding grain planting and views on whether farmer preferencial polices will influence the wetland resources; 3) Valuation on poverty alleviation policies, including the satisfaction upon the effect of poverty alleviation program and concern of mutual help of poor groups in the village; 4) Valuation on environmental policies, including the awareness of existing environmental policies and laws in Heilongjiang, concern and satisfaction upon wetland resource management, suggestions and remarks on wetland resource management.

5.4.1 Introduction of Survey Samples

(1) Classification of the Rich and Poor Household

The three ADB project villages covered by this survey are key minority villages of national poverty alleviation program. The classcification of the rich and poor of this research is mainly based on the area of farmland, family income in 2007, loan and remarks of village officials. The results are shown in Table 5-13.

Table 5-13 Classification of the Rich and Poor Household

Classification	Number	Criterion
The rich	15	Keeping big area of self-owned land and at the same time, and massive land of other farmers' through sub-contract. The family income can meet the daily consumption and production input next year. The loan from rural credit cooperative can be paid off independently within the specified term.
Medium	65	Keeping big area of self-owned land and at the same time, a small amount of land of other famers' through sub-contract; the family income can meet the daily consumption, while the production input has to be based on loans; the loan from rural credit cooperative can be paid off independently within the specified term.
The poor	20	Having all self- owned land contracted out; the family income could barely maintain the daily life. The income mainly comes from farming work; the loan from rural credit cooperative can not be paid off timely.

(2) Income Sources

The main income sources in the three surveyed villages are: planting industry, (67.0%), working outside(14.4%), fishery (10.3%), breeding industry (2.1%), business (1.0%)and the others (5.2%). Among Dongxian and Yongfei Villages, the majority households are of Korean minority. With the advantage in language, there are many people working in Korea. So the income mainly comes from working overseas. While majority households in Sipai Village are of Hezhe minority. With big area of farmland and rich fishery resources, the family income mainly comes from planting industry and fishery industry. See Table 5-14 for details.

Table 5-14 Ranking of Income Sources in Three Project Villages

Project Village	Top place	Second	Third	Fourth	Fifth
Dongxian Village	Planting industry	Working overseas	Working domestically	Breeding industry	Business
Yongfeng Village	Working overseas	Planting industry	Working domestically	Breeding industry	Business
Sipai Village	Planting indusry	Working domestically	Fishery	Breeding industry	Business

(3) Planting Area

Among the surveyed villages, the planting area is 4,000 mus in Dongxian Village; 5,300 mus in Yongfeng Village and 25,000 mus in Sipai Village. The average planting area of surveyed households is 108.91 mus. See Table 5-15 for details.

Table 5-15 Crop Planting Area of Farmers

	50 mus and below	50-100 mus	Above 100mus
Number(Household)	50	20	30
percentage(%)	50.0	20.0	30.0

5.4.2 Valuation on Agricultural Policies in the Perspective of Famers

(1) Knowledge of Farmers upon Agricultural Policies

At present, the main agricultural policies enjoyed by farmers in the surveyed three villages are: agricultural tax exemption, direct grain subsidy, improved variety subsidy, agricultural machinery subsidy, diesel oil and fertilizer subsidy and grain price conservation policies. Among these policies, the farmers have the best knowledge of agricultural tax exemption policy and direct grain subsidy while have less knowledge about the agricultural machinery subsidy and grain price conservation policy. About 16.5% households don't know the agricultural machinery subsidy policy and 27.8% don't know the grain price conservation policy. See Table 5-16 for details.

Table 5-16 Knowledge of Farmers upon Agricultural Policies(%)

Knowledge / Policy Name	Very much	Fairly	A little	Not at all
Agricultural tax exemption	27.80	30.90	31.90	9.30
Direct grain subsidy	21.60	33.00	34.00	11.30
Improved variety subsidy	22.70	29.90	35.10	12.40
Agricultural machinery subsidy	21.60	30.90	29.90	16.50
Diesel oil and fertilizer subsidy	24.70	30.90	22.00	12.40
Grain price conservation policy	20.60	24.80	24.70	29.80

(2) Satisfaction of Farmers upon the Agricultural Policies

In terms of satisfaction of farmers upon the agricultural policies, more than 75.0% famers showed great statisfaction upon the agricultural tax exemption, direct grain subsidy and improved variety subsidy while less satisfaction upon agricultural machinery subsidy, diesel oil and fertilizer subsidy and grain price conservation policy. Among all policies, farmers showed least satisfaction upon the grain price conservation policy, with the rate of 27.7% showing dissatisfaction. Meanwhile the satisfaction of pure grain producing households is lower than other types. See Table 5-17 for details.

Table 5-17 Satisfaction Degree of Farmers upon Grain Price Conservation Policies(%)

	Very much	Fairly	So so	No	Not at all	No idea
Overall	12.80	29.80	12.80	13.80	1.10	29.80
Pure-grain producer	14.30	27.00	15.90	19.00	0.00	23.80
Non-pure grain producer	9.70	35.50	6.50	3.20	3.20	41.90

In the northeast area, the grain production is basically market-oritented, so there are lots of grain purchasers, including grain dealers, grain processing enterprises and national grain storehouses. The survey found that if the purchase price of rice of the national storehouse is 0.72 yuan per jin, the purchase price of dealers might be between 0.69-0.70 yuan per jin. Howver, farmers would rather sell their grain to dealers than national grain storehouses. The main reasons are: first, the distance between villages and the national grain storehouse is long, so selling grain to national grain storehouse will lead to the increase of transporation cost; second, there are some problems with the storehouse management system. The personnal relationship is usually overvalued during grain selling, which generated the dissatisfaction of farmers in terms of national grain price conservation policies.

Case Pu Zhengji, 54, Korean Nationality, an accountant in Dongxian Village. In 2007, he planted 150-mu rice, including 95 mus from other persons through subcontract at a price of 140 yuan per mu and 55-mu self- owned land. In 2007, the total rice output is 120,000 jin and the input per mu is about 350 yuan (exclusive of land subcontract fee). In 2007, the purchase price of grain dealers in Dongxian Village is 0.69-0.72 yuan per jin and that of the national grain storehouse is 0.75 yuan per jin. Pu Zhengji then chose to sell grain in the national grain storehouse which is more than 10 kilometers away. The storehouse first deducted the grain moisture and as a result the grain was priced low. However, it is too late to transfer the grain back considering the transportation fee. Therefore, Pu sold the grain at a price of 0.71 yuan per jin. But after the deduction of transportation fee, land subcontract fee and production input, his income is significantly lower than other farmers who sold the grain to the dealers. When mentioning this, Pu said: "It is a crappy deal. There is no way for me to sell the grain to the national storehouse next year."

(3) Views of Farmers on Developing Agriculture and Ways to Improve Income

The survey found that to reduce the price of fertilizer, pesticide and other production materials and to improve the price of agricultural products are main approaches farmers considered to develop agriculture and improve income. The data (see Table 5-18) shows at present, the biggest wish of farmers is the reduction of price of fertilizer and pesticide, with 90.6% ticking the item. The second came as the price increase of agricultural products, with 88.5% ticking this one. The next is the development of agricultural science and technology (with 66.7% supporters). The following are the improvement of infrastructure(50.0%), reasonable conservation and utilization of farmland (50.0%)and transfer of surplus rural labor force(50.0%). While the percentage of famrers choosing the development of township enterprises and adjustment of agricultural structure is low.

Table 5-18 Main Approaches Farmers Considered Appropriate to Develop Agriculture and Improve Income(%)

	Price increase of agricultural products	price cut of production means	Improvement of infrastructure
Overall	88.50	90.60	50.00
Pure-grain producer	96.90	100.00	55.40
Non-pure grain producer	71.00	71.00	38.70
50 mus or below	81.60	81.60	40.80
Between 50-100 mus	88.20	100.00	52.90
Above 100 mus	100.00	100.00	63.30

Continued Table 5-18

	Development of agricultural science and technology	Development of township enterprises	Reasonable conservation and utilization of farmland
Overall	66.70	35.40	50.00
Pure-grain producer	64.60	35.40	52.30
Non-pure grain producer	71.00	35.50	45.20
50 mus or below	63.30	30.60	46.90
Between 50-100 mus	70.00	35.30	47.10
Above 100 mus	70.60	43.30	56.70
	Transfer of surplus rural labor force	**Adjustment of agricultural structure**	**The others**
Overall	50.00	35.40	4.20
Pure-grain producer	46.20	38.50	3.10
Non-pure grain producer	58.10	29.00	6.50
50 mus or below	57.10	30.60	6.10
Between 50-100 mus	35.30	52.90	0.00
Above 100 mus	46.70	33.30	3.30

Seen from Table 5-18, the pure grain producers tend to pay more attention to the construction of farmland water conservancy and irrigation facilities, etc, which are closely related to planting industry. About 55.4% pure grain producers chose the improvement of infrastructure as their concern, far greater than non-pure grain producers (38.7%), and with the increase of planting areas, they are becoming more and more concerned about the income-enhancing approaches in grain planting.

(4) Main Factors Influencing Farmers' Determination in Grain Planting

This research probed into the main factors influencing farmers' determination in grain planting and analyzed the effect of farmer preferential subsidy policies upon the determination and enthusiasm of farmers. The survey shows that the grain market price, prices of production means, and land contract price are three major factors considered by farmers in determining whether to plant grain. Among the surveyed farmers, 77.4% consider the price of grain market as the first factor influencing the decision. However, there are no farmers putting the government grain subsidy in the first place. About 14.8% farmers list the government grain subsidy as the second important one. This result shows the government preferential subsidy policy is not the main factor while does have some impact upon farmers' determination.

The survey finds the land transfer through subcontract is very popular among farmers in the northeast. According to regulations in the subconctract, the grain subsidy shall belong to the previous owner of the land. This means the farmers who take over the land can not enjoy the grain subsidy policy. Therefore, the No.1 issue they are concerned about is the market price of grain. See Table 5-19 for details.

Table 5-19 Choice of Factors Influencing Farmers' Grain Planting Decision (%)

	First place	Second	Third	Fourth	Fifth
Market price of grain	77.40	13.00	0.00	0.00	0.00
Government grain subsidy	0.00	14.80	11.60	11.80	21.40
Planting habit	6.50	11.10	0.00	2.90	17.90
Price of land subcontract	3.20	16.70	14.00	20.60	14.30
Natural disaster	3.20	18.50	34.90	11.80	3.60
Demand for self consumption	6.50	0.00	7.00	5.90	7.10
Price of production means	3.20	25.90	20.90	32.40	7.10
Price of labor force	0.00	0.00	11.60	11.80	28.60

(5) Remarks of Farmers on whether the Farmer Preferential Policies will Influence the Wetland Resources

The data shows that 60.0% farmers do not think the recently issued farmer preferential policies will fan up the wasteland reclamations. Main reasons are listed below: firstly, the government is very strict in wetland management. Since 2003, after Heilongjiang Province and central government have issued a series of wetland conservation regulations, there is a significant drop of wetland destroying acts; secondly, a considerable amount of farmers think the reason why there are no wasteland reclaimations any more is there are no or a little land left unreclaimed.

Case Change of Farmland Area in Dongxian Village

• During 1976-1985, the Dongxian Village was just set up, there were only about 6 households while massive wasteland surrounding the village. With the increase of households and the promulgation of national encouraging policies, the farmland in this village increased from 200 mus in 1976 to 2,000 mus in 1981;

• During 1985-1990, the state began to restrict the wasteland reclamation by charging RMB 15 per mu. The implementation of this policy slowed down the reclaiming speed of Dongxian Village to some extent, while the reclaimed area was still on increase. Till 1990, the farmland in this village reached 2,800 mus;

• 1990-1998, due to the frequent natural disasters, the farmland in the village basically stayed at 2,800 mus;

- During 1998-2003, the village kicked off water conservancy infrastructure construction and the natural disasters saw a decrease, so the enthusiasm of farmers to reclaim wasteland was reignited. Till 2003, the farmland in Dongxian Village reached a record high of 4,000 mus;
- According to remarks of villagers, since 2003, the farmland has been remained at 4,000 mus and no increase can be expected in the future,because the wasteland has been almost reclaimed out.

Meanwhile, 7.4% farmers think the preferential policies will lead to the occurrence of wasteland reclamation. 20% of them think there is a possibility of this kind. The reasons are: firstly, the farmers do not trust the government in wetland management. Some farmers don't think people in their villages will reclaim wasteland, but think those people with power might do so; secondly, driven by the land profit, namely the increasing land price, some farmers may turn to wasteland reclamation; third, the awareness of wetland conservation of farmers' is low.

5.4.3 Valuation on Poverty Alleviation Policies in the Perspective of Farmers

The project villages under this research are all minority villages and key villages of national poverty alleviation program. In recent years, poverty alleviation projects of various kinds are carried out in these villages, involving road, drinking water, irrigation, electricity, television, breeding, etc. ADB Sanjiang Plain project also aims to alleviate poverty. So this research put it together with other projects of this kind to gain remaks of farmers' in order to analyze the effect of poverty alleviation policies and aspects to be improved.

The survey shows that among all poverty alleviation projects, farmers are best satisfied with road, electricity and drinking water construction. TV, planting development and ADB projects come as the second. The last is breeding and irrigation projects (See Table 5-20).

Among all poverty alleviation projects with which farmers are satisfied, the road construction enjoys highest mark despite of some dissatisfaction, which comes from following aspects: 1) The road is not wide enough and on higher position. The planned width of the road is 3.5 meters, making big vehicles hard to access. Meanwhile, the high position makes the drainage difficult, so the rain water often flows into the courtyard of farmers'. 2) The road in front of farmers' gates is of poor quality. 3) The road construction plan of poverty alleviation

Table 5-20 Statisfaction Degree of Farmers on Poverty Alleviation Projects(%)

Project	very much	fairly	so so	no	not at all	No idea
Road	27.10	50.00	16.70	5.20	1.00	0.00
Poor households	16.70	55.60	22.20	5.60	0.00	0.00
Drinking water	21.90	41.70	21.90	11.50	1.00	2.10
Poor households	22.20	44.40	22.20	11.10	0.00	0.00
Irrigation water	6.30	22.10	12.60	11.60	4.20	43.20
Poor households	5.60	33.30	27.80	5.60	0.00	27.8 0
Electricity	25.00	49.00	18.80	2.10	0.00	5.20
Poor households	16.70	61.10	22.20	0.00	0.00	0.0 0
Tv coverage	15.60	44.80	14.60	14.60	1.00	9.40
Poor households	16.70	44.40	22.20	11.10	0.00	5.60
Breeding development	0.00	16.30	22.80	8.70	3.30	48.90
Poor households	0.00	27.80	22.20	11.10	0.00	38.90
Planting development	4.10	44.30	21.60	2.10	0.00	27.80
Poor households	11.10	27.80	27.80	11.10	0.00	22.20
ADB projects	13.40	38.10	9.30	9.30	2.10	27.80
Poor households	22.20	50.00	5.60	5.60	5.60	11.10

program does not cover the road inside the village. Take Sipai Village as an example, the fund collected from Poverty Alleviation Office, State Ethnic Affairs Commission and Provincial Communication Department is mainly used to construct roads in Hezhe New Area and road between Sipai Village and Xilinzi Village. It doest cover the road within the habitation area of Han people in Sipai Village. The dissatisfaction with electricity is generated by the power restriction 2-3 times during the farming season. The dissatisfaction with water is generated by its poor quality. People usually need filter it before drinking.

When valuing the ADB projects, 13.4% farmers said they are very satisfied and 38.1% said they are basically satisfied, while 9.3% are not satisfied and 2.1% are pretty unsatisfied. The dissatisfaction mainly comes from the distribution of capital. Some farmers think the ADB projects are for good of farmers, but the capital distribution of project management commission is unfaire. Meanwhile there are still many non-project involved famers knowing little about the ADB projects.

Governmental breeding and irrigation projects gained least satisfaction of farmers' mainly because that the breeding industry is very risky and the market price is unstable. Take raccoon breeding as an example, the price of raccoon skin is RMB 400 yuan per piece in 2006, 80-90 yuan per piece in 2007, and 160-170 yuan per piece in 2008. The price fluctuation is big. At the same time, farmers have no enough breeding technology and the government organized training can not meet their demand. In terms of irrigation, the dissatisfaction mainly comes from incomplete farmland water conservancy facilities and high water price.

Table 5-20 also reflects the discrepancy between the satisfaction degree of poor households and the overall satisfaction degree, consequently, the effect of poverty alleviation projects. Among the projects which gained higher satisfaction of poor households' than the overall satisfaction degree, the poor households are more satisfied with ADB projects, suggesting the ADB projects have most significant effect in all kinds of poverty alleviation programs. However, it is noteworthy that there are still 11.1% poor households are not very clear about the ADB projects, which needs further efforts of the ADB.

5.4.4 Valuation on Environmental Policies in the Perspective of Farmers

(1) Knowledge on Environmental Policies

This reseach surveyed the knowledge of farmers' upon some environmental policies implemented in Heilongjiang province. Among these, the farmers have best knowledge about wetland conservation regulations, followed by reglationtions on returning farmland to forest and returning farmland to wetland projects, ended with the construction of ecological province. It is also found that the ADB project involved households have better knowledge than non- project involved households. There are 2.1% households also knowing some laws and regulations about the nature reserve, which is contributed by the distribution of Mannua for Nature Reserve Co-management by ADB project. See Table 5-21 for details.

Table 5-21 Knowledge of Farmers' on Environmental Policies(%)

	Returning farmland to forest	Returning farmland to wetland	Construction of ecological province	Regulations upon wetland conservation	The others	No idea
Overall	82.30	50.00	12.50	88.50	1.00	3.10
Project-involved household	87.50	54.20	12.50	91.70	2.10	2.10
Non-project involved household	77.10	45.80	12.50	85.40	0.00	4.20

(2) Wetland Resource Management in the Perspective of Farmers

1) Who Is Supposed to be Responsible for the Wetland Resource Management?

The data shows that governmental organizations are considered responsible for the management of wetland resources in the perspective of farmers, followed by the village committee and villagers in turn. Small percentage of farmers chose the Co-management Committee set by the ADB project.

Within the tranditional communities, the value of resources is regarded as a form of belief. The existence of resources is associated with a kind of spirit and boasts super value. People work together for that belief (Wade, 1988), while in the modern society, the belief is gone. People act according to the actual benefits of the resources. The resources are just valued by the practical use, no any cultural tint. Therefore, the modern community gradually lost its previous cooperation mechanism.

The new management theory begins to re-attach the importance to community co-operation, co-management of community resources and application of knowledge as well as people's activeness in an effort to encourage people to participate in the community construction under the guidance of government. The Co-management Committee is just for that purpose. However, after 1949, the state began to carry out high concentrated management over the community. The opening up and reform drive in 1978 exposed the community to both modernization and marketization. Farmers have formed the mentality that to depend on the nation politically and pursue personal benefits economically. In addition, the community resource management is still on the initial stage, with a lot of difficulties ahead. So majority of famers hold governmental organizations mainly responsible for the land management. While the percent of ADB project-involved households choosing the Co-management Committee (62.5%) is significantly higher than the overall level (47.9%). We can see that the resource Co-management concept has begun to be accepted. See Table 5-22 for details.

Table 5-22 Individuals and Deparments Farmers Considered Responsible for Wetland Resource Management(%)

	Villagers	Village Committee	Governmental Organizations	Co-management Committee	The others	No need
Overall	75.00	80.20	92.70	47.90	0.00	0.00
Project-involved household	81.30	85.40	95.80	62.50	0.00	0.00
Non-project involved household	68.80	75.00	89.60	33.30	0.00	0.00

2) What is Threating the Wetland Resources?

The survey found that a majority of farmers think the application of fertilizer and pesticide as well as grazing and breeding industries will exert negative influence upon the wetland resources, with the percentage accounting for 60.4% and 44.8% respectively. Some farmers think the population increase and fuels applied in daily life will harm the wetland resources. There are a few farmers chose road construction, farmland water conservancy facilities and grain price surge. Meanwhile, 5% of the farmers think the replacement of the roof of thatched houses may damage the wetland resources in the nature reserve.

34.2% of the farmers think the development of grazing and breeding industries will most likely exert negative influence upon the wetland resources when asked. 31.6% farmers chose the application of pesticide and fertilizer. The percentage of farmers choosing these two items is higher than other items. So we can see the big threat to the wetland resources at present is the development of grazing and breeding industries as well as the application of pesticide and fertilizer. See Table 5-23 for details.

Table 5-23 Centage of Aspects Farmers Considered Negative for the Wetland Reosource Management (%)

Road construction	Farmland water conservancy facilities	Development of grazing and breeding industries	Application of pesticide and fertilizer	Food price surge	Population increase	Fuels in daily life	The others
15.60	14.60	44.80	60.40	13.50	27.10	28.10	5.20

5.5 Classification of Impacts of Public Policies on Wetland Conservation

We discussed the impacts of China's wetland conservation policies on environment and wetland from macro, meso and micro points of view respectively. We can see that different public policies have complicated impacts on wetland conservation and even the same policy at different stage or with different targets would have varied impacts on wetland conservation. In this chapter, we will put the impacts of public policies into different categories so as to analyze this issue in a clearer and more systematic way.

5.5.1 Public Policies with Direct Impacts on Wetland Conservation

(1) Population Policy

Population increase policies will put direct strain on natural resources. Since the traditional ways of farming failed to bring more grain output, people will inevitably resort to extended reproduction based on scale (reclaiming and cultivating wasteland, drying up lakes for farmland, etc.) to increase the agricultural productivity. At the same time, population migration policies are also targeted to increase grain output through extended reproduction.

(2) Agricultural Policies

Policies on reclaiming and cultivating wasteland will directly lead to over-exploitation of agricultural resources, which is the main reason behind the shrinking of Sanjiang wetland. Grain price policy is an important factor to be considered in farmer's grain production. Rising grain prices will motivate farmers to increase grain production, but will also lead to wasteland cultivation out of economic benefits. Wetland is polluted due to overuse of fertilizer and pesticide, which is in turn worsened by subsidies on agricultural means of production.

(3) Poverty Alleviation Policies

Poverty alleviation projects like developing animal husbandry also have negative impacts on wetland resources. For example, raising cattle and sheep outdoors will directly damage the grassland in the wetland conservation areas.

(4) Environment Policies

Evaluation systems on environment impact and regulations on wetland conservation are immediate guarantee of wetland conservation and sustainable development. The environment conservation authorities also rely on these systems and regulations to manage the wetland resources.

5.5.2 Public Policies with Indirect Impacts on Wetland Conservation

(1) Agricultural Policies

Workers seeking jobs in urban areas will ease the population pressure in rural areas and the pressure on land resources. So the transfer of rural surplus labor will also be beneficial for wetland conservation. To adjust the structure of agriculture will facilitate the development of agriculture and increase farmers' income. By further shifting the traditional monoculture pattern, the pressure on land productivity will be eased, which will be conducive to wetland conservation.

(2) Poverty Alleviation Policies

Building roads along the wetland conservation areas will change the way of using wetland, the activities of some animals and also the flow of surface runoff and ground runoff, thus affecting the wetland. To improve the farmland irrigation facilities will help increase grain productivity, conserve water in agricultural production, and prevent the farm waste from polluting the neighboring wetland. These are favorable conditions for wetland conservation.

(3) Environment Policies

Projects related to environment like returning farmland into forests, conservation of natural forests are of great importance in improving China's ecological environment. They also have indirect benefits for the balance and conservation of wetland ecological system. To build ecological provinces throughout the nation will provide favorable external environment for wetland conservation. Those indicators in building ecological provinces or counties are also relevant in wetland conservation.

5.5.3 Public Policies with Potential Impacts on Wetland Conservation

Agricultural policies staged recently (reduction or exemption of agricultural tax, providing direct subsidies to grain growing farmers, for quality seeds for four grain crops, and for those who buy large or medium-sized agricultural vehicles or equipment) will pose potential hazards to wetland conservation. Though farmers' enthusiasm in growing grain is mainly based on grain prices in the market, subsidies will also affect people's decision in growing grain. The policies on subsidy also partly contributed to the price rise of land. So in our research, we found that in the absence of sound wetland conservation system, farmers will try to increase grain output and family income by reclaiming and cultivating wasteland, thus leading to the possible damage of wetland.

Besides, a lack of environment evaluation system in poverty alleviation projects like infrastructure construction (e.g., power and water supply facilities) might result in people's negligence of the potential or long-term negative impacts of infrastructure construction on environment as well as its potential threat on wetland resources. See Table 5-24 for more details.

Table 5-24 Varied Impacts of Public Policies on Wetland

	Direct Impact	Indirect Impact	Potential Impact
Population Policies	Population Increase Population Migration		
Agricultural Policies	Policies on reclaiming and cultivating asteland Policies on grain prices Subsidy policies on fertilizer and pesticide	Policies on agricultural structure Transfer of rural surplus labor	Reduction or exemption of agricultural tax, providing direct subsidies to grain growing farmers, for quality seeds for four grain crops, and for those who buy large or medium-sized agricultural vehicles or equipment
Poverty Alleviation Policies	Developing animal husbandry	Building roads Farmland irrigation facilities	Other projects related infrastructure construction
Environment Policies	Environment evaluation Wetland conservation policies	Projects related environment conservation Building ecological provinces	

5.6 Conclusions and Suggestions

5.6.1 Conclusions

1) Population policies like population increase and population migration will have negative impacts on wetland conservation. In the 50s and 60s, China's population increase polices had brought huge population pressure on the country's grain production. Since the traditional ways of farming failed to increase grain output, farmers inevitably chose to cultivate the Sanjiang plain, which has relatively rich land resources to increase the agricultural productivity. The population migration policy is also targeted to increase grain output through extended reproduction. In a nutshell, population growth is the fundamental reason behind the damage of Sanjiang Wetland.

2) Currently, wetland conservation are seldom factored into poverty alleviation policies. Evaluations on environment impact are missing in setting poverty

alleviation policies while potential and long-term impacts of poverty-alleviation projects on environment are neglected, posing potential threat to wetland resources. In terms of animal husbandry, livestock seriously damage the grassland and fishery resources in the wetland conservation areas. As to infrastructure projects, building roads alone wetland will affect the living habits of wild animals while farmland irrigation facilities will help to reduce the pollution from farming waste and therefore protect wetland.

3) In terms of agricultural policies, short-term activities seeking maximized profits are caused by policies intended to increase grain output because of the absence of coordination and consistency in decision-making. This led to over exploitation of wetland and overuse of fertilizer and pesticide, taking a direct toll on limited wetland resources. Subsidy policies have increased farmers' interest in growing grain to certain extent, but without sound wetland conservation mechanism, people might cultivate wasteland out of their own interests and finally undermine wetland conservation efforts.

Agricultural policies intended to increase farmers' income have complicated effects on wetland conservation; transfer of rural surplus labor helps to ease the pressure on limited land resources caused by growing population; promoting the development of township enterprises exerts negative effect on wetland conservation because those enterprises, lack in technology, pour large amount of untreated industrial wastewater into wetland, damaging its ecological function.

4) Environment policies are reinforcing the efforts in wetland conservation. China has achieved some results in wetland conservation like the establishment of natural reserves of wetland, the regulation on wetland conservation and etc. Nevertheless, there is still much work to be done. First, the laws and regulations on wetland conservation remain to be perfected. China is yet to have special laws on wetland conservation. There are some laws mentioning the conservation of wetland, but the overlapping and conflicts in these laws are sometimes having negative impacts on wetland conservation.

Environment conservation authorities are endowed with the right to manage and supervise wetland. This is conducive to the conservation and management of wetland resources within natural reserves. However, these agencies enjoy limited power and scope in exercising their administrative rights to protect wetland. Their rights to supervise the management of wetland also remain to be strengthened.

Environment conservation projects initiated by agriculture and forestry departments have created sound conditions for wetland conservation. But the discrepancy between department targets and ecological benefits are not properly handled, which will have adverse impacts on wetland conservation.

5.6.2 Suggestions

(1) Policy Evaluation Mechanism

Evaluation mechanism is of great importance to public policies. It is not only the basis to identify the weakness in policy implementation but also the measurement of the performance of government workers and other working staff. Policy evaluation can make policies more scientific. Now China has put in place an evaluation mechanism to measure the impact of construction projects on environment. But the mechanism to measure the impact of public policies is yet to be implemented. All these evaluation mechanisms are guarantee of the sustainability of public policies.

(2) Department Coordination

As there is not a sound mechanism to coordinate different departments in setting policies, conflicts always arise in the process of policy implementation. In the process of protecting wetland, there are also some conflicts between wetland conservation policies and other relevant policies, restricting the wetland conservation work. At present, the ongoing institutional reform in the Chinese government will help to coordinate the interests of different departments and provide institutional guarantee for policy consistency among different departments.

(3) Alternative Livelihood of Farmers

The wetland conservation and alternative livelihood program carried out in Sanjing Plain by the Asia Development Bank proves that by setting up community rolling fund in wetland reserves and providing financial and technological support to farmers adopting alternative livelihood, natural resources can be effectively protected and famers' income can be guaranteed. What's more, this program can help the community to achieve organic growth and raise farmers' awareness in protecting natural resources and environment.

(4) Promoting Ecological Agriculture

Ecological agriculture, guided by the principle of coordinating economic and environment development and based on ecology and economics, adopts advanced science and technology and modern management approaches in its operation and combines economic benefits, social benefits and ecological benefits within a certain place. Developing ecological agriculture can both raise grain output and improve farmers' life by highly-productive and beneficial farming system and protect ecological system and natural resources. It will be a core strategy to balance the agricultural development and environment conservation.

5.7 Discussion: Food Safety and Wetland Conservation

When food prices in the international market hiked significantly since the end of 2007, China's food supply safety attracted the attention of the public again. Some scholars think that grain production under 500 million tons in China means there is a grain crisis or grain safety issue; cultivation areas below 2.3 billion mu also represents a grain safety issue(Ma Zhizhou, 2004; Su Zhensheng, 2004; Chen Xiwen, 2006). The State Council identified the target of retaining at least 1.8 billion mu farmland before 2020, the so called "farmland alarming line", to guarantee the country's grain supply.

In order to guarantee grain safety, the efforts to restore ecological system have been compromised. For example, the project of returning farmland into forests stopped in 2007, four years ahead of the schedule. The pendulum of national policies on grain safety and ecological safety is swinging towards the former. In terms of the relations between ecological safety and grain safety, China will continue to adjust itself in the circle of "balance-breaking its balance- regaining its balance" for a long period of time.

Appendix 1 A List of Revolving Funds Repayment Systems in Each Project Community

Communities	Repayment Measures
Dongxian Village	1. The fund-using households should pay off all the project funds at the end of December in each year. 2. Those failing to repay the funds according to the stipulation cannot apply for projects at the next round, (this does not include the situation caused by unavoidable risks, which refer to natural disasters, etc, and should be defined by the project management group in detail.) and should pay a monthly interest of 1.2% additionally (calculated from the day when the funds were used). 3. Land tenure mortgage system: It requires fund-using households to mortgage their farmlands for the loans. Each household should use the equivalent land as a mortgage. If the household cannot pay back the funds (not because of unavoidable disasters), he should use the land tenure at that year to offset the project funds. 4. United warranty system: If land tenure mortgage system is unavailable, the united warranty system should be adopted. The fund-using household can ask 3-5 other households to join in the united warranty system. And the warranty form is free. If one household in the group cannot repay the funds on time, the other households should pay the funds instead of him.
Yongfeng Vilage	1. The used funds should be paid off in two years, with a 50% repayment in the first year and the left funds being paid in the second year. 2. Those failing to repay the funds according to the stipulation cannot apply for projects at the next round, (this does not include the situation caused by unavoidable risks, which refer to natural disasters, etc, and should be defined by the project management group in detail.) and should pay a monthly interest of 1% additionally (calculated from the day when the funds were used). 3. Land tenure mortgage system: It requires fund-using households to mortgage the equivalent farmlands for the loans. If the household cannot pay back the funds (not because of unavoidable disasters), he should use the land tenure at that year and other effective assets to offset the project funds.

Continued Table

Communities	Repayment Measures
Yongfeng Vilage	4. United warranty system: If land tenure mortgage system is unavailable, the united warranty system should be adopted. The fund-using household can ask 5 other households to join in the united warranty system. One household can only join one warranty group, and the warranty form is free. If 1 household in the group cannot repay the funds on time, the other households should pay the funds instead of him. Those who are going through their exit formalities can join in the united warranty system, if there are no other labor forces after their going abroad. When they have got their visas, they can make decision on whether to sign the contract of using funds. 5. Those who do not want to join in the united warranty system, must find a guarantor. The guarantor must hand over his land permit as collateral to the project management group. The land stipulated in the land permit should be the land that has not been contracted to others.
Sipai Village	1. The fund-using households should pay off all the project funds at the end of December in each year. Those failing to repay the funds according to the stipulation cannot apply for projects at the next round, (this does not include the situation caused by unavoidable risks, which refer to natural disasters, etc, and should be defined by the project management group in detail.) and should pay a monthly interest of 1% additionally (calculated from the day when the funds were used). 2. Land tenure mortgage system: It requires fund-using households to mortgage their farmlands for the loans. Each household should use the equivalent land as a mortgage. If the household cannot pay back the funds (not because of unavoidable disasters), he should use the land tenure at that year to offset the project funds. 3. United warranty system: If land tenure mortgage system is unavailable, the united warranty system should be adopted. The fund-using household should ask 3 other households to join in the united warranty system. One household can only join one warranty group, and the warranty form is free. If one household in the group cannot repay the funds on time, the other households should pay the funds instead of him. 4. Collateral System: If a united guarantor is unavailable, the fund-using household should find two collateral guarantors who have not applied for the funds at that round.

Appendix 2 Responsibilities of the Alternative Livelihoods & Wetland Resources Co-management Committee

In order to effectively conserve and perpetually use the natural resources and ecological environment in natural reserves, the co-management committee is set up in the Project on Alternative Livelihoods and Wetland Resources Co-management advocated by the Asian Development Bank. In accordance with the Environmental Conservation Law of the People's Republic of China, Regulations on Natural Reserves in the People's Republic of China, as well as relevant laws and rules and in combination with the actual conditions of natural reserves, the responsibilities of co-management committee are formulated as below:

1. The co-management committee, which is authorized by competent environmental conservation authority or wetland management bureau, should uniformly carry out the laws and rules on wetland conservation in natural reserves, and is subject to the supervision and examination of competent authorities at the higher levels.

2. Boundary monuments should be erected in the wetland conservation range, and billboards should be set up in appropriate geographic locations, so as to define the range of the reserves and enhance the villagers' awareness in wetland conservation.

3. Carrying out natural conservation publicity and education for villagers on a regular basis, so as to spread natural conservation knowledge and improve villagers' awareness in environmental conservation.

4. Setting up wetland knowledge publicity columns in the villages, making dynamic records on the affairs to occur in the conservation course and announcing them on the publicity columns, so that the villagers and visitors can know the growth and decline and change conditions of local resources.

5. In the wetland reserves, the units, individuals and villagers who are permitted to enter into natural reserves, should strictly comply with various management regulations of natural reserves, conserve natural resources, landscapes and facilities of their own free will.

6. Vegetation damage is strictly forbidden. Desertification and soil erosion should be prevented. Any facilities that may pollute the environment and do harm to natural landscapes shouldn't be built in natural reserves. All the production and operation activities in natural reserves should be carried out in accordance with the plan of natural reserves, and subject to the supervision and management of the co-management committee.

7. The co-management committee is entitled to complain and accuse with the management organization of natural reserves and local people's government in case the villagers pollute the environment, do harm to natural resources or natural environment (such as the acts that damage the wetland and its resources like wetland reclamation, grazing and hunting against rules, etc.).

8. If the villagers do harm to the natural environment and wetland resources, the co-management committee should order the person related to improve within a definite time. In case of serious nature, the person related should be transferred to judicial authority for penalization.

9. Assisting competent authorities at the higher levels in checking the farmland reclamation conditions in the wetland reserves, so as to make good preparations for further normalization of wetland management.

10. Assisting competent authorities at the higher levels in checking the wetland resources in and outside the reserves, grasping the resources growth and decline rule, and establishing natural resources files. Punctually taking photos, making notes and reporting to the superior authority if the animals and plants (such as birds, beasts, plants, etc.) under state conservation are found.

11. The members of the co-management committee are entitled to use the tools and auxiliary facilities purchased for the project (instruments, tools, billboards, motorcycles, etc. purchased for the project), and formulating corresponding regulations to manage and maintain them, so that they can play the best role in wetland resources conservation.

12. The project co-management committee should bring into full play its role as an intermediary organization, and energetically coordinate the forces in every aspect to conserve wetland resources, so that the utilization of wetland resources and economic development can add radiance and beauty to each other and go on harmoniously.

By Alternative Livelihoods & Wetland Resources Co-management Committee

March 12, 2007

Appendix 3 The Wetland Conservation Convention for the Project Co-management Committee and Residents in the Area under its Jurisdiction

In order to effectively conserve and perpetually use the natural resources and ecological environment in natural reserves, the Convention is jointly formulated by the management organization of the reserves and the residents in the area under its jurisdiction, with details as below:

I. The management organization of the reserves and the residents in the area under its jurisdiction have the responsibility and obligation to jointly manage and conserve the wetland resources, as well as the right of mutual supervision and the responsibility to conduct external publicity and education.

II. The residents in the area under natural reserves' jurisdiction should abide by the Wetland Conservation Convention of their own free will.

1. The villagers should not move or damage the boundary monuments and billboards arbitrarily. When entering into natural reserves, they should strictly obey all the management regulations in natural reserves, and conserve the natural resources, landscapes and facilities consciously.

2. Vegetation damage is strictly forbidden in the reserves. Desertification and soil erosion should be prevented. All the production and operation activities of the villagers in natural reserves should be carried out in accordance with the plan of natural reserves, and subject to the supervision and management of the co-management committee.

3. The villagers are entitled to bring a charge and inform with the management organization of natural reserves and local people's government against any acts that pollute the environment, and damage the natural resources and natural environment.

4. The villagers should enthusiastically cooperate the management bureau of natural reserves to go on a tour of inspection, check resources, etc., in the reserves.

Alternative Livelihoods & Wetland Resources Co-management Committee

March 12, 2007

Appendix 4 Responsibilities of the Co-management Inspector

1. Publicizing the rules, laws, guidelines and policies on wetland conservation in natural reserves, and receiving the supervision and examination of the project co-management committee.

2. Energetically conducting natural conservation publicity and education for villagers and spreading the knowledge on wetland conservation, so that the villagers can further know the importance of wetland and improve their awareness on wetland conservation, making all the villagers involve in wetland conservation.

3. Making dynamic records on the affairs to occur during the inspection and conservation course, punctually reporting them to the superior authority, and announcing important information on the publicity columns, so that the villagers can have knowledge in time and public attention is aroused.

4. Making inspections on the surrounding wetland at least twice each month; punctually bringing a charge or informing with the project co-management committee and competent management authority of natural reserves or local people's government against the affairs that pollute the environment and do harm to natural resources (such as the acts that damage the wetland and its resources like wetland reclamation, grazing and hunting against rules, etc.).

5. If the villagers do harm to the environment quality and wetland resources, the inspector should assist the co-management committee in helping the persons related to improve his or her acts.

6. Assisting competent authorities at the higher levels to check the previous reclamation conditions in the core area of the wetland, so as to make good preparations for further normalization of wetland management.

7. Assisting competent authorities at the higher levels in checking the resources in the reserves, grasping the resources growth and decline rule, and establishing natural resources files. Punctually taking photos, making notes and reporting to the superior authority if the animals and plants (such as birds, beasts, plants, etc.) under state conservation are found.

8. The inspector is entitled to use the tools and auxiliary facilities purchased for

the project, but should comply with the management regulations formulated by the project management committee, so that such tools and auxiliary facilities can play the best role in wetland resources conservation.

9. The inspector should make a summary and report to the co-management committee after inspections in each month. Furthermore, the plan on next inspection should be worked out.

Alternative Livelihoods & Wetland Resources Co-management Committee

March 12, 2007

参考文献

1. 阿马蒂亚·森：《以自由来看待发展》，北京，中国人民大学出版社，2002。
2. 埃莉诺·奥斯特罗姆、拉里·施罗德、苏珊·温：《制度激励与可持续发展》，毛寿龙译，上海，上海三联书店，2000。
3. 埃莉诺·奥斯特罗姆：《公共事务的治理之道——集体行动制度的演进》，余逊达、陈旭东译，上海，上海三联书店，2000。
4. 〔英〕安东尼·吉登斯：《社会的构成》，北京，三联书店，1998。
5. 宝贵贞：《少数民族生态伦理观探源》，《贵州民族研究》2002 年第 2 期。
6. 布鲁斯·米切尔：《资源与环境管理》，蔡运龙等译，北京，商务印书馆，2005。
7. 马克斯·韦伯：《儒教与道教》，洪天富译，南京，江苏人民出版社，2003。
8. 迈克尔·麦金尼斯主编《多中心治道与发展》，毛寿龙译，上海，上海三联书店，2000。
9. 曼瑟尔·奥尔森：《集体行动的逻辑》，陈郁等译，上海，上海人民出版社，1995。
10. 〔法〕孟德拉斯：《农民的终结》，北京，社会科学文献出版社，2005。
11. 冯承强等：《我国农村劳动力转移的驱动力与相关政策研究》，《农村经济》2005 年第 10 期。
12. 冯立天：《中国人口政策的过去、现在与未来》，《人口研究》2000 年第 4 期。
13. 弗兰克·费希尔：《公共政策评估》，吴爱明等译，北京，中国人民大学出版社，2003。
14. 大佳河省级自然保护区管理局：《大佳河省级自然保护区湿地管理办法（暂行）》，2006。
15. 大佳河自然保护区管理办法（讨论稿）。
16. 道格拉斯·C. 诺斯：《经济史上的结构和变革》，厉以平译，北京，商务印书馆，2002。

17. 道格拉斯·C. 诺思：《经济学和认知科学》，《北京大学学报（哲学社会科学版）》2004年第6期。
18. 东北林业大学野生动物资源学院设计《黑龙江大佳河省级自然保护区总体规划》，2004年12月。
19. 杜赞奇：《文化、权力与国家》，南京，江苏人民出版社，1995。
20. 唐佳威：《论保护三江平原湿地的意义与措施》，《环境保护科学》2008年第2期。
21. 唐绍欣、李昭妍：《非正式制度安排：佛教戒律和儒家礼制》，《江苏社会科学》2005年第1期。
22. 唐绍欣：《传统、习俗与非正式制度安排》，《江苏社会科学》2003年第5期。
23. 陶传进：《环境治理：以社区为基础》，北京，社会科学文献出版社，2005。
24. 佟守正等：《三江平原湿地研究发展与展望》，《资源科学》2005年第6期。
25. 庹国柱、王国军：《中国农业保险与农村社会保障制度研究》，北京，首都经济贸易大学出版社，2003。
26. 赖庆奎等：《云南屏边大围山自然保护区冲突管理实例研究》，《西南林学院学报》200年第4期。
27. 李斌、李小云、左停：《农村发展中的生计途径研究与实践》，《农业技术经济》2004年第4期。
28. 李长安：《中国湿地环境现状与保护对策》，《中国水利》2004年第3期。
29. 李成贵：《中国农业结构的形成、演变与调整》，《中国农村经济》1999年第5期。
30. 李红杰：《尊重民族文化多样性与维护自然生态平衡的辩证关系》，《中南民族大学学报（人文社会科学版）》2003年第2期。
31. 李菊英、张天新：《农民增收与乡镇企业发展》，《农村经济》2004年第10期。
32. 李琳一、李小云：《浅析发展学视角下的农户生计资产》，《农村经济》2007年第10期。
33. 李小云、张雪梅、唐丽霞：《中国新世纪财政扶贫资金的运行：瞄准与偏离的分析》（研究报告），2005。
34. 李小云、左停、靳乐山主编《共管：从冲突走向合作》，北京，社会科学文献出版社，2006。

35. 李小云、王冬梅:《中国农业政策对生态服务补偿的影响》,《农业经济问题》2006 年第 1 期。
36. 李小云:《参与式发展概论》,北京,中国农业大学出版社,2001。
37. 李小云等:《环境与贫困:中国实践与国际经验》,北京,社会科学文献出版社,2005。
38. 李小云等:《生态补偿机制:市场与政府的作用》,北京,社会科学文献出版社,2007。
39. 李小云主编《普通发展学》,北京,社会科学文献出版社,2005。
40. 李晓屏:《浅析退耕还林对西宁市城区大气环境质量的改善与效益分析》,《青海环境》2000 年第 3 期。
41. 李秀东:《儒学和中国朝鲜族文化》,《社会科学战线》1997 年第 4 期。
42. 李秀华、黄儒敏:《赫哲族萨满教信仰的形成及其对自然崇拜神话的影响》,《佳木斯大学社会科学学报》2005 年第 1 期。
43. 李忠峰、蔡运龙:《中国粮食问题的分析》,《安徽农业科学》2007 年第 3 期。
44. 理查德·斯威德伯格:《经济学与社会学:研究范围的重新界定:与经济学家和社会学家的对话》,安佳译,北京,商务印书馆,2003。
45. 〔英〕利基:《人类的起源》,上海,上海科学技术出版社,2007。
46. 梁启慧、何少文:《商业机制介入社区共管项目的初步探索——佛坪自然保护区及周边社区基于保护的可持续养蜂》,《陕西师范大学学报(自然科学版)》第 34 卷专辑 2006 年第 3 期。
47. 林乘东:《中国扶贫战略的演变与反思》,《中央民族大学学报(社会科学版)》1998 年第 5 期。
48. 刘敏:《对赫哲族历史文化传承与演变的认识》,《佳木斯大学社会科学学报》2006 年第 6 期。
49. 林志斌:《谁搬迁了——自愿性移民扶贫项目的社会、经济和政策分析》,北京,社会科学文献出版社,2006。
50. 刘敏:《清朝对三姓地区赫哲族的统治政策与赫哲族社会发展》,《佳木斯大学社会科学学报》2005 年第 6 期。
51. 刘岳、宋棠:《国家政策在农村地区实践过程的理解社会学——以山东 C 县农业特产税征收为例》,载吴毅主编《乡村中国评论》(第 1 辑),桂林,广西师范大学出版社,2006。
52. 刘悦翠、唐永锋:《陕西太白山自然保护区实施社区共管模式的调查》,《西北林学院学报》2005 年第 3 期。
53. 龙健、覃龙江:《冉景丞喀斯特山区资源保护与发展生计的博弈》,《贵州农业科学》2007 年第 35 期。
54. 樊江文、于秀波、陈立波：《鄱阳湖和洞庭湖地区草地资源及季节性畜牧业模式研究》2001 年第 5 期。
55. 卢鸿鹏：《我国农业政策目标及政策支持》，《农村经济》2006 年第 3 期。
56. 毛寿龙著《政治社会学》，陆学艺主编，北京，中国社会科学出版社，2001。
57. 吕俊彪：《“靠海吃海”生计内涵的演变——广西京族人生计方式的变迁》，《东南亚纵横》2003 年第 10 期。
58. 罗金泉等：《改革开放以来中国环境政策的变革及启示》，《中国科技论坛》2003 年第 2 期。
59. 罗康隆：《论民族生计方式与生存环境的关系》，《中央民族大学学报（哲学社会科学版）》2004 年第 5 期。
60. 罗荣淮：《以社区村民为主体的自然资源共管》，《绿色中国》2004 年第 10 期。
61. 罗云力：《西方国家的一种新治理方式——社会民主主义第三条道路研究》，重庆，重庆出版社，2003。
62. 骆祚炎：《农村贫困人口分布及其结构性扶贫对策的实证研究》，《财经论丛》2006 年第 4 期。
63. 甘华鸣等：《公共政策》，北京，中国国际广播出版社，2002。
64. 管彦波：《试论东北朝鲜族的稻作》，《黑龙江民族丛刊》2005 年第 2 期。
65. 郭崇林：《黑龙江地域居住民俗的历史演变与交互影响》，《民俗研究》2007 年第 2 期。
66. 郭家骥：《生态环境与云南藏族的文化适应》，《民族研究》2003 年第 1 期。
67. 郭晓红：《论增加农民收入与调整农业生产结构》，《社会科学辑刊》2001 年第 2 期。
68. 郭晓鸣：《农户金融需求：基本判断与政策选择》，电子科技大学出版社，2005。
69. 郭占锋：《排挤与分化——来自一个中国东北村庄的观察》，中国农业大学硕士学位论文，2006。
70. 国家环境保护总局：《生态县、生态市、生态省建设指标（实行）》，《自然生态保护》2003 年第 9 期。
71. 国家环境保护总局网 http：//www.zhb.gov.cn/

72. 国家林业局野生动植物保护司编著《自然保护区社区共管指南》，北京，中国林业出版社，2002。
73. 国务院办公厅：《关于加强湿地保护管理的通知》，2004。
74. 康芒斯：《制度经济学》（上下册），于树生译，北京，商务印书馆，2006.6。
75. 柯武刚、史漫飞：《制度经济学——社会秩序与公共政策》，韩朝华译，北京，商务印书馆，2000。
76. 韩凤芹：《国外政府干预地区差距的实践及借鉴》，《经济研究参考》2004年第10期。
77. 韩广富、王丽君：《当代中国农村扶贫开发的历史经验》，《东北师大学报（哲学社会科学版）》2006年第1期。
78. 何广文：《农村社区发展基金的运作机制及其绩效诠释》。
79. 何俊：《自然资源治理：概念和研究框架》，《绿色中国，研究报告》，September.
80. 何俊芳：《赫哲族语言丢失的社会文化因素分析》，《中央民族大学学报（哲学社会科学版）》2002年第2期。
81. 何日莫奇、郭天红：《论赫哲族聚居区的形成过程》，《黑龙江民族丛刊》2002年第3期。
82. 何玉芳：《试论赫哲族传统文化与自然环境的互动和适应》，《黑龙江民族丛刊》（双刊）2007年第1期。
83. 赫哲族简史编写组：《赫哲族简史》，哈尔滨，黑龙江人民出版社，1984，第106页。
84. 黑龙江省人民代表大会常务委员会：《黑龙江省农村扶贫开发条例》，2005。
85. 黑龙江省人民政府：《关于进一步加强生态环境保护和建设的决定》，2001。
86. 胡崇德、刘明时：《太白山自然保护区可持续发展与反偷猎体系建设》，《陕西师范大学学报（自然科学版）》第34卷专辑2006年3月。
87. 胡崇德：《社区共管委员会参与性问题浅析》，《林业与社会》2001年第2期。
88. 郇建立：《国家政策对农村贫困的影响》，《北京科技大学学报（社会科学版）》2002年第2期。
89. 黄成才：《论中国的湿地保护与管理》，《林业资源管理》2004年第5期。
90. 黄国勤等：《施用化肥对农业生态环境的负面影响及对策》，《生态环境》2004年第4期。

91. 黄季等：《中国的扶贫问题和政策》，《改革》1998 年第 4 期。
92. 黄任远、白秀丽：《从伊玛堪看赫哲族萨满文化》，《黑龙江社会科学》2005 年第 1 期。
93. 黄任远：《赫哲族的自然神话与自然崇拜》，《民族文学研究》2000 年第 3 期。
94. 黄文娟、杨道德、张国珍：《我国自然保护区社区共管研究进展》，《湖南林业科技》2004 年第 1 期。
95. 黄英君：《农业风险与我国农业保险制度：一个框架性设计》，《保险职业学院学报》2006 年第 3 期。
96. 江帆：《东北朝鲜族的民间信仰与变迁》，《民间文化论坛》。
97. 姜长云：《改革开放以来我国历次粮食供求失衡的回顾与启示》，《中国农村观察》2006 年第 2 期。
98. 蒋和胜：《农产品价格形成机制改革的回顾与思考》，《经济理论与经济管理》1999 年第 3 期。
99. 解焱：《退耕还林的五个误区》，《生态经济》2003 年第 2 期。
100. 乔纳森·H. 特纳：《社会学理论的结构》，杭州，浙江人民出版社，1987。
101. 秦红增、唐剑玲：《定居与流动：布努瑶作物、生计与文化的共变》，《思想战线》2006 年第 5 期。
102. 秦晖：《传统十论——本土社会的制度、文化与其变革》，上海，复旦大学出版社，2003。
103. 秦建明、陈程：《我国退耕还林还草历史发展阶段及其政策演变》，《农业技术经济》2005 年第 1 期。
104. 青木昌彦：《比较制度分析》，周黎安译，上海，上海远东出版社，2001。
105. 秋然：《赫哲族的渔猎文化及其现状》，《赤峰学院学报（汉文哲学社会科学版）》2007 年第 4 期。
106. 曲格平等：《中国人口与环境》，北京，中国环境科学出版社，1992。
107. 肖晓妮：《公路建设对湿地动物的影响及防治对策——以内蒙古省际通道支线通辽—鲁北段为例》，《河北交通科技》2007 年第 1 期。
108. 谢晨：《退耕还林与我国粮食生产及粮食安全》，《绿色中国》2005 年第 22 期。
109. 徐建英、陈利顶、吕一河、傅伯杰：《保护区与社区关系协调：方法和实践经验》，《生态学杂志》2005 年第 1 期。
110. 徐杰舜、罗树杰：《靠山吃山，靠水吃水：船家与高山汉比较研究》，

《广西民族学院学报（哲学社会科学版）》2003 年第 2 期。

111. 翟振武：《20 世纪 50 年代中国人口政策的回顾与再评价》，《中国人口科学》2000 年第 1 期。

112. 张丙乾：《资源共管与生计发展——三江平原农村社区中的农户生计替代和湿地资源管理》，北京大学博士后研究工作报告，2007。

113. 张丙乾：《农村社区发展项目过程研究》，北京大学博士后研究工作报告，2007。

114. 张宏、杨新军、李邵刚：《社区共管：自然保护区资源管理模式的新突破——以太白山大湾村为例》，《中国人口、资源与环境》2004 年第 3 期。

115. 张宏、杨新军、李邵刚：《自然保护区社区共管对我国发展生态旅游的启示——兼论太白山大湾村实例》，《人文地理》2005 年第 3 期。

116. 张金良、李焕芳、黄方国：《社区共管——一种全新的保护区管理模式》，《生物多样性》2000 年第 3 期。

117. 张连辉、赵凌云：《1953—2003 年间中国环境保护政策的历史演变》，《中国经济史研究》2007 年第 4 期。

118. 张全忠、吕元礼：《非正式规则的含义、特征及作用》，《社会科学家》2003 年第 5 期。

119. 张少兵、王雅鹏：《国外农业补贴的环境影响与政策启示》，《经济问题探索》2007 年第 12 期。

120. 张神根：《党的农村劳动力转移政策的演变》，《中共党史研究》2006 年第 2 期。

121. 张文国：《我国生态省建设的演进分析和发展对策探讨》，《自然生态保护》2005 年第 3 期。

122. 张文雄、郭颖、马忠玉：《退耕还林工程对农户生计的影响——以贵州省关岭县为例》，《林业调查规划》2006 年第 3 期。

123. 张晓红：《开展社区共管促进生物多样性保护》，《林业经济》2000 年第 4 期。

124. 张亚等：《我国人口政策与农业可持续发展》，《农业技术经济》1999 年第 6 期。

125. 赵曦：《西部地区退耕还林试点工程问题与对策研究》，《农业经济问题》2000 年第 12 期。

126. 赵鑫：《黑龙江省生态省建设政策保障体系》，《东北林业大学学报》2005 年第 5 期。

127. 赵鸭桥，2004.《扶贫开发与环境协调指导手册》，“环境与贫困协调管

理：中国的机遇与挑战国际研讨会”，北京，2004

128. 赵英兰：《东北朝鲜移民社会经济与文化考察》（1840—1945 年），《东北亚论坛》2004 年第 5 期。
129. 郑信哲、李春虎：《朝鲜族社会发展现状与对策研究》，《中央民族大学学报（社会科学版）》1998 年第 6 期。
130. 郑信哲、李春虎：《朝鲜族社会发展现状与对策研究》，《中央民族大学学报（社会科学版）》1998 年第 6 期。
131. 中国国际扶贫中心课题报告：《中国扶贫开发历程》，2006。
132. 中国宏观数据挖掘分析系统丨CNKI. http://number. cnki. net
133. 2003 年 12 月 23 日《中国县域经济报》。
134. 中华商城网 http://www. tvsc. cn/
135. 钟映水、简新华：《人口、资源与环境经济学》，北京，科学出版社，2005。
136. 种甫宁：《农业政策学》，北京，中国农业出版社，2003。
137. 周怡：《解读社会：文化与结构的路径》，北京，社会科学文献出版社，2004。
138. 朱建国、王曦：《中国湿地保护立法研究》，北京，法律出版社，2004。
139. 朱睿：《朝鲜民族的萨满教文化》，《民族文学研究》1995 年第 3 期。
140. 诸葛仁、陈挺舫、特里·德拉西：《武夷山自然保护区资源管理中社区参与机制的探讨》，《农村生态环境》2000 年第 1 期。
141. 庄孔韶：《可以找到第三种生活方式吗？——关于中国四种生计类型的自然保护与文化生存》，《社会科学》2006 年第 7 期。
142. 庄小琴：《农业政策学》，北京，气象出版社，2000。
143. 陈旭：《中国北方民族萨满文化所体现的生态伦理价值观念》，《宗教学研究》2007 年第 2 期。
144. 程丽云：《清朝中后期赫哲族的社会变迁》，《佳木斯大学社会科学学报》2007 年第 4 期。
145. 邵文：《参与式保护区资源管理的收益群体》，《林业与社会》2004 年第 4 期。
146. 施晓春、周鸿：《神山森林传统的传承与社区生态教育初探》，《思想战线》2003 年第 1 期。
147. 史卫东等：《生态省建设试点省区比较研究》，《自然生态保护》2005 年第 2 期。
148. 《世界自然基金汇丰银行长江项目·通讯》2005 年第 4 期。
149. 舒景祥：《中国赫哲族》，黑龙江人民出版社，1999。

150. 苏日娜：《论民族生态伦理与民族生存环境的关系》，《云南民族大学学报（哲学社会科学版）》2007 年第 3 期。
151. 苏杨：《中国西部自然保护区与周边社区协调发展的研究》，《农村生态环境》2004 年第 1 期。
152. R. 科斯、德姆塞茨、阿尔钦、诺斯等：《财产权利与制度变迁》，刘守英等译，上海，上海人民出版社，1994（2002 重印）。
153. 让－马克·夸克：《合法性与政治》，佟心平、王远飞译，北京，中央编译出版社，2002。
154. 饶河县地方志编纂办公室编，姚中晋撰《饶河县志》，哈尔滨，黑龙江人民出版社，1992，第 165 页。
155. 饶河县人民政府：《饶河县扶贫开发规划（2001～2010）》。
156. 饶河县人民政府网：《关于对大佳河自然保护区管护情况的视察报告》，http：//www.hlraohe.gov.cn/
157. 《饶河县域生态环境保护与建设实施方案（草案）》。
158. 饶河县政协七届五次全体会议材料：《饶河县国民经济和社会发展第十一个五年规划及 2020 年远景展望（草案）》。
159. 阮娴静、田相辉：《乡镇企业发展规模经济研究》，《乡镇企业》2006 年第 12 期。
160. 左停、苟天来：《社区为基础的自然资源管理（CBNRM）的国际进展研究综述》，《中国农业大学学报》2005 年第 6 期。
161. 左停、苟天来：《自然保护区合作管理（共管）理论研究综述》，《绿色中国·综述》2005 年第 4 期。
162. 曹华英等：《浅谈农业对生态环境的影响》，《山东农业》2003 年第 2 期。
163. 曹子坚、刘亚桥、张森：《扶贫战略的"效率"陷阱及其对策》，《甘肃社会科学》2002 年第 6 期。
164. 崔淑丽、冯静：《可持续农村生计框架在贺兰山东麓综合生态管理项目中的应用》，《宁夏农林科技》2007 年第 6 期。
165. 司开创：《社区共管的外部社会环境分析》，《林业与社会》2002 年第 3 期。
166. 宋洪远：《改革以来中国农业和农村经济政策演变》，北京，中国经济出版社，2000。
167. 宋乃平等：《重新评价"以粮为纲"政策及其生态环境影响》，《经济地理》2006 年第 4 期。
168. 孙肖：《朝鲜族人生观与消费文化特征》，《大连民族学院学报》2006

年第 2 期。

169. 孙树祥：《三江平原湿地资源可持续利用探讨》，《现代化农业》2007 年第 8 期。

170. 孙志高等：《中国湿地资源的现状、问题与可持续利用对策》，《干旱区资源与环境》2006 年第 2 期。

171. 严清华、赵勇：《儒家经济伦理的新制度经济学分析》，《中南民族大学学报（人文社会科学版）》2002 年第 3 期。

172. 严旬：《自然保护区法律和政策综述》，载《共管：从冲突走向合作》，北京，社会科学文献出版社，2006。

173. 阎文学：《富饶的贫困：掣肘与成因》，北京，社会科学文献出版社，1994。

174. 叶敬忠：《关于参与概念的综述》，载李小云主编《谁是农村发展的主体》，北京，中国农业出版社，1999。

175. 叶亚平等：《农业开发项目的环境影响评价》，《农业环境与发展》2002 年第 3 期。

176. 衣保中、房国凤：《论清政府对延边朝鲜族移民政策的演变》，《东北亚论坛》2005 年第 6 期。

177. 衣保中：《论清末东北地区的水田开发》，《吉林大学社会科学学报》2002 年第 1 期。

178. 衣保中：《近代以来东北平原黑土开发的生态环境代价》，《吉林大学社会科学学报》2003 年第 5 期。

179. 尹成杰：《农业产业化经营与农业结构调整》，《中国农村经济》2001 年第 5 期。

180. 尹伟强：《古代中亚及西北农牧经济文化区的分布——兼论历史时期西北游牧民族经济文化类型的演变》，《中学历史教学研究》2007 年第 3 期。

181. 于潇：《建国以来东北地区人口迁移与区域经济发展分析》，《人口学刊》2006 年第 3 期。

182. 俞可平：《权力政治与公益政治——当代西方政治哲学评析》，北京，社会科学文献出版社，2000。

183. 俞可平：《政治与政治学》，北京，社会科学文献出版社，2003。

184. 俞丽萍：《生态伦理观简介》，《生物学教学》2001 年第 11 期。

185. 王翠晓、刘红玉：《排水工程对三江平原湿地流域的影响分析》，《灌溉排水学报》2008 年第 1 期。

186. 王铭铭：《范式与超越：人类学中国社会研究》，《广西民族学院学报

（哲学社会科学版）》2006年第4期。
187. 王萍萍、贝虹：《农民收入与农业生产结构调整》，《统计研究》2001年第7期。
188. 王启友：《论公共政策与可持续发展的关系》，《江南社会学院学报》2004年第2期。
189. 王闰平、陈凯：《中国退耕还林还草现状及问题分析》，《水土保持研究》2006年第5期。
190. 王若茜：《东北沦陷时期的朝鲜族宗教》，《东北亚论坛》2002年第1期。
191. 王韶华等：《三江平原湿地保护措施的初步研究》，《灌溉排水学报》2004年第6期。
192. 王韶华等：《三江平原水旱灾害分析及综合治理》，《北京工业大学学报》2003年第4期。
193. 王小钢：《中国湿地保护立法历史、现状和发展》，《林业资源管理》2004年第6期。
194. 王艳霞、鞠美庭：《我国湿地保护与湿地产业发展策略探讨》，《生态经济》2007年第1期。
195. 王伊欢、叶敬忠：《发展干预的非线性过程》，《农业经济问题》2005年第7期。
196. 韦森：《比较制度分析（讲义）：一个法律、伦理、文化和语言的综合比较视角》，北京大学中国经济研究中心，2004。
197. 温亚利主编，国家林业局野生动植物保护司编《自然保护区社区共管》，北京，中国林业出版社，2002。
198. 吴大付等：《中国集约农业对环境影响的研究》，《农业现代化研究》2001年第5期。
199. 吴克尧、包海凤：《黑龙江省少数民族传统文明礼俗述略》，《黑龙江民族丛刊》1997年第4期。
200. 吴敏：《赫哲族伦理道德初探》，《黑龙江民族丛刊》（双月刊）2004年第1期。
201. 吴彦东：《三江平原湿地的开发对生态环境的影响》，《林业科技情报》2006年第4期。
202. 吴毅：《记述村庄的政治》，武汉，湖北人民出版社，2007。
203. 吴毅：《小镇喧嚣》，北京，三联书店，2007。
204. Andrew J. Noss, Imke Oetting, Rosa Leny Cuéllar, 2005, Hunter Self-monitoring by the Isoseño-Guaraní in the Bolivian Chaco. Publication:

Biodiversity and Conservation. Publisher: Springer Netherlands. Issue: Volume 14, Number 11. Pages: 2679 - 2693.

205. Astrid Schmidt-Kloiber, Wolfram Graf, Armin Lorenz, et al., 2006, The AQEM/STAR Taxalist - a pan-European macro-invertebrate ecological database and taxa inventory. Publication: Hydrobiologia. Publisher: Springer Netherlands. Issue: Volume 566, Number 1. Pages: 325 - 342.

206. Cecilia Luttrell, 2002, Institutional change and natural resource use in coastal Vietnam. Publication: GeoJournal. Publisher: Springer Netherlands. Issue: Volume 55, Numbers 2 - 4. Pages: 529 - 540.

207. Chambers, R., and R. Conway, 1992, Sustainable Livelihoods: Practical Concepts for the 21st Century, IDS Discussion Paper.

208. Clegg, S. R. (1989) Frameworks of Power, London: Sage.

209. David Brown: 1999, Principles and Practice of Forest Co-Management: Evidence from West-Central Africa, Overseas Development Institute. http://www.odi.org.uk/fpeg/publications/papers/eutfp/eutfp - 02.pdf.

210. DIFD, 200, Sustainable Livelihoods—Building on Strengths, London: Department for International Development.

211. Evawollenberg, Bruce Campbell, et. al. 2004. Collective Action and Property Rights for Sustainable Development—Collaborative Management of Forests. vision-for Food, Agriculture, and the Environment 2. http://www.ifpri.org/2020/focus/focus11/focus11.pdf.

212. Evelyn Pinkerton. Community-based Management & Co-management. OMRN National Conference, 2003. http://www.maritimeawards.ca/OMRN/pinkerton.html.

213. Frank Ellis1 Rural Livelihoods and Diversity in Developing Countries [M]. Oxford University Press, 2000.

214. Giddens, A. (1987) Social Theory and Modern Sociology, Stanford: Stanford University Press.

215. Grazia Borrini-Feyerabend, M. Taghi Farvar, Jean Claude Nguinguiri and Vincent Awa Ndangang. 2000. Co-management of Natural Resources—Organising, Negotiating and Learning-by-Doing. GTZ and IUCN, Kasparek Verlag, Heidelberg (Germany). http://www.ecoregen.com/home/share_ ex/uploaded/man_ Nat.pdf.

216. Hindess, B. (1986) "Actors and Social Relations", in M. I. Wadell and S. P. Turner (eds) Sociological Theory in Transition, Boston: Allen and

Unwin.

217. ICLARM/IFM. 1998. Co-management arrangement analysis in fisheries and in related resources (Research framework). http://www.co-management.org/download/wp1.pdf.

218. IUCN. Resolutions and Recommendations, World Conservation Congress, Montreal, Canada, 13 – 23 October, 1996. http://iucn.org/wcc/resolutions/resrecen.pdf (2003 – 02 – 14).

219. James Ford. 2002. Co-Management and Vulnerability. http://www.uoguelph.ca/~jford01/FinalPaper.pdf.

220. Lars Carlsson and Fikret Berkes. Co-management Across Levels of Organization. 2003.: Concepts and Methodological Implications. "Politics of the Commons: Articulating Development andStrengthening Local Practices", ChiangMai, Thailand, July11 – 14. http://dlc.dlib.indiana.edu/archive/00001133/00/Lars_Carlsson.pdf.

221. Long and Villarreal, 1993 Long, N. and Villarreal, M. (1993) "Exploring Development Interface: From Knowledge Transfer to the Transformation of Meaning", in F. Schuurman (ed.) Beyond the Impasse: New Directions for Development Theory, London: Zed Press.

222. Long, N. (1984) Creating Space for Change: A perspective on the Sociology of Development, Inaugural Lecture, Wageningen: The Agricultural University.

223. Long, N. (1984) Creating Space for Change: A perspective on the Sociology of Development, Inaugural Lecture, Wageningen: The Agricultural University.

224. Long, N. (1992) "Exploring Development Interfaces: From the Transfer of Knowledge to the Transformation of Meaning", in Long, N. and Long, A. (eds) Battlefields of Knowledge: The Interlocking of Theory and Practice in Social Research and Development, Routledge.

225. Long, N. (1992) "Exploring Development Interfaces: From the Transfer of Knowledge to the Transformation of Meaning", in Long, N. and Long, A. (eds) Battlefields of Knowledge: The Interlocking of Theory and Practice in Social Research and Development, Routledge).

226. Long, N. (2001) Development Sociology: Actor Perspective, Routledge, London.

227. Miguel Clüsener-Godt, 2002, Asia Pacific Co-operation for the sustainable

use of renewable natural resources in biosphere reserves and similarly managed areas. Publication: Trees-Structure and Function. Publisher: Springer Berlin/Heidelberg. Issue: Volume 16, Numbers 2 – 3. Pages: 230 – 234.

228. P. Perrino, G. Laghetti, M. Terzi, 2006, Modern Concepts for the Sustainable Use of Plant Genetic Resources in the Mediterranean Natural Protected Areas: The Case Study of the Alta Murgia Park (Italy). Publication: Genetic Resources and Crop Evolution. Publisher: Springer Netherlands. Issue: Volume 53, Number 4. Pages: 695 – 710.

229. Robert S. Pomeroy, Brenda M. Katon and Ingvild Harkes: Fisheries Co-management: Key Conditions and Principles Drawn from Asian Experiences, http://www.indiana.edu/~iascp/Final/pomeroy.pdf.

230. Ryan Plummer, John Fitzgibbon, 2004, Co-management of Natural Resources. A Proposed Framework. Publication: Environmental Management. Publisher: Springer New York. Issue: Volume 33, Number 6. Pages: 876 – 885.

231. Safwat Abdeldayem, Jan Hoevenaars, Peter P. Mollinga, et al., 2005, Agricultural drainage: Towards an integrated approach. Publication: Irrigation and Drainage Systems. Publisher: Springer Netherlands. Issue: Volume 19, Number 1. Pages: 71 – 87.

232. Sen, S. and Nielsen, J. P. 1996. Fisheries co-management: a comparative analysis. Marine Policy 20 (5): 405 – 418.

233. Shankar Aswani, 2006, Customary Sea Tenure in Oceania as a Case of Rights-based Fishery Management: Does it Work? Publication: Reviews in Fish Biology and Fisheries. Publisher: Springer Netherlands. Issue: Volume 15, Number 3. Pages: 285 – 307.

234. Zhigang Chen, Jingyuan Yang, Zongqiang Xie, 2005, Economic development of local communities and biodiversity conservation: a case study from Shennongjia National Nature Reserve, China. Publication: Biodiversity and Conservation. Publisher: Springer Netherlands. Issue: Volume 14, Number 9. Pages: 2095 – 2108.

·中国农业大学人文与发展学院学术文库·

保护与替代

——三江平原湿地研究

著　　者 / 汪力斌　靳乐山　程少侠　李小云　权伍贤 等

出 版 人 / 谢寿光
总 编 辑 / 邹东涛
出 版 者 / 社会科学文献出版社
地　　址 / 北京市东城区先晓胡同 10 号
邮政编码 / 100005
网　　址 / http：//www. ssap. com. cn
网站支持 / （010） 65269967
责任部门 / 编辑中心（010） 65232637
电子信箱 / bianjibu@ ssap. cn
项目负责人 / 宋月华
责任编辑 / 孙以年　袁卫华
责任校对 / 尤田雄
责任印制 / 岳　阳

总 经 销 / 社会科学文献出版社发行部
（010） 65139961　65139963
经　　销 / 各地书店
读者服务 / 市场部（010） 65285539
排　　版 / 北京中文天地文化艺术有限公司
印　　刷 / 北京季蜂印刷有限公司

开　　本 / 787 × 1092 毫米　1/16
印　　张 / 32.75
字　　数 / 647 千字
版　　次 / 2008 年 12 月第 1 版
印　　次 / 2008 年 12 月第 1 次印刷

书　　号 / ISBN 978 - 7 - 5097 - 0532 - 2/F · 0186
定　　价 / 78.00 元